流域泥沙运动与模拟

曹文洪　张晓明　编著

科学出版社

北　京

内 容 简 介

本书以水力侵蚀过程为主线,基于动力学分析与建模方法,研究从降雨雨滴降落到地面产生溅蚀并发生径流,到剥离的泥沙从坡面进入沟道,汇入河道,直至河口的整个物理过程,系统地探讨流域泥沙动力学特性、侵蚀机理、侵蚀过程及模型模拟。本书相对完整地将流域侵蚀产沙与河流泥沙运动作为一个体系进行综合阐述,并分别以公式推导、实验成果归纳、模型构建、模拟预测等展现于读者。本书内容系统性强、理论与实践相结合,方法与应用相结合,涵盖了作者 30 年科研工作的成果。

本书可作为水利、地理、泥沙动力学、水土保持等专业的科研和教学人员参考,亦可作为高等院校相关专业的教学参考书。

图书在版编目(CIP)数据

流域泥沙运动与模拟/曹文洪,张晓明编著. —北京:科学出版社,2014.3
ISBN 978-7-03-040226-4

Ⅰ.①流 Ⅱ.①曹… ②张… Ⅲ.①流域—泥沙运动—模拟实验—研究
Ⅳ.①TV142

中国版本图书馆 CIP 数据核字(2014)第 048944 号

责任编辑:朱 丽 聂海燕 杨新改 / 责任校对:宣 慧
责任印制:赵德静 / 封面设计:耕者设计工作室

科 学 出 版 社出版
北京东黄城根北街 16 号
邮政编码:100717
http://www.sciencep.com

骏 杰 印 刷 厂印刷
科学出版社发行 各地新华书店经销

*

2014 年 3 月第 一 版 开本:720×1000 1/16
2014 年 3 月第一次印刷 印张:30 1/4
字数:600 000

定价:**138.00 元**
(如有印装质量问题,我社负责调换)

序

　　流域水沙过程包括降雨产流、汇流，以及泥沙侵蚀、输移、沉积的全过程。河流泥沙来源于流域泥沙，流域环境决定着进入河流的水沙条件，而水沙条件变化又进一步影响河床演变过程。通常情况下，河流泥沙与河床演变学关注的重点是河流泥沙运动与河道冲淤过程，而土壤侵蚀与水土保持学则重点关注流域面上降雨径流和侵蚀产沙过程。因此，加强流域泥沙运动与模拟研究，揭示流域侵蚀产沙与河流泥沙运动及河床演变的内在关系具有重要理论意义与实际应用价值。

　　该书将泥沙的侵蚀、搬运和沉积作为一个整体，对流域与河流泥沙运动全过程进行系统研究。首先，通过分析雨滴降落过程中的力学特性，研究降雨经林冠层到达土壤产生溅蚀的整个动力过程及植被的防蚀作用；其次，以能量概念表征坡面流的水力特性和侵蚀力，采用水流功率理论分析坡面流和雨滴击溅共同作用下的输沙能力；再次，从沟道水流冲刷力、沟坡下滑力和沟坡稳定安全系数等角度进行力学分析和推演，描述沟道产沙过程，并探讨了流域泥沙输移至河道与河口的动力学计算、模拟及河口演变规律；最后，运用泥沙运动力学基本理论与方法，结合地理学、地貌学、水文学等学科知识，建立了具有物理过程基础的小流域产流产沙数学模型，在此基础上首次构建了坝系流域侵蚀产沙分布式模型，用来揭示坝系作为一个由结构、等级、功能各异的单项工程组成的复杂系统对水沙运动的调控作用。

　　该书作者一直致力于泥沙运动、河床演变、河口海岸、土壤侵蚀、水土保持与生态环境等学科的交叉研究，从事科研工作 30 年来，承担了大量的基础科学和工程技术项目，取得了丰富的研究成果，该书是总结、梳理和提炼作者近 30 年研究工作而形成的系统成果，它是全面论述水沙从流域、坡面、沟道、河流以至河口的侵蚀、搬运和沉积的重要著作。相信本书的出版，能为土壤侵蚀、水土保持、泥沙运动和与河床演变等学科综合和交叉研究提供新思路。

中国工程院院士：韩其为

2014 年 3 月 16 日

前　　言

从研究对象来讲,土壤侵蚀与河流泥沙分别研究同一个流域系统内的陆面和河流两个子系统;从学科分类来看,它们分属于水土保持学与泥沙运动力学及河床演变学。以往土壤侵蚀与河流泥沙常被作为独立学科分别进行研究,交叉研究相对较少。事实上,通过流域与河道的水沙运动这一纽带,可以将土壤侵蚀与河流泥沙紧密地联系在一起,流域面上水土保持措施必然影响流域的产流产沙,改变进入河流的径流和泥沙过程,河道及河口则通过冲淤变化做出相应的调整。

作者 20 世纪 80 年代初在武汉水利电力学院学习泥沙专业,此后在中国水利水电科学研究院学习水土保持和河口海岸专业,分别获得学士、硕士和博士学位。在近 30 年的科研工作中,开展了大量的流域泥沙、水库泥沙、河道泥沙、直至河口泥沙的科研工作,深感有必要从全流域角度,系统描述和刻画泥沙从地表被剥离到进入河口这一连续物理过程。因此,在 30 年科研工作成果的基础上,本人和张晓明高级工程师一起完成了本书的编写工作。

本书以水动力学、土壤侵蚀力学、泥沙运动力学、河床演变学及水文生态学等理论为基础,以水力侵蚀过程为主线,从微观到宏观,在流域尺度下系统分析与揭示侵蚀－输移－沉积泥沙动力过程,实现流域泥沙全过程模拟。全书分十章。第 1 章绪论,综述本书研究范围和国内外研究进展;第 2、3 章讨论降雨侵蚀动力学特性和坡面侵蚀动力学机理;第 4～6 章分别介绍了流域泥沙主要子过程的侵蚀动力学过程与模拟方法,包括坡面产流产沙与模型预测、沟道水沙演进与产汇流模型、流域侵蚀动力学过程;第 7 章讨论了流域泥沙输移至河道与河口的动力学计算、模拟及河口演变规律;第 8 章介绍了流域侵蚀各子过程的数学表达及坝系流域侵蚀产沙分布式模型构建;第 9、10 章分别基于 SWAT 和 GeoWEPP 分布式模型模拟预测黄土高原流域不同土地利用情景的侵蚀产沙过程。

本书出版得到流域水循环模拟与调控国家重点实验室自主研究课题(泥ZY1304)、国家科技支撑计划课题(2013BAB12B01)和国家自然科学基金项目(51379008)的资助。

本书是河流泥沙与水土保持交叉和融合研究的初步尝试,由于问题的复杂性和作者水平的局限,难免会挂一漏万,不足之处敬请批评指正。

曹文洪

2013 年 2 月 10 日

目　　录

第1章 绪 论

1.1 水力侵蚀力学机理

水力侵蚀是指在降雨雨滴击溅、地表径流冲刷和下渗水分作用下,土壤、土壤母质及其他地面组成物质被破坏、剥蚀、搬运和沉积的全部过程。

水力侵蚀是世界范围内分布最广泛、危害最为普遍的一种侵蚀形式。在陆地表面,除沙漠和永冻的极地地区外,当地表失去覆盖时,都可能发展成不同程度的水力侵蚀。在山区、丘陵区和一切有坡度的地面,降雨时都会产生较为严重的水力侵蚀。它的特点是以地面的水为动力冲走土壤,主要分为面蚀和沟蚀两大类。在我国黄土高原地区,伴随着面蚀和沟蚀,常发生洞穴侵蚀。

面蚀又可分为溅蚀(雨滴打击地面溅起土粒,在地表形成一个薄泥浆层,汇合成小股地表径流)、片蚀和细沟侵蚀。细沟为薄层径流汇集成细小股流对地面的侵蚀,属于线状或沟状侵蚀过程,与地面薄层水流均匀的面状侵蚀过程不同。由于细沟侵蚀大多发生于坡耕地,侵蚀深度不超过耕层,经犁耕后地面不留痕迹,也归为面蚀。

黄土高原丘陵、山地起伏,且沟谷发育活跃,形成地球上罕见的沟谷纵横、地形起伏的特殊梁峁状丘陵沟壑区,有不同的沟蚀类型。切沟侵蚀是发生在坡耕地上的一种特殊沟蚀类型,主要是人为不断耕作所致,在大于25°的坡耕地上最为普遍,一般由细沟演变而来。当浅沟下切深度超过耕层,无法耕作而不得不弃耕时,浅沟即发展为切沟。坡耕地一旦发生浅沟,侵蚀量可增长1~3倍。切沟进一步发展,径流更加集中,下切深度越来越大,沟谷两侧侵蚀加强,伴随着崩塌、滑坡和泥石流等重力侵蚀过程,沟壁不断扩张,沟槽不断加宽,形成深度可达数十米至百米的冲沟,此为冲沟侵蚀。黄土高原典型的沟道小流域即是以河沟为主系,由不同级别沟谷组成的水路网系统。

1.1.1 降雨的力学特性

雨滴击溅本质上是由于雨滴的动能做功或打击,使土壤结构遭到破坏的一种力学现象。雨滴降达地面时具有一定的能量,常能粉碎地表土壤,使表土分散,或直接引起地表物质在坡面上的移动。同时,雨滴的打击作用会增强地面径流中的紊动强度,从而加强了径流输移泥沙的能力。再者,雨滴的打击和分散的土壤颗粒能堵塞土壤表面,形成一层结皮,结皮可以使土壤下渗性能降低,从而增大地面径流量,使地表遭受更严重的侵蚀。

雨滴的能量并非全部用于打击土壤表面,Mihara(1951)的研究表明,雨滴 2/3 的能量消耗在土壤表面形成小坑和移动土壤颗粒方面,而其余的 1/3 形成水雾。因而,只有用于侵蚀土壤的那部分能量才是降雨的真正侵蚀力。这样,我们就可以把降雨侵蚀力定义为雨滴作用于分散和击溅土壤颗粒的作用力和能量。

Wischmeier 和 Smith(1978)最早给出了降雨侵蚀力表达式:

$$R=EI_{30} \tag{1-1}$$

式中:R 为降雨侵蚀力,$100 \text{ J} \cdot \text{cm}/(\text{m}^2 \cdot \text{h})$;$E$ 为一次暴雨的总动能,J/m^2;I_{30} 为降雨过程中连续 30 min 最大降雨强度,cm/h。

式(1-1)是通过相关分析所得的经验表达式,并非具有一定力学概念,但其反映了雨滴击溅和径流扰动对土壤颗粒迁移的综合影响,从侵蚀力概念上说,仍具有一定的合理性。降雨侵蚀力与地表水层的深度也有关系,降落在干硬地表上的雨滴实际上难以溅起土粒。而有研究认为,当水深在大于 3 倍雨滴直径时,其击溅效应可忽略。风是影响降雨侵蚀力不可忽视的另一因素。风可以增大雨滴的向量速度,风的侧向拖曳力可以对湿的土壤团聚体产生直接破坏作用,从而也可使其分散土壤的能力增强。

雨滴的击溅并不能直接参加产沙,其作用主要是将土壤颗粒从土体中分散,为坡面径流提供输移物质。吴震(2007)对雨滴溅蚀机理的解释为:当具有一定速度的雨滴撞击土壤表面时,它突然停止,这个突然的减速引起了水与土交界面的压力,该压力类似于管路中阀门迅速关闭所见的水锤压。雨滴与土壤表面相碰时,产生正压力,雨滴内部的高压迫使其以辐射流的形式侧向传播,形成剪切力。这样,在水土交界面高压和剪切力作用下,土壤孔隙壁遭到崩溃、压实,土壤遭到破坏,引起土壤表面颗粒的分离和运移。

1.1.2　植被对降雨侵蚀力的影响

土壤水蚀是水与土壤之间的相互作用,土壤本身的性质决定其抵抗侵蚀的能力,而坡面植被状况能够改善土壤的物理化学特性,能从各个方面影响坡面流的形成和发展,改变其水力特性,从而影响侵蚀的发生。

雨强和雨滴动能或动量对薄层水流水动力特性的影响最大,坡面击溅侵蚀的动力主要由降雨动能提供(吴普特和周佩华,1992)。了解植被对降雨动能的影响机制和定量评价植被对降雨动能的影响,是研究森林植被防治坡面土壤侵蚀机理的重要部分。雨滴动能公式:

$$E = 1/2mv^2 \tag{1-2}$$

其中

$$m = \pi/6d^3\rho ; \quad v^2 = 2ah \tag{1-3}$$

式中：ρ 为水的密度；a 为雨滴下落加速度；h 为雨滴降落高度。

从雨滴动能公式(1-2)可看出质量 m 与直径 d 有关，雨滴降落速度是降落高度的函数，因此雨滴动能与雨滴直径、降落高度有直接关系。

1)林冠层对降雨的再分配

植被覆盖可以改变降雨雨滴动能，与其他植被类型相比，森林的结构比较复杂，林冠是森林对降雨特征和雨滴动能产生影响的第一个作用层。降雨通过林冠层后，产生分流，产生直接穿透雨、林冠滴下雨滴和溅落雨滴，出现林冠截持和干流等现象，从而在降雨雨滴大小分布及降落速度、动能等性质上发生了变化。具有不同结构特征的林分在不同特点的降雨条件下对降雨动能的改变规律，对研究水土流失规律及不同结构森林的水土保持效益来说，都是必不可少的。但目前这方面的研究还比较少，而且所得结论差别较大，即对不同林分结构、不同特征降雨的雨滴动能的作用机理还没有搞清。

不同结构的林分有不同的林冠降雨。因此，研究降雨对林地的土壤侵蚀机理应该从雨滴物理性质和林冠结构两方面进行研究。

2)林冠层对降雨雨强与雨量的影响

在林地内，由于林冠的阻拦和截持，雨水通过林冠后，数量、雨滴大小、分布等都会发生明显的变化。在郁闭林冠下，可以认为直接穿透雨很少，林冠降雨几乎完全是由冠滴雨组成的。在未郁闭林冠下，穿透雨与冠滴雨同时存在。由于林冠的截留作用，林冠降雨量小于林外降雨量，而且由于林冠枝叶碰撞与聚集作用，雨滴分布不均匀；而穿透部分与林外雨量相同，因此林内降雨改变了实际降雨的雨强，这一般符合下面的规律：林外雨强比林内雨强分布均匀，林内降雨特性随树种、林分结构等的不同各异。

$$\begin{aligned}(I_c < c) \quad & P < C \quad I_内 < I_外 \\ (I_c = c) \quad & P > C \quad I_内 = I_外\end{aligned} \tag{1-4}$$

式中：I_c 为林冠实际截留强度；c 为林冠截留能力；C 为林冠最大截留量；P 为林外降雨量；$I_内$ 为林内降水；$I_外$ 为林外降水。

3)林冠层对雨滴大小组成的影响

雨滴的大小组成称为雨谱，天然降雨的雨谱随雨型(如短阵型雨型和普通雨型)和雨强而变化。对于天然降雨雨滴大小，国内外学者先后研究了雨滴大小与雨强的关系，得出中值粒径 d_{50}(在一次降雨中以该直径为界，分析大于、等于和小于这一直径的雨滴的总体积)与雨强的相关关系式(Laws and Parson，1943；江忠善等，1983)。

Best(1950)提出,雨滴的组成可以用下述分布函数表示:

$$F=1-\exp\left[-\left(\frac{10D}{a}\right)^n\right] \qquad a=Ai^P \tag{1-5}$$

式中:D 为雨滴直径,mm;F 为直径$\leqslant D$ 的雨滴累计体积所占总体积的比例,%;a 和 n 分别为随雨型和雨强(i,mm/min)而变化的雨谱分布参数;A 和 P 分别为系数和指数。

根据江忠善等(1983)的研究,黄土地区的降雨雨滴组成也符合贝斯特函数。

对于短阵雨型降雨有如下关系:

$$a=3.58i^{0.25},n=2.44i^{-0.06} \tag{1-6}$$

对普通型降雨有如下关系:

$$a=2.96i^{0.26},n=2.54i^{-0.09} \tag{1-7}$$

天然降雨雨滴特性与雨强和雨型关系密切,而降雨经过林冠层后不同于天然降雨,许多学者经过研究,认为林冠降雨与雨强、雨型关系不大,在大小与雨谱分布上有其自身的特点,且与林外比较有相当比例的大雨滴、小雨滴的存在。王彦辉(2001)对刺槐林冠降雨的雨谱参数与降雨类型和降雨强度关系的大量观测表明,林冠降雨的雨谱参数受降雨类型和降雨强度影响不大;而对郁闭林冠下林冠降雨特征的研究表明,林冠降雨谱也可采用同空旷地降雨谱一样的表达方式。Best(1950)雨谱公式更有利于计算雨滴动能。

4)林冠层对雨滴终速的影响

天然降雨雨滴在降落过程中,受到重力与空气阻力的共同作用。当这两种力达到平衡时,雨滴则匀速降落,称为雨滴终速。在到达终速前,雨滴的降落速度随高度而变化。雨滴终速取决于雨滴的大小和形状。雨滴降落速度反映了雨滴动能的大小,从而也反映了雨滴对土壤侵蚀作用的强弱。因此,许多研究者对天然降雨的雨滴终速进行了研究,并得出了各自的公式。

在林地内由于树木高度有限,较大的林冠降雨雨滴在降落到林地上时可能还达不到其对应的终点速度。许多研究结果表明,林冠高度>8~9 m 时,可达到雨滴终速;林冠高度<8~9 m 时,达不到终速。准确计算不同降落高度时林冠降落雨滴着地时的降落速度,对于计算和评价林冠影响降雨动能的功能是非常重要的。吴长文和徐宁娟(1995a)采用理论方法给出了雨滴降落速度与降落高度的关系式。王彦辉(2001)引入冠心高的概念,当假设林冠降雨雨滴的初速度为零时,可用式(1-8)计算不同高度降落的冠滴雨雨滴速度。

$$v=v_\infty\sqrt{1-\exp\left(-\frac{2g}{v_\infty^2}H\right)} \tag{1-8}$$

5)林冠层对降雨动能的影响

降雨侵蚀动能主要来源于雨滴对土壤表面的打击作用。侵蚀量的大小与雨滴的动能和土壤特性有关(周佩华等,1981),而降雨到达林冠层以后,林冠层能从根本上改变降雨的雨滴动能。

余新晓(1987b)对林冠层对降雨动能的影响进行了研究,结果表明,当华山松林冠层下限高度超过 7 m 时,林内透过降雨具有较大的单位雨量动能;在中雨、大雨和暴雨情况下,林冠层不能有效降低降雨动能。研究表明,小雨强时,林冠枝叶积聚雨滴作用表现突出,增大了林下雨滴动能或溅蚀明显;而在大雨强时,林冠的拦截作用减少了林下降雨动能。而且,林内单位毫米降雨的雨滴动能与雨强关系不密切;林外单位毫米降雨的雨滴动能与雨强关系密切。Wischmeier 和 Smith (1978)提出了一个描述一次暴雨动能的回归方程,被很多研究者引用:

$$E=1.213+0.89\lg I \tag{1-9}$$

式中:E 为雨滴动能,$kg \cdot m/(m^2 \cdot mm)$;$I$ 为雨强,mm/h。

实际上,林冠降雨在整个过程中是变化的,阔叶树种在降雨初期,叶片未充分湿润时,冠滴雨一部分被叶片截留,剩下部分也由于叶片表面绒毛的作用,产生表面张力作用,暂时滞留,附着在叶子表面,积聚成大雨滴而滴落到下一层叶子上;当树叶充分湿润后,叶片上有一层水膜,叶片的绒毛对雨滴已没有作用,降落到叶片的雨滴很容易滑落,当雨强较大时,冠滴雨在冠层内层层滴落,直至穿透林冠到达地面。因此,冠滴雨与树种的叶片表面特性及林冠结构有直接关系。针叶树种由于林冠层的针叶数不胜数,雨滴与之撞击分散,或在针叶上汇聚成较大的水滴,因而落下的机会很多,这就造成了林内降雨细小雨滴出现频率高,大雨滴在林地上分布均匀和雨滴中值粒径较大的特点。到目前为止,对林冠影响降雨谱和雨滴动能的研究还很少,而且未充分地把林冠作用和森林结构特征相联系起来,因此研究结果之间可比性较差(王彦辉,2001)。

森林内高大乔木能否减弱林地坡面的土壤侵蚀,一直是个有争议的问题,森林植被的地上部分及其地被物能够拦截降雨,避免雨滴直接打击地表,然而林冠是否可以起到消能的作用,取决于林冠的特性与高度。大量研究结果表明,在林冠截留未饱和时可以起到一定的消能作用;一般在高强度降雨时可以起到消能作用,在低强度降雨时作用有限;当林冠高度达到 8~9 m 以上时,雨滴已达终速,失去消能作用,且由于形成相当数量的大雨滴反而易增加溅蚀强度。因此,水土保持林在配置时应选择复层结构,可增大垂直郁闭度、降低林分高度、保护枯枝落叶层,其中以茂密的乔灌混交林为最佳。

1.1.3　降雨再分配过程模型

到达地表的降雨,在形成径流之前,要经过林冠截留、枯落物截持和下渗等水文过程。森林水文学的研究始于 20 世纪初,国内外学者对其进行了大量的研究工作,有大量的论文和专著发表、出版(马雪华等,1993)。森林水文学的研究通常采用定位观测,对不同的森林群落或试验流域进行对比观测,分析群落内各森林水文要素的数量关系,以及不同群落和流域间森林水文要素的差别。在此基础上,建立大量的森林水文要素模型。

1. 林冠截留

多年来国内外许多学者对植被冠层截留降水作了大量的研究,获取了大量有关林冠截留量和截留率的实测数据。研究表明,冠层截留量随植物种类、冠层结构与盖度、气象条件的变化而变化。根据影响林冠截留的各种因子和截留量的关系建立的模型主要有统计模型和概念模型两类。

1)统计模型

大多数林冠截留模型属于统计模型,不考虑生物因素和气候条件与截留的关系,只根据次降雨量和次截留量的数量关系,建立线性或非线性统计模型。

2)概念模型

概念模型认为林冠截留由林冠吸附水量和附加截持量两部分组成,其中,林冠吸附水量即为林冠表面湿润所需的水量,它与冠层表面积和叶表面的持水能力成正比,也就是说叶面积越大叶子持水能力越强,林冠吸附量越大。附加截持量指的是在降雨过程中林冠的蒸发量,它与叶面积大小和当地的气候条件、降雨历时等有关。当空气比较干燥、风速比较大、温度比较高、蒸发比较旺盛时,附加截持量较大。

Horton 首先以此理论为基础,把林冠吸附容量简化为常数,建立了一个林冠截持降雨模型式(1-10),该模型只适用于降雨量大于林冠截持容量的降雨事件(姚丽华,1988)。

$$I_c = I_{cm}^* + erT \tag{1-10}$$

经过 Merrian(姚丽华,1988)的修正和补充,式(1-10)发展为

$$I_c = I_{cm}^* \left[1 - \exp\left(-\frac{p}{I_{cm}^*} \right) \right] + erT \tag{1-11}$$

$$I_c = I_{cm}^* \left[1 - \exp\left(-c\frac{p}{I_{cm}^*} \right) \right] + erT \tag{1-12}$$

式中:I_c 为一次降雨事件中林冠截持量,mm;I_{cm}^* 为降雨停止时树体保持的水量(用林冠投影面积上的水层厚度表示),即林冠吸附降雨容量,mm;P 为降雨量,mm;e 为湿润树体表面的蒸发强度,mm/h;r 为叶面积指数;T 为降雨历时,h;c 为降雨拦截系数,即$(1-c)$为自由透流系数,c 近似等于 $0.05r$。

王彦辉(1987)在研究刺槐树冠截持降雨时,建立了单株树冠截持降雨的概念模型。在模型中,把树冠吸附降雨容量表示为树冠特征和树冠干燥程度的函数,降雨过程中湿润树体表面的蒸发强度被简化为常数,用被拦截降雨量(林外雨量

与林冠郁闭度的乘积)来代替上面各式中的林外降雨量。

Gash 模型把林冠截持降雨进一步区分为林冠吸附量、树干吸附量和蒸发引起的附加截留量,并按降雨量能否使林冠和树干持水容量达到饱和而将降雨事件分类,通过对各个分项求和来估计总的林冠截持量,所以该模型又称为林冠截持解析模型。因此,Gash 模型得到广泛的应用,许多研究都是力求确定该模型中的参数。

根据气象条件,考虑树冠蒸发,建立的概念模型称为微气象学模型。Rutter (1975)建立的次降雨截持模型属于微气象学模型(姚丽华,1988),其结构如下:

$$I_c = \sum E \pm \Delta C$$

当 $C \leqslant S$ 时,$E = E_p(C/S)$;当 $C > S$ 时,$E = E_p$;$\Delta C = C_t - C_0$ (1-13)

式中:I_c 为林冠截持降雨量;C 为林冠蓄水量;S 为使树体表面湿润的最小林冠蓄水量;E 为林冠蒸发量;E_p 为用 Penman-Monteith 公式计算出的可能蒸发量;C_t、C_0 分别为 t 时刻和 t_0 时刻的林冠蓄水量。

Watanabe 和 Mizutani(1996)利用林冠的微气象条件,以叶片为基础,利用能量平衡方程求解了被截持降雨的蒸发和树木蒸腾。林冠层上方和林冠层内部的辐射强度、风速、气温、空气湿度的分布用辐射能量转换方程、大气动量扩散方程、可感热扩散方程、水汽扩散方程、大气紊流动能方程来计算,其林冠截持降雨的微气象学系统模型,由水量平衡、能量平衡和微气象三个子模型组成。

上述模型均以一场降雨为基础,计算一场降雨的林冠截留量。Liu 和 Avissar (1999)从冠层的水量平衡出发,研究树冠表面的干燥度、蒸发强度和降雨截留三者的关系,并建立了模型,计算了截留量随时间的变化。该模型首先根据冠层表面的水量确定冠层的干燥指数,再根据冠层干燥指数和气象条件计算出某时间段内冠层的实际蒸发量和降雨对冠层截留的补给,最后根据水量平衡原理计算该时段结束时冠层表面的实际水量。再以这个冠层水量为起点,计算下一时段内冠层截留量。依次迭代计算就得到了群落截留量随时间变化的过程。

2. 枯落物持水

地被物层是森林对降雨的第二个拦截层。研究表明,地被物层的水源涵养作用大于林冠层。在郁闭林分下,死地被物是地被物层作用的主体,活地被物不多,其对水分循环的影响处于次要地位。森林的枯落物有很强的持水能力,一般吸持的水量可达自重的 2~4 倍。枯落物层的最大持水能力在不同的森林生态系统中也有很大的不同,其最大持水量平均为 4.18 mm。林地枯枝落叶层的截留量与枯枝落叶的种类(随树种而异)、厚度、干重、湿度及分解程度有密切关系。

3. 土壤水分运动与入渗作用

森林土壤是森林生态系统水源涵养作用的核心。其中土壤入渗速率和土壤持水能力是决定森林生态系统水源涵养能力的关键因素,它们随土壤物理性质、含水量、降雨强度的变化而变化。

土壤水分渗透原理和渗透速率是研究的热点和难点,在观测试验的基础上建立了大量的入渗模型。其中,著名的达西定律描述了土壤水分运动速率与土壤水量、水势、土壤的孔隙度和土壤透水能力的关系。霍尔顿公式(Horton,1945)把土壤入渗速率表示为时间的函数:

$$f = f_c + (f_0 - f_c)e^{Kt} \tag{1-14}$$

式中:f_0 为土壤初始入渗率;f_c 为稳定下渗率;K 为常数,与土壤物理性质有关;t 为时间。

索瑟金公式把土壤入渗速率表示为土壤有效孔隙度占总孔隙度的比例和土层厚度的函数。菲利普入渗公式把入渗速率表示成稳定渗透速率和土壤含水量的函数,可计算土壤含水量增加后土壤入渗速率潜在值的变化。

Green-Ampt 模型是根据土壤水动力学建立的模型,它将土壤含水量、土壤水的表面动能和入渗速率结合,是根据水在土壤中的运动过程所形成的土壤干湿界面上、下两侧的水势差与土壤含水量、土壤物理性质的关系,以及水在该势差的作用下的运动过程而建立的模型。

目前有关土壤入渗的研究主要是根据观测数据计算式(1-14)的系数(余新晓,1995)。土壤入渗速率随降雨过程的变化,一方面是由于土壤含水量的增加而引起的,另一方面还与雨滴对地表的击溅作用改变了土壤表层的结构有关。

有关土壤水分的研究的另一个重要方面是土壤水分的运动和时空分布。贾志清等(1997)研究了含水量随时间的变化;李金中等(1999)建立了模型模拟坡面土壤水分的运动;Stähli 和 Stadler(1997)建立了模型模拟冻土区坡地森林土壤中水分的垂直和水平运动。

4. 蒸散作用

蒸散作用是森林生态系统水分循环的一个重要环节。森林的蒸散是森林生态系统内植物的蒸腾以及从土壤表面和植物表面(截留降水)的蒸发向大气输送水分而形成的,它在森林生态系统的水量平衡中占据着重要地位。蒸散速率与天气状况以及植物的种类组成和生长状况关系密切,起主导作用的是环境条件的变化。Betts 等(1999)的研究发现加拿大北方云杉林在水分充足的条件下的蒸散速率主要受气候条件控制,表现出鲜明的季节性。

枯落物的覆盖也抑制土壤水分的蒸发,赵鸿雁等(1992)研究了林下枯落物的覆盖与土壤蒸发强度的关系。

由于影响蒸散的因素十分复杂,而且很难界定范围,因此到目前都无法直接测定群落的蒸散量,多采用间接方法来测定,如水汽通量法,即根据空气中的水汽通量的变化来计算群落的蒸散速率。最简单的办法是水量平衡法,从总水量中减掉其他水文要素就得到蒸散量(赵明等,1997)。

建立以容易获得的环境资料为参数的蒸散模型是一条获得群落蒸散强度的重要途径,如根据温度、日照、辐射等计算蒸散量。

1.2　坡面土壤侵蚀动力学过程及模拟

1.2.1　坡面径流侵蚀力学机理

坡面径流的侵蚀及输沙力学机理取决于坡面径流的水力学特征。由于坡面径流形成的复杂性、运动的非恒定性和非均匀性、流态沿程的易变性、边界条件的特殊性等,以致无法对坡面径流的水力学特性作出简单描述,至今对坡面径流的水力学理论研究缓慢,较多的是一些定性的或简单的描述,从而大大影响了坡面径流侵蚀及输沙力学机理的研究。

坡面径流具有分散(或冲散)土壤颗粒和输移侵蚀土壤颗粒两方面的作用。一般认为,当坡面径流侵蚀力大于土壤颗粒分散临界剪切力时,土壤就会发生分散。Nearing 等(1989)指出,只有在径流中的含沙量小于径流输沙能力的条件下,才会有分散发生。大量试验结果表明,坡面径流的输沙能力和坡面坡度呈正相关,与植被呈负相关。坡面径流的输移能力是径流动力因子、边界条件的水力因子(包括雨滴打击的作用)及泥沙本身特性的函数(王文龙等,2003)。

1.坡面流水力特性

降雨引起的坡面流受到降雨和土壤入渗的影响,沿程不断有质量源和动量源的增加或减少,时空变化十分明显,因此流动十分复杂,是一种有典型自身特点的非恒定不均匀流动。由于坡面流水层很薄,坡面水流的水力特性受坡面微地形的影响很大。坡面流对土壤侵蚀的贡献主要取决于坡面流对土壤的侵蚀力,坡面流的侵蚀力与其水力特性分不开,就研究现状而言,坡面流水动力学特性主要包括坡面流流态的判别、水流流速问题以及坡面流阻力问题。

1)坡面流流态的研究

坡面流流态的研究,涉及水流参数的数学表达和坡面流侵蚀产沙过程机理等重大理论问题。然而,关于坡面水流流态的问题目前仍无定论(Shen and Li,

1973)。Horton(1945)认为坡面流是一种混合状态的水流，即完全紊流区域上点缀着层流区；Emmert 称之为"扰动流"。Shen 和 Li(1973)进行了室内试验，认为当雷诺数 Re 达到 900 时，坡面流才不再保持为层流。而沙际德等(1995)认为坡面流是介于层流到紊流的过渡流；吴普特等(吴普特，1997；吴普特和周佩华，1992)则定义坡面流为"搅动层流"，仍属层流范畴。陈国祥和姚文艺(1996)认为坡面流实际上是一种"伪层流"。而吴长文和徐宁娟(1995b)则认为坡面流是介于层流和紊流之间的一种特殊水流。在目前研究中，坡面薄层水流转变为细沟流时的流态变化尚属薄弱环节，还需进一步加强研究。

2)坡面流流速的研究

自 20 世纪 30 年代起，国内外许多学者就针对坡面流流速开展了大量的研究工作，吴普特、姚文艺、雷阿林、雷廷武、张光辉等对坡面流流速分别进行了试验测定和分析，并推出了各自的坡面流流速公式(张光辉，2002)。然而，由于坡面流水很浅且无固定流路，因此流速测量技术一直是困扰研究人员的问题。夏卫生等(2003，2004b)根据对水流影响电解质扩散和其导电特性的分析，结合电解质脉冲在水流中迁移的数学模型，设计了薄层水流速度测试系统，其比传统的染色法与示踪法的测量结果更精确，实现了数据采集、参数计算以及分析自动化实验和模拟结果，效果较好，是流速测量技术发展的方向。

3)水流阻力问题

坡面流由于水层很薄，受边界影响极其敏感，底层水流受壁面粗糙的影响，流线发生弯曲，这样底层水流虽然仍属层流状态，由于流程增加，必然会使水流的阻力增大。粗糙度越大，水流弯曲越明显，流程增加越多。因而，坡面流的阻力系数 f 与糙度有关。对于坡面侵蚀过程中的径流流动，坡面漫流阶段坡面对水流的阻滞作用可来自土壤粒径组成及其排列、坡面微地貌和水流本身结构，水蚀进入细沟侵蚀阶段，侵蚀作用还受到坡面侵蚀形态的影响(Yen and Wenzel，1970)。目前还不能从理论上描述坡面流的阻力规律，为了解决实际问题，作为一种近似一般仍用二维明渠的阻力概念和表达方法，即仍在普遍采用只适用于均匀流的 Darcy-Weisbach 阻力系数、谢才系数 C 和曼宁糙率系数 n 来反映坡面流阻力特征。

4)坡面流基本方程

最早进行坡面浅层水流研究的学者是美国的 Horton；由于其公式在应用时参数的适应范围较小，Kenlegan 等将坡面流视为流量沿程增加的空间变量流，建议采用空间变量流的运动微分方程及连续方程来求解坡面流水力学问题；后来 Yen 和 Wenzel(1970)考虑到降雨对坡面流的影响，根据动量原理，推导出了降雨情况下的一维坡面流运动方程；计算机技术的迅速发展使得一些复杂的微分方程可以用数值方法近似求解，因此可以用一维浅水圣维南(Saint-Venant)方程组来模拟坡面水流运动；近年来，刘青泉等在分析前人经验和问题的基础上，发展了一种能更好地反映坡面流汇流过程的二维模拟方法(Liu et al.,2004)。

由于坡面流流动十分复杂,目前对坡面流特性和规律的认识仍不充分,而植被对坡面径流的影响,加剧了此水文水力过程的复杂性,尤其是对坡面径流的水力特性及其侵蚀力的影响,都有待从机理上进行深入研究。

2.降雨条件下林冠层对坡面流的作用机理

降雨是引起土壤侵蚀的动力和前提条件,降雨对坡面侵蚀的影响主要表现在三个方面:一是决定坡面流径流量;二是对土粒的溅散,使坡面流更易于冲蚀地表,并为坡面流提供了输移泥沙的来源;三是雨滴的打击作用加强了坡面流的紊动性,提高了径流的输移能力。

在降雨条件下,水深始终不断发生着变化,使薄层水流的流路非常复杂,横向的兼并、摆动等现象不时出现。试验观察表明,降雨初期加入水流中的示踪剂会沿坡面迅速横向扩散。当水深较小时,降落的较大雨滴甚至可以将水流溅开使床面瞬时露出,坡度越小,这种现象越明显。

降雨之所以可增大水流阻力,是因为当有降雨时,一是雨滴的连续打击,破坏了水流表面平整,会直接引起上层水流的波状流动,使流程相对加长,形成附加阻力;二是在坡面流水深很小时,雨滴的打击,雨水四溅,周围的坡面流水滴也被带起飞溅,坡面流沿坡面流动的趋势被阻滞,在这种连续打击下,坡面流需要不断调整流路才能继续向下流动,在水层中引起局部的掺混紊动,使雷诺应力增加,增大水流阻力。另据姚文艺(1996)研究在同样雷诺数条件下,坡面流阻力要比明渠流大,这是由于坡面流水深极小,诸如有机玻璃那样的床面,对坡面流而言也是粗糙的。

林冠层对坡面流的影响主要是通过改变雨滴特性来影响坡面流水力特性,进而改变坡面流对坡面的侵蚀机理。

冠滴雨中尤其是相当数量的大直径雨滴的形成,其到达地面的动能足以破坏坡面土壤结构,扰乱坡面流流路,使坡面上出现大大小小的水坑。当水流流速较大,水较深时,这些击溅坑在形成过程中边缘土壤就被水流剥蚀冲淘而走。因此冠滴雨的击溅作用,增加了水流侵蚀强度。

林冠的存在增大了降雨中较大雨滴的比例,有助于坡面流对坡面土壤的侵蚀,但同时由于林冠的截流损失部分降雨使雨强变小,林冠分流作用使部分降雨以径流形式落到坡面,而且冠滴雨中增加了降雨雨谱中小雨滴的比例,这些因素又减小了降雨侵蚀力。因此,降雨条件下林冠层对坡面水蚀的作用机理更复杂,需要考虑的影响因素更多。

3.森林植被茎干与坡面流的作用机理

森林对径流能量的影响,主要是由于林木对径流的分散阻止作用,增大地表径流的阻力系数。当雨滴落到坡面上以后,顺坡而下,流经植物茎干,植物茎干对坡面流产生阻滞作用,就像桥墩一样,出现流体绕物体的绕流运动,坡面流作用于茎干的力,即绕流阻力,使不断顺坡流来的坡面流将部分压能转化为动能,改变原来的运动方向,沿着茎干两侧继续向前流动,流速增加,出现流线分歧现象。试验时,在植被茎干的前部滴入示踪剂可明显观察到坡面流遇到茎干后的绕流现象,径流局部变形,流线分歧,流速增加。

坡面流的绕流运动,使坡面局部阻力增大,在茎干的迎水面和两侧很容易将周围的泥沙带起。在背水面,水流在这里汇聚,流速减小,被带起的泥沙会慢慢在这里沉积。因而覆盖物的出现增加了泥沙颗粒的起动机会,使得在有覆盖的情况下,泥沙在更小的径流速度下也可以发生起动。而茎干周围的床面仍然非常平整,没有起动现象的出现。

研究茎干扰流规律对合理林木密度非常有益,由于林木密度的变化,局部冲积的形态以及每个局部形态相互干扰的情形也不相同。一方面阻力增大,水深不断地增加,水深的增加可能会使周围的水流影响到床面沙粒的机会减小;另一方面,林木之间的间距变小,这使水流流动受阻产生的涡流没有空间充分发展,它们互相干扰,消散能量,因而减小了对沙粒起动的影响。卫海燕等用塑料管作覆盖研究了泥沙起动问题,实际上也反映了一种坡面流绕流运动现象,虽然试验用的塑料管与森林植被的茎干特性不同,但也有其相似性。

茎干绕流现象对坡面流的作用,是植被对径流的作用,不同于植被对降雨特性的影响,林木在一定种植密度内,会使泥沙起动流速减小,增加坡面侵蚀。因此,应合理选择林木的种植密度,才能起到减少坡面水蚀的作用。

4.枯落物层与坡面径流的作用机理

森林植被枯枝落叶层防止水蚀的机理主要表现为三个方面:一是消除林冠降雨雨滴对坡面土壤及坡面流的击溅动能,从根本上消除击溅侵蚀发生;二是枯落物层的存在增大了地表有效糙率,使坡面流流动受阻,部分能量损耗,从而减少坡面侵蚀;三是其具有一定的储水持水能力,可以有效延长径流历时和增加土壤入渗。数十年来,国内外学者通过大量试验,认为雨滴溅蚀是引起土壤侵蚀的重要因素。韩冰等(1994)通过 28 年生油松人工林内溅蚀试验结果表明,当枯落物层具有一定厚度时溅蚀与其他因素无关,溅蚀主要发生在清除枯落物层的林下,随枯落物层厚度增加,溅蚀量剧减。山杨林地有 0.5 cm 枯落物时,可减少溅蚀量 76.44%,有 1 cm 枯落物时,可减少溅蚀量 97.5%;油松林地有 1 cm 的枯落物时,可减少溅蚀量 79.67％,有 1.5 cm 厚枯落物可减少溅蚀量 94％。当有 2 cm 厚的枯落物时,山杨和油松林下基本可消除溅蚀的产生。

糙率的增大可以有效减小坡面径流动能,从而减小径流对坡面土壤的冲刷、搬运能力。目前,对枯落物糙率增大对坡面影响的研究较多,赵鸿雁(1991)通过室内实验研究了枯枝落叶层对径流速度的延阻效应,结果表明流速随枯落物层厚度的增大呈指数递增。吴长文(1993)等通过枯落物去留的对比来研究枯落物对土壤侵蚀的作用,并给出了枯落物最佳蓄积量与侵蚀速率的方程式,他们认为包括枯落物在内的地表覆盖,大大减少土壤流失量。吴钦孝等(1992)试验表明,土壤的冲刷量随枯落物厚度的增加而减小,1 cm 厚的枯落物层即可抵御 2.7 mm/min 雨强的冲刷,比无覆盖的裸地减少冲刷量约 80％;有 2 cm 厚的枯落物覆盖,即可消除侵蚀产沙。张志强等(2000)针对野外自然坡面状态下通过实测流速与水深很难获取坡面地表径流的有效糙率的实际情况,根据实测流量过程线通过寻优计算获取了地表径流的有效糙率。枯落物对林地入渗方面的作用:对于一定的降雨,入渗量大,则地表径流量小,反之径流量则较大。一般而言,森林土壤具有比其他土地利用类型高的入渗率,由于枯落物层及根系层的存在,减少径流总量和降低径流速度,降低土壤侵蚀发生。虽然,许多学者从不同的角度对枯落物的水文泥沙效应进行了比较客观的研究,枯落物在防治土壤侵蚀中的巨大作用也得到了普遍认可。但是由于枯落物的存在,坡面流如同流经一过滤层,含沙量与流速锐减;坡面流在枯落物层中流动并穿过枯落物层后下渗进入土壤的过程完全不同于在裸地坡面的流动与入渗,枯落物分解程度不同,流动状态也不同,类似于水流在多孔介质中的流动,有必要应用渗流理论来深入研究以搞清其流动机理。因此,枯落物防蚀机理的研究和应用仍是森林水文学研究的一个难点和重点。

5.森林植被根系层抵抗坡面水力侵蚀的动力学机理

土壤的抗侵蚀能力主要取决于土壤的内在特性,如土壤的容重、渗透性能、机械组成、孔隙状况、有机质含量、水稳性团聚体含量等指标,而根系层的存在能逐步改善土壤的内在特性,使其抗侵蚀能力加强。植物根系层抵抗坡面水力侵蚀的作用主要表现在根系层能稳定表土层结构、提高土壤入渗性能和抗剪强度、增强土壤抗冲性。

根系提高土壤抗侵蚀性、改善土壤抗侵蚀环境的显著特点之一,是根系增加了水稳性团粒及有机质含量稳定土层,尤其是表土层结构,创造抗冲性强的土体构型。根系缠绕、固结土壤强化抗冲性作用有三种方式:网络串联作用、根土黏结作用及根系生物化学作用。径流对土壤的侵蚀力主要取决于地面径流量,土壤渗透性是制约坡面径流、土壤侵蚀的重要因子。土壤的渗透性主要由土壤的物理性质决定,植物根系是通过影响土壤物理性质来影响土壤渗透性的,大量研究成果表明,林地土壤具有较大的毛管和非毛管孔隙度,从而增大了林地土壤的入渗率和入渗量,土壤入渗能力随着森林植被覆盖率的增加呈指数增加,林地内入渗率具有很大的空间变异性,距离树干越远,渗透能力越小。朱显谟(1998)认为根系对土壤渗透力的作用主要是根系能将土壤单颗粒黏结起来,同时也能将板结密实的土体分散,并通过根系自身的腐解和转化合成腐殖质,使土壤有良好的团聚结构和孔隙状况。王库(2001)认为植物根系对土壤水力学性质的影响主要是通过根系的穿插、缠绕及网络的固持作用,来影响土壤的物理性质,进而使土壤的抗冲性、渗透性、剪切强度等水力学性质得以改善,并得出直径小于1 mm的根系在提高土壤的水力学效应方面贡献最大。

植物根系层对坡面水蚀作用的研究是一个崭新的领域,须从土力学和植物根系影响土壤力学性质的角度研究土壤的抗侵蚀能力。

1.2.2　坡面植被防蚀机理

国内外在开展森林植被对土壤侵蚀影响的研究中,由于各自从不同的学科领域出发,针对不同的自然社会经济条件,在研究方法上、研究尺度上与研究对象上均有显著的差别。在欧洲,尤其是在英国,土壤侵蚀主要是地貌学家所关注的问题,而在美国又主要是农学家关注的热点。近年来,欧美地貌学家在探求生物在地貌发育过程的作用中,开创了生物地貌学的研究,它强调在地貌发育过程中森林植被变化对侵蚀、搬运、沉积、风化等物理化学过程在景观尺度和时间尺度上的影响,其中以利用植被参数和土地利用参数来模拟流域产沙最具代表性。

我国因其特殊的自然与社会经济条件,研究的比较深入和广泛。从研究的区域上看,几乎遍布我国南北山区,所研究的树种基本上涉及了这些区域极具代表性的种群。这些研究是与水文生态研究同步进行的。从研究的方法上看,观测试验研究占绝对优势。标准径流小区、自然坡面集流区、小流域等空间尺度的实地观测研究仍是最为广泛采用的研究方法。在理论研究方面,从能量角度研究来林冠对降雨动能的影响(余新晓,1987a,1987b);从林地地表糙率的研究来分析林地地被物对径流流速的阻延作用;以坡面侵蚀物理过程为出发点,建立描述有林地和无林地的坡面霍顿地表径流侵蚀数学物理模型,评价林木对土壤侵蚀的控制作用。从研究结果上看,林地控制水土流失均具有十分显著的作用,但是这种作用在不同区域、不同树种、不同类型群落存在一定的变化。

森林是陆地上最重要的生态系统,其林冠层、林下茂密的灌草层和林地上富集的枯枝落叶层以及发育疏松而深厚的土壤层截持和储蓄大气降水,从而对大气降水进行重新分配和有效调节,发挥着森林生态系统特有的水文生态功能。此外,森林生态系统水循环作为全球物质循环中的重要环节,不仅共同影响大气、土壤和植被的结构、功能、分布格局及动态变化,还影响地球能量收支、转换和分配,借以在维持生物圈和地圈生态平衡过程中起重要作用。森林植被一般可分为三个层次,即冠层、枯落物层和含根土壤层,这三个作用层在防止土壤侵蚀中各有其重要作用。

1. 森林植被冠层的防蚀作用

林冠截留以多种方式影响到达地表土壤的有效雨量。在森林与降水的关系中,林冠截留降水是森林对降水到达地面的第一次阻截,也是对降水的第一次再分配。由于森林冠层具有较大的截留容量和附加截留量,减少了林地的有效降雨量,延长降雨、产流历时,因而对土壤侵蚀具有较大的影响。林冠截留容量具有随着雨滴直径的减小而增大的特性。雨滴对地面的击溅作用是次降雨中最初发生的侵蚀现象,是造成土壤侵蚀的主要动力之一,侵蚀量的大小与雨滴的动能和土壤特性有关。植被(包括森林)的地上部分及其地被物能够拦截降雨,避免雨滴直接打击地表,大大降低雨滴的降落速度,有效削弱雨滴击溅地表的动能,从而控制了土壤侵蚀的发生。植被覆盖度越大,拦截降雨的效果就越好,尤以茂密的乔灌混交林最为显著。森林植被截留一方面减少了地面的实际受雨量,从而减轻侵蚀;另一方面阻截了雨滴的溅蚀和雨滴对坡面薄层水流的扰动,而这种扰动是坡面径流侵蚀的重要动力。

2. 森林植被枯落物层的防蚀作用

枯枝落叶层是森林结构中重要的组成部分,是森林地表的一个重要覆盖面和保护层。森林植被枯枝落叶层的防蚀机理主要表现为两个方面:一是其具有一定的储水持水能力,可以有效延长径流历时和增加土壤入渗;二是枯落物层的存在增大了地表有效糙率,对于减小径流流速和防止土壤侵蚀具有重大意义。

枯落物层截持降水的水力机制相似于林冠截留过程,枯落物层的截留量与各枯落物成分的储水能力有关,与林地单位面积的枯落物量成正比。许多学者分别采用不同的方法和途径对不同林地的地表糙率系数进行了研究。较为一致的结论是林地枯落物层一般比裸露坡面具有更大的糙率系数值,林地单位面积上枯落物量与糙率系数值具有很好的相关性。吴长文等(1993)通过枯落物去留的对比来研究枯落物对土壤侵蚀的作用,并给出了枯落物最佳蓄积量与侵蚀速率的方程式。吴钦孝等(2001)在宜川进行的抗冲刷试验表明,土壤的冲刷量随枯落物厚度的增加而减小,1 cm 厚的枯落物层即可抵御 2.7 mm/min 雨强的冲刷,比无覆盖的裸地减少冲刷量约 80%;有 2 cm 厚的枯落物覆盖,即可消除侵蚀产沙。

虽然许多学者从不同的角度对枯落物的水文泥沙效应进行了比较客观的研究,枯落物在防止土壤侵蚀中的巨大作用也得到了普遍认可,但是由于枯落物层厚度、分层特性、分解程度、组成结构、含水量的时空变异及其模糊的边界层等特性,极大地增加了枯落物研究的难度。而且,经过简化的室内实验成果很难应用于野外实际情况。因此,枯落物防蚀机理的研究和应用仍将是森林生态水文学研究的一个难点和重点。

3.森林植被含根土壤层的防蚀作用

土壤层的通透性是森林植被水文泥沙效应的基础。含根土壤层的防蚀作用主要体现在其透水和储水性能,根系对土壤的固持以及在枯落物和根系的共同作用下,对土壤物理性状和结构的改善。植被根系减少土壤冲刷量的实质是提高了土壤的抗冲性。

林地土壤水分入渗和水分储存对森林流域径流形成机制具有十分重要的意义。一般而言,森林土壤具有比其他土地利用类型高的入渗率,良好的森林土壤稳定入渗率可达 8.0 cm/h 以上,水力传导率可达 15 mm/h 以上,而侵蚀率通常小于 0.1 mg/(hm² · a)。大量研究成果表明,林地土壤具有较大的毛管和非毛管孔隙度,从而增大了林地土壤的入渗率和入渗量。土壤入渗能力随着森林植被覆盖率的增加呈指数增加,林地内入渗率具有很大的空间变异性,距离树干越远,渗透能力越小。目前国内一般采用林地土壤非毛管孔隙饱和含水量来计算林地的储水能力,进而评价森林植被的水源涵养作用。刘昌明和钟俊襄(1978)对林地土壤水分动态及产流关系的研究,确定了林地产流影响深度达 50 cm,相应的降雨最大初损量为 250 mm。

在森林下的浅层土壤中,林木的侧根组成了连续的和具有斜向牵引力作用的根网,对根际土层的强度有重要意义,小直径的侧根组成的密集根网如同具有斜向抗张强度的张力膜,即加固根际土层,又把下层土壤固持在原有位置,这层张力膜的斜向加强与垂直根的垂直锚固作用共同加固坡面。林木根系对土体的固持力主要取决于土壤中根表面积和根的抗拉力的大小。在黄土坡地上,林木根系与土壤间的静摩擦阻力是决定根系提高土壤抗剪强度增量的主要因素,长而粗的少量根系与土体间的摩擦阻力远大于短而细的多量须根。李勇从土壤抗蚀性与根系的关系出发,认为土壤抗冲性强度值与小于 1 mm 径级的须根密度关系最密切,并将土壤剖面中 100 cm² 截面上小于 1 mm 须根数作为判别有效根密度的指标。

1.2.3　坡面土壤侵蚀模型

1.森林植被影响条件下坡面片流侵蚀产沙机理

片流侵蚀是指沿坡面运动的薄层水流对坡面土壤的分散和输移过程,一般在坡面上部没有细沟的区域和下部的细沟间部分,土壤侵蚀以片流侵蚀的方式发生,或称沟间侵蚀。坡面径流的侵蚀及输沙力学机理取决于坡面径流的水力学特征。

坡面径流具有分散(或冲散)土壤颗粒和输移侵蚀土壤颗粒两方面的作用。一般认为,当坡面径流侵蚀力大于土壤颗粒分散临界剪切力时,土壤就会发生分散。土壤分离是产生侵蚀泥沙的必要途径,对其发生、发展的水动力学特征进行定量化模拟,是建立土壤侵蚀模型的基础。

片流侵蚀的原动力是水流的作用力,其侵蚀过程与坡面水流力学有着密切的关系。在以往的研究中,对片流侵蚀和细沟水流侵蚀通常不加区别,统称为坡面流侵蚀。鉴于它们的水力特性和侵蚀机理均有所不同,近年来倾向于将二者加以区分。坡面流侵蚀土壤的作用与水流的切应力和土壤的抗蚀力有关。Nearing 等(1989)指出:只有在径流中的含沙量小于径流输沙能力且当坡面径流侵蚀力大于土壤颗粒分散的临界切应力时,土壤才会发生分散。王秀英和曹文洪(1999)认为坡面土壤侵蚀主要受水流输沙能力制约而不受供沙条件限制。

坡面侵蚀产沙力学过程包括分离土壤、泥沙输移和泥沙沉积三个子过程。其中,分离是指当径流作用于土壤颗粒上的力大于土壤颗粒的阻力时,土壤颗粒离开原始位置的过程;输移过程是指被分离的土壤颗粒被径流挟带走的过程;如果上游的来沙量或径流的输沙率大于径流输移能力时,就会出现沉积的过程。这三个子过程是相互影响、相互制约的,是有机联系的。坡面流分离土壤的数量,实际上还受制于径流的输移能力。一般认为,径流分离的土壤量(多用分离速率表示)与输移率成反比,若径流输移率增大,用于输移的能量增加,那么用于分离土壤的能量就会相应减小;而输移率又取决于输移能力。所谓输移能力,是指在一定的水力条件下,坡面径流所能输移侵蚀物质的数量。输移能力越大,输移率就会越高,当来沙量或输移率小于输移能力时,就会发生土壤的分离。

2.坡面流模型

近几十年来,坡面流研究逐步由经验性分析走向以动力学特征为主的机理研究。在土壤入渗产流过程、坡面流水力特征、流态、阻力规律,以及坡面流的数学描述和预报模型等方面都取得了很大进展。但由于这种流动十分复杂,对坡面流特性和规律的认识仍不充分。

目前坡面流模拟中最常用的是运动波模型,它实际上是圣维南方程的一种近似。现在仍有人在实际应用中使用完整的圣维南方程求解,但实际的坡面水流运动因边界条件复杂,用圣维南方程求解有相当困难。同时,由于坡面流水深很浅,在实际坡面流动中受微地貌影响很大,完整的圣维南方程并不一定能够很好地描述这种特殊的流动。因此,简化模型逐渐被引入坡面流运动研究,并在实际坡面流描述和运用中取得了更好的效果。运动波模型的本质就是流量和水深与空间坐标三者间存在函数关系的一维流动系统。Morgali 和 Linsley(1965)是运用浅水方程或其运动波近似理论的先锋,最完全和严格的描述是 Smith 和 Woolhiser

(1971)的坡面流-土壤入渗耦合模型,之后运动波模型在坡面流模拟中得到了广泛的应用。

　　总体上讲,由于运动波模型的方程比较简单,数值求解方式也比较简单,运动波模型一直得到很好的应用,发展了众多的坡面流模型。这些模型的主要差别在于,对土壤入渗过程模式的不同考虑和对坡面流阻力的不同描述。随着对土壤入渗和坡面流阻力认识的不断深入,以运动波理论为基础的坡面产流动力学模型进一步得到了发展。陈力等(2001)运用运动波理论结合改进的 Green-Ampt 入渗模型,建立了坡面降雨入渗产流的动力学模型,运用数值模拟方法探讨了坡面产流的基本动力学规律,并将其运用到黄土高原,较好地分析了黄土高原典型侵蚀地区的产流特征。实际坡面通常是不平整的,将出现水流的集中路线,此时一维计算就难以满足分析的需要,而需要对其进行特殊的模拟或二维流动模拟。近年来,一些学者专门对此问题进行了研究,建立了能够较好模拟该流动现象的坡面产流及侵蚀模型,另一种是自然坡面通常本身在横向也有起伏存在,譬如有明显的沟道存在,也将导致水流的集中路线,需要用二维模型进行模拟。

　　综上所述,简单坡面上的坡面流模拟及预报研究相对比较完善,但复杂坡面条件下的坡面流模拟仍然很不成熟,对其流速场的空间分布规律仍然认识不够。坡面森林植被对坡面土壤侵蚀的影响,尤其对坡面侵蚀性水流的水力特性及其侵蚀力的影响,增加了坡面土壤侵蚀机理研究的复杂性,使坡面侵蚀性水流流速场分布在时空上变得异常复杂,有必要进行深入研究。

1.3　沟道侵蚀力学机理

1.3.1　沟道侵蚀特征及类型

　　沟道是指一种具有陡坡的遭受间歇性洪水冲刷的集水道。沟道侵蚀往往是由重力和水流冲刷联合作用引起的(黄才安和杨志达,2003;陈浩,2000),是水力侵蚀中常见的侵蚀形式之一。由坡面汇集到沟道内的水流具有较大的动能,使沟道边界受力而造成冲刷,输移走沟道中沉积下来的泥沙,通过淘刷并与水分下渗降低土壤黏结力的作用结合在一起,使重力作用超过岸坡抗剪强度而引起沟岸侵蚀。这一系列作用导致沟头溯源前进、沟岸扩张和沟身下切。沟头溯源前进和沟岸扩张的表现形式主要有崩塌、滑坡等。这类侵蚀的直接诱发力为重力,因此又称为重力侵蚀。在未发生重力侵蚀时,土体受重力、支承力及摩擦力和土体间的黏结力作用。在降雨或坡面来水下渗以后,经过一系列物理、化学变化,土体内黏结力随水分的不断下渗及土体内水分的不断增加而不断下降,当重力分力大于摩擦力和黏结力之和时,重力侵蚀就会发生。沟道的水流下切,是坡面来沙量、沟岸侵蚀量及沟底土壤抗蚀力的函数。当来沙量或当地沟岸侵蚀量大于水流的输沙能力时,将会发生沉积现象;反之,若来沙量或当地沟岸侵蚀量小于输沙能力且水流的拖曳力大于泥沙的抗蚀拖曳力时,就会发生水流的冲刷下切。

根据沟道侵蚀发生的严重程度及侵蚀沟外貌特征,可将侵蚀沟分为黄土地区的侵蚀沟(浅沟、切沟、冲沟和河沟)和土石山区的侵蚀沟(荒沟、崩岗沟)。切沟/冲沟(gully)是沟道的主要形式,与细沟的区别是它的尺度较大,分布的间距较远,不能被通常的耕作方法所平覆。冲沟侵蚀是一种重要的土壤侵蚀方式,它不但是导致土地退化的一个重要过程,还是江河泥沙的一个主要来源。Proser 和 Soudi (1998)对澳大利亚砂质黏壤土区域的林木砍伐后冲沟的形成过程进行了观测研究,得到日降雨量超过 80~100 mm 即可启动冲沟的发育。王文龙等(2003a)通过模拟降雨试验的方法,研究了切沟流水力特征与切沟侵蚀,得出切沟一般分布在沟缘线附近坡度较为陡峻的地带,试验中观测到的切沟侵蚀主要在 25°坡与 35°坡的转换处,切沟陡坎的高差常在 30~60 mm。

泥石流流体中固体物质的含量和粒径都远大于普通挟沙水流,其物理力学性质、运动、侵蚀和沉积特性等与普通挟沙水流都有明显区别。因此,泥石流沟道侵蚀是一种特殊的侵蚀类型。关于泥石流沟道侵蚀的研究还比较少,潘华利等(2009)对泥石流沟道侵蚀的模式进行了探讨,认为泥石流沟道侵蚀包括沟床下切侵蚀、沟岸侧蚀和溯源侵蚀等三种主要侵蚀类型。

1.3.2　坡沟系统侵蚀产沙

黄土高原可分为两大地貌单元,即沟间地和沟谷地。这种地貌特征决定了黄土高原坡面从分水岭到坡脚,径流侵蚀产沙方式和产沙强度等表现出明显的垂直分带性。一般以沟缘线为界将其以上部分的侵蚀称为坡面侵蚀,以下部分的侵蚀称为沟道侵蚀。坡面侵蚀类型主要以水力侵蚀为主,侵蚀的主要方式包括:溅蚀、片蚀、细沟侵蚀、浅沟侵蚀、切沟侵蚀。其中,浅沟和切沟为坡面上的沟道侵蚀。由于切沟发育在靠近沟缘线的位置,沟缘线为坡面与沟坡水流发生巨变能量的转折点,因此切沟为典型的现代沟道发育形式。

坡沟系统侵蚀自 20 世纪 50 年代以来,逐渐成为学术界研究的热点。坡面沟道系统(简称坡沟系统)是小流域侵蚀产沙的基本单元,也是水沙传递关系分析的基本单位(肖培青等,2007)。陈永宗(1988)分析陕北子洲团山沟黄土沟坡受沟间地径流下沟影响的侵蚀产沙量是不受径流下沟影响侵蚀产沙量的 5 倍。坡面侵蚀主要是水力侵蚀,且具有明显的垂直分带性,从梁峁坡顶部到沟缘线分为溅蚀片蚀带、细沟侵蚀带、浅沟侵蚀带。坡沟侵蚀示意图如图 1-1 所示。

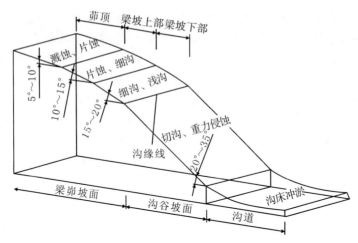

图 1-1　坡沟侵蚀示意图

受降雨的水动力作用影响,坡面和沟道形态不断发生变化,从而造成坡面沟道的水动力学特性在侵蚀过程中也不断发生变化。因此,研究侵蚀动床条件下坡面沟道水流水动力学特性的变化规律对于描述坡面沟道侵蚀的发生发展过程有一定的理论意义。在目前还没有完善的坡面侵蚀输沙理论的条件下,只能借助于河流动力学及其他理论来对坡面流的侵蚀产沙和输沙进行研究。为了研究坡沟系统侵蚀,有必要先对坡面和沟道侵蚀分别进行研究。

为了系统研究坡沟系统侵蚀,有必要先将坡面侵蚀对沟道侵蚀的作用进行深入探讨。在降雨过程中,坡沟系统之间水流能量传递主要依靠坡面来水来沙,它不仅影响沟道系统的入渗、产流能力,同时会影响到沟道系统的径流挟沙能力和侵蚀产沙量。肖培青等(2007)根据对试验数据的分析,表明梁峁坡面来水径流量与梁峁坡面引起的沟坡部分净侵蚀量呈密切的幂函数关系,即沟谷坡面部分的净侵蚀量随着梁峁坡面来水径流量的增大而增大。因此,有效减少坡面来水量将是黄土高原地区水土保持措施(简称水保措施)布设的关键,这在一定程度上为朱显谟院士提出水土保持28字方针中的"全部径流就地入渗"提供了有力的理论依据。

1.3.3　沟道侵蚀模拟

自 20 世纪 90 年代开始,沟道侵蚀的模拟从经验方程向过程机理的模型发展。主要原因是:沟道侵蚀发生演变过程受到降雨强度、坡度、汇流强度、土壤、土地利用和气候等多因素的综合影响,是一个复杂、多维、非线性、动态的时空演变过程,而经验模型在沟道侵蚀过程描述和应用条件上进行了假设和简化。例如,假定流量随时空线性变化、流速采用平均值计算等,忽略了各侵蚀营力间的相互作用,过程模拟难以准确描述实际过程,导致切沟侵蚀量预测的精度差。

Sidorchuk(1999)根据对沟头发展阶段的划分,建立了模拟切沟快速发展阶段的三维水力学模型 GULTEM,该模型输出的是沟深、沟宽和沟的体积,但最终的沟长必须提前指定,而且不能模拟沟头溯源侵蚀。Kirkby 和 Bull(2000)从质量守恒方程、泥沙传输方程出发,结合经验公式,用实验和野外观测结果确定了模型的有关参数,将理论模型与经验模型相结合,模拟计算了岩石集中地区由于冲刷、蠕动/溅蚀引起的地表演变和切沟沟头分布,对切沟侵蚀定量研究具有重要意义。模型为了简化对切沟复杂过程的描述,未考虑水力与重力的联合作用,并做了相当的假设。例如,假定水力坡度不随时空变化,流量随距离线性变化,地形坡度不随时空改变,这些假设使模型适应性受到很大限制。总体而言,国内外关于沟道侵蚀的模拟和预报研究处于起步阶段。

1.4 河流输沙机理

从整个流域泥沙运动过程看,与坡面泥沙和各级沟道泥沙研究比较,河流泥沙研究更为全面、深入和系统。周志德(2002)对 20 世纪的泥沙运动力学进展进行了系统分析,认为 20 世纪上半叶有 6 项突破性进展,即 1914 年 Gilbert 开创泥沙输移水槽试验,1936 年 Shields 的起动条件,1938 年 Rouse 的指标,1948 年 Meyer-Peter 和 Muller 建立在水槽试验资料基础上的推移质输沙率公式,1950 年 Einstein 提出床沙质函数,1954 年 Bagnold 粒间离散力;在此基础上,Einstein 于 1950 年提出了第一个泥沙运动力学的理论体系,从而开创了 20 世纪下半叶百家争鸣的时代。

河流泥沙的研究成果浩如烟海,难以全面论述,下面仅从与流域坡面泥沙运动衔接的角度简要论述。

1.4.1 悬移质泥沙运动

1. 泥沙浓度与挟沙能力

水流挟沙能力是泥沙研究的基本问题,其理论基础、物理方程、计算公式等早在 20 世纪 50 年代左右已基本成型。具有代表性的研究者包括 Bagnold(1966)、Laursen(1980)、Lane 和 Kalinske(1941)、武汉水利电力学院水流挟沙能力研究组(1959)等。

挟沙水流运动特性研究包括泥沙浓度分布、流速分布、紊动特性等方面的内容,是河流泥沙研究的基础课题,中外学者从不同角度开展了大量研究,取得了丰富的成果。

泥沙浓度分布的理论研究是最基本的工作,Rouse 首先引入扩散理论并导出浓度分布公式,开创了理论研究的先河。Velikanov 提出的重力理论独具特色,揭示了出泥沙运动的能量耗散图景。张瑞瑾(1961)通过对实测含沙量沿垂线分布规律的分析,提出了独具特色、简单实用的计算绝对含沙量分布的经验公式。谢鉴衡(1981)把参考点不选在河底,而选在含沙量等于水流挟沙力的地方,根据 Rouse 含沙量沿垂线分布公式,推求得到相应的绝对含沙量沿垂线分布公式。倪晋仁和王光谦(1987)从理论上揭示无论采用扩散理论、能量理论、混合理论、相似理论及随机理论中的哪一种,在求解悬移质浓度分布公式时都能归化为扩散方程的简单形式,而且通过对掺混长度及紊流特性的研究提出泥沙浓度分布公式的统一模式,使得传统的计算公式都成为特例。

水流挟沙能力是泥沙研究中一个重要课题,Einstein(1950)、Bagnold(1966)、Ackers 和 White(1973)、张瑞瑾(1961)通过不同理论和假设对挟沙能力进行了大量研究,取得了丰富的研究成果。其中张瑞瑾公式既有一定的理论基础,又考虑经验修正,体现了对泥沙运动基本问题的研究特色。Yang(1973)从单位水流功率的理论模式入手,建立了包括沙质推移质在内的水流挟沙力公式。

长期以来不少研究认为,只有在强平衡条件下才存在挟沙能力关系。但是这种看法难以解释全部由上游来沙补给含沙量(已含在来水中)和完全由充足床沙补给含沙量(全部由床沙冲起)时的挟沙能力的差别,也难以解释细颗粒泥沙的起动流速与止动流速的差别。韩其为和何明民(1997)的研究表明,水流挟沙能力是受上游来流输沙状态和床沙组成共同影响的,也就是说在淤积、平衡与冲刷等不同输沙状态下,水流的挟沙能力是不同的,因而建立了高低含沙水流统一的挟沙能力公式。从水流泥沙运动基本原理上解释了水流挟沙能力系数在高含沙河流与低含沙河流的不同,同一条河流中水库的挟沙能力系数与河道的不同,以及高含沙洪水的多来多排现象。挟沙能力系数是数学模型中最重要的系数之一,郭庆超(2006)的研究表明,一般情况下挟沙能力系数值的变化范围为 $0.010 \sim 0.050$。在南方少沙河流中 k_0 取值较小,如长江和汉江下游 k_0 可取为 $0.014 \sim 0.020$;在北方多沙河流中,系数 k_0 应该大一些,如黄河下游的 k_0 可取为 $0.025 \sim 0.033$;水库取值大于河道。根据这些基本原则可以基本上估计某一河流或水库的挟沙能力系数取值范围。

与河流泥沙运动相比,河口海岸泥沙运动有其独特的规律。从动力特性上看,受潮汐与波浪的共同作用,河流泥沙运动力学中大量的关于恒定均匀流的研究成果和基本概念在这里是不适用的。曹文洪和张启舜(2000)基于湍流猝发的时空尺度得到波浪和潮流作用下床面泥沙上扬通量,然后根据连续律,建立了平衡近底含沙量的理论表达式,进而根据波浪掀沙和潮流输沙的模式,推导得出了物理概念清晰和充分考虑床面附近泥沙交换力学机理的潮流与波浪共同作用下的挟沙能力公式。

2. 非均匀不平衡输沙

窦国仁(1963)详细分析了非平衡输沙机理,在苏联早期研究成果的基础上提出了初步的理论体系。韩其为(1979)进一步研究了非平衡输沙问题,给出了恒定情况下一维非均匀流条件下含沙量沿程变化的解析解,以及明显淤积与明显冲刷条件下悬移质级配与床沙级配的变化方程。关于非平衡泥沙扩散过程的理论研究,Hjelmfelt 和 Lenau(1970)等作了深入细致的分析工作,对冲刷过程中含沙量沿程恢复问题和淤积过程中含沙量沿程递减问题进行了很好的理论分析,得出的结果至今仍具有指导意义。

目前非平衡输沙计算中的恢复饱和系数的确定和床面泥沙与运动泥沙的交换机理为该方面研究的焦点问题。韩其为(1972)是最早采用实际资料反算得到经验的恢复饱和系数的,冲刷时取 1,淤积时取 0.25。这一系数在国内数学模型中被广泛引用,在三峡等重要工程中也得到应用。后来,韩其为和何明民(1997)根据统计理论推导得到平衡时的恢复饱和系数介于 0.02~1.78 之间,近似证明当时的经验系数具有一定的依据。对于平面二维模型或简单均匀沙的恢复饱和系数,上述经验系数的可靠性需要进一步研究。周建军(1993)针对非平衡输沙计算中存在的问题进行了理论研究,探讨了恢复饱和系数的计算方法,给出了从三维床面边界条件到天然河道一维泥沙数学模型恢复饱和系数统一的理论和公式。

1.4.2　推移质泥沙运动

1. 泥沙起动

泥沙起动是泥沙运动理论中最基本的问题之一,也是研究工程泥沙问题时首先遇到的问题。Shieds(1936)利用量纲分析方法研究了泥沙起动,以起动切应力表示泥沙起动条件,得到了著名的 Shieds 泥沙起动曲线,至今仍在欧美广泛采用。张瑞瑾(1961)在 20 世纪 50 年代的研究工作中认为,细颗粒之间的黏结力是由存在于颗粒之间的吸着水和薄膜水不传递静水压力而引起的,推导出了均匀散粒泥沙与黏性细泥沙在内的统一的起动流速公式,起动流速曲线与 Shieds 曲线一致。窦国仁(1960)早期采用交叉石英丝,通过变更石英丝所受的静水压力,证实了压力水头对黏结力的影响,推导得出了起动流速公式。窦国仁(1999)对颗粒间的黏结力、水的下压力和阻力等有关参数进行了修改。通过瞬时作用流速分析,明确了三种起动状态间的关系,消除了起动切应力和起动流速间的不协调。对得出的起动切应力公式和起动流速公式进行了较为全面的验证,该公式较好地反映了粗、细颗粒泥沙和轻质沙的起动规律。韩其为和何明民(1999)首次利用范德华力解释了由于(细颗粒)薄膜水接触而产生的黏结力,并给出了表达式;建立了瞬时起动流速的理论公式,除包含反映密实程度的干容重外,还首次包括了泥沙在床面的位置(暴露度),以及卵石的形态参数;论证了非均匀沙起动是一种随机现象,它涉及三个随机变量;建立了泥沙起动的随机模型,给出了起动强度公式;提出了推移质低输沙率随机模型,它的分布及时均输沙率公式;指出了时均起动流速只具有约定的意义,进而定义了起动流速的三种约定标准,按这三种标准检验了起动流速;给出了非均匀沙各组粒径的分组起动流速及混合沙的起动流速;给出了细颗粒成团起动流速。

2. 推移质输沙率

Duboys(1879)第一次提出推移质有运动的拖曳力理论。此后,开展此方面的研究人员非常多,取得了大量研究成果。钱宁和万兆惠(1983)对大量的推移质公式进行了全面分析和仔细推敲,认为从研究方法上考虑,主要有四大流派:①以大量试验工作为基础建立起来的推移质公式,以 Meyer-Peter(Meyer-Peter and Muller,1948)公式为代表;②根据普通物理学的基本概念,通过一定的力学分析建立起来的理论,以 Bagnold(1966)公式为代表;③采用概率论及力学相结合的办法建立起来的推移质理论,以 Einstein(1950)公式为代表;④以 Einstein 或 Bagnold 的某些概念为基础,并辅助以量纲分析、实测资料适线或一定的推理而得到的公式,以 Frank(Frank and Jørgen,1976)公式、Yalin(1972)公式、Ackers 和 White(1973)公式为代表。钱宁(1980)对各典型推移质公式进行了比较,得出尽管它们具有各种不同的形式,但在实质上却有很多相类似之处,在一定范围内几乎给出了相同的结果,而且可以统一转化为 Einstein 所采用的输沙强度 Φ 与水流参数 ψ 之间的函数关系,并指出了它们之间的异同。

韩其为和何明民(1984)从泥沙运动的统计理论出发,得到了非均匀推移质输沙能力公式。在低输沙率(基本是滚动的运动方式)条件下,得到非均匀沙输沙率公式的严格理论结果,在不加任何经验参数的条件下,经实测资料检验,证明其符合实际。对于一般条件下推移质输沙率(包括滚动和跳跃的运动方式),由于问题颇为复杂,从理论上得出结构式,并给出非均匀推移质输沙率半经验结果及结构式的简化关系,具有相当的应用价值。胡春宏(1995)通过试验研究,详细揭示了推移质颗粒运动轨迹的过程信息,获得了推移质运动的力学和统计特性。

1.4.3　河床演变

1. 河床演变理论

钱宁等(1987)把河流分为顺直、弯曲、分汊、游荡四种类型。这种分类不仅是对每一种类型河流平面形态的直观理解,更重要的是包括了对不同类型河流演变规律的深刻描述。这种分类比 Leopold 和 Wolman(1957)的顺直、弯曲、辫状三种河型的分类法具有明显的先进性。因为,Leopold 和 Wolman 的分类法偏重于平面形态的描述,没有明确区分不同类型河流的演变特性。例如,按 Leopold 和 Wolman 的分类,从平面形态上看长江中下游和黄河下游河道都为辫状(分汊)河流,但一个相对稳定,而另外一个摆动不定。按钱宁等的分类,长江中下游河道属于分汊型,而黄河下游属于游荡型,表现出不同的演变规律。

除了河型分类外,河流演变的主要进展包括:不同河型的演变规律、河相关系、河流的自动调整作用、河流的稳定性指标、各种类型河流的形成、水库上游泥沙淤积与下游河道的冲刷规律、河床变形计算、河口演变规律。钱宁等(1987)把河流演变的规律加以分析总结,上升到理论高度,完成专著《河床演变学》,反映出该研究领域的系统成果。同时期,Chang(1988)完成了《河流演变工程学》(*Fluvial Processes in River Engineering*)专著,在河型、河流的自动调整机理等重要理论或方法的处理和弯道变形、河宽调整、河床冲淤的数学模拟等方面很有特色,对过去仅能定性描述的一些河流问题提出了定量的处理办法,配合各类问题列举了大量工程实例。

2. 河型转化

针对河型问题,较早的研究以实验和野外观测研究为主,如 Edgar(1983)用松散的含有黏性成分的天然沙在不同比降、不同流量(定常流量)下进行了实验,还给出了天然河道调查资料。在国内,20 世纪 60 年代就开展了河型成因与分类研究,如方宗岱的分类方法研究等。在试验研究方面,尹学良(1965)的研究较具代表性,通过在水中加黏土的方法成功地塑造了弯曲型河道。近年来国内开展的试验研究和统计分析研究也较多。

针对大型水利枢纽工程下游河型变化,许炯心(1986)、Schumm(1987)、陈立等(2003)试验研究了水库下游河道的复杂响应。韩其为(2003)就丹江口水库修建后下游河道河势和河型变化进行了较全面的观测资料分析研究,并与三峡水库下游河道的河型变化进行了类比分析,对小浪底水库修建后黄河下游游荡型河段河型变化趋势也进行了分析。

但河型研究还很薄弱,主要是理论认识还不充分。除临界起动假说、最小活动性假说、最小功原理、最小方差理论等假设外,也有一些其他的研究成果,如尹学良提出了"水沙条件决定河型论";方春明(1999)提出在河相关系研究中需补充的方程应是河流边界条件等。

目前,河型问题的研究在三个方向上发展,传统的统计分析、试验研究及处于探索阶段的数学模型研究。统计分析方法,由于天然河流影响因素过多,难以获得普遍符合实际的经验公式。同样,理论研究要获得较本质的数学模式和理论公式也存在困难。模型试验方法由于试验组次和研究范围的限制,虽在单个河型或个别影响因素上取得成功,但缺乏对演变方式和过程的广泛模拟,难以形成完整的体系、得出系统化的结论。

1.4.4　河流泥沙数值模拟

　　泥沙数学模型的研究源于 20 世纪 40~50 年代,首先是苏联的罗辛斯基(К. И. Россинсий)和库兹明(И. А. Кузьмин)(谢鉴衡和魏良琰,1987)使用一维泥沙数学模型对大型水库的淤积和坝下游冲刷进行长时期和长距离的河床演变计算。德国的 Hansen(1956)采用二维数学模型研究河口海岸的水流泥沙运动。我国在 1955 年编制黄河综合利用规划时,曾用一维恒定平衡输沙模型对黄河三门峡水库和下游河道的河床冲刷变形进行过计算(麦乔威,1955)。但由于当时计算手段落后,在基本方程和计算方法上不得不作较多的简化,因此不便于广泛使用。

　　事实上,泥沙数学模型的迅速发展始自 20 世纪 70 年代。计算机技术的发展和泥沙基本理论和计算方法的逐渐完善,为各国泥沙科研工作者开发泥沙数学模型提供了技术和理论基础。从 70 年代初到 80 年代中期,涌现出一大批泥沙数学模型,国外较有影响的模型是美国陆军工程师兵团(USACE)水文工程中心研制的 HEC 模型(Thamas,1979),自 1964 年以来已开发出几十种水资源和泥沙模型,包括河流和水库冲淤的 HEC-6 模型、水库悬移质淤积模型、水库三角洲淤积模型和流域产沙模型等。国内比较有影响的模型是张启舜模型和韩其为模型。张启舜等(张启舜等,1983;曹文洪等,1995)开发的一维泥沙数学模型属于水文水动力学泥沙数学模型,兼具水文学和水动力模型的特色,不平衡输沙和滩槽水流交换是按水动力学推导出来的,水库壅水排沙和粒径调整是从水文资料建立的。该模型是张启舜在三门峡水库改建设计中发展起来的,后来扩充应用到黄河下游和河口以及国内外三十几个工程。韩其为和何明民(1987)开发的一维不平衡输沙数学模型,建立在非均匀不平衡输沙理论之上,对不同的冲淤模式建立了不同的输沙理论体系,该模型理论基础严谨、因素考虑全面,广泛用于国内外几十个河流和水库。

　　20 世纪 70 年代,Festa 和 Hansen(1978)建立了平面二维模型,成功地用于河口最大浑浊带形成机理的研究。在国内,李义天在 20 世纪 80 年代末也建立起二维泥沙数学模型。针对水流和泥沙侧向变化较小的情况,立面二维模型也逐渐发展(Guan et al.,1998)。20 世纪 90 年代以来,随着计算机的发展和泥沙研究领域的扩展及研究水平的不断深入,三维泥沙数学模型在河流局部河段、湖泊,尤其在河口海岸泥沙问题研究方面得到了大量的发展与工程应用(Nicholson and O'Connor,1986)。目前,一维、二维泥沙数学模型已比较成熟,三维模型也能用来解决一些具体问题(Fang and Wang,2000;Wu and Rodi,2000;陆永军等,2004)。特别是近年来,数学模型在理论研究和生产实践中发挥了越来越重要的作用。三维模型一般建立在 Navier-Stokes 公式之上,采用了表水压力和 Boussnesq 假定,平面上将控制方程在矩形、三角形、四边形或混合网格单元上进行离散,求解方法有有限差分、有限体积和有限单元法,其中后两种方法较为先进,具有收敛性好、精度高的特点。在三维计算模型中,水流的涡黏系数和盐度、泥沙等的紊动扩散系数是非常重要的物理量。在这个问题的处理上,较为简单的办法是采用垂向对数分布公式,但往往精度不够;前面提到的三维模型中,一般均耦合了紊流模型,如经典或改进后的 κ-ε 模型(Rodi,1993)、2.5 阶(level 2.5)的 Yamada-Metha 紊流模型(Wang,2006)。另外,在河口海岸泥沙问题研究中,波浪也是一个非常重要的因素,现在也逐渐出现了波流耦合的三维水沙模型(Chen,2001)。

1.5　流域土壤侵蚀过程及模拟

1.5.1　流域土壤侵蚀过程研究

1. 植被生态系统与土壤侵蚀关系研究

土壤侵蚀从其动力学过程到内在表征上是一种物理过程以及与之相伴随的化学过程,而生物过程对侵蚀过程所起的调节作用是十分重要的。尽管目前对森林生态系统服务功能的定量评价仍然存在很大分歧,但是森林植被防止土壤侵蚀的巨大作用已经得到普遍认可。在不同的土地利用情况下,土壤侵蚀强度相差悬殊,植被防止土壤侵蚀的作用十分明显。大量的小尺度对比试验研究证明:植被是自然侵蚀和人为加速侵蚀转化的控制因子,在自然生态平衡状况的植被群落保护下的地面,表现为不受地形、降水因子影响的自然侵蚀特征;而当植被遭到破坏,侵蚀就演化为加速侵蚀,侵蚀量为自然侵蚀量的数百倍,甚至几千倍。森林砍伐不仅会使林地土壤裸露而促进土壤侵蚀的进一步发展,而且还会潜在的影响土壤剖面及其理化性质的发育。

植被群落结构的动态变化会引起土壤侵蚀率的变化,刘昌明等经过统计分析黄土高原不同森林覆被率的小流域试验资料,认为决定土壤侵蚀量大小的主要因素是植被状况,随着森林覆被率的提高,流域的径流深和输沙模数都显著减小,即使在森林覆被率不太大的情况下,减沙效果也是显著的;森林的减沙作用基本上与流域大小无关;森林在洪水退水期有大幅度的减沙效应。Lopez 和 Garcia(1998)通过室内明渠水流对比试验研究了有植被覆盖(模拟植被)的水道的悬移质输沙过程,结果表明植物体通过对水流的阻挡拖曳,降低了水流对床底泥沙颗粒的作用力,从而减小了水流悬移质泥沙的搬运能力。

Thornes(1985)从地貌演化过程和植被演替的角度,将植被(群落和生态系统)看作是一种动态现象,以植被的大小(高矮)、形状、生长特性、植被盖度、树干密度、地表枯落物和有机质含量、群落和生态系统的组成、结构、演化及分布格局为重要的相关因子,从生态系统动态的角度来研究气候、地貌演变和植被(群落和生态系统)演替的相互作用。他们认为气候是地貌演化的驱动力,气候变化的强弱直接决定地表形态演化的强度和大小,气候变化与地貌演化、地貌演化与气候变化的共生关系通过水文循环和植被覆盖的调节而得以维持。植被与侵蚀的相互作用是一种既有竞争又有共生的具有时空分布特性的非线性的动态作用过程,它们总是力求达到一种一方或另一方占据控制地位的状态,按照这一观点,Thornes(1990)构建了土壤侵蚀与植被作用的模型。王兆印等(2003)研究了侵蚀地区的植被在水力侵蚀和各种生态应力以及人类活动影响下的演变规律,建立了植被生态动力学模型,同时得出了动力学耦合方程组的理论解。

2.景观生态学原理在土壤侵蚀研究中的应用

景观格局一般是指大小和形状不一的景观斑块在空间上的配置。景观格局作为景观生态学的重要概念,其研究在生态学文献中占有很大比例。对于土壤侵蚀来说,景观格局直观的表现形式主要是土地利用方式,因此从土地利用的角度讨论景观格局对土壤侵蚀影响的文献特别多。

目前许多学者对景观生态学在土壤侵蚀学中的应用已经做了一定的研究。如蒋学纬等(2003)等从景观生态学原理入手,论述了尺度、景观格局、景观异质性和景观连接度等理论在流域规划中的应用,其中尤其考虑了土壤侵蚀问题。孟庆华和傅伯杰(2000)从景观格局的角度讨论了土壤养分运动与水土流失。傅伯杰等(1999,2002)从土地利用结构与土壤水分、养分、水土流失等生态过程之间的关系研究了景观格局与生态过程的关系。由于对景观的理解可以根据观察者的感受和研究者的目的而定,因此从土壤侵蚀的角度可以将景观理解为地貌、植被、土地利用和人类居住地格局的特别结构。蔡强国等(1998)讨论了紫色土区的土地利用与土壤侵蚀。符素华等(2002)讨论了北京不同土地利用方式对土壤侵蚀的影响。倪晋仁和李英奎(2001)研究了安塞纸坊沟土地利用结构动态变化与区域水土流失动态变化特征之间的关系,认为两者之间变化较为吻合。杨武德等(1998)应用定位土芯示踪方法研究了红壤坡地不同土地利用方式下土壤侵蚀的时空分布。

王晗生和刘国彬(1999)等从景观生态学的观点出发,对流域的产沙特征及其与林草植被的关系进行了探讨,表明流域土壤侵蚀状况是由其农、林、草地等生态系统之间产流与拦蓄两种作用相互影响的结果,其中作为地表径流滞纳区的林草植被斑块起重要作用。林草覆盖率越高,植被对侵蚀的绝对控制能力越强,否则流域地形因素的影响也不可忽视。他们分析了流域临界林草覆盖率的定义,表明临界林草覆盖率随其平均坡度的增大而增大。当流域林草植被整体覆盖率达

50%以上时,植被可稳定高效地抑制水土流失。余新晓等(2009)从景观格局和土地利用结构等方面探讨了其与土壤侵蚀过程的关系,并建立了基于地形地貌、土地利用格局、降雨因子在内的土壤侵蚀耦合模型,描述了不同土地利用方式和不同地类配置模式下的土壤侵蚀。但目前系统地、有针对性地将景观生态学原理应用于土壤侵蚀,以及具体的景观格局与土壤侵蚀过程之间的关系研究仍比较少。

1.5.2 流域土壤侵蚀过程模拟

土壤侵蚀模型的目的就是正确评价土壤和土壤养分流失程度,评价泥沙等沉积物在各种环境中的搬运状况,深刻揭示各种土壤侵蚀形式(如面蚀、沟蚀等)的侵蚀过程、动态及其相对重要性和相互作用,为土地利用规划和自然资源经营管理提供依据,实现土壤侵蚀在相关领域应用中的预测和控制。随着土壤侵蚀研究的不断深入,大量的径流小区和试验小流域野外观测资料以及室内外模拟降雨资料的获得,计算机技术的普及,信息科学的迅猛发展,使小流域侵蚀产沙模型的研究在国内外得到很快的发展。从 1877 年首先定量研究土壤侵蚀的一个多世纪以来,世界各国学者为研究土壤侵蚀规律和定量预报水土流失做了大量工作。尤其是近 20 年来,土壤侵蚀模型研究和模拟技术得到很大发展,世界各地的土壤侵蚀专家已经开发出大量的形式多样、功能各异的土壤侵蚀模型,土壤侵蚀模型的发展走过了一条由经验模型到简单的数学模型,最后发展到数学描述上更为复杂的物理机制模型的道路。应该指出的是,到目前为止,大多数的水文模型都具有一定程度的分布性,在模型应用中都把大流域划分为亚流域单元进行模拟。而无论哪一种模型都涉及以下几个共性问题:模型结构问题、模型参数问题、模型参数求解的数学问题、模型灵敏度分析问题、模型预测的可靠性检验问题等。

流域水文模型主要有三种类型:黑箱式、集总式、分布式(Anderson and Burt, 1985)。早期的水文模型多为黑箱式模型,把流域看成黑箱,只有输入和输出,也就是一个流域降雨与径流的统计关系。在一个流域根据长期水文观测资料建立的黑箱式模型,是对该流域地形、土壤、植被等众多要素及其空间特征对水文影响的概括,而忽略了流域内部的水文过程,无法应于其他流域,当流域内部发生变化时也不能再使用原来的模型参数,需对模型参数重新订正(Anderson and Burt, 1985)。随着对森林流域内水分循环过程的了解和认识的加深,开始了集总式模型的研究。集总式模型考虑流域内的水文过程对流域水文的影响,对流域降雨经植被截留、土壤入渗、水分在土壤中流动和以地表径流的形式流出流域形成的径流过程进行计算,得到经过上述水文过程的作用流域的径流过程线,至于各水文过程在流域内部的空间差异则没有考虑,相当于在黑箱式模型的输入与输出之间加入了流域水文过程的环节。

20 世纪 80 年代开始了分布式模型的研究,分布式模型是基于自然地理要素在流域内空间分布的水文模型。景观生态学及计算机技术、GIS 技术的发展为分布式模型的建立提供了理论基础和技术支持,使其得到迅猛的发展,并在生产实践中得以推广和应用,由此促进了新的学科——流域水文学的发展。在分布式水文模型中,流域是一个有机的系统,其内部地理要素存在空间差异,地理要素的空间差异也导致了水文过程的空间差异。与集总式模型不同,分布式模型同时考虑流域水文过程和植被、土壤、地貌等地理要素的时空差异对流域水文过程和水文效应的影响,并把自然地理要素作为模型的参数。因此,分布式水文模型能反映流域内的局部变化所产生的水文效应,预测和评价流域经营管理活动(如造林、火灾、砍伐等)对流域水文状况和水资源的影响,而且模型可推广应用到其他流域和地区(Konikow,1986;Abdulla et al.,1996)。

近 30 年来,世界各国从侵蚀产沙物理过程及其物理模型出发,先后开发了通用土壤流失方程(USLE)和修正的通用土壤流失方程(RUSLE)(Wischmeier and Smith,1960;Wischmeier,1976;Meyer,1984;Renard et al.,1997)、水蚀预报模型(WEPP)(Nearing et al.,1989)、荷兰模型(LISEM)(de Roo and Jetten,1991)、欧洲产流产沙预报模型(EROSEM)(Morgan et al.,1998)等,取得了大批创新性的研究成果。在这些机理模型中,最为突出的是美国四家政府部门与普度大学联合开发的 WEPP 模型(1995 年美国官方正式出版)。WEPP 模型设计有坡面版、流域版和网格版三个版本(Foster and Lane,1987;Flanagan and Nearing,1995;Cohrane and Flanagan,1999),目前流域版推出的是基于 ArcGIS.9x 的流域水蚀预报模型 Geo WEPP。WEPP 在中国地区的应用研究已有开展,包括基于模型水蚀物理过程描述的侵蚀方程机理探讨(Xiao and Yao,2005;Miu et al.,2004)和正确性检验,模型输入参数的率定验证(Shi et al.,2006;Li and Mo,2008),坡面版模型模拟结果的验证(Yan et al.,2007;Wang,2006)等。目前,国内暂无关于 Geo WEPP 应用的研究报道,但其在其他地区已有推广应用,并显示了良好的效果(Nearinga et al.,2005;Guillermo and Consuelo,2007;Yuksel et al.,2007;Yadav and Malanson,2009)。

近年来,国内泥沙科技工作者开始从河道泥沙模拟向流域泥沙模拟扩展。曹文洪等(1993)首先采用成因分析方法建立了黄土地区小流域一次暴雨径流深、产沙量及泥沙输移比公式;为了计算大流域的产沙,将大流域分割成若干小流域,由河道将小流域相连,这样小流域的产沙计算和已有的河道冲淤计算的数学模型相连,从而形成一套较为完整的由降雨预报流域产沙的数学模型,取得了较为满意的结果。王光谦等(2006)提出了流域泥沙数字模型。流域泥沙数字模型将全流域(包括坡面、沟道及河道)作为一个系统,从坡面侵蚀开始,经沟道、水库、河道,直至河口的泥沙输运、冲刷和沉积的全过程。流域泥沙数字模型较好地将流域面上的产沙和河道输沙结合了在一起,是对目前利用遥感技术进行水土流失调查和长河道水沙数值模拟分别研究流域产沙和输沙的重要补充。

第 2 章　降雨侵蚀动力学特性

2.1　降雨的力学特性

2.1.1　雨滴特性

雨滴特性包括雨滴形态、大小及分布、降落速度、接地时冲击力、降雨量、降雨强度和降雨历时等,直接影响侵蚀作用的大小。

1)雨滴形态、大小及分布

一般情况下,小雨滴为圆形,大雨滴(直径>5.5 mm)开始为纺锤形,在其下降过程中因受空气阻力作用而呈扁平形,两侧微向上弯曲。因此把雨滴直径≤5.5 mm 时,降落过程中比较稳定的雨滴称为稳定雨滴;当雨滴直径>5.5 mm 时,雨滴形状很不稳定,极易发生碎裂或变形,称为暂时雨滴。对于直径<0.25 mm 的雨滴称为小雨滴。

降雨是由大小不同的雨滴组成的,不同直径雨滴所占的比例称为雨滴分布,小雨滴直径约为 0.2 mm,大雨滴直径 6.0 mm 以上,一次降雨的雨滴分布,用该次降雨雨滴累积体积百分曲线表示,其中累积体积为 50% 所对应的雨滴直径称为中值粒径,用 d_{50} 表示。d_{50} 表明该次降雨中大于这一直径的雨滴总体积等于该直径的雨滴的总体积,其与平均雨滴直径的涵义是不同的。不同强度降雨雨滴分布不同,通常雨强越大,d_{50} 越大;雨强变小,d_{50} 也相应减小。

2)雨滴速度与能量

雨滴降落时,因重力作用而逐渐加速,但由于周围空气的摩擦阻力产生向上的浮力也随之增加。当此二力趋于平衡时,雨滴即以固定速度下降,此时的速度即为终点速度。达到终点速度的雨滴下降距离,随雨滴直径增大而增加。雨滴终点速度越大,其对地表的冲击力也越大,对地表土壤的溅蚀能力也随之加大。

3)雨滴侵蚀力

降雨雨滴的溅蚀是降雨和土壤相互作用的结果,任何一次降雨发生的溅蚀都受到这两方面的制约。因此,降雨的溅蚀作用受雨滴侵蚀力和土壤可蚀性影响。降雨雨滴的侵蚀力是降雨引起土壤侵蚀的潜在能力,是降雨物理特征的函数,其大小完全取决于降雨性质,即该降雨的雨量、雨强、雨滴大小等,而与土壤性质无关。

2.1.2　降雨的侵蚀特性

1)降雨总量

降水量是指在一定时段内降落在某一面积上的总水量。次降水量是指某次降水开始到结束时连续一次降水的总量。降水量可用 m^3 表示,但常以深度 mm 计,即在一定时段内降落在单位水平面积上的水深。

2)降雨强度及降雨历时

降雨强度是指单位时间内的降水量,以 mm/min 或 mm/h 计。降雨历时是指一次降雨过程所经历的时间,在降雨时间内降水不一定连续。降雨强度和降雨历时表达了降雨的强度变化过程。

3)降雨的均匀性

降雨的均匀性常用式(2-1)进行计算:

$$K=\frac{\overline{H}-D}{\overline{H}}\times100\%　　　　　　　　(2\text{-}1)$$

式中:K 为均匀性系数,%;$\overline{H}$ 为观测面积的平均雨量,$\overline{H}=\frac{1}{n}\sum\limits_{i=1}^{n}H_i$,$H_i$ 为观测点雨量,mm;n 为观测点数;D 为每个观测点雨量的绝对差的平均值,$D=\frac{1}{n}\sum\limits_{i=1}^{n}|H_i-\overline{H}|$。

在一般情况下,天然降雨的均匀性指标在 80% 以上。

4)降雨雨滴动能

对于速度为 v,质量为 m 的运动物体,其动能 E 为 $E=\frac{1}{2}mv^2$;一个直径为 d,密度为 ρ 的雨滴,其动能可近似为 $E=\frac{1}{12}\pi d^3\rho v^2$。

天然降雨的雨滴大小都是非均匀的,不同的降雨有不同的雨滴级配。观测研究表明,天然降雨雨滴末速与雨滴直径大小有关。天然降雨雨滴中值粒径 d_{50} 取决于降雨成因,一般来说,雨强大,雨滴中值粒径也大。不过对于不同的地区,雨滴中值粒径 d_{50} 与雨强 I 关系中的参数不同。关于雨滴动能的计算,最著名的是 Wischmeier 和 Smith(1958)的研究成果,这是根据对大量天然降雨的观测资料统计分析得出的,它是雨滴动能与雨强的直接关系。

$$E=1.213+0.890\lg I　　　　　　　　(2\text{-}2)$$

式中:E 为动能,kg・m/(m^2・mm);I 为雨强,mm/h。

此种模式是一种平均情况,对同一地区来说,雨强相同,如果 d_{50} 不同,E 也就不同;对不同的地区来说,式中的参数变化较大。

2.1.3　降雨雨滴溅蚀

雨滴击溅是指降落的雨滴直接打击土壤表面,使土壤颗粒发生分散和移动的过程。雨滴击溅是坡面土壤侵蚀特别是细沟间的侵蚀的主要物理过程,虽然雨滴击溅顺坡移动的量很小,但坡面流和细沟流输移的大多数土壤颗粒首先要经过雨滴的分散过程。

雨滴溅蚀的原动力是降落雨滴的打击力,显然雨滴溅蚀作用与雨滴的物理性质有着极为密切的关系,这些物理特征包括雨滴大小和形状、相对密度、到达地面时的速度(终速)动量和动能等。长期以来,许多学者对雨滴的物理性质进行了实际测定和理论研究,取得了许多有价值的成果。雨滴大小与雨强有密切关系,Laws 和 Parson(1943)测定了美国华盛顿的雨滴大小,并将前人研究结果综合在一起,得到关系式:

$$d_{50} = 2.23 I^{0.182} \tag{2-3}$$

式中:d_{50} 为雨滴中值粒径,mm;I 为雨强,in[①]/h。

Hudson(1963)在观测了美国南部 Rhodesia 的雨滴大小与雨强关系后指出:这种关系不是单调的,当雨强小于 25 in/h 时,雨滴大小随雨强加大而增加,超过此雨强反而减小。因此,关系式为

$$d_{50} = 1.63 + 1.33 I - 0.33 I^2 + 0.02 I^3 \tag{2-4}$$

一次降雨中雨滴大小是不同的,Best(1950)根据大量观测资料得到雨滴组成的分布函数式:

$$F = 1 - e^{-(\frac{d}{a})^n} \tag{2-5}$$

$$a = A I^p \tag{2-6}$$

式中:F 为雨滴中直径小于或等于 d 的雨滴累积百分数;n 为决定雨强的常数;A、P 为常数。

江忠善等(1983)根据天水、绥德、西峰、离石四站实测资料得到

短阵型降雨　　　　　　　　$$d_{50} = 33.2 I^{0.25} \tag{2-7}$$

$$F = 1 - \exp\left(\frac{-d}{3.85 I^{0.25}}\right)^{2.44} I^{-0.06} \tag{2-8}$$

普通型降雨　　　　　　　　$$d_{50} = 2.64 I^{0.25} \tag{2-9}$$

$$F = 1 - \exp\left(\frac{-d}{2.96 I^{0.76}}\right)^{2.54} I^{-0.09} \tag{2-10}$$

雨滴终速取决于雨滴大小和形状,根据试验资料得到的终速公式为

---

① 　in 为非法定单位,1 in=2.54 cm,下同。

$$v_m = 10^6 \left(\frac{0.787}{r^2} + \frac{503}{\sqrt{r}} \right)^{-1} \qquad r > 60\mu m \qquad (2\text{-}11)$$

$$v_m = \beta\sqrt{r} \qquad \beta = (1.5 \sim 2.0) \times 10^3 \qquad r > 500\mu m \qquad (2\text{-}12)$$

式中：v_m 为雨滴终速，cm/s；r 为雨滴半径，μm。

牟金泽(1983)类比泥沙颗粒沉速公式，考虑到雨滴降落过程中的形状变化，提出了一个终速计算公式：

滞流区($d < 0.005$)　　　　　$v_m = 2985d^2$ 　　　　　　　　(2-13)

过渡区($d = 0.005 \sim 0.19$)

$$v_m = 0.49 \lg \sqrt{28.32 + 6.52\lg d - (\lg d)^2} - 3.65 \qquad (2\text{-}14)$$

紊流区($d = 0.19 \sim 0.65$)　　　$v_m = (17.20 - 8.44d)\sqrt{d}$ 　　　(2-15)

式中：v_m 为雨滴终速，m/s；d 为雨滴半径，cm。

雨滴动量与速度的一次方成正比，而动能与速度平方成正比。一定面积上一次降雨的总动能可根据雨滴数量及组成计算累积而得，此值除以受雨面积和雨深，得到单位面积上单位雨深具有的动能。雨滴动能与雨强有一定关系，Wischmeier 和 Smith(1958)根据 Laws 和 Parsons(1943)的测量资料得到式(2-2)。Foster 和 Meyer(1989)研究发现，当雨强为 $10 \sim 250$ mm/h 时，E 与 $I^{0.14}$ 成正比。江忠善等(1983)得到的关系式为

$$E = a + b\lg I \qquad (2\text{-}16)$$

式中：天水、绥德、西峰、离石四站的平均值 $a = 27.83$，$b = 11.55$；E，J/(m² · mm)。

实际上，动能与雨强关系也不是单调的。Kinnell 认为动能有两种形式：降雨动能耗散率(单位时间单位面积的能量)E_{RR} 和单位雨量消耗的降雨动能(单位雨深单位面积的能量)E_{RA}，两者间存在关系：

$$E_{RA} = CE_{RR}I^{-1} \qquad (2\text{-}17)$$

式中：C 为常数。又有

$$E_{RA} = a + b\lg I \qquad (2\text{-}18)$$

$$E_{RA} = C(b - aI^{-1}) \qquad (2\text{-}19)$$

$$E_{RR} = bI - a \qquad (2\text{-}20)$$

采用式(2-17)在高雨强时过高估计了动能，因此前式只限于 $I \leqslant 76$ mm/h，式(2-20)优于式(2-17)，但在低雨强时动能为负值。Mc Gregor 和 Mutchler(1977)将两式合并得到

$$E_{RA} = z(1 - pe^{-hI} + qe^{-jI}) \qquad (2\text{-}21)$$

式中：e 为自然对数底；z, p, q, h, j 均为经验常数。

当式(2-21)中 I 增大时，E_{RA} 接近于 z，因此得简化公式：

$$E_{RA} = z(1 - pe^{-hI}) \qquad (2\text{-}22)$$

在天然降雨条件下,雨滴动能受到许多环境因素的影响,如风影雨滴大小、形状、终速和动能,有风时雨滴溅蚀量大于无风时。

许多研究者都强调了土壤侵蚀强度与降雨特征值的关系,并根据野外及试验观测资料用回归方法建立了这些关系。不同的研究者选择了不同的降雨特征,有用雨滴大小和终速的(Bisal,1960;Ellison,1944),有用降雨动能的(Bubenzer and Jones,1971;Quansah,1981),有用降雨动量的,有用降雨强度的(Meyer and Wischmeier,1969),还有用降雨侵蚀能力指标的(Free,1960)。Ellison(1947)得到溅蚀总量经验公式:

$$D = 20.8K v_m^{4.33} d^{1.07} I^{0.65} \tag{2-23}$$

式中:D 为 30 min 内土壤溅蚀总量,g/30 min;v_m 为雨滴终速,m/s;d 为雨滴直径,mm;I 为雨强,mm/h;K 为土壤特性常数。

Wischmeier 和 Smith 整理了美国 35 个试验站的 8250 组资料,得出结论:表达降雨与土壤侵蚀量关系的最好参数是降雨动能与最大 30 min 的降雨强度的积,将其称为降雨侵蚀力 $R = EI_{30}$,该式在美国得到了证实,但用于其他国家还要进行一定修正。Foster 和 Meyer 认为,在一般情况下,溅蚀分散率可表示为

$$D_s = aI^2 \tag{2-24}$$

式中:I 为瞬时雨强;a 为系数。

Bubenzer 和 Johes 建立了溅蚀量与动能和雨强的关系:

$$D_s = CE^n I^m \tag{2-25}$$

式中:E 为动能;$m = 0.27 \sim 0.55$,$n = 0.83 \sim 1.49$。

Quansah 认为土壤溅蚀与动能呈指数关系,指数值取决于土壤特性和前期含水量,并对不同土壤提出不同方程式:

标准沙　　　　　　　　　　$D_s = 0.0002E^{1.06}$　　　　　　　　(2-26)

沙　　　　　　　　　　　　$D_s = 0.0007E^{0.84}$　　　　　　　　(2-27)

黏土　　　　　　　　　　　$D_s = 0.0002E^{1.35}$　　　　　　　　(2-28)

坡面流的出现增加了雨滴溅蚀能力,表面薄层水对土壤抗蚀性有重大影响。Palmer 证明溅蚀量随水深增加到等于雨滴直径,而后减小。Onstad 和 Foster 观测到雨滴分散和击溅的能量输入由降雨能量和径流能量两部分组成,将这联合能量表示为

$$R = 0.5P_{st} + 15Qq^{1/3} \tag{2-29}$$

式中:P_{st} 为降雨因素(同 EI_{30} 单位);Q 为径流量,m^3;q 为洪峰流量,m^3/h。

Foster 提出沟间地侵蚀率公式为

$$D_s = K_1 R(bs + c) \tag{2-30}$$

式中:K_1 为土壤可蚀性系数;s 为坡度;b、c 为常数。

Meyer 和 Foster 建议利用修正的 USLE 来估算细沟间的侵蚀量:

$$D_i = 4.57\mathrm{EI}(S_0 + 0.014)KCP\frac{Q_\mathrm{m}}{V_\mathrm{u}} \tag{2-31}$$

式中:EI 为降雨侵蚀力;S_0 为坡度;Q_m 为洪峰流量;V_u 为径流量;K、C、P 分别为 USLE 中土壤可蚀性因子、植被因子和管理因子。

曹文洪和舒安(1999)采用水流功率理论分析坡面流和雨滴击溅共同作用下的输沙能力,并经辛店沟径流场实测资料率定,得到如下关系式:

$$g_s = 80I^{2.5} + 0.002\,28(\gamma'qJ)^{1.2} \tag{2-32}$$

式中:g_s 为单宽输沙率,g/(m·s);I 为降雨强度,mm/min;γ' 为浑水重率,g/L;q 为单宽流量,L/(m·s);J 为坡降。

目前对于雨滴溅蚀问题的研究,大多数还停留在溅蚀量与降雨特性间经验关系的分析,对于溅蚀过程的力学关系分析的成果很少。雨滴溅蚀的机理是很复杂的,它包含了土-水系统的相互作用。雨滴中的水既是引起溅蚀的能源,又是改变雨滴作用点附近土-水势的湿源。由于湿润情况不同,雨滴溅蚀有三个阶段:干土、土-水混合物或流态化土、土和坡面流。干土颗粒与雨滴间的碰撞可认为是两个弹性体的碰撞。由于湿度增加土壤剪切强度减小,原生颗粒易于从流体化土中溅出,最大击溅发生在第二个阶段。在第三阶段,当流态化土被薄层水覆盖时,侵蚀也因径流作用而发生。要对这样复杂的系统进行微观力学分析,困难很大。

Engel 和 Huang 等研究了水滴打击到不同表面时的物理现象,他们通过试验和数值模拟发现,当雨滴打击到土壤表面时产生两种力:雨滴的压应力、辐射流的切应力。雨滴压力是非恒定和非均匀的,最高压力产生在作用的瞬间,在 5 ms 后减小到恒定状态停滞压的 1/5。最大压力发生在与水滴接触面的周围,在水滴内部的压力梯度迅速减小。起始高压引起辐射流,其流速是作用流速的 2 倍。当地面有水层覆盖时,压力与水深关系呈左偏正态分布曲线,最大压力发生在水深等于水滴直径处。Tan(1989)对雨滴打击地面产生的侵蚀压力进行了理论分析,根据牛顿第二定律假定压力随时间变化为负指数函数导出了侵蚀压力表达式:

$$P_e = \frac{4}{3}\rho v_\mathrm{m}^2 \frac{1}{\beta}\exp\left(-\frac{1}{\beta}\right) \tag{2-33}$$

$$\beta = \frac{r^2}{r_\mathrm{m}^2} = \frac{r^2}{3/8} \tag{2-34}$$

式中:v_m 为雨滴终速;ρ 为水密度;r 为相对水深。

对于干土表面:

$$P_e = 0.154\rho v_\mathrm{m}^2 \tag{2-35}$$

Tan 进一步分析了在侵蚀力作用下土壤分离的机理:当雨滴打击裸土表面,首先压实土壤,甚至将一些水压入土壤。侵蚀压力扩散后,土壤孔隙中的压力释放出来,将土壤颗粒逐出地面,或削弱破坏土粒间的结合。一旦土壤结合被破坏,随之而来的压力释放将土块挤出地面。在地面有水层覆盖情况下,雨滴压力以压力波形式通过水层传到地面,土壤表面受到的压力在量上略有减小,时间略为滞后,但其分离机制仍如上述。因此,Tan认为雨滴溅蚀量S_L应与侵蚀压力(峰压)成正比为

$$S_L = k_1 \exp(k_2 P_e) \tag{2-36}$$

式中:k_1为单位比例系数;k_2为综合系数,取决于坡面流、土壤特性和作用效率。

　　王秀英和曹文洪(1999)从能量平衡的途径分析雨滴溅蚀的物理过程,他们认为,当雨滴打击到土壤表面时,因突然减速,在水土交界面上将产生一个类似于管路中阀门迅速关闭产生的水锤压,同时,水滴内部的高压迫使水以辐射流形式形成剪切力,在水土交界面上的高压和辐射流剪切力作用下,土壤表面颗粒产生分散和输移。雨滴击溅物理过程包括以下四个子过程:①在高压作用下孔壁崩坍与孔隙压缩;②因剪切力波形成剪切裂缝;③土粒从土体分离;④辐射流引起剪切侵蚀。他们认为用能量平衡方法对这些子过程进行定量分析是可行的,为此在能量守恒方程中引入能量耗散率函数。雨滴溅蚀作用除取决于雨滴的作用力(或能量)及土壤特性以外,还受到地表水深、坡度、风和植被的影响。

　　雨滴对于土壤侵蚀的作用,除了雨滴直接打击土壤表面,引起土壤颗粒分散和位移以外,雨滴打击还会增加地表径流特别是坡面流(片流)的紊动强度,从而加大径流输移泥沙的能力。此外,雨滴打击分散的土壤颗粒会堵塞土壤表面孔隙,并形成一层结皮,使土壤的下渗能力减少。近年来对于这两个问题也都有一些研究,特别是对于土壤结皮过程及其对水蚀的影响有较多研究(蔡强国,1990)。

2.2　植被冠层对降雨侵蚀动力学特性的影响

　　雨滴击溅是地面发生水力侵蚀的第一阶段,因此防治水土流失首先从改变雨滴击溅侵蚀力和降雨动能开始。林冠是森林对降雨特征和雨滴动能产生影响的第一个作用层,植被冠层对降雨侵蚀力具有阻挡、分散和削减作用。降雨通过林冠层后,冠滴雨因林冠结构和降雨特征不同而以多种形式下落,出现林冠截持和干流等现象,从而在降雨雨滴大小分布及降落速度、动能等性质上都发生了变化。因此,研究降雨对林地的土壤侵蚀机理应该从雨滴物理性质和林冠结构两方面进行研究。植被冠层对降雨动能的改变因林分结构特征的不同和降雨特点的不同而有异,其规律的探析对于研究降雨雨滴影响下薄层水流及细沟流对坡面土壤的侵蚀机理是必不可少的,也是进一步研究片流及细沟流等径流侵蚀动力模型的重要基础。

　　天然降雨雨滴特性参数主要有雨滴直径大小、组成分布、降落速度和动能。

雨滴直径的大小决定了降落雨滴的质量和速度的大小,而后两者又直接决定了雨滴所具有动能的大小。由于天然降雨雨强随时变化,难以达到所需条件,而且有风的影响,使得雨滴试验很难实现,为此该类研究多借助室内人工降雨。因此,本节将基于室内人工模拟降雨实验,分别从林冠雨物理性质和林冠结构来分析降雨对林地土壤侵蚀作用机理(余新晓等,2009;张颖,2007)。

2.2.1　试验设计

选择我国黄土高原主要造林树种元宝枫、侧柏、刺槐、油松为对象,采用自制土槽置于可调坡度的小车上,将四年生木种植于土槽内再生长三年,研究郁闭情况下林冠层对降雨的雨滴大小、雨滴速度以及对降雨雨滴动能的改变规律,从林冠降雨物理性质和林冠结构两方面研究降雨对林地的土壤侵蚀机理。

1. 室内试验设计

1)降雨器

试验在黄土高原土壤侵蚀与旱地农业国家重点实验室人工模拟降雨大厅进行。侧喷区实际降雨高度为 16 m,可近似模拟不同强度天然降雨。因黄土高原的水力侵蚀主要由暴雨引起,因此试验中结合该地区多年实际暴雨统计数据,选取60 mm/h、90 mm/h、120 mm/h 的降雨强度进行试验。

2)试验模型

试验模型选用可调坡度的自制土槽,槽长 2 m、宽 0.5 m、深 0.5 m,装土深0.45 m。土槽中栽植四年生树苗,土槽后端连接一倒三角形中空通道,用于输导试验过程中产生的径流。

3)试验土样

试验土壤先过 10 mm 筛孔进行预处理。填土时,先在槽底铺上一层纱布,使土壤水分均匀下渗。干容重控制在 1.2g/cm³ 左右,分层(每隔 10 cm)装土,边装边均匀压实,每次在填装下一层之前将表土打毛,以消除两层土壤之间的垂直层理。

4)树种选择

选用了黄土区最具代表性的耐旱树种元宝枫、刺槐、侧柏、油松,栽植于土槽中生长三年与裸地对照。

2. 试验指标测定方法

1)乔木树种特性指标

树苗于 2003 年栽植于土槽中,2005 年测定其试验指标,各指标值见表 2-1。

表 2-1　坡面试验小区测树指标值

树种	编号	基径周长 /cm	基径 /cm	树高 /m	冠幅/cm			
					←	→	↑	↓
侧柏	1	7.4	2.36	1.2	25	20	25	15
	2	7.0	2.23	1.25	15	15	20	15
	3	6.8	2.17	1.1	25	15	20	25
	4	8.0	2.55	1.25	20	20	30	10
	5	6.4	2.04	1.2	25	20	20	15
	6	4.8	1.53	0.95	20	15	15	15
	7	7.2	2.29	1.1	20	25	25	15
	8	6.5	2.07	1.2	20	20	15	15
	9	7.8	2.48	1.3	25	25	25	20
	10	7.6	2.42	1.3	25	25	25	15
	11	9.0	2.87	1.4	25	25	25	15
	12	8.5	2.71	1.3	20	25	25	20
刺槐	上	8.6	2.737	1.3	40	55	80	40
	中	7.8	2.483	1.2	25	50	40	50
	下	8.0	2.546	1.5	70	60	70	40
油松	1	6	1.91	0.9	25	20	30	5
	2	5.5	1.751	0.75	35	25	30	35
	3	3.5	1.114	0.5	15	10	10	15
	4	5	1.592	0.8	25	20	10	30
	5	6	1.91	1	15	20	10	40
	6	7.5	2.387	0.75	35	25	30	30
	7	8.5	2.706	0.9	25	15	35	25
	8	7	2.228	0.95	20	20	20	20
	9	9.5	3.024	1	35	30	30	20
	10	4	1.273	0.7	20	20	15	25
	11	6.5	2.069	1.1	30	30	10	25
	12	6.5	2.069	1	30	25	15	30

续表

树种	编号	基径周长/cm	基径/cm	树高/m	冠幅/cm			
					←	→	↑	↓
元宝枫	1	5.5	1.75	1.2	35	20	20	15
	2	4.5	1.43	1.3	35	20	45	30
	3	6.5	2.07	1.15	65	45	45	35
	4	6	1.91	1.2	40	35	45	25
	5	6.4	2.04	1.4	55	35	30	45
	6	6.6	2.10	1.4	45	55	40	65
	7	5.5	1.75	1.3	40	45	25	70
	8	6	1.91	0.8	20	15	15	15
	9	6.5	2.07	1.45	50	70	75	35
	10	5.6	1.78	1.1	35	70	70	45
	11	5.5	1.75	1.4	35	40	15	25
	12	6.6	2.10	1.4	40	65	40	50
	13	5.5	1.75	0.9	40	45	10	50

2）郁闭度测定

用数码相机在土槽的上空垂直拍摄槽内树种林冠，用 Auto CAD 处理林冠照片得到槽内树种的郁闭度，如图 2-1 所示。

图 2-1　油松坡面小区郁闭度测定

3）林冠降雨特性研究方法

由于林冠降雨雨滴特性等受树种、林分结构的影响明显，林冠降雨雨滴比天然降雨的雨滴成分复杂得多。关于林冠降雨雨滴大小的测定还没有较好的方法，国内经常使用的也是滤纸色斑法。使用此方法时，如何及时、均匀地接到林冠降雨雨滴，真实地反映林冠降雨雨谱是试验成败的关键。试验方法具体参阅了徐向舟和张红武（2004）《雨滴粒径的测量方法及其改进研究》一文。

用 Auto CAD 与 Excel 处理分析扫描过的带有雨滴的滤纸，按雨滴直径与色斑直径间的关系换算成实际雨滴大小，对雨滴谱观测资料进行频谱分析，确定模拟降雨平均雨滴直径。

A. 冠滴雨雨滴降落速度

采用牟金泽(1983)给出的经验公式计算雨滴终点速度(m/s)。

当 $0.005\ \text{cm} < d < 0.19\ \text{cm}$ 时，

$$v_m = 0.496 \times k \times 10^{\sqrt{28.32 + 6.524\lg(0.1d) - (\lg 0.1d)^2} - 3.665} \tag{2-37}$$

如果 $d < 0.15\text{cm}$ 时，$k = 1.00$；否则，$k = 1.00 - 0.53(d - 0.15)$

当 $d = 0.19 \sim 0.65\ \text{cm}$ 时，

$$v_m = (17.2 - 0.844d)\sqrt{0.1d} \tag{2-38}$$

式中：v_m 为雨滴终速，m/s；d 为雨滴直径，mm；k 为与雨滴直径有关的变形系数。

人工模拟降雨及高秆作物和林冠下的降雨均是有限高度下的雨滴，难以达到充分降落条件下的雨滴终速。吴长文忽略雨滴在空气中下落过程中的变形，采用理论方法给出了雨滴降落速度与降落高度的关系式(吴长文和徐宁娟,1995a)：

$$v = v_m \sqrt{1 - \exp\left(-\frac{2g}{v_m^2}H\right)} \tag{2-39}$$

B. 雨滴分布模型

林冠降雨谱可采用同空旷地降雨谱一样的表达方式(Best,1950)。

$$F = 1 - \exp\left[-\left(\frac{d}{a}\right)^n\right] \tag{2-40}$$

式中：d 为雨滴直径，mm；F 为直径 $\leqslant d$ 的雨滴累计体积所占总体积的比例；a 和 n 为随雨型和雨强(I,mm/min)而变化的雨谱分布参数。

C. 雨滴动能

雨强和雨滴动能或动量对薄层水流水动力特性的影响最大，坡面击溅侵蚀的动力主要由降雨动能提供(Laws and Parson,1943)，对于质量为 m 并以速度 v 下降的单个雨滴，其雨滴动能为 $0.5\ mv^2$。实际中常用单位水体 1 m² 上降落 1 mm 深的降雨，即 1L 雨水的雨滴动能。在水的相对密度为 1 时，可根据式(2-41)由雨滴特征计算单位水体雨滴动能 E，J/(m²·mm)(王彦辉,2001)：

$$E = 1/2 \sum f_i v_i^2 \tag{2-41}$$

式中：f_i 为某种直径的雨滴体积占总体积的比例。

雨滴动能与雨滴直径、降落高度、降落速度有直接关系。

2.2.2　林冠降雨雨滴粒径与雨强的关系

1. 色斑法率定公式

为了使率定出来的经验公式更具代表性，雨滴率定试验中雨滴粒径的大小分布应涵盖模拟降雨试验中可能出现的所有雨滴的大小。采用滤纸色斑法率定试验所得雨滴实际粒径 d 和滤纸色斑直径 d 之间的关系式为

$$d = 0.381d^{0.7204} \qquad R^2 = 0.953 \tag{2-42}$$

式(2-42)与窦葆璋等的研究结果非常接近,为使试验数据与试验条件相吻合,所用试验数据误差尽量缩小,因此采用试验率定所得式(2-42)。将所有的有效色斑面积输入到 Excel 中,并把色斑面积值转换成直径,然后由式(2-42)换算成相应的雨滴粒径,根据一组试验所有的雨滴粒径值,可进一步绘出雨滴的粒径分布图,得出雨滴的中值粒径、平均粒径、最大粒径等特征值。

2.降雨器雨滴特性

降雨雨滴特性通常可通过雨滴的中值粒径和雨谱图对雨滴进行描述,目前发展的人工降雨机要完全模拟天然降雨的全部特性几乎是不可能的,只能满足某一特定目的。本书的研究旨在研究恒定雨强条件下不同林分林冠对降雨能量的改变及对林下土壤侵蚀的影响,因此满足雨强和雨滴终速即可,而侧喷区实际降雨高度为 16 m,可以满足所有雨滴在降落到地面时达到终点速度,雨强大小以每次试验前率定雨强为准。试验测出,所用的四个雨强的雨滴大小均集中在 0.8～2.1 mm,从原雨滴粒径累积频率曲线图(图 2-2)可看出,雨强为 60 mm/h 时,在此粒径范围内的雨滴占 95.76%;雨强为 90 mm/h 时,在此粒径范围内的雨滴占 94.98%;雨强为 120 mm/h 时,在此粒径范围内的雨滴占 97.26%,中值粒径集中在 1.5 mm 左右,最大粒径不大于 3 mm。

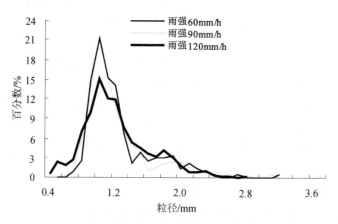

图 2-2　降雨器雨滴粒径分布频率图

3.林冠降雨雨滴粒径与雨强的关系

天然降雨雨滴特性与雨强雨型关系密切,自 1904 年起国内外学者就先后研究了天然降雨雨滴大小与雨强的关系,得出中值粒径与雨强的相关关系式(江忠善等,1983)。而降雨经过林冠层后不同于天然降雨,通过对不同雨强情况下各树种的林冠降雨雨滴大小分布曲线图分析得出,在林内雨滴粒径分布几乎不受林外

降雨强度的影响,雨滴的中值粒径随雨强变化的规律也不明显。如图 2-3、图 2-4
和表 2-2 所示侧柏、油松的林冠降雨雨滴粒径频率分布,在选用的三个雨强条件
下,各树种的林冠降雨雨滴粒径有相似的分布规律,三个树种林冠降雨的雨滴粒
径各特征值之间差别不大,与雨强没有明显关系,且都比裸地坡面上的降雨雨滴
粒径大。三个树种最大雨滴粒径都集中在 5.5~6.1 mm,最小雨滴粒径为 0.35~
0.45 mm。在供试的三个雨强下,油松树种的中值粒径最小,在 3.5 mm 左右,而
侧柏和元宝枫树种的降雨雨滴中粒径在 4.0 mm 左右。

表 2-2　降雨强度与雨滴直径(mm)特征值的关系

雨强/	侧柏			油松			元宝枫			裸地		
(mm/h)	最大	最小	中值	最大	最小	中值	最大	最小	中值	最大	最小	中值
60	5.54	0.41	4.1	7.68	0.44	3.5	6.10	0.57	4.1	3.13	0.68	1.7
90	6.28	0.35	3.7	4.87	0.39	2.9	5.0	0.40	3.7	3.66	0.51	1.9
120	5.55	0.44	3.9	5.23	0.45	3.0	5.83	0.40	3.9	2.74	0.33	1.6

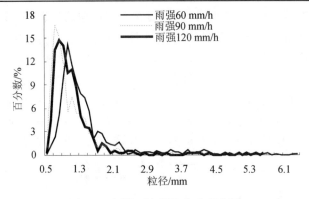

图 2-3　侧柏雨滴粒径大小频率图

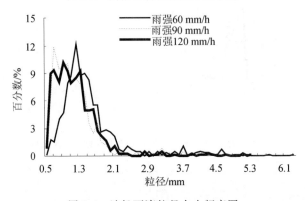

图 2-4　油松雨滴粒径大小频率图

2.2.3　林冠降雨雨滴粒径分布曲线

从图 2-5～图 2-7 和表 2-3 各树种冠层粒径分布曲线图可得出，与裸地相比，郁闭林冠层降雨雨滴变得分散，小雨滴占绝对多数，直径 1 mm 以下的雨滴约占全体的 40% 左右；可以看到大径雨滴的形成，直径 3 mm 以上的雨滴约占全体的 3% 左右，所测到的最大雨滴直径为 6.5 mm。而林外雨滴几乎都集中于 1～3 mm。因此，可得出雨滴在经过林冠以后，发生了分散，且林冠能够积聚大雨滴，虽然各树种之间林冠层积聚的这部分雨滴数量和大小有差别，但林冠降雨雨谱都有相似的分布规律。

实际上林冠降雨在整个过程是变化的，阔叶树种在降雨初期，叶片未充分湿润时，冠滴雨一部分被叶片截留，剩下部分也由于叶片表面绒毛的作用，产生表面张力，暂时滞留，附着在叶子表面，积聚成大雨滴而滴落到下一层叶子上；当树叶充分湿润后，叶片上有一层水膜，叶片的绒毛对雨滴已没有作用，因此降落到叶片的雨滴很容易滑落，当雨强较大时，冠滴雨在冠层内层层滴落，直至穿透林冠到达地面。针叶树种由于林冠层的针叶数不胜数，雨滴与之撞击分散，或在针叶上汇聚成较大的水滴落下的机会也很多。因此，不管是针叶林还是阔叶林林内降雨细小雨滴出现频率都比裸地高，大雨滴在林地上也占一定比例，雨滴中值粒径较大，冠滴雨与树种的叶片表面特性及林冠结构有直接关系。叶面雨滴对土壤颗粒的离散作用是研究土壤侵蚀规律的重要部分，特别是林内大雨滴的形成，是林地所特有的现象，而叶面雨滴的大小和雨滴下落的频率与叶面形态有关。

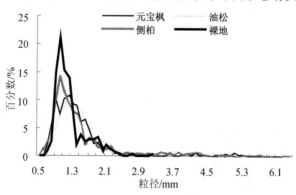

图 2-5　雨强为 60 mm/h 时各处理小区雨滴粒径频率图

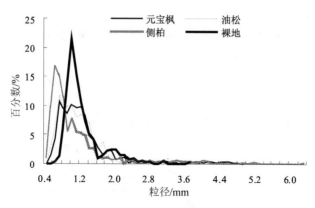

图 2-6　雨强为 90 mm/h 时各处理小区粒径频率图

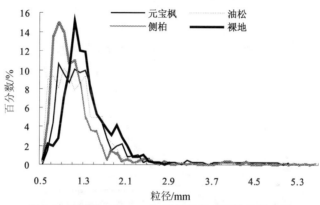

图 2-7　雨强为 120 mm/h 时各处理小区粒径频率图

表 2-3　降雨强度与雨滴直径分布关系

降雨强度/(mm/h)	60			90			120		
雨滴直径/mm	<1	$1\sim3$	>3	<1	$1\sim3$	>3	<1	$1\sim3$	>3
元宝枫 /%	25.82	68.44	5.74	34.74	60.72	4.54	45.96	51.35	2.69
侧柏 /%	40.15	54.18	5.67	59.74	35.58	4.68	46.99	50.27	2.73
油松 /%	20.22	73.28	6.5	40.30	56.55	3.15	37.56	59.97	2.47

2.2.4　林冠降雨雨滴体积累积分布曲线及雨滴分布模型

在林地内,造成土壤溅蚀的主要是大雨滴,因为大雨滴的体积大,致使雨滴的质量大,速度变化快,与同高度的小雨滴相比,动能就大。因此,要研究林冠降雨的雨滴动能,首先应研究林冠降雨雨滴的体积分布规律。图 2-8～图 2-11 为裸地雨滴和三个树种林冠降雨雨滴体积累积分布曲线。从图中可看出,林外雨滴直径与累积体积之间的关系曲线呈较平滑的"S"形,而林冠降雨雨滴体积累积分布曲线与裸地相比,由于林冠降雨雨滴大小比较分散,三个树种的林冠降雨雨滴体积累积曲线明显分为两段。由于林内降雨雨滴有一定数量的大雨滴生成,因此雨滴的体积累积曲线上半部分向上倾斜,而在中间部分雨滴相对裸地雨滴数量变少,体积累计曲线变化趋势比林外缓和。

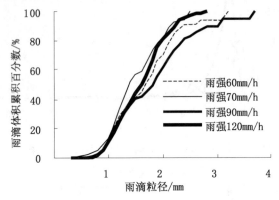

图 2-8　裸地雨滴体积累积分布曲线

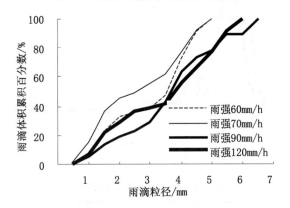

图 2-9　侧柏雨滴体积累积分布曲线

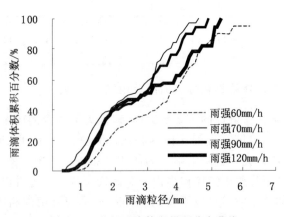

图 2-10　油松雨滴体积累积分布曲线

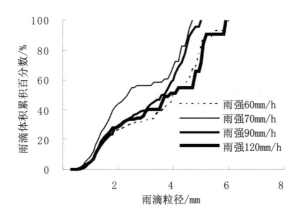

图 2-11　元宝枫雨滴体积累积分布曲线

从图中看出,三个树种的体积累积分布曲线与雨强没有明显的函数关系,因此可以把其雨滴样不分雨强地加以统计,得出不同树种各自的雨滴体积累积分布曲线,并用式(2-40)拟合林冠降雨谱参数。

油松:　$F = 1 - \exp\left[-\left(\dfrac{d}{3.444}\right)^{1.966}\right]$ 　$R^2 = 98.2\%$ 　(2-43)

侧柏:　$F = 1 - \exp\left[-\left(\dfrac{d}{4.038}\right)^{2.164}\right]$ 　$R^2 = 97.9\%$ 　(2-44)

元宝枫:　$F = 1 - \exp\left[-\left(\dfrac{d}{3.881}\right)^{1.885}\right]$ 　$R^2 = 96.1\%$ 　(2-45)

2.2.5　林冠降雨雨滴动能和雨滴终速动能

在静止大气中,雨滴所受到的作用力有重力和空气阻力(雷阿林和张学栋,1995;徐锐,1983),空气阻力随降落速度的增大而增加。当降落高度足够大时,重力和空气阻力会达到平衡,雨滴以其终点速度下降。由于研究的小树离地面距离只有 1 m 左右,达不到终速,雨滴在大气中降落过程可忽略雨滴变形,视为刚体。假设林冠降雨雨滴的平均降落高度都是从冠心高处降落,在具体计算时采用吴长文和徐宁娟(1995a)给出的公式(2-39)对冠滴雨计算到达地面的速度。计算结果见表 2-4。

参照所得的各树种林冠降雨雨滴累积分布曲线和拟合所得式(2-43)～式(2-45),采用式(2-41)计算单位雨滴动能。

研究中所用的是乔木幼树,林冠冠心高度油松为 20 cm、侧柏为 15 cm、元宝枫为 50 cm。计算得出林冠雨滴动能油松、侧柏、元宝枫冠层分别为 1.862 J/(m² · mm)、1.345 J/(m² · mm)、4.379 J/(m² · mm)。与林外降雨的雨滴动能 17.39 J/(m² · mm)相比,油松、侧柏和元宝枫小树林冠层分别减少雨滴动能为

89.29％、92.27％、74.82％。

表 2-4　各实验小区雨滴降落速度计算情况表

色斑直径/mm	雨滴直径/mm	裸地		元宝枫		侧柏		油松	
		雨滴终速/(m/s)	体积累积比/%	落地速度/(m/s)	体积累积比/%	落地速度/(m/s)	体积累积比/%	落地速度/(m/s)	体积累积比/%
3.8	1.0	3.95	12.12	2.70	1.95	1.64	2.51	1.86	1.56
6.7	1.5	5.67	40.83	2.91	12.67	1.68	11.78	1.92	13.40
10	2.0	6.94	70.70	2.98	22.26	1.69	18.48	1.94	25.86
13.6	2.5	7.55	91.04	3.00	28.22	1.69	23.53	1.95	32.87
17.5	3.0	8.04	94.43	3.02	31.40	1.70	28.49	1.95	36.80
26.2	3.5	8.44	100.00	3.03	34.06	1.70	37.65	1.95	44.54
30.8	4.0	8.75	—	3.03	43.75	1.70	48.91	1.95	56.26
30.9	4.5	9.00	—	3.04	53.68	1.70	64.53	1.96	71.34
35.6	5.0	9.19	—	3.04	68.35	1.70	71.9	1.96	87.14
40.7	5.5	9.33	—	3.04	86.49	1.70	79.58	1.96	90.31
45.9	6.0	9.42	—	3.05	92.37	1.70	91.70	1.96	94.45
56.9	6.5	9.47	—	3.05	100.00	1.70	100.00	1.96	100.00

由于高大乔木的林冠高度值有十几米，许多研究结果表明，雨滴降落高度＞22 m 时，粒径 7 mm 的大雨滴也可达到雨滴终速。因此高大乔木所有雨滴几乎都能达到终点速度，此时的林冠降雨动能为林冠降雨单位水体雨滴潜在动能。油松、侧柏、元宝枫林冠的单位水体雨滴潜在动能分别为 28.44 J/(m² · mm)、29.19 J/(m² · mm)和 30.20 J/(m² · mm)，不同树种之间的差别很小，而林外降雨的雨滴动能为 17.39 J/(m² · mm)，因此当林冠高度足以使各粒径雨滴达到终速时，林冠对雨滴的动能增大 63.5％、67.91％、74.4％。

2.3　侵蚀性降雨表征及空间变异特征

2.3.1　流域侵蚀性场次降雨雨型分析

黄土高原区，降雨局地性强、阵性和强度大，使得对降雨特性本身的定量描述就具有一定难度。特别是受起伏地形和高程的影响，降雨在流域中的空间分布存在很大的差异。而降雨是黄土高原地区土壤侵蚀的主要动力因子，定量描述降雨是研究土地利用或森林植被变化对流域水文生态过程响应的基础。同时，流域中降雨的时空异质性导致不同尺度流域产汇流及侵蚀产沙过程的变异性非常大,因此黄土高原区流域降雨的时空分布研究成为流域水文生态过程时间和空间尺度转换研究首要考虑的因素。

　　本书的研究以黄河水利委员会天水水土保持试验站吕二沟(12.01 km²)、桥子沟(2.45 km²)和罗玉沟(72.79 km²)三个试验流域 1983~2004 年各站点的全部单次降雨过程资料为依托,分析流域内侵蚀性降雨的表征及其空间变异特征。罗玉沟、吕二沟和桥子沟(为罗玉沟内嵌套流域)流域内各设有 10、6 和 4 个雨量站,流域多年平均降水量分别为548.9 mm、579.1 mm 和 529.7 mm。根据流域内雨量站的分布情况及各站多年降水量,利用泰森多边形方法计算流域平均降水量(图2-12)。

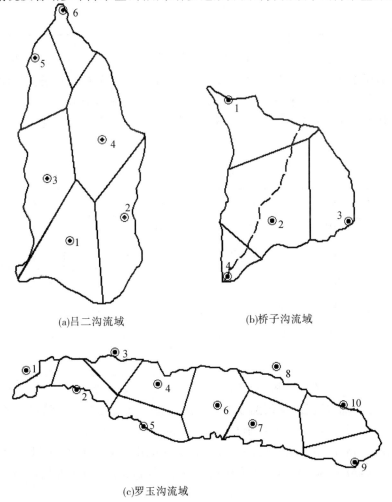

(a)吕二沟流域　　　　　　　　　　　(b)桥子沟流域

(c)罗玉沟流域

图 2-12　研究流域雨量分布的泰森多边形图

黄土高原地区降雨产流以超渗产流为主,严重土壤侵蚀多发生于短历时、高强度的暴雨。我国气象部门规定,24 h 雨量超过 50 mm 的降雨为暴雨。而黄土高原,24 h 雨量小于 50 mm,但降雨强度很大的降雨发生频率最高,造成的水土流失最为严重。焦菊英和王万忠(2001)根据黄土高原陕、甘、晋等 13 个流域的降雨统计,建立了黄土高原暴雨标准(表 2-5)。本书的研究对三个试验流域 1983~2004 年的场降雨产流产沙进行了统计分析,确定此暴雨标准适合本书的研究区流域。

表 2-5　黄土高原暴雨取样标准

历时/min	5	10	15	30	60	120	180	240	360	720	1440
雨量/mm	5.8	7.1	8.0	9.7	11.9	14.6	17.8	20.5	25.0	35.1	50.0

根据表 2-5 的暴雨取样标准,共筛选了 168 场暴雨,其中罗玉沟(1985~2004年)53 场,桥子沟(1986~2004 年)45 场,吕二沟(1983~2004)70 场。暴雨形成的最初历时除面积较小的桥子沟外,罗玉沟和吕二沟以降雨前 60 min 出现最多,约占总暴雨发生场次的 25%以上。三流域在场降雨开始 2 h 前即发生暴雨的频率约为 75%,而在长降雨历时内形成暴雨的概率则很小(表 2-6)。

表 2-6　研究流域暴雨形成的最初历时

暴雨形成的最初历时/min		5	10	15	30	60	120	180	240	360	720	1440
罗玉沟	次数	4	6	8	7	13	4	2	3	5	1	0
	频率/%	8	11	15	13	25	8	4	6	9	2	0
桥子沟	次数	8	5	5	1	5	10	5	1	4	1	0
	频率/%	18	11	11	2	11	22	11	2	9	2	0
吕二沟	次数	2	5	2	2	20	13	5	3	9	2	0
	频率/%	3	7	3	3	29	19	7	4	13	3	0

对 168 场暴雨统计分析,得出了不同类型暴雨发生特性(表 2-7)。根据暴雨发生的历时及降水特征,暴雨明显地可分成三类。第一类是局地强对流条件引起的小范围、短历时、高强度的局地性暴雨(A 型暴雨),占总暴雨次数的 20%左右,历时多在 20 min~3 h,雨量为 9~30 mm,一般最大 10 min 雨量可占总雨量的40%~90%,最大 30 min 雨量可占 70%~100%,最大 60 min 雨量可占 85%~100%。

表 2-7　研究流域暴雨发生特性

流域	统计年限	暴雨场次	历时	降雨量/mm	发生次数	发生频率/%	最大时段雨量占次雨量百分比/%		
							10 min	30 min	60 min
罗玉沟	1985~2004	53	30 min~3 h	9~30	13	25	50~90	75~100	85~100
			4~13 h	15~65	26	49	15~30	25~60	40~75
			>15 h	40~120	14	26	4~15	8~30	9~45
桥子沟	1986~2004	45	30 min~3 h	9~30	9	20	50~100	70~100	85~100
			4~13 h	15~65	24	53	15~40	20~65	30~70
			>15 h	40~120	12	27	6~15	10~30	10~45
吕二沟	1983~2004	70	20 min~3 h	10~30	12	17	40~80	75~100	85~100
			4~13 h	15~60	40	57	15~30	25~60	30~75
			>15 h	35~80	18	26	4~15	6~30	7~45

第二类是峰面型降雨夹有局地雷暴性质的较大范围、中历时、中强度暴雨（B型暴雨），占总暴雨次数的 55% 左右，历时多在 4~13 h，降雨量在 15~65 min，一般最大 10 min 雨量可占总雨量的 15%~40%，最大 30 min 雨量可占 20%~65%，最大 60 min 雨量可占 30%~75%。

第三类是由峰面型降雨引起的大面积、长历时、低强度暴雨（C型暴雨），占总暴雨次数的 25% 左右，历时一般大于 15 h，雨量一般为 40~120 mm，一般最大 10 min 雨量可占总雨量的 4%~15%，最大 30 min 雨量可占 6%~30%，最大 60 min 雨量可占 7%~65%。

同时由表 2-7 可看出，根据流域 168 场不同类型暴雨时段雨量集中程度的统计分析，选择用最大 60 min 雨量 P_{60} 占次降雨总雨量 P 的比例作为划分三种暴雨的数量指标。

A 型暴雨：$P_{60}/P \geqslant 85\%$

B 型暴雨：$85\% > P_{60}/P > 30\%$

C 型暴雨：$P_{60}/P \leqslant 30\%$

因此，罗玉沟流域研究时段内共发生 A、B 和 C 型暴雨的次数分别是 13、26 和 14 次，桥子沟为 9、24 和 12 次，吕二沟为 12、40 和 18 次（表 2-8）。另外，年降水的多寡影响各类型暴雨发生的次数。各流域研究时段内丰水年和枯水年出现的次数相同，但在丰水年 A、B 型暴雨发生的频率远大于枯水年，特别是枯水年 C 型暴雨几乎不发生；A 型和 C 型暴雨比较，丰水年 C 型暴雨的发生次数要多于 A 型暴雨。

表 2-8　　研究流域不同暴雨类型在各降水年份的分布

暴雨类型	罗玉沟				桥子沟				吕二沟			
	发生数	丰	平	枯	发生数	丰	平	枯	发生数	丰	平	枯
A	13	2	10	1	9	2	7	0	12	5	6	1
B	26	8	16	2	24	9	13	2	40	17	21	2
C	14	6	7	1	12	7	5	0	18	8	10	0

2.3.2　流域侵蚀性降雨空间分布的不均匀性

降雨空间分布是影响流域产流产沙空间变化的主要因素,是流域森林植被与径流和侵蚀产沙研究的基础,而黄土高原降雨空间分布的不均匀性是十分显著的。选择罗玉沟、桥子沟和吕二沟 1983～2004 年发生的 168 场降雨资料,分析黄土高原典型流域不同类型侵蚀性降雨空间分布的不均匀性。

1. 降雨不均性指标确定

自然界的降雨都有中心和一定的笼罩面积,在一次降雨中,各测点的降雨因距降雨中心位置的不同而不同,在流域上的降雨往往是不均匀的。降雨空间分布的不均匀性可用变异指标来表示,有极差、平均差、标准差、变异系数等指标。极差、平均差、标准差都是用绝对数来说明降雨特征值的变动范围和离差程度的,显示标志值的变异程度,反映平均值代表性的大小,其计量单位和标志值相同,它们的大小受标志值数列水平的影响。同样大小的变异程度,对于不同水平的数列来说表示的意义是不一样的,对于绝对水平相差很大的不同数列,或计量单位不同的数列就没有可比性。而选用变异系数、不均匀系数与最大值和最小值的比值系数等指标,无计量单位,克服了以上指标的缺点。所以选择流域面雨量离差系数 C_v、流域降雨不均匀系数 η 和流域最大点与最小点降雨量的比值系数 α 三种指标来表示降雨空间分布的不均性。

流域面雨量离差系数 C_v 为降雨特征值均方差与均值的比值,可表示不同均值系列的离散程度。C_v 越接近 1,离散程度越大;C_v 越接近 0,离散程度越小。流域降雨不均匀系数 η 为降雨特征平均值与最大值的比值,反映了降雨的点面折减程度。η 越接近 1,表示降雨越均匀。流域最大点与最小点降雨量的比值系数 α 反映了流域内两个极端值的倍数关系,显示了降雨的不均匀程度。α 为 1 时,表示流域内的降雨处于极均匀状态,α 越大,表明降雨空间分布越不均匀。它们的计算公式分别为

$$C_v = \sqrt{\frac{\sum_{i=1}^{n}(K_i-1)^2}{n-1}} \qquad (2-46)$$

$$\eta = \overline{H}/H_{max} \tag{2-47}$$

$$\alpha = H_{max}/H_{min} \tag{2-48}$$

式中:K_i 为 H_i 与 $\overline{H}$ 的比值(H_i 为流域内某一站的降雨量,mm);$\overline{H}$ 为流域平均雨量,mm;H_{max} 为流域最大点降雨量,mm;H_{min} 为流域最小点降雨量,mm;n 为雨量站数。

2. 流域次降雨量空间分布不均匀性

表 2-9 是根据三个试验流域 168 场降雨统计得出的有关降雨量空间分布不均匀性特征值。从表中可以看出,三个试验流域次雨量面离差系数 C_v 值平均为 0.42,最大为 0.54。其中 A 型降雨 C_v 值平均为 0.54,最大为 0.70;B 型降雨平均为 0.40,最大为 0.51;C 型降雨平均为 0.38,最大为 0.49。降雨不均匀系数 η 值平均为 0.76,最小为 0.61。三种雨型的 η 值分别为:A 型降雨平均为 0.67,最小为 0.55;B 型降雨平均为 0.77,最小为 0.62;C 型降雨平均为 0.80,最小为 0.66。降雨最大点与最小点的比值系数 α 平均为 3.50,最大为 4.89。其中 A 型降雨 α 值平均为 6.51,最大为 8.84;B 型降雨平均为 3.10,最大为 3.96;C 型降雨平均为 1.91,最大为 2.97。

表 2-9　流域次降雨量空间分布的不均匀性特征值

流域	面积/km²	雨量站数/个	特征值	综合	暴雨雨型		
					A 型	B 型	C 型
罗玉沟	72.79	10	n	53	13	26	14
			C_v	0.39	0.49	0.37	0.33
			η	0.61	0.55	0.62	0.66
			α	4.89	8.84	3.96	2.97
吕二沟	12.01	6	n	70	12	40	18
			C_v	0.34	0.44	0.32	0.31
			η	0.79	0.67	0.80	0.84
			α	3.69	6.49	3.97	1.49
桥子沟	2.45	4	n	45	9	24	12
			C_v	0.54	0.70	0.51	0.49
			η	0.87	0.78	0.88	0.90
			α	1.91	4.19	1.37	1.28

流域	面积/km²	雨量站数/个	特征值	综合	暴雨雨型		
					A 型	B 型	C 型
平均/总计	20		n	168	34	90	44
			C_v	0.42	0.54	0.40	0.38
			η	0.76	0.67	0.77	0.80
			α	3.50	6.51	3.10	1.91

上述结果表明,不同类型暴雨面雨量空间的不均匀程度为 A 型暴雨大于 B 型暴雨,B 型暴雨大于 C 型暴雨,而且 A 型暴雨要比 B、C 两种类型暴雨大得多。流域面积与站网密度对降雨的不均匀性也有影响,影响程度最大的是 α,其次是 η 和 C_v。C_v 和 α 值与流域面积和站网密度呈正相关,η 值呈反相关,即表明流域面积越大,降雨量的空间分布越离散,越不均匀。

3.流域次降雨雨强空间分布不均匀性

表 2-10 是不同类型次降雨中雨沙关系预报中较为常用的 10 min、30 min、60 min最大时段降雨强度(I_{10}、I_{30}、I_{60})的 C_v、η 和 α 值,从表中结果可以看出:以 I_{30} 为例,不同类型降雨最大时段雨强的面离差系数 C_v 值分别为 A 型降雨 0.44,B 型降雨 0.34,C 型降雨 0.23;雨强的面离差系数 C_v 值大小与雨型有关,与最大时段的时间取值关系不是很大。例如,A 型降雨 10 min、30 min、60 min 三种时段的 C_v 值平均分别为 0.45、0.44 和 0.42,差别不是很大,从总体看,C_v 值随降雨时段的增长而略有减小。

表 2-10　流域次降雨雨强空间分布的不均匀性特征值

流域	A 型暴雨			B 型暴雨			C 型暴雨		
	I_{10}	I_{30}	I_{60}	I_{10}	I_{30}	I_{60}	I_{10}	I_{30}	I_{60}
面离差系数 C_v									
罗玉沟	0.64	0.62	0.60	0.51	0.45	0.40	0.28	0.26	0.25
吕二沟	0.48	0.45	0.44	0.37	0.28	0.27	0.24	0.21	0.24
桥子沟	0.25	0.24	0.23	0.33	0.30	0.24	0.35	0.24	0.24
平均	0.45	0.44	0.42	0.40	0.34	0.30	0.29	0.23	0.22
不均匀系数 η									
罗玉沟	0.57	0.59	0.60	0.69	0.70	0.71	0.83	0.90	0.98
吕二沟	0.66	0.69	0.71	0.65	0.66	0.69	0.69	0.75	0.76

流域	A 型暴雨			B 型暴雨			C 型暴雨		
	I_{10}	I_{30}	I_{60}	I_{10}	I_{30}	I_{60}	I_{10}	I_{30}	I_{60}
桥子沟	0.63	0.66	0.68	0.68	0.74	0.77	0.60	0.63	0.65
平均	0.62	0.65	0.66	0.67	0.70	0.72	0.71	0.76	0.80
最大点与最小点比值系数 α									
罗玉沟	11.63	13.37	13.24	3.12	2.66	2.59	2.34	1.77	1.74
吕二沟	9.33	5.53	5.13	2.94	2.50	2.20	1.29	1.15	1.09
桥子沟	8.12	5.23	5.00	1.66	1.54	1.38	1.74	1.74	1.72
平均	9.69	8.04	7.79	2.39	2.23	2.06	1.79	1.55	1.52

仍以 I_{30} 为例,三种降雨的面雨强不均匀系数 η 平均值分别为 0.65、0.70、0.76,其与场降雨雨型有关;且 η 值均随最大时段降雨取值的增长而略有增大。例如,B 型降雨 10 min、30 min、60 min 三种时段的 η 值分别为 0.67、0.70 和 0.72。降雨最大点与最小点的雨强比值系数 α,三种雨型平均分别为 8.04、2.23 和 1.55,随雨型不同而不同,且其均随时段的增长而减小。

最大时段雨强 C_v 值的大小与流域面积呈正相关,与最大雨强的时段取值呈反相关;η 值的大小与流域面积呈反相关,与最大雨强的时段取值呈正相关;α 值的大小与流域面积呈正相关,与最大雨强的时段取值呈反相关。雨强的面分布不均匀程度较雨量的差。

4. 流域暴雨中心发生的随机性

表 2-11 给出了流域出口站、中心站和流域其他站暴雨中心的发生概率统计结果。可以看出:在 168 场降雨中,暴雨中心发生在流域中心点的概率平均为 18.5%,暴雨中心发生在流域出口站的概率平均为 12.4%,暴雨中心发生在流域其他任一点的概率平均为 14.3%。流域中心站暴雨中心发生概率最大为 23.5%,最小为 10.2%;流域出口站暴雨中心发生概率最大为 15.2%,最小也为 7.4%。可见,在小流域暴雨中心发生的随机性很大,无论是中心站还是出口站或流域的任一点,暴雨中心发生的概率一般不超过 25%。

表 2-11　流域内不同雨量站点暴雨发生频率

流域	雨量站数 /个	雨次 /次	发生频率/%			
			中心站	出口站	其他站	其他单站平均
罗玉沟	9	53	10.2	7.4	82.4	11.8
吕二沟	6	70	21.8	14.6	63.6	15.9
桥子沟	5	45	23.5	15.2	55.3	18.4
平均/总计	20	168	18.5	12.4	67.1	15.4

第3章 坡面土壤侵蚀动力学机理

3.1 坡面流水力特性

3.1.1 坡面流及其形成

坡面流(overland flow)是指由降雨或融雪形成的在重力作用下沿坡面流动的水流,它是在降雨量超过土壤入渗和地面洼蓄能力后产生的。坡面流经由地面进入河道,是形成河道水流的主要部分。坡面流有坡面片流(sheet flow)和坡面细沟流(rill flow)两种。在重力作用下顺坡面流动的浅层水流,在分水岭附近呈均匀覆盖的水层,称为片流。由于不规则地形的影响,径流逐渐向低洼处汇集,形成辫状交织的水网。当形成细沟时,就集中在细沟内流动,称为细沟流。细沟尺度较小,分布距离较近,易于为通常的耕作机具所平覆。

坡面流的形成是降水与下垫面因素相互作用的结果,降水是产生径流的前提条件,降水量、降水强度、降水历时、降水面积等对坡面流的形成产生较大影响。由降水而导致径流的形成可分为蓄渗阶段和坡面漫流阶段。

降水开始以后,降落到受雨区的雨水一部分被植物截留,另一部分被土壤吸收,然后通过下渗,进入土壤和岩石的空隙中,形成地下水。当降雨量大于损耗量时,雨水便在一些分散的洼地停蓄起来,这种现象称为填洼。这一过程是对降水的一个损耗过程,此时坡面流量总是小于降水量。

随着植物截留和填洼过程的结束,水分主要入渗土壤,而土壤入渗率随时间延续而逐渐减弱,当降水强度超过土壤的入渗率时,地表即开始形成坡面流。坡面流分两个阶段:一是坡面漫流阶段;二是全面漫流阶段。最初的地表径流冲击力并不大,当径流顺坡而下,水量逐渐增加,流速增大,就增大了径流的冲蚀力。当地表径流的冲蚀力大于土壤的抗蚀能力时,也就是地表径流产生的剪切应力大于土壤的抗剪应力时,土壤表面在地表径流的作用下产生面蚀。

3.1.2 坡面流能量的表征

坡面侵蚀的过程主要是坡面径流将其能量向坡面表层土壤传递的过程,在能量的传递转化中引起土壤颗粒间结合力的破坏和克服摩擦力引起土壤颗粒的运动,而坡面径流能量的大小主要取决于流速和径流量。

1. 坡面流流速

坡面流的流速是径流将其位能转化为动能产生的,即流速与其高程差有关,在坡面上这一因子表现为坡度 J。而实际上坡面流的流动情况十分复杂,沿程有下渗、蒸发和降水补给,再加上坡度的不均一,使流动总是非均匀的。为了使问题简化,不少学者研究了人工降雨条件下稳渗后的坡面水流,得到了各自的流速公式,但均可归纳成如下形式:

$$V = K \cdot q^n \cdot J^m \tag{3-1}$$

式中:q 为单宽流量;J 为坡度;n、m 为指数;K 为系数。

2. 径流量

对于超渗产流,坡面径流量的大小取决于降雨强度与土壤入渗率的差值。土壤入渗率的大小除取决于土壤结构(孔隙率、孔隙大小、粒径等)外,还与土壤含水量密切相关。随含水量增大,土壤颗粒因吸附水分子而使在其表面形成吸着水的分子力减小,吸附水分的土壤颗粒数量减少,毛管力作用减小,导致水分入渗难度增大,下渗率减小。因此,土壤入渗率是一个由大逐渐变小的量,但最终趋于一个定值。地面径流量 W 的形成可通过不同时刻的降雨强度 I_t 与入渗率 f_t 的差值与时段乘积来计算,即

$$W = \sum (I_t - f_t) \Delta t \tag{3-2}$$

也可通过量算降雨-入渗曲线所包围区域的面积来确定。

3. 坡面径流能量公式

坡面径流能量公式无论是经验式还是理论式,均是坡面流流速和径流量或影响这二者的相关因素的函数。典型的有拉尔式(R. Lal)、赫尔顿式(R. E. Hartan)、西北林学院式等。

1)拉尔式

依据径流能量 E 由位能转化而来并取决于流速及径流量,认为单位坡面上径流能量:

$$E = \rho g \sin\theta \cdot Q \cdot L \tag{3-3}$$

式中:θ 为坡面倾角;Q 为单位面积上的径流量;L 为坡长。

2)赫尔顿式

从摩阻力概念出发,提出在稳定流条件下,水流流过 1 m 长、单位宽度的坡面

时,单位时间内克服摩阻力所做的功(W)等于水流质量和流速的乘积:

$$W = G_0 \frac{h_x}{1000} V \sin\theta \qquad (3\text{-}4)$$

式中:G_0 为含沙水流的质量,kg/m³;h_x 为距分水岭 x 处的径流深,mm;V 为 x 处的流速,m/s;θ 为坡度,(°)。

3)西北林学院式

以坡面降雨均匀为前提,产流方式为超渗产流地区(北方大部分地区,南方干旱季节),一次降雨过程中均整坡面上的径流能量 E' 为

$$E' = \frac{\rho g}{4} BL\sin2\theta \cdot P_h \qquad (3\text{-}5)$$

考虑到与降雨动能相一致,将式(3-5)改写成单位面积上的平均径流能量:

$$E = E'/BL = \frac{\rho g}{4} \cdot \sin2\theta \cdot P_h \qquad (3\text{-}6)$$

式中:$P_h = \int_0^t (I - f)\mathrm{d}t$ 为径流深,其值等于坡面上形成的径流量 Q 的平均厚度,即径流深;E 为单位面积上的径流能量,J/m²;ρ 为液体密度,kg/m³;g 为当地重力加速度,m/s;L 坡面长度,m;θ 为坡度,(°);B 为坡面宽度,m。

3.1.3　坡面流水力特性

坡面流水深一般很小,受降雨影响显著,流动边界条件复杂。坡面流中的细沟流比较集中,虽然边界比较复杂,且变化较快,但总的来讲已属于集中水流,较接近于浅水明渠流动。而片流的水力特征与河道明渠水流有较大的不同。由于片流和细沟流的水力特性和侵蚀机理均有所不同,目前研究中倾向于将二者加以区分。

目前对坡面流的流态认识仍有不少分歧。代表性的观点主要有:①坡面漫流不属于层流、过渡流及紊流的任何一种,而称为"扰动流";②坡面流是介于层流到紊流的过渡流(江忠善和宋文经,1988);③坡面流为"搅动层流",虽然受降雨及坡面糙率扰动,但仍属层流范畴(吴普特和周佩华,1994);④将降雨扰动下的坡面流定义为"伪层流",即雨滴扰动使水质点有局部掺混现象,但整体水流仍处于层流状态(姚文艺,1993);⑤坡面流受下垫面和降雨影响,既非稳定又不均匀,且有急流特点,流态介于层流与紊流之间(雷阿林,1996);细沟流已进入紊流范畴,沿程阻力变化不明显,急流影响突出;⑥坡面流是层流和紊流的混合(Selby,1993)。显然,坡面薄层水流变为细沟流的流态变化还需进一步研究,而坡面流的水力特性与河道水流有许多不同。例如,坡面流既非恒定流,又非均匀流;坡面流可能是层流,也可能是紊流,或两种流态的混合;坡面流水深可高于、低于或由低于转向高于临界水深;在一定条件下,坡面流可出现不稳定状态,产生滚动坡或常称为雨

波;雨滴对水层的打击,对坡面流运动可能产生重大影响;由于水深很小,坡面糙率对坡面流有很大作用等。

坡面流的水力特性取决于许多因素,如降雨强度和历时,土壤质地、种类和前期水分条件,植被密度和类型,以及地形特性,包括洼坑和小丘的数量和大小,坡长和坡度等(Emmett,1978)。与传统的明渠水流相比,其有众多特有的水力特性:①坡面流在运动过程中,既有降雨补给又有土壤入渗,决定了其在时空尺度均有变化,因此坡面流往往为非恒定非均匀流;②坡面流在山顶分水岭处水深很小,水流雷诺数处于传统的明渠层流范围内,但随坡长增加,水深增大,雷诺数可增大至紊流区内,且由于降雨补给和不规则地形影响,水流结构完全处于紊流状态;③由于地形起伏变化,坡面流水深可高于、低于或由低于转向高于临界水深,且因坡面局部泥沙堆积形成"筑坝"而导致坡面流出现不稳定状态,产生滚动坡等。因此,用简单的明渠水力学的方法来分析坡面流会遇到许多困难。比较正确的做法是在一些坡面上进行详细的坡面流观测,根据观测资料得出概化的水力参数,同时,再依靠实验室的试验来求得每种变量的作用,从而拟定坡面流的定量描述方法。可惜的是,目前对坡面流的野外观测资料还不多。为了解决生产实践中遇到的各种问题,不得不对坡面流采取一定的简化处理方法,如忽略某些因素或假定某些因素不变等,并应用明渠水力学的方法来模拟。一般的做法是将坡面流视作一维的、恒定的、非均匀的沿程变量流来处理。

3.2　坡面片流侵蚀

片流侵蚀(sheet flow erosion)是指沿坡面运动的薄层水流对坡面土壤的分散和输移的过程,通常称为片蚀(sheet erosion)。片流的侵蚀也是沟间地土壤侵蚀的一个主要物理过程。虽然对于片流分散土壤的作用仍有不同看法,一些学者认为沟间地土壤分散的主要动力是雨滴打击力,片流的作用很小,但片流是沟间地泥沙输移的主要动力则是得到共识的。

片流侵蚀的原动力是水流的作用力,因此片流侵蚀过程与坡面水力学有着密切的关系。在以往的研究中,对片流侵蚀和细沟水流侵蚀通常不加区别,统称为坡面流侵蚀。近年来,鉴于它们的水力特性和侵蚀机理均有所不同,倾向于将二者加以区分。

3.2.1　坡面流描述

早期对坡面流的研究主要是经验性的定性描述。20 世纪 30～40 年代,Horton(1945)开始了坡面流的定量描述。从描述土壤入渗和表面滞留、片流层流特征、斜坡坡面流水深和速度预报,到坡面流的定量描述,他认为坡面流是一种混合状态的水流,稳定状态的坡面流水深可以近似用河道水流公式估算,不论是层流还是湍流,均可写为

$$q = kh^m \tag{3-7}$$

式中:q 为单宽流量;h 为水深;k 为反映床面特性、坡度、水流类型及黏性的综合系数;m 为反映湍动程度的指数,完全紊流时 $m = 1.67$,完全层流时 $m = 3$,混合流时 $m = 1.67 \sim 3$。

一般的认识是将坡面流视作一维的、恒定的、非均匀的沿程变量流来处理。Yoon 和 Brater(1962)将坡面流看作流量沿程增加的空间变量流,建议采用空间变量流的基本微分方程及连续方程来描述和求解坡面流水力学问题。Yen 和 Wenzel(1970)进一步考虑到降雨对坡面流的影响,根据动量原理,推导出了有降雨情况下的一维坡面流运动方程

$$\frac{\mathrm{d}y}{\mathrm{d}x} = \frac{S_0 - S_f - (v_m \cos\varphi - 2\beta v)q^* / gy}{\cos\theta - \beta v^2 / gy} \tag{3-8}$$

$$\frac{\mathrm{d}Q}{\mathrm{d}x} = q^* \tag{3-9}$$

式中:y 为水深;x 为距离;S_0 为地面坡度;S_f 为能坡;v_m 为雨滴终速;φ 为雨滴终速与坡面的交角;β 为动量系数;v 为坡面流平均流速;θ 为地面坡角;Q 为坡面流单宽流量;q^* 为单位长度增加流量,即净雨率。

经过数值方法对复杂的微分方程近似求解,得到一维浅水波方程组来模拟坡面水流(Emmett,1978):

$$h\frac{\partial v}{\partial x} + v\frac{\partial h}{\partial x} + \frac{\partial h}{\partial t} = i \tag{3-10}$$

$$\frac{\partial v}{\partial t} + v\frac{\partial v}{\partial x} + g\frac{\partial h}{\partial x} + i\frac{v}{h} + g(S_f - S_0) = 0 \tag{3-11}$$

式中:i 为降雨量;t 为时间。

在求解式(3-11)时可采用运动波的近似假定,使运动方程简化为

$$S_0 = S_f \tag{3-12}$$

无论用哪种公式来描述坡面流,都要解决坡面流的阻力计算问题。坡面流的阻力规律与传统的明渠水流阻力规律并不相同,但为了解决生产实际问题,作为一种近似,目前仍采用一般明渠流阻力的概念和表达方法,即采用 Darcy-Weisbach 公式、Chezy 公式和 Manning 公式。式中的阻力系数根据实际资料来确定,或通过回归分析,将它们与影响阻力的因素(如雷诺数 Re、雨强、土壤粒径等)联系起来,建立阻力计算公式。目前对于坡面流阻力规律的研究大多是通过试验来进行的,试验可在室内或野外进行。室内试验用变坡水槽模拟坡面,人工降雨模拟天然降雨;野外试验则利用小区或自然山坡,用天然降雨或人工降雨。由于测量

的水流要素不同,对阻力的分析方法也不同。一种是宏观分析方法,即在出流末端量测总的径流过程,而后用水力学方法与水流阻力联系起来,在野外小区试验中常采用这类方法。在计算时或由径流过程线确定小区上的蓄水量,再由蓄水量估算平均流速和水深;或用迭代法对径流过程线涨水部分进行适配,由此优选出水流阻力系数。宏观分析法所要求的资料较易获得,资料精度也易保证,但此方法不能反映水流系统的动力特性,所得结果仅是一种总的平均情况。另一种是微观分析方法,要求在试验过程中瞬时测量坡面流某些断面上的水力要素资料,如水深、流速和床面几何尺寸等,而后进行统计分析,求出阻力系数的关系,这种方法能反映水流系统的中间过程,但水流要素测量相对困难。

许多学者认为坡面流呈层流流态,对于流经光滑表面的层流,阻力系数关系式为

$$f = \frac{24}{Re} \tag{3-13}$$

对于流经粗糙表面的层流,其关系式为

$$f = \frac{K}{Re} \tag{3-14}$$

式中:Re 为水流雷诺数;K 为参数,与地表特征有关。

Woolhiser(1975)曾根据涨水径流过程线分析,优选出不同地面特征情况下的 K 值。一些学者研究了降雨对坡面流的影响问题,认为由于雨滴动能输入扰动了表面水流,引起附加紊动,从而使边界阻力增大。同时还指出降雨对水流阻力影响的大小与水流的流态有关,降雨只能在低雷诺数时增加水流阻力,并且可以使水流在较低雷诺数时就成为紊流。Shen 和 Li(1973)曾根据试验资料,以雨强为参数,点绘 Darcy-Weisbach 阻力系数 f 与雷诺数 Re 的关系时发现,当 Re 小于2000 时,雨强越大 f 值越大;当 $Re \geqslant 2000$ 时,降雨的影响才可以忽略不计。Shen 和 Li(1973)根据试验资料,将雷诺数 $Re < 900$ 时的阻力系数 f 表示为无降雨情况下的阻力系数 f_0 和降雨附加的阻力位数 f_R 之和,即

$$f = f_0 + f_R \tag{3-15}$$

通过回归分析,得到

$$f_R = 27.162 \frac{J^{0.407}}{Re} \tag{3-16}$$

式中:I 为雨强,$1 \text{ in/h} = 25.4 \text{ mm/h}$;$f_0$ 取用光滑矩形水槽的层流表达式:

$$f_0 = \frac{24}{Re} \tag{3-17}$$

$Re > 2000$ 时,阻力系数 f 表示为

$$f = 1.048 f_0 \tag{3-18}$$

式中:f_0 为相同流量和雷诺数条件下无降雨的阻力系数,当 $900 < Re < 2000$ 时,

作为近似估算采用内插法求得。

降雨对阻力的影响还与坡面粗糙程度有关。陈国祥和姚文艺（1996）对坡面浅层水流的阻力问题进行了试验研究，分析了雷诺数、雨强、床面糙度和坡度对Darcy-Weisbach阻力系数的影响以及彼此之间的相互关系，得到了有降雨情况下的阻力系数关系式。

层流区（$Re < 800$）：

$$f = \frac{24 + 3.453(1 + 1.359\sqrt{\Delta})S_0^{0.403} \cdot I^{0.743-\sqrt{\Delta}}}{Re} \tag{3-19}$$

紊流区（$Re \geqslant 2000$）：

陡坡（$S_0 > 3°$）　　　　$$f = \frac{(1.340 + 3.514\Delta)S_0^{0.465}}{Re^{1/2}} \tag{3-20}$$

缓坡（$S_0 \leqslant 3°$）　　　　$$f = \frac{0.285 + 0.62\Delta^{5/7}}{Re^{1/4}} \tag{3-21}$$

式中：I 为雨强；S_0 为底坡；Δ 为粗糙高度。

对于典型的坡面流条件（宽、浅、小雷诺数、小坡度），在确定水深、流速、切应力等水力特征值时，只需要考虑单宽流量和床面坡度，可假定为指数关系：

$$v = c_1 S^{a_1} q^{b_1} \tag{3-22}$$

$$h = c_2 S^{a_2} q^{b_2} \tag{3-23}$$

$$Q = c_3 S^{a_3} q^{b_3} \tag{3-24}$$

式中：a、b、c 为常数；q 为单宽流量，m^3/s；Q 为流速，m/s；S 为床面坡度，（°）。

Julien 和 Simons（1985）研究了坡面流的几种类型：层流片流、光壁紊流、糙壁紊流、Darch-Weisbach 系数不变的紊流，并分析了相应的指数和系数值。研究发现：对于坡度而言，不同水流条件的指数值相差不大，流速、水深、切应力的指数分别为 0.33、−0.33、0.67；对于流量而言，不同水流条件的指数变化较大，最大值与最小值相差 2 倍，水深与切应力指数变化方向相同，且与流速指数变化方向相反，从层流到紊流，流速指数从 0.67 减小到 0.33，而水深和切应力指数相同，从 0.33 增加到 0.67。

3.2.2　坡面流侵蚀表达

对于坡面流侵蚀土壤的作用目前存在着不同的看法，一部分学者将坡面流的侵蚀作用直接与水流的切应力联系起来，认为坡面径流侵蚀率与水流的切应力成正比。例如，Horton（1945）认为坡面侵蚀量 W_s 取决于径流侵蚀力 F_e 与土壤抗蚀能力 R_e 的相对关系：

$$W_s = f(F_e, R_e) \tag{3-25}$$

径流侵蚀力是指直接作用在土壤表面使土壤颗粒运动的切应力，表达式为

$$F_e = Ka\left(\frac{d}{d_1}\right)^2 \tau \tag{3-26}$$

式中：τ 为径流切应力；d 为土壤粒径；d_1 为参考粒径；a 为面积系数；K 为侵蚀力作用系数。

利用 Maning 公式及连续律可得 F_e 的计算公式：

$$F_e = K_e \frac{crd^2}{1000d_1^2}\left(\frac{q^* nx}{36}\right)^{\frac{3}{5}}\left[-\frac{\sin a}{(\lg a)^{0.3}}\right] \tag{3-27}$$

式中：q^* 为净雨率；a 为坡角；n 为糙率；x 为距离；r 为水容重；c 为系数。

将 W_s 代入式(3-27)后得

$$W_s = K_e \frac{crd^2}{1000d_1^2}\left(\frac{q^* nx}{36}\right)^{\frac{3}{5}}\frac{\sin a}{(\lg a)^{0.3}} \tag{3-28}$$

另一部分学者则认为，当坡面径流侵蚀力大于土壤颗粒分散的临界切应力时，土壤才会发生分散，因此径流引起土壤分散率是径流底部切应力与土壤颗粒分散的临界切应力差值的函数。Meyer 和 Wischmeier(1969)认为它们是幂函数，而 Nearing 等(1989)认为它们是线性函数。Foster 等(1981)进一步研究指出：只有在径流中的含沙量小于径流输沙能力的条件下，且当坡面径流侵蚀力大于土壤颗粒分散的临界切应力时才会有分散产生，并认为土壤的分散率或沉积率正比于径流输沙能力与实际输沙率之差，其表达式为

$$D_f = D_c\left(1 - \frac{G}{T_c}\right) \tag{3-29}$$

式中：D_f 为土壤分散率；D_c 为水流分散能力；G 为水流实际输沙率；T_c 为径流输沙能力。

$$D_c = K(\tau_f - \tau_c) \tag{3-30}$$

式中：τ_f 为作用在土壤颗粒上的切应力；τ_c 为土壤颗粒临界切应力；K 为土壤可蚀性系数。

Julien 和 Simons(1985)认为坡面土壤侵蚀主要受水流输沙能力制约而不受供沙条件限制。一次暴雨裸土的可能流失量为

$$m_p = \omega\int_0^t q_s dt \tag{3-31}$$

式中：q_s 为输沙率；t 为径流历时；ω 为地块宽。

对于坡面流(层流、片流)有

$$q_s = \alpha S^\beta q^\gamma i^\delta \tag{3-32}$$

式中：q 为单宽流量；i 为有效雨强；S 为坡度；α、β、γ、δ 为常数。代入式(3-31)后得

$$m_p = \omega\int_0^t \alpha S^\beta q^\gamma i^\delta dt \tag{3-33}$$

设 $i=$const.，可得 q 的解析解，将 q 的解代入可得次暴雨土壤流失量计算公

式：

$$m = A\alpha S^\beta L^{\gamma-1} c p i^{\gamma+\delta} t \tag{3-34}$$

式中：A 为地块面积；L 为坡长；S 为坡度；t 为降雨历时；c、p 分别为作物因子和水保因子。

坡面流的输沙条件与河流的输沙条件也有许多不同之处。首先是被输移的土壤颗粒细、黏性大、组成很不均匀，当存在团粒结构时重率较低。据实际资料的统计，被输移的土壤颗粒粒径可小于 $2\mu m$，属于黏土的范围，易形成絮凝结构，重率可减小到 $1.6 \sim 2.0$。其次，坡面流的输沙能力既有水流的作用，也有雨滴的影响。Guy 等(1987)试验表明在受降雨扰动的水流中，85% 的输沙能力是雨滴影响造成的，输沙能力增加是由于雨滴影响平流速增加，雨滴影响较大发生在 $\dfrac{d}{h} = 0.145 \sim 0.389$ 范围内。再次，在坡面流中很难区分出推移质和悬移质。因此严格来说，不宜将河流中的输沙能力公式直接引用到坡面流中，而应当根据坡面流的输沙特点，建立适用于坡面流的输沙能力公式。

Julien 课题组(1989,1985)在分析了坡面水流中泥沙运动的 23 个变量后认为：坡面流的输沙主要取决于以下参数。

$$q_\delta = f(l, s, i, q, \tau_0, \tau_c, \rho, \nu) \tag{3-35}$$

式中：l 为坡长；s 为坡度；i 为雨强；q 为径流；τ_0 为床面切应力；τ_c 临界切应力；ρ 为水密度；ν 为水的黏滞性。

采用因次分析方法求得无因次指数关系：

$$q_\delta = \alpha s^\beta q^\gamma i^\delta \left(1 - \frac{\tau_c}{\tau_0}\right)^\varepsilon \tag{3-36}$$

式中：α、β、γ、δ、ε 为常数。

当 $\tau_c \ll \tau_0$ 时，输沙能力公式为

$$q_\delta = \alpha s^\beta q^\gamma i^\delta \tag{3-37}$$

Guy 等(1987)通过试验研究了细沟间水流的输沙能力问题，认为径流的输沙能力取决于流量和底坡，雨滴的打击会增加水流输沙能力，增加大小取决于雨强和底坡。根据试验资料求得均匀流和降雨扰动水流条件下的输沙能力关系式。

均匀流输沙能力：

$$q_{\delta f} = 1.113 \times 10^{15} q^{3.986} S^{(8.835+0.767 lq)} \tag{3-38}$$

雨滴打击增加的输沙能力：

$$q_{\delta I} = 8.983 \times 10^6 I^{2.075} S^{0.922} \tag{3-39}$$

又因 $q = Ix$，最优的受降雨扰动水流的总输沙能力为

$$q_\delta = q_{\delta f} + q_{\delta I} \tag{3-40}$$

式(3-40)适用范围 l 为 $0.20 \sim 0.75$ m($I = 180$ mm/h)，$0.75 \sim 3.0$ m($I = 45$

mm/h);x 为沟间流长度。

Foster(1982)认为沟间地水流的输沙能力可用一个有效切应力(边界切应力与临界切应力之差)的 1.5 次方指数函数来模拟:

$$T_{ci}=A(\tau-\tau_{cr})^{1.5} \tag{3-41}$$

式中:T_{ci} 为细沟间区域水流输沙能力;τ 为水流切应力;τ_{cr} 为土壤临界切应力;A 为系数。τ_{cr} 和 A 均为颗粒大小和密度的函数。

3.3　坡面细沟流侵蚀

细沟侵蚀(rill erosion)是细沟的沟岸和沟底土壤被细沟中集中的水流所分散和输移的过程,也就是细沟形成和发展的过程。

细沟流侵蚀主要取决于细沟中的水流运动和坡面土壤特性。关于细沟流的水力特性,一些学者认为与坡面流(片流)基本相似,可采用坡面流的研究成果;另一些学者则认为细沟流水力特性与片流不同,细沟中的水流是集中的水流,其水深可为片流的 50 倍,流速可为片流的 10 倍(Young et al.,1997)。另外,细沟中的水流与河槽中的水流水力特性也有所不同,由于细沟沿流程的横断面与纵比降均很不规则,细沟流的水深、流速、切应力及其他水力要素沿程很不均匀,在较大的流速和切应力处,会引起强烈的局部冲刷。Foster 等(1984)认为从实用目的出发,流速沿细沟的分布可假定符合正态分布,其特征可由两个参数(均值和标准差)来描述。由非线性的回归分析,得到平均流速表达式:

$$v=16.0Q^{0.28}S^{0.48} \tag{3-42}$$

式中:Q 为流量;S 为坡降。

平均流速也可以式(3-43)表示:

$$v=121R^{0.73}S^{0.79} \tag{3-43}$$

式中:R 为水力半径,取沿程各断面的水力半径的平均值。

Foster 等也认为,降雨对流速的影响不大,流量越大,其影响越小。同时还由线性回归分析得到平均水力半径计算式:

$$R=0.44A^{0.53} \tag{3-44}$$

式中:A 为过水断面积,取沿程各断面的平均值;由资料分析得到细沟流的能量系数 $\alpha=1.4\sim1.7$,动量系数 $\beta=1.5\sim1.30$,受降雨影响不大,但流速分布公式(对数公式)中的卡门常数 K 差别很大,为 $0.2\sim1.3$,取决于位置和流量。

细沟流的切应力为

$$\tau=\tau_g+\tau_f \tag{3-45}$$

式中:τ_g 为表面阻力;τ_f 为形态阻力。

如用 $\tau = \dfrac{q\nu^2}{8}$，则有阻力系数

$$f = f_g + f_f \tag{3-46}$$

由试验资料求得：

$$(1/f)^{\frac{1}{2}} = 2\lg(12R/k_g) \tag{3-47}$$

$$(1/f)^{\frac{1}{2}} = 3.5\lg(R/eH)^{-2.3} \tag{3-48}$$

式中：k_g 为表面糙度特征长度；H 为形态糙度单元的平均高；e 为离参考面的地表粗糙高度的标准差；eH 为形态糙度单元特征长度。

总阻力系数：

$$(1/f)^{\frac{1}{2}} = 2.14\lg(R/x) \tag{3-49}$$

$$x = 28.3\sigma_c^{1.66} \tag{3-50}$$

式中：x 为阻力参数；σ_c 为沿沟槽纵剖面高程的标准差。

Sadeghian 和 Mitchell(1990)对天然农地坡面流的阻力研究认为，天然农地坡面的糙度是由随机糙度和非随机糙度构成的，分别称为颗粒糙度和形状糙度。颗粒糙度为单位水力半径，其断面水深相当于距最恰当的参考面之间的地表粗糙高度的标准差。形状糙度也是一特定的单位水力半径，其相应断面的水深等于地形波最大频率修正后的表面高程的振幅。他们提出了一个用于计算细沟水力半径 R 的公式：

$$R = \frac{h_\delta}{e}\text{GRI} + \frac{h}{e+h}\text{FRI} \approx \frac{h_\rho}{e+h_\rho}\text{TRI} \tag{3-51}$$

式中：h_δ 为地表滞留水深；h 为地表滞满水时水深；h_ρ 为相应于参考面的局部静水压力高度；e 为离参考面的地表粗糙高度的标准差；TRI 为颗粒糙度指数；FRI 为形状糙度指数；GRI 为地面粗糙度指数。

由于细沟间和细沟的绝对水深不一样，其糙度是不一样的，两者具有不同的水流阻力。细沟间的水流阻力要比水流集中，且糙度完全被淹没的细沟水流的阻力为大。在给定断面下，由断面流量及平均水力要素计算的阻力系数只能是一个综合的阻力系数，它是细沟水流阻力与细沟间水流阻力的平均反映。Sadeghian 和 Mitchell 还通过因次分析给出一个阻力系数计算式：

$$f = 298.18 \frac{(v^*/v)^{2.24}(q/Il_x)^{0.3}}{(h/\text{GRI})^{0.75}} \tag{3-52}$$

式中：v^* 和 v 分别为摩阻流速和平均流速；q 为单宽流量；I 为雨强；l_x 为侧向入流长度。

由此可见，阻力系数与相对糙度成反比而与绝对糙度成正比。

关于细沟流分散土壤的作用至今仍有不同看法。有人认为细沟径流的作用主要是输移从沟间地来的泥沙和被雨滴从其底部溅起的固体物质，而不能独立破

坏土壤和冲动土壤颗粒。有人认为细沟水流的分散能力远比细沟间水流的大。为了估算细沟冲刷量,Meyer(1981)提出式(3-53):

$$A_R = D_R(Q-Q_c) \tag{3-53}$$

式中:A_R 为细沟冲刷量;D_R 为土壤抗蚀力;Q 为细沟内流量;Q_c 为临界流量,小于此流量时细沟冲刷可以忽略。

细沟冲刷是几种作用的综合,其一是溯源冲刷,其二为水流的剪切作用对土壤的分散,其三是水流淘刷引起的坍塌。基于这一概念 Meyer 和 Foster(1975)将细沟冲刷表示为

$$A_R = A_S + A_m \tag{3-54}$$

式中:A_R 为细沟冲刷量;A_S 为细沟溯源冲刷之间的剪切冲刷;A_m 为由各种因素产生的溯源冲刷。A_S 通常与流量呈线性关系,而 A_m 则可能随流量的 $1.0\sim1.5$ 次方而变化,将以式(3-53)和式(3-54)联合,得到细沟冲刷表达式如下:

$$A_R = a_1(Q-Q_K)^{a_2} + a_3(Q-Q_p) \tag{3-55}$$

式中:Q_K 和 Q_P 为临界流量;a_1、a_2、a_3 为常数。

Foster(1982)提出了一个细沟冲刷方程:

$$D_r = K_r(\tau_e - \tau_{cr})C_r \tag{3-56}$$

式中:D_r 为单位面积土壤流失;K_r 为细沟土壤可蚀性系数;τ_e 为水流作用于土壤表面的有效切应力;τ_{cr} 为临界切应力;C_r 为土壤管理因子。

当土壤颗粒极易遭受侵蚀时可得 $\tau_{cr}=0$,则式(3-56)化简为

$$D_r = K_r\tau_e C_r \tag{3-57}$$

Meyer 和 Foster(1982)还建议利用修正的 USLE 方程来估算细沟的冲刷量(Woodward,1999)

$$D_r = 6.86 \times 10^6 \eta V_u Q_m^{1/3} \left(\frac{x}{22.1}\right)^{\eta-1} KCP \tag{3-58}$$

式中:V_u 为径流量;Q_m 为洪峰流量;η 为坡面长度指数;K、C、P 分别为 USLE 中的土壤侵蚀因子、植物覆盖因子和管理措施因子;x 为距离。

Nearing 等(1989)认为,细沟流的冲刷率可用水流切应力大于土壤临界切应力以及输沙能力大于实际输沙量的概念来确定,计算公式为

$$D_f = D_c(1-G/T_c) \tag{3-59}$$

式中:D_f 为细沟冲刷率;D_c 为水流分散能力;T_c 为水流输沙能力;G 为实际输沙量。

水流分散能力 D_c 用式(3-60)计算:

$$D_c = K_r(\tau_f - \tau_c) \tag{3-60}$$

式中:K_r 为细沟土壤可蚀性参数;τ_f 为作用于土壤的水流切应力;τ_r 为土壤临界切应力。

当 $\tau_f < \tau_r$ 时,细沟分散为零,当实际输沙量大于水流输沙能力时,则发生泥沙淤积,淤积率由式(3-61)计算:

$$D_f = \frac{v_f}{q}(T_c - G) \qquad\qquad (3\text{-}61)$$

式中:v_f 为泥沙有效沉速;q 为单宽流量。

细沟流将大部分被分散的土壤颗粒输向下游,水流中的输沙量取决于可供输移的沙量和水流的输沙能力。若输沙量大于输沙能力则产生淤积,反之则发生冲刷;淤积使水流变得宽、浅并覆盖较大区域,冲刷则形成下切河槽,淤积多发生在凹形坡的坡脚处。细沟中的泥沙运动有两种形式:推移质和悬移质。推移质沿底运动,当输沙能力小于输沙量时极易沉积。悬移质沿水深分布较均匀且不易沉积,特别是很细的颗粒,因此悬移质在沉积之前运动距离较长。很细的黏土颗粒沉积得非常缓慢,在某些情况下只有在形成絮团后才能沉积,此时水流和泥沙的化学特性起重要作用。输沙能力是水流的作用力与泥沙可动性的函数,Foster 等(1982)认为许多明渠流的输沙关系式可用来描述细沟流的输沙能力。Meyer 和 Wischmeier(1969)提出一个简化公式:

$$T_c = a s^{5/3} q^{5/3} \qquad\qquad (3\text{-}62)$$

式中:T_c 为输沙能力;s 为坡角正弦;q 为单宽流量;a 为系数,取决于土壤可动性土壤糙度及植被对水流输沙力的影响。

3.4　植被影响下的坡面流水动力特性

目前坡面水动力学特性的研究主要集中在裸地坡面尤其是细沟流方面,涉及植被坡面的研究很少。对植被防治土壤侵蚀效应的研究也多局限于经验统计分析,从坡面水动力学特性分析植被减沙机理的研究还不多。开展黄土高原植被坡面流水动力学特性的研究有助于更加深入地认识坡面侵蚀产沙过程本质,揭示植被对坡面侵蚀的作用机理。本节通过室内模拟降雨试验研究不同林地小区坡面流水动力学参数特征,揭示森林植被对坡面侵蚀过程的作用机理。(余新晓等,2009;张颖,2007)

3.4.1　坡面流流速及其影响因素分析

在坡面土壤侵蚀中,水流是产生土壤侵蚀和泥沙运移的动力,而决定侵蚀力大小的主导因子是坡面水流的流速。水流流速的研究是定量分析土壤剥蚀和径流挟沙能力的基础,要深入研究坡面水流动力机制,并进一步揭示坡面土壤侵蚀规律,计算坡面流速就成为首要问题(张光辉,2002)。

试验设计参见 2.2.1 节。试验前使各坡面径流小区的初始含水量基本相同，试验时表层含水量达到饱和，且各径流小区入渗率较小形成稳定入渗。在试验时间段内流速主要受坡面状况如雨滴打击、枯落物等的影响。试验每隔 3 min 测定水流流过固定坡面区间的时间，最后选取流速基本稳定后的多次平均值作为坡面的平均流速，并考虑到用染色法测定的径流流速为坡面优势流流速，实测流速乘以修正系数 0.75 作为水流断面平均流速(Li et al.,1996)。

1.不同试验小区的流速

各试验小区流速试验数据见表 3-1。裸地小区的径流流速受雨强和坡度影响都较大，随坡度和雨强增大而增大，而有植被覆盖的坡面受坡度影响较大，有植被覆盖坡面小区的流速明显小于裸地坡面小区，但雨强和坡度增大到一定程度时，各树种覆盖的坡面小区流速也迅速增大，与裸地相比，相差已不明显。

表 3-1　各试验小区不同雨强不同坡度的平均流速　　　　（单位：cm/s）

坡度/(°)	裸地	元宝枫	油松	侧柏
雨强 60 mm/min				
5	6.47	4.94	4.35	3.82
10	8.6	6.71	6.56	6.14
15	10.79	9.37	8.65	8.55
雨强 80 mm/min				
5	8.99	6.2	6.29	5.97
10	10.4	7.55	7.3	6.79
15	13.4	8.78	7.87	7.26
雨强 100 mm/min				
5	10.25	9.51	9.27	8.59
10	12.99	11.27	10.82	9.8
15	16.68	17.54	15.37	14.01

乔木树种覆盖小区径流流速规律与裸地坡面不同，在实验雨强范围内，小雨强时乔木树种有降低径流流速的作用；但雨强增大到一定值后，其流速和裸地小区没有区别，有时反而比裸地的流速大。小雨强时，坡度对有林小区的径流流速无明显作用，但雨强增大到一定值后，其径流流速随坡度增大而明显增大。由此表明森林植被对一定范围雨强的降雨且在一定坡度下有阻滞径流流速的作用，而随雨强和坡度增大其作用不明显，反而可能增大径流流速。

2.有枯落物覆盖小区的流速

试验前枯落物放在清水中浸泡，使其吸水饱和。因此，试验过程中枯落物蓄持水分作用很弱,可以忽略。从图3-1可看出,枯落物的阻滞径流速度的效应十分显著,在同等条件下,随着坡度增加,产流速度依次增大。在同一坡度下,有枯落物覆盖小区和裸地小区相比,前者阻延径流速度为后者的9%~23%。在同一条件下,元宝枫阻延的效应最大,油松最小。可见枯枝落叶层增加了地面糙率,均能明显地延阻径流速度,滞后产流时间。

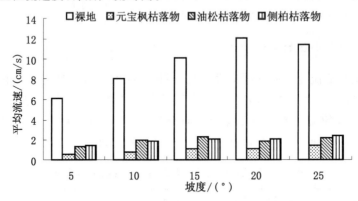

图3-1　雨强1.0 mm/s下各枯落物小区不同坡度的流速与裸地的比较

3.林冠层覆盖度对坡面流速的影响

森林植被可以阻截部分降雨能量,使土壤表面免于雨滴的直接击溅,林冠层阻截降雨、降低径流速度的作用与其覆被度和植被类型等有关。无枯落物覆盖的林地坡面,随林冠层覆盖度的变化、降雨雨滴作用和坡面流作用不断变化,两者对坡面流流速的影响此消彼长。而且林冠结构不同,对降雨雨滴的重新分配比例不同。有的树种的林冠可能较均匀均分散重聚雨滴,降低雨滴动能;有的树种的林冠会使重聚后的雨滴形成雨柱在冠层边缘顺流而下,很容易形成流速和能量均较大的股流,侵蚀坡面。本试验选取元宝枫和侧柏两个树种开展不同覆盖度坡面小区的流速试验,结果见表3-2。由表可知,随覆盖度的减小,坡面流流速逐渐增加。

表3-2　不同覆盖度坡面小区的流速　　　　　　　　　　（单位:cm/s）

元宝枫覆盖度	上部流速	下部流速	平均流速	侧柏覆盖度	上部流速	下部流速	平均流速
100%	8.86	12.33	10.60	100%	8.73	11.92	10.33
80%	8.74	12.28	10.51	80%	8.94	11.85	10.40
45%	9.04	13.17	11.11	65%	9.13	12.24	10.69
10%	10.35	14.13	12.24	30%	10.86	13.46	12.16
裸地	10.76	14.84	12.80	裸地	10.76	14.84	12.80

4.不同试验小区的坡面流速沿程分布规律

坡面流速是计算坡面薄层水流侵蚀动力因子的重要参数,研究坡面流速沿程分布规律事实上是研究径流侵蚀力或者径流动能沿程的变化状况。选取坡面断面平均流速 v 代表该断面出口处径流的速度,并以其作为研究对象。

根据试验数据,经曲线拟合得出,各试验小区的坡面流流速沿程分布规律符合指数分布,结果见表 3-3～表 3-6。

表 3-3　各坡面小区的流速　　　　　　　　　　　　　　　　　　（坡度 10°）

处理小区	雨强/(mm/h)	上部流速/(cm/s)	中部流速/(cm/s)	下部流速/(cm/s)	统计方程
裸地	60	7.20	8.49	8.97	$v=10.01\exp(-16.49/L)$
	80	8.22	10.97	12.08	$v=13.73\exp(-32.12/L)$
	100	10.76	11.58	14.84	$v=17.43\exp(-24.11/L)$
元宝枫	60	5.32	7.12	7.85	$v=19.54\exp(-29.16/L)$
	80	6.283	8.49	9.39	$v=11.48\exp(-30.14/L)$
	100	8.86	11.35	12.33	$v=14.6\exp(-24.79/L)$
侧柏	60	5.41	6.32	6.66	$v=7.39\exp(-15.59/L)$
	80	6.47	7.45	7.81	$v=8.58\exp(-14.12/L)$
	100	8.85	9.79	10.13	$v=10.84\exp(-10.13/L)$

表 3-4　元宝枫不同覆盖度小区流速　　　　　　　　　　（雨强 100 mm/h）

覆盖度/%	上部流速/(cm/s)	中部流速/(cm/s)	下部流速/(cm/s)	统计方程
0	10.35	13.07	14.13	$v=16.51\exp(-23.35/L)$
45	9.04	11.99	13.17	$v=15.90\exp(-28.22/L)$
80	8.74	11.28	12.28	$v=14.56\exp(-25.51/L)$
100	8.86	11.35	12.33	$v=14.55\exp(-24.79/L)$

表 3-5　枯落物小区流速　　　　　　　　　　　　　　（雨强 60 mm/h）

处理小区	上部流速/(cm/s)	中部流速/(cm/s)	下部流速/(cm/s)	统计方程
元宝枫＋枯落物	0.72	0.81	0.84	$v=0.91\exp(-11.52/L)$
油松＋枯落物	1.72	2.05	2.18	$v=2.45\exp(-17.63/L)$
侧柏＋枯落物	1.40	2.08	2.38	$v=3.1\exp(-39.8/L)$

表 3-6　元宝枫枯落物小区流速　　　　　　　　（雨强 60 mm/h）

坡度/(°)	上部流速/(cm/s)	中部流速/(cm/s)	下部流速/(cm/s)	统计方程
5	0.45	0.59	0.64	$v=0.76\exp(-26.42/L)$
10	0.72	0.81	0.84	$v=0.91\exp(-11.56/L)$
15	1.11	1.15	1.16	$v=1.19\exp(-3.30/L)$
20	1.04	1.24	1.31	$v=1.47\exp(-17.31/L)$

所测坡面流速实际上是坡面浑水的流动速度,因为浑水是清水与被侵蚀的泥沙颗粒组成的水沙二相体,径流的运动必须将挟带在其中的泥沙颗粒一起搬运。但浑水中的泥沙颗粒是一个变量,径流速度增大,径流的冲刷力也就随之增加,于是被侵蚀的泥沙颗粒也就越多,泥沙量的增大势必消耗径流中的动能,从而使径流流速变缓。随着地表坡长的增加,汇流作用增大,清水速度理应增加,但清水速度增加,径流侵蚀冲刷能力增加,于是浑水中所含泥沙量就会增加,流动速度相应就有一个降低。因此,流速随坡长的增加就比径流随坡长的递增速度低,没有那么陡峻。同时随着坡长的增加,侵蚀泥沙越来越多,泥沙颗粒所消耗的径流动能也越来越大,因而随着坡长的增加,坡面流速随着坡长的递增率就有降低趋势。

3.4.2　森林植被对坡面流阻力的影响

坡面流的水深一般很小,其运动特性受边界条件的影响较明渠水流显著。阻力系数反映了坡面流在流动过程中所受的阻力大小,坡面流阻力直接影响到坡面流运动的各水动力学参数,阻力系数越大,说明水流克服坡面阻力所消耗的能量就越大,则用于坡面侵蚀和泥沙输移的能量就越小,坡面侵蚀产沙就越少。因此,坡面流阻力规律一直受到众多学者的关注(Yang and Harry,1971)。但由于对坡面流阻力规律仍缺乏非常细致的定量认识,长期以来,一直采用明渠水流阻力的概念和表达方法。

本书采用室内人工降雨水槽试验,对不同坡度的浅层沿程变量流在有植被和无植被坡面上的阻力规律进行了较为系统的研究,并建立了坡面流在不同坡面条件下的阻力系数定量关系式。

1. 试验数据分析方法

降雨条件下的坡面流,沿程不断有能量源和物质源的加入,即使降雨恒定,在入渗稳定的情况下,也是沿程不断变化的恒定非均匀流。在目前还没有成熟的坡面流理论时,可借鉴河流动力学的原理和方法,用相应的水力学公式对坡面流的水力要素进行测定或计算。根据实测资料,结合现有研究结果推求坡面流沿程变化规律。

由
$$Q = qB = vhB \tag{3-63}$$
求得单宽流量 q。

由
$$h = Q/vB \tag{3-64}$$
求得平均水深 h。

坡面流阻力系数 f 可由 Darcy-Weisbach 公式计算：
$$S_f = f \frac{V^2}{8gR} \tag{3-65}$$

式中：S_f 为阻力坡度；R 为水力半径，在坡面流中，可取 $R \approx y$。

2. 不同试验小区的坡面径流沿程分布规律

坡面径流沿程分布规律可揭示坡面不同地形和部位的径流侵蚀动力状况，即坡面汇流引起的径流动力变化。吴普特(1997)根据所测数据进行统计分析得出坡面未产生细沟前，对于下垫面条件均一的坡面，其坡面径流量是随汇流长度呈线性递增，其坡面产流量可近似按水文学中的线性模型计算。本试验选用不同坡长下坡面径流量来研究坡面径流沿程变化规律，试验条件与吴普特(1997)所做试验类似。因此，根据研究成果，得出各试验坡面小区径流沿程分布规律方程，结果见表 3-7～表 3-10。

表 3-7　坡面小区径流沿程分布规律　　　　　　　　（坡度 10°）

处理小区	雨强/(mm/h)	单宽流量 q/[mL/(m·s)]	坡长 L/cm	a	统计方程
裸地	60	17.12	200	0.086	$q = 0.086L$
	80	31.27	200	0.156	$q = 0.156L$
	100	39.53	200	0.198	$q = 0.198L$
元宝枫	60	18.80	200	0.094	$q = 0.094L$
	80	31.2	200	0.156	$q = 0.153L$
	100	53.21	200	0.266	$q = 0.261L$
侧柏	60	19.2	200	0.096	$q = 0.097L$
	80	23.6	200	0.118	$q = 0.122L$
	100	48.2	200	0.241	$q = 0.241L$

表 3-8　元宝枫不同覆盖度坡面小区径流分布规律　　　　　　　（坡度 10°）

覆盖度/%	雨强/(mm/h)	单宽流量 q/[mL/(m·s)]	坡长 L/cm	a	统计方程
100	100	22.78	200	0.110	q=0.11L
80	100	23.21	200	0.116	q=0.116L
45	100	26.06	200	0.130	q=0.13L
0	100	27.81	200	0.139	q=0.139L

表 3-9　枯落物小区径流沿程分布规律（雨强 0.8 mm/s,坡度 10°）

处理小区	单宽流量 q/[mL/(m·s)]	坡长 L/cm	a	统计方程
元宝枫枯落物	24.48	200	0.122	q=0.122L
油松枯落物	28.17	200	0.141	q=0.141L
侧柏枯落物	25.30	200	0.127	q=0.127L

表 3-10　不同坡度元宝枫枯落物小区径流沿程分布规律　（雨强 0.8 mm/s）

坡度/(°)	单宽流量 q/[mL/(m·s)]	坡长 L/cm	a	统计方程
5	22.97	200	0.115	q=0.115L
10	24.48	200	0.122	q=0.122L
15	25.57	200	0.128	q=0.128L
20	26.95	200	0.135	q=0.135L

3. 不同试验小区的坡面流阻力规律

对于较平整坡面,多数学者认为坡面流阻力主要与土壤颗粒、水流雷诺数 Re、雨强等有关,且得到许多经验及半经验关系(吴普特和周佩华,1994;Lawrence,2000)。植被覆盖对坡面流有很重要的影响,除了有一定的蓄水功能之外,最主要的影响是阻力的变化。因此,如暂不考虑其蓄水作用,可以将复杂地表对坡面产流和流动过程的影响概括反映在坡面流的阻力变化之中。在本书的研究中严格根据坡面流流动形态判据雷诺数 Re 的大小来判断划分各种坡面情况的坡面流流动规律及其阻力规律,枯落物覆盖的坡面将其按渗流流动理论研究。

1)裸地情况下(平整坡面)坡面流阻力规律

裸地情况下,坡面流阻力主要是由雨滴击溅的附加阻力和颗粒阻力组成。颗粒阻力是指由高度小于 10 倍水流黏性底层厚度的土壤颗粒和微团聚体引起的阻力。这种阻力实际上就是水流的黏性阻力,即水流绕过这些伸入黏性底层以上的颗粒时耗散能量而造成的。

在试验范围内裸地坡面流都属层流范畴,而层流时坡面流阻力只与雷诺数有关,因而通过理论直接推求层流的阻力系数:

$$f = \frac{24}{R} \tag{3-66}$$

在没有降雨情况下,层流区坡面流为均匀流,流速沿程不变。在有降雨情况下,坡面流沿程不断有流量加入,导致坡面流成为非均匀流,流速的变化由雨滴速度引起,沿程不断变化,雷诺数沿程变化,所以阻力系数沿程也为变值。

由于坡面流水深很浅,可由水深 h 代替水力半径,雷诺数可表示为

$$Re = \frac{Vh}{\nu} = \frac{q}{\nu} \tag{3-67}$$

式中:q 为单宽流量,$mL/(m \cdot s)$。坡面流流量沿程变化与坡长呈线性关系。

由试验结果可知,裸地坡面小区的阻力系数沿程不断变化,与坡长成反比,坡长越长,阻力系数越小;与雨强成反比,雨强越大阻力系数越小。各试验雨强下裸地坡面的阻力系数见表 3-11。

表 3-11　裸地坡面小区特征断面的阻力系数　　　　　　　　　　（坡度 10°）

雨强/(mm/h)	水力参数	上部 50 cm 处	中部 100 cm 处	下部 150 cm 处	下部 200 cm 处
60	q	6.30	12.60	18.90	25.20
	f	0.368	0.184	0.124	0.092
80	q	8.30	16.60	24.90	33.20
	f	0.280	0.140	0.092	0.072
100	q	12.40	24.80	37.20	49.60
	f	0.188	0.092	0.064	0.048

2)只有乔木覆盖情况下坡面流动阻力规律

与裸地相比,有乔木树种覆盖时,林冠层对降雨雨滴重新分配,雨滴击溅作用减弱,由于树茎干的影响,漫流容易形成股流。因此,有乔木覆盖的坡面的阻力应考虑坡面覆盖度和树干绕流的影响。根据试验观测,坡面流在经过树干时,有扰流现象发生,但是在树干背后没有出现分离涡,即坡面流还是处于层流状态。因此,仍根据层流阻力规律来研究有乔木覆盖的坡面流运动。所用公式为式(3-66)与式(3-67),分析结果见表 3-12 和表 3-13。

表 3-12 元宝枫坡面阻力系数沿程分布规律 (坡度 10°)

雨强/(mm/h)	单宽流量/[mL/(m·s)]	坡长/cm	a	统计方程	f
60	18.88	200	0.094	$q=0.094L$	$f=24v/(0.094L)$
80	31.26	200	0.156	$q=0.156L$	$f=24v/(0.156L)$
100	49.22	200	0.246	$q=0.246L$	$f=24v/(0.246L)$

表 3-13 元宝枫坡面各特征断面的阻力系数 (坡度 10°)

雨强/(mm/h)	水力参数	上部 50 cm 处	中部 100 cm 处	下部 150 cm 处	下部 200 cm 处
60	q	4.72	9.44	14.16	18.88
	f	0.047	0.023	0.016	0.012
80	q	7.81	15.63	23.44	31.26
	f	0.028	0.014	0.009	0.007
100	q	12.3	24.61	36.91	49.22
	f	0.018	0.009	0.006	0.005

在裸地坡面上,降雨造成局部扰动,降雨打击力有一朝坡面向下的分力,增加径流速度,阻力减小;而有林冠覆盖降雨被重新分配,有直接到达地面的,有通过林冠后到达地面的,有顺树干流到地面的,这种影响是减小了坡面的径流速度,削弱了降雨增加的部分。但林冠及树木茎干的存在,容易使地面形成集中股流,速度增加。因此,与裸地相比,有林地林冠层及树干的分流作用使坡面阻力增大,而且没了雨滴对坡面流的增速作用,这两方面使林地坡面流阻力系数比裸地增大。但林冠层对雨滴的重新分配容易形成相当比例的较大雨滴,林冠层层重叠,容易使雨滴顺坡面流形成一排排雨柱,而且坡面上树干的存在也容易使水流形成集中流动的股流,这又使坡面流流速增大,减小了坡面流阻力。

本试验由于土槽中所栽植的树种为小树苗,且土槽的面积较小,林冠边缘在槽外,因此,其林冠聚集雨滴及形成股流的作用比大树微弱得多,而分散降雨的作用较强,因此与裸地相比,沿程阻力系数比裸地的大(表 3-14 和表 3-15)。

表 3-14　元宝枫不同覆盖度坡面径流分布规律　　　　　　　　　　　（坡度 10°）

覆盖度 /%	雨强 /(mm/h)	单宽流量 q/[mL/(m·s)]	坡长 L/ m	a	统计方程	f
100	100	48.88	200	11	$q=0.11L$	$f=24v/(0.11L)$
80	100	49.22	200	11.6	$q=0.116L$	$f=24v/(0.116L)$
45	100	49.46	200	13.03	$q=0.13L$	$f=24v/(0.130L)$
0	100	49.54	200	13.90	$q=0.139L$	$f=24v/(0.139L)$

表 3-15　元宝枫不同覆盖度各特征断面的阻力系数　　　　　　　　（坡度 10°）

覆盖度/%	水力参数	上部 50 cm 处	中部 100 cm 处	下部 150 cm 处	下部 200 cm 处
100	q	12.22	24.44	36.66	48.88
	f	0.018	0.009	0.006	0.005
80	q	12.305	24.61	36.915	49.22
	f	0.018	0.009	0.006	0.005
45	q	12.365	24.73	37.095	49.46
	f	0.018	0.009	0.006	0.005
0	q	12.385	24.77	37.155	49.54
	f	0.018	0.009	0.006	0.005

3）有枯落物覆盖的坡面流动阻力规律

许多学者对水流在枯落物中的流动都是直接引用明渠流的阻力系数公式或糙率公式来研究其滞流减沙作用。实际上水流在枯落物之间或水流在枯落物与表层土壤之间的流动，不同于裸地坡面的流动，已不能近似于明渠水流的流动。与裸地相比，水流在枯落物中的流动速度非常缓慢，这种水流在多孔介质中的流动需用渗流理论来解决。

枯落物间存在着网络状的空隙，形成许多可供流体通过的细小通道。这些通道曲折而且互相交联，其截面大小和形状又是很不规则的。流体通过如此复杂的通道时的阻力自然难以进行理论计算，必须把难以用数学方程描述的介质层内的实际流动过程进行大幅度的简化，使之可以用数学方程式加以描述。

A. 床层空隙率 ε

固定床层中介质堆积的疏密程度可用空隙率来表示，其定义如下：

$$\varepsilon = \frac{V_{空}}{V_{床}} = \frac{V_{床} - V_{介}}{V_{床}} = 1 - \frac{V_{介}}{V_{床}} \qquad (3\text{-}68)$$

式中：$V_{空}$ 为空隙体积；$V_{床}$ 为床层体积；$V_{介}$ 为介质体积。

ε 的大小反映了床层介质的紧密程度，$\varepsilon < 1$。

B. 床层自由截面积分率 A_0

$$A_0 = \frac{A_{w}}{A} = \frac{A - A_{p}}{A} = 1 - \frac{A_{p}}{A} \qquad (3\text{-}69)$$

式中：A 为床层截面积；A_{p} 为颗粒所占的平均截面积；A_{w} 为水流流动截面积。

分析空隙率 ε 与床层自由截面积分率 A_0 之间的关系。假设床层颗粒是均匀堆积（即认为床层是各向同性的）。想象用力从床层四周往中间均匀压紧，把颗粒都压到中间直径为 D_1、长为 L 的圆柱中（圆柱内设有空隙）。

$$\varepsilon = 1 - \frac{v}{V} = 1 - \frac{\frac{\pi}{4} D_1^2 L}{\frac{\pi}{4} D^2 L} = 1 - \left(\frac{D_1}{D}\right)^2 \qquad (3\text{-}70)$$

$$A_0 = 1 - \frac{A_{p}}{A} = 1 - \frac{\frac{\pi}{4} D_1^2}{\frac{\pi}{4} D^2} = 1 - \left(\frac{D_1}{D}\right)^2 \qquad (3\text{-}71)$$

所以对颗粒均匀堆积的床层（各向同性床层），在数值上 $\varepsilon = A_0$。

C. 床层比表面积 a_{B}

$$a_{B} = \frac{S_{介}}{V_{床}}, \quad a = \frac{S_{介}}{V_{介}} \qquad (3\text{-}72)$$

式中：a_{B} 为床层比表面积；$S_{介}$ 为介质表面积；a 为多孔介质的比表面积。

取 $V = 1\ \mathrm{m}^3$ 床层考虑，$a_{B} = \dfrac{S_{介}}{1}$，$a = \dfrac{S_{介}}{v} = \dfrac{S_{介}}{1-\varepsilon}$

所以，

$$a_{B} = a(1-\varepsilon) \qquad (3\text{-}73)$$

式(3-73)是近似的，在忽略床层中介质颗粒相互接触而彼此覆盖使裸露的颗粒表面积减少时成立。

D. 颗粒床层的简化物理模型

经简化而得到的等效流动过程称为原真实流动过程的物理模型。

单位体积床层所具有的颗粒表面积（即床层比表面积 a_{B}）和床层空隙率 ε 对流动阻力有决定性作用。为得到等效流动过程，简化后的物理模型中的 a_{B} 和 ε 应与真空模型的 a_{B} 和 ε 相等，为此将床层中的不规则通道简化成长度为 L_e 的一组平行细管，按此简化模型，流体通过固定床层的能量损失等同于流体通过一组当量直径为 d_e、长度为 L_e 的细管的压降。并规定：①细管床层的简化模型；②细管的全部流动空间等于颗粒床层的空隙容积。

根据上述假定,可求得这些虚拟细管的当量直径 d_e

$$d_e = \frac{4 \times A_{we}}{\chi} \qquad (3\text{-}74)$$

式中:A_{we} 为通道的截面积;χ 为湿周。

分子分母同乘 L_e,则有

$$d_e = \frac{4 \times A_{we} \times L_e}{\chi \times L_e} \qquad (3\text{-}75)$$

以 1 m³ 床层体积为基准,则 $A_{we} \times L$ 即床层的流动空间 ε,$\chi \times L_e$ 即为每立方米床层的颗粒表面积为床层的比表面积 a_B,因此

$$d_e = \frac{4 \times \varepsilon}{a(1-\varepsilon)} \qquad (3\text{-}76)$$

E. 流体流动阻力规律的数学模型

上述简化的物理模型,已将流体通过具有复杂几何边界(网络状孔道)的床层的流动简化为通过均匀圆管的流动,因此可用流体流过圆管的阻力损失作出如下的数学描述

$$h_f = f \frac{L_e}{d_e} \frac{u_1^2}{2g} \qquad (3\text{-}77)$$

式中:u_1 为流体在细管内的流速。

由于细管内的流动过程等效于原真实流动过程,因此 u_1 可取实际填充床中颗粒空隙间的流速。它与表观流速 u 的关系为

$$Q = u_1 A_{流动} = u_1 A A_0 = u_1 A\varepsilon = Au \qquad (3\text{-}78)$$

所以

$$u_1 = \frac{u}{\varepsilon} \qquad (3\text{-}79)$$

根据

$$\frac{h_f}{L_e} = f \frac{a(1-\varepsilon)}{4\varepsilon} \frac{\left(\dfrac{u}{\varepsilon}\right)^2}{2g} \qquad (3\text{-}80)$$

$$\frac{h_f}{L_e} = \left(\frac{f}{8g}\right) \frac{a(1-\varepsilon)}{\varepsilon^3} u^2$$

得

$$\frac{h_f}{L_e} = f' \frac{a(1-\varepsilon)}{\varepsilon^3} u^2 \qquad (3\text{-}81)$$

式中:Q 为体积流量。

式(3-81)即为流体通过固定床的数学模型,其中包括一个未知的待定系数 f'。f' 称为模型参数,就其物理意义而言,也可称为固定床的流动摩擦系数。

F. 模型的检验和模型参数的估值

上述床层的简化处理只是一种假定,模型正确与否必须经过试验检验,其中的模型参数 f' 也必须由试验测定。受试验条件所限,本书的研究中没有对参数 f' 进行率定。

在流速较低,可借用欧根(Ergun)方程描述。

$$f' = \frac{4.17}{Re'} + 0.29 \tag{3-82}$$

床层雷诺数:

$$Re' = \frac{d_e u_1}{4\nu} = \frac{u}{a(1-\varepsilon)\nu} \tag{3-83}$$

其试验范围为 $Re' = 0.17 \sim 420$。

$$\frac{h_f}{L} = 4.17 \frac{(1-\varepsilon)^2 a^2 u\nu}{\varepsilon^3} + 0.29 \frac{a(1-\varepsilon)}{\varepsilon^3} u^2 \tag{3-84}$$

G. 枯落物小区阻力系数计算

在进行有枯落物覆盖的小区坡面的人工降雨试验时,为使试验目标明确,去除其他因素的干扰,所用枯落物全部为未分解状态,且含水量已达饱和。因此,坡面上的枯落物只有阻流作用而无持水作用。

分析枯落物小区的流量数据可知,有枯落物覆盖的小区虽然流速与无枯落的小区相比非常缓慢,但产流量并不比其小,而且还略大于无枯落物小区。因为在枯落物中的流动与在裸地上的流动相比,虽然表面流速缓慢,但在枯落物中易形成密密麻麻的不规则网状空隙,水流在其中流动的通道比裸地增多,所以宏观上看,坡面流通过枯落物时水流流速变慢,而水深增大。

根据欧根公式(3-82)和雷诺公式(3-83)计算得出坡面流在枯落物中流动的摩阻 S_f 及阻力系数。

摩阻:　　　$$S_f = \frac{h_f}{L} = 4.17 \frac{(1-\varepsilon)^2 a^2 u\nu}{\varepsilon^3} + 0.29 \frac{a(1-\varepsilon)}{\varepsilon^3} u^2 \tag{3-85}$$

枯落物小区试验均在雨强 0.83 mm/s 条件下进行,所用枯落物全部为未分解的,试验时所测水温为 16℃,因此运动黏滞系数取 0.011 18 cm²/s。

a. 不同坡度元宝枫枯落物小区的雷诺数、阻力系数及摩阻计算

元宝枫各枯落物小区枯落物的比表面积 a 值为 4.85,枯落物空隙率 ε 通过试验前枯落物浸水试验测得为 0.54。从表 3-16、表 3-17 试验结果可知,在所用枯落物的物理性质保持不变的情况下,随坡长增大,试验小区的流速沿程增大,雷诺数增大,阻力系数变小,但变化幅度很小,摩阻增大较快;随坡度增大,试验小区的流速增大,雷诺数增大,阻力系数变小,摩阻增大。摩阻随坡度的增大变化较快,坡度变化从 5°到 15°,摩阻变化从 1.5 到 11.2。

表 3-16　元宝枫枯落物试验小区的特征值　　（雨强 0.83 mm/s）

坡度/(°)	出口流量 q/[mL/(m·s)]	坡长 L/cm	统计方程	ε	a
5	23.00	200	$v=0.76\exp(-26.42/L)$	0.54	4.85
10	26.40	200	$v=0.91\exp(-11.56/L)$	0.54	4.85
15	25.60	200	$v=1.19\exp(-3.30/L)$	0.54	4.85

表 3-17　元宝枫枯落物小区各特征断面的阻力系数　　（雨强 0.83 mm/s）

坡度/(°)	特征值	上部 50 cm 处	中部 100 cm 处	下部 150 cm 处	下部 200 cm 处
5	v	0.450	0.590	0.640	0.669
	Re	18.041	23.654	25.659	26.814
	f	0.521	0.466	0.453	0.446
	S_f	1.495	2.300	2.626	2.823
10	v	0.720	0.810	0.840	0.859
	Re	28.866	32.475	33.677	34.442
	f	0.434	0.418	0.414	0.411
	S_f	3.191	3.889	4.137	4.298
15	v	1.380	1.450	1.470	1.482
	Re	55.327	58.134	58.935	59.403
	f	0.365	0.362	0.361	0.360
	S_f	9.858	10.776	11.045	11.204

b. 不同枯落物小区的雷诺数、阻力系数及摩阻计算

表 3-18 和表 3-19 给出了各枯落物坡面小区水力参数试验结果。侧柏枯落物小区的雷诺数最小，元宝枫枯落物小区的雷诺数最大；阻力系数侧柏的最大，元宝枫的最小，说明侧柏枯落物阻留作用最强，油松次之，元宝枫最小。三个小区的摩阻比较，差别较大，元宝枫的在 4 左右，油松坡面小区在 50 左右，侧柏坡面小区的摩阻在 100~300，其主要原因是三种枯落物的孔隙度和比表面积不同。

表 3-18　枯落物试验小区的特征值　　　　　　　　（坡度 10°）

处理小区	出口流量 q/[mL/(m·s)]	坡长 L/cm	统计方程	ε	a
元宝枫枯落物	26.40	200	$v=0.908\exp(-11.52/L)$	0.54	4.85
油松枯落物	26.21	200	$v=2.45\exp(-17.63/L)$	0.71	29.01
侧柏枯落物	28.04	200	$v=3.1\exp(-39.8/L)$	0.48	19.76

表 3-19　枯落物小区各特征断面的阻力系数　　　　（雨强 0.83 mm/s）

实验小区	特征值	上部 50 cm 处	中部 100 cm 处	下部 150 cm 处	下部 200 cm 处
元宝枫	v	0.72	0.81	0.84	0.86
	Re	28.25	31.78	32.96	33.71
	f	0.438	0.421	0.417	0.414
	S_f	3.191	3.889	4.137	4.298
油松	v	1.72	2.05	2.18	2.24
	Re	18.29	21.80	23.18	23.82
	f	0.52	0.48	0.47	0.47
	S_f	36.02	47.55	52.49	54.85
侧柏	v	1.40	2.08	2.38	2.54
	Re	12.19	18.11	20.72	22.11
	f	0.632	0.520	0.491	0.479
	S_f	115.12	209.15	258.55	286.88

3.4.3　森林植被对坡面侵蚀泥沙起动的影响

降雨条件下,土粒的输运由雨滴和水流共同进行。片流是沟间地泥沙输移的主要动力,雨滴本身的输运能力主要取决于其顺坡方向的速度,水流本身仅能输送小颗粒的悬移质,推移质不能被坡面流单独输运,只有雨滴击溅将之抬起后才能被水流输移,这种流动被称为降雨-水流输移或降雨诱发的水流输移。当坡面没有细沟发生时,这种输运方式占主导地位,地表会发生不易察觉的降低,整个坡面被成层地侵蚀。

由上述分析可知,森林植被加入后,对降雨雨滴动能和坡面流能量都造成影响。而坡面土粒的输运正是在雨滴和水流共同作用下进行,因此坡面产沙过程也发生变化。泥沙起动是土壤侵蚀的起点,对于坡面径流侵蚀来说,土壤颗粒脱离土体,离开原始位置的过程为分离过程,其实就是土壤颗粒的起动过程;分散的土壤被径流顺坡输送是输移过程。这两个过程所需的水流条件是不同的。而一旦起动发生,土壤颗粒与土体分离,就成为分散的颗粒,很容易就被水流搬运。因而,起动过程是土壤侵蚀过程中的一个重要的子过程。但由于坡面流水力特性和泥沙本身特性的复杂性,坡面流泥沙起动也是坡面流侵蚀产沙理论研究的一个难点,而这一问题,又是研究坡面土壤侵蚀机理需首要解决的问题(Yalin,1977)。

1. 不同坡面小区侵蚀泥沙粒径变化规律

土壤的颗粒组成状况直接影响土壤颗粒的起动过程,颗粒组成越细的土壤其抗打击力也越高,粒径的组成越均匀,其稳定性越差;粒径的组成越不均匀,即均匀系数越大,则越稳定(夏青和何丙辉,2006)。植被覆盖后,击溅作用变小,侵蚀量变少,侵蚀的泥沙中,粗颗粒变少,平均粒径变小,坡面流只能侵蚀到部分细颗粒,但坡面不会出现粗化层。裸地与覆盖地面相比,覆盖可使雨滴动能变小,减弱溅蚀作用,而裸地坡面溅蚀作用可加剧粉沙颗粒和少部分较大颗粒的侵蚀(范荣生和李占斌,1993),使坡面粗化很明显。

虽然林冠层能有效防止溅蚀的发生,但坡面流还是能带走黏粒部分。张翼(2000)通过对黄土高原土壤侵蚀研究成果的综合分析,认为黄土高原土壤大部分(50%以上)颗粒组成是粉沙粒径,质地均细,组织疏松,缺乏团粒结构,土粒间主要靠碳酸盐胶结,极易在水中崩解与分散,抗蚀力薄弱。黄土高原粒度组成主要为粉沙粒和黏粒,因而随着侵蚀泥沙中黏粒含量的增大,粉砂粒呈减小的趋势。去除林冠层和表层扰动的坡面小区,其泥沙颗粒流失情况与前两者都有所不同。覆盖与去除表层土比较,根系的作用表现出来,所以侵蚀量变得更少,但表层还是会被溅蚀。因此,刚开始的阶段,侵蚀泥沙的颗粒比有覆盖的多,比裸地的略少。因为雨滴击溅使坡面泥沙溅散,破坏了土的黏团结构,使细颗粒在很薄的坡面流中流失量较大,这个过程要破坏细颗粒之间的黏结力,使细颗粒变成单个泥沙颗粒后才能起动输出。而在去除林冠和扰动的表层土后,森林植被根系层,长期有效的增大了土颗粒之间的黏结力(吴彦和刘世全,1997),使其难溅散。

有径流后,溅蚀作用减弱,颗粒起动的比裸地的少。所以去除表层扰动土后,侵蚀量更少,粉沙多,黏粒比裸地更少一些,但不稳定,这可从黏粒随时间的变化过程明显看出。表 3-20 和表 3-21 分别给出试验小区原状土壤粒径组成和试验小区流失泥沙颗粒组成,有覆盖的坡面,黏粒侵蚀的多,但侵蚀量比裸地少。图 3-2 显示了不同试验小区流失泥沙颗粒中黏粒和粉粒的流失量。

表 3-20　试验土壤的粒径组成

土壤颗粒组成/%						质地
0.5~1	0.25~0.5	0.05~0.25	0.01~0.05	0.001~0.01	<0.001	
1.53	0.76	12.52	47	18	20.2	中壤土

表 3-21　不同试验小区流失泥沙颗粒组成

试验小区		土壤颗粒组成/%			
		<0.001	0.001~0.05	0.05~0.25	0.25~1
侧柏	A_1	22.81	66.68	10.02	0.49
	A_2	21.77	67.26	10.25	0.72
刺槐	A_1	23.26	66.22	10.13	0.39
	A_2	21.4	67.5	10.34	0.76
元宝枫	A_1	23.41	66.08	10.11	0.4
	A_2	21.83	67.11	10.4	0.66
油松	A_1	23.15	66.12	10.13	0.6
	A_2	21.54	67.31	10.28	0.87
裸地		21.41	66.82	10.86	0.91
试验土		20.20	65.00	12.52	2.28

注:A_1 为覆盖度 80% 的坡面小区;A_2 为去除林冠只留根系的坡面小区。

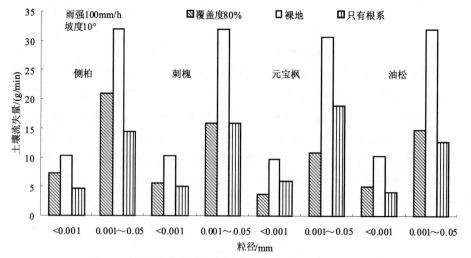

图 3-2　不同试验小区流失泥沙颗粒中黏粒和粉粒流失量

2. 侵蚀泥沙粒径组成随时间变化规律

植被的加入使泥沙的起动与输移过程变得更加复杂,本试验中涉及的径流小区都是两年前装土,且试验前都对表层 5 cm 的土层进行翻耕填土平整。因此,表层土是扰动土,认为起动泥沙主要是单颗粒起动。

均匀沙的起动分成四个阶段:①无颗粒起动;②个别颗粒起动;③少量颗粒起动;④大量颗粒起动。非均匀沙起动可以分成三个阶段:①泥沙不起动;②分选起动;③全面起动。而本试验中黄土坡面小区的坡面流在坡面漫流阶段,即只发生坡面面状侵蚀阶段。

从各试验小区泥沙颗粒中值粒径随时间变化图(图 3-3),可看出所有试验小区坡面侵蚀泥沙颗粒平均粒径在整个试验过程中在 0.018~0.023 mm 波动,呈波浪状起伏变化。这主要是由于黄土沉积过程,黏粒不是以单个颗粒的形式存在于土体中,而是以黏粒团或凝聚体的形式存在于土体中,在坡面流较小时,水流首先需要一定时间浸泡分散土壤黏粒团(夏青和何丙辉,2006)。

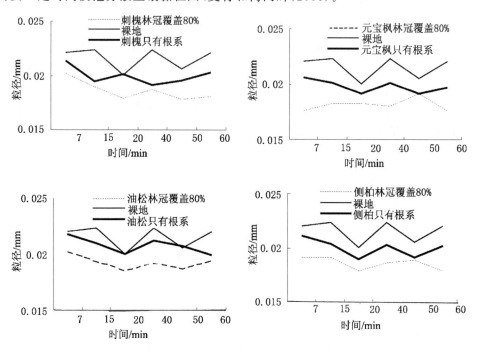

图 3-3　试验小区流失泥沙颗粒平均粒径随时间变化图

只有根系的试验小区,流失泥沙颗粒的平均粒径较小,而且从其流失泥沙黏粒随时间变化图上可看出(图 3-4),<0.001 mm 的黏粒随时间流失百分含量不断波动,说明雨滴击溅和水流作用用于克服泥沙分离起动损耗的能量较大,很难被

起动输移。这说明森林植被根系的作用增加了林地植被的抗蚀力,使降雨-水流系统仅能溅起输出比裸地坡面更细小的泥沙颗粒,侵蚀量也比裸地坡面减少。

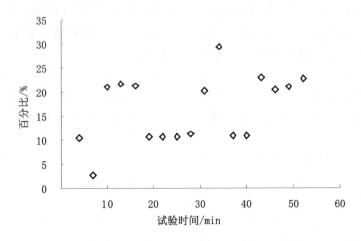

图 3-4　侧柏只有根系小区黏粒流失百分比随时间变化图

试验过程中,所有试验小区起动泥沙的颗粒没有明显的变化,坡面土壤粗化严重,但没有出现整个坡面土颗粒完全起动过程。说明坡面流发生面蚀阶段,整个过程坡面流的侵蚀力比较稳定,坡面土颗粒床层只到粗化阶段,流失的大部分是黏粒和粉粒。由于处于粒径 $0.01 \sim 0.05$ mm 的颗粒占的质量分数处于绝对的优势,而且流失泥沙的平均粒径也处于其粒径范围内,所以 $0.01 \sim 0.05$ mm 的颗粒质量分数随时间变化趋势和流失泥沙量变化趋势相吻合,所以一次降雨的土壤侵蚀量变化趋势可通过其变化来反映。

第4章　坡面水力侵蚀与产沙过程

坡面水力侵蚀产沙是一个复杂的物理过程,主要包括雨滴击溅侵蚀和坡面流的冲刷、输移和沉积三个子过程。通常,雨滴击溅并不能产沙,但对土壤结构的破坏作用,能使坡面流更易于冲刷地表;已被雨滴击散的土壤,为坡面流的输移提供了物质来源。坡面流冲刷、泥沙输移和沉积的发展和演进,主要取决于坡面流的侵蚀力和输沙能力,包括径流的分离能力、分离速率、挟沙能力等。坡面流的侵蚀产沙过程,除取决于其本身的水力特性外,还会受到诸如降雨、地面坡度、坡长等自然因素和人类活动等社会因素制约。

坡度、坡长是影响水力侵蚀的主要地形因子。在降雨情况下,坡度和坡长是决定坡面水流能量大小、影响径流和侵蚀的重要地貌因素。关于黄土高原侵蚀与坡度、坡长的关系,已经有大量的研究(王占礼和邵明安,1998;唐克丽和陈永宗,1990;郑粉莉,1987;蔡强国等,1998;陈永宗,1988)。实际的坡面形态是复杂多变的,关于侵蚀临界坡长和临界坡度对于侵蚀的影响是一个非常复杂的问题,它不仅与水动力有关,而且受到下垫面的影响。因此,关于临界坡长和临界坡度的研究,只是在一定条件下的参考值。

4.1　坡面土壤侵蚀临界坡度

坡度究竟怎样影响坡面侵蚀量的大小,临界坡度到底为多大,国内外学者对此进行了广泛的研究(陈永宗,1988;席有,1993;靳长兴,1995;夏卫生等,2003),但得出的结论大不相同。随着坡度增加侵蚀量也不断增加,达到某一坡度值后,侵蚀量不再增加,并有减少的趋势,这一坡度就称为临界坡度。很多学者通过实验或理论的方法求出了临界坡度的大小,但临界坡度值的大小有所不同(赵晓光等,1999;王玉宽,1993;郑粉莉,1989)。曹文洪(1993)通过理论分析,指出土壤侵蚀坡度界限不是一个常数,与坡面径流深、泥沙粒径以及植被等因素存在一定的函数关系。还有一些学者发现,坡度对土壤侵蚀产沙的影响与土地利用类型有关(黄志霖等,2005;张金池等,2004)。

4.1.1　坡度影响土壤侵蚀机理

雨滴的击溅和坡面地表径流的冲刷在坡地侵蚀中起着重要作用。雨滴击溅为径流冲刷提供了丰富的溅松固体物质。吴普特和周佩华(1992)通过小区试验得出,消除击溅后坡面侵蚀量可降低60%(最高可达80%)。坡面径流是侵蚀的主要外营力之一,它在流动过程中,侵蚀坡面,形成各种形态的侵蚀沟谷。

1.坡度对溅蚀的影响

坡地上的溅蚀强度与降雨因素、土壤抗溅蚀能力、植被和地面坡度等因素有关。溅蚀的结果首先表现在雨滴直接冲击土壤表面,使土壤结构遭到破坏,土粒分散、破坏和迁移。在地面较平坦时,即使雨滴可以导致严重的土粒飞溅现象,也不致造成严重的土壤流失。而在较大的地面坡度下,土粒被溅起向下坡方向飞溅的距离较向上坡方向飞溅的距离大,数量也要多,为土壤冲刷创造了有利条件。爱立森认为,在10%坡度的坡面上,雨滴冲击的结果是75%的土粒向坡下迁移,其迁移规律为:向坡下移动物质(%)=50%+坡度(%),向坡上移动物质(%)=50%-坡度(%)。江忠善和刘志(1989)根据野外天然降雨溅蚀试验(安塞水土保持试验站)观测资料得出:向上坡的溅蚀量随着坡度的增加呈减小趋势,向下坡溅蚀强度随着坡度的增大呈递增而后呈递减的变化规律,其临界坡度为21.4°,而向上坡、向下坡的总溅蚀量的临界坡度为26.3°。这与蔡强国和陈浩(1986)在室内模拟人工降雨试验条件下,对相近土质(马兰黄土)试验的临界坡度值是十分接近的。这一临界坡度的存在机理十分复杂,是雨滴溅蚀力和土壤抗蚀力随坡度变化增加或减少作用组合影响的结果。一方面,坡度的存在使单位坡面上的承雨强度发生变化;另一方面,随着坡度的增大,土壤颗粒固有重力将更有利于溅散土粒向下坡运动,同时坡度的增大,降低了土壤的稳定性,土壤抗蚀能力减弱。总之,溅蚀作为坡地土壤侵蚀的重要组成部分之一,对其临界坡度发生机理的研究应该加强。溅蚀作用还表现在雨滴直接冲击径流,引起径流紊乱,增加了径流挟沙能力。因入渗量与坡度成反比关系,坡度大时,容易产生径流,增加了溅蚀与坡面径流联合侵蚀的作用,加剧了水土流失。

2.坡度对径流及侵蚀强度和侵蚀方式的影响

坡度影响着渗透量与径流量的大小及水流的速度,从而影响着地表侵蚀方式和强度。径流所具有的能量是径流量与流速的函数,流速的大小主要取决于径流深度与地面坡度。随着坡度的增加,入渗减少,地表径流增加。坡度直接影响径流的冲刷能力,即使到超渗产流时,与水平面相比,坡面水层流速大,侵蚀能被及时带走,利于下层土的溅蚀和冲刷,侵蚀量也随之增加。但在同时随着坡度的增加,同样的坡长及降雨倾角下受雨面积也受到影响,从而影响到径流量。表 4-1 给出了绥德水土保持实验站 1954～1960 年在坡度为 14°、21°和 28°的坡耕地(黄土)上观测的结果。

表 4-1　绥德水土保持实验站不同坡度耕地上水分流失及土壤侵蚀量比较

坡度/(°)	年平均流失量		一次流失量	
	水/(m³/hm²)	土/(t/hm²)	水/(m³/hm²)	土/(t/hm²)
14	267	38.4	66.3	6.04
21	348	60.6	62.2	2.46
28	254	101.9		

注:年平均雨量 475.9 mm,汛期雨量为 366.2 mm;一次降雨量为 39 mm,雨强为 0.14 mm/min。

可见,在一定条件下,随着坡度的增大径流量有减少的趋势,但侵蚀量在地表坡度小于临界坡度的情况下,随着坡度的加大而增加。另外,坡度的不同,使侵蚀方式出现明显差异。在黄土区重力侵蚀多出现在 35°以上斜坡上,潜蚀、溶蚀多出现在 45°以下斜坡上。侵蚀强度与坡度关系复杂。

4.1.2　土壤侵蚀临界坡度基本理论分析

坡度是影响土壤侵蚀的主要地形因素,在一定范围和条件下,土壤侵蚀量与坡度成正比关系。许多人工降雨试验和野外观测资料表明:在斜面坡度超过一定限度时,它们的侵蚀量与坡度成反比关系,说明存在坡度界限。下面举两例说明。

Renner(1936)在分析爱达荷州博伊西河(Boise River)流域的实测资料时得出,坡地受侵蚀的面积分数随坡度而异(图 4-1),其坡度界限约 40.5°。

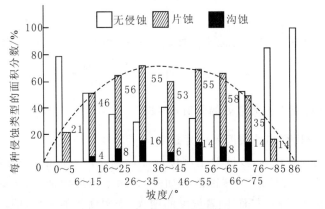

图 4-1　坡度与侵蚀的关系

陈法扬(1985)采用人工降雨装置在一个面积为 6 m² 可调试小区木盒内进行

试验,土壤为发育于第四纪红黏土,在土壤裸露,控制雨强基本一致的情况下,得到 9 组数据(表 4-2),得出土壤侵蚀的坡度界限为 25°。

表 4-2　坡度与土壤冲刷量的关系

坡度/(°)	0	3	7	13	17	20	24.5	27	30
土壤冲刷量/ (g/s)	0.4	3.2	6.8	11.2	14.5	19.4	26.5	23.6	15.6

以上各举野外观测和室内人工降雨试验一例,说明土壤侵蚀中存在坡度界限,但尚停留在对现象的描述,没有进行深入分析。霍顿(Horton,1945)早在 1945 年对就坡度界限进行了初步分析,此后无深入研究这方面工作。霍顿的分析如下:设坡面单宽径流量顺坡向下的增加率为 $\dfrac{\mathrm{d}q}{\mathrm{d}x}$,则距分水岭 x 处的单宽流量为 $\dfrac{\mathrm{d}q}{\mathrm{d}x}x$,水层厚度为 h,坡面角度为 α,由曼宁公式可得坡长 x 处的流速:

$$V_x = \frac{1}{n} h_a^{2/3} \tan^{0.5}\alpha \tag{4-1}$$

则有

$$\frac{\mathrm{d}q}{\mathrm{d}x}x = V_x h_a \tag{4-2}$$

将式(4-1)代入式(4-2)则有

$$\frac{\mathrm{d}q}{\mathrm{d}x}x = \frac{1}{n} h_a^{5/3} \alpha \tan^{0.5}\alpha \tag{4-3}$$

解式(4-3)可得坡长为 x 处坡面流的厚度:

$$h_a = \frac{\left(\dfrac{\mathrm{d}q}{\mathrm{d}x}nx\right)^{3/5}}{\tan^{0.3}\alpha} \tag{4-4}$$

所以,距分水岭 x 处的坡面水流冲刷能力 τ_0 为

$$\tau_0 = rh_a\sin\alpha = r\left(\frac{\mathrm{d}q}{\mathrm{d}x}nx\right)^{3/5}\frac{\sin\alpha}{\tan^{0.3}\alpha} \tag{4-5}$$

由 $\dfrac{\mathrm{d}\tau_0}{\mathrm{d}\alpha}=0$ 可求得极大值处的 α 值:$\alpha=57°$

所以霍顿分析得出的坡度界限为 57°。

目前,人们一般认为,坡度对土壤侵蚀的影响是两方面的:一方面,随着坡度的增加,坡面水层流速加大,侵蚀能力加强,又由于坡度增加后,土壤的稳定性降低,抗蚀能力减弱;另一方面,随着坡度的增大,受雨面积的减小,即较陡的斜坡上表土被水淹没层比在缓坡为小。可见,坡度对土壤侵蚀影响的两个方面是表现为某种形式的作用力与反作用力的对应关系,在两种作用力的此增彼减的过程中,

必然存在一个界限值。目前这个界限值各家得出的相差较大,是固定值,还是随哪些因素变化,曹文洪(1993)对此进行了基本理论分析,分析如下。

1.分析方法一

在理想均质坡面的条件下,若坡面水流冲刷能力为单位坡面的水流拖拽力 τ_0,则 τ_0 既与坡面坡度角 α 有关,又与水层厚度 h_a 有关,据图 4-2 有

$$\tau_0 = r h_a \sin\alpha \tag{4-6}$$

式中:r 为水的密度。

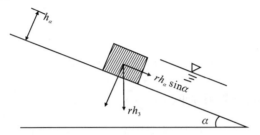

图 4-2 坡面水流切应力示意图

在一定的降雨和坡长的情形下,坡面水层厚度又与坡面坡度有关(尹国康,1984)(图 4-3)。当地面水平时,受雨面积为 OA,设此时产生的水层厚度为 h_0,而当该地面具有 α 坡度时,受雨面积缩小为 OA'($OA' = OA\cos\alpha$)。因此,坡度为 α 的坡地上的水层厚度 h_a 与等面积的水平地面上的水层厚度 h_0 之间的关系为

$$h_a = h_0 \cos\alpha \tag{4-7}$$

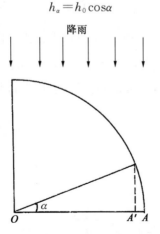

图 4-3 坡面坡度与受雨面积之间的关系

由式(4-6)和式(4-7)得到坡面水流冲刷能力 τ_0 如下:

$$\tau_0 = \frac{1}{2} r h_0 \sin 2\alpha \tag{4-8}$$

由 $\dfrac{\mathrm{d}\tau_0}{\mathrm{d}\alpha}=0$，可得坡度界限为 45°。

如果考虑泥沙本身重力沿坡面分力的作用，则坡面泥沙运动的驱动力由水流拖曳力和水中泥沙层本身重力沿坡面分力两部分组成。水下泥沙重力沿坡面的分力 G_x 为

$$G_x=(r_s-r)d\sin\alpha \tag{4-9}$$

式中：r_s 为泥沙密度；d 为泥沙粒径。

则坡面泥沙的驱动力 τ 为

$$\tau=\tau_0+G_x \tag{4-10}$$

即

$$\tau=\frac{1}{2}rh_0\sin2\alpha+(r_s-r)d\sin\alpha \tag{4-11}$$

由 $\dfrac{\mathrm{d}\tau}{\mathrm{d}\alpha}=0$，可得坡度界限如下：

$$\cos\alpha=\frac{1}{4}\left(\sqrt{\left(\frac{r_s-r}{r}\cdot\frac{d}{h_0}\right)^2+8}-\frac{r_s-r}{r}\cdot\frac{d}{h_0}\right) \tag{4-12}$$

可见，界限坡度不是常数，而是与径流深和泥沙粒径有关。

一般情况下，泥沙的密度 $r_s=2.65\ \mathrm{t/m^3}$，水的密度 $r=1\ \mathrm{t/m^3}$，代入式（4-12）可得

$$\cos\alpha=\frac{1}{4}\left(\sqrt{2.72\left(\frac{d}{h_0}\right)^2+8}-1.65\frac{d}{h_0}\right) \tag{4-13}$$

当 $\dfrac{d}{h_0}\leqslant0.01$ 时，$\alpha=45°$，由式（4-13）可以得出土壤侵蚀坡度界限与降雨径流深和坡面泥沙粒径的关系（图 4-4）。可见，土壤侵蚀的坡度界限随着 d/h_0 值的增大而增大，换句话说，对于泥沙组成的一定坡面，随着降雨径流深的增加，土壤侵蚀的坡度界限将减小。

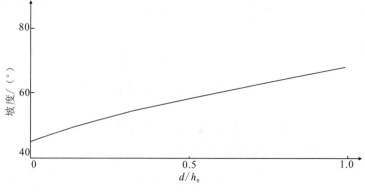

图 4-4 α 与 d/h_0 的关系

2.分析方法二

在流域内面蚀区域坡面上,降雨满足入渗后,超渗雨覆盖着整个很粗糙的坡面上出现薄层水流。在坡面上流动的水流在向洼地或水道集中的沿途中,呈薄而均匀的片流形式向低处输送泥沙和其他细微物质,由于厚度很小,因而侵蚀作用较弱,在坡面接近山顶的部分只能输送雨前已经风化变得疏松的表土和降雨击溅发生位移的物质。山坡高处的水流在向坡脚流动过程中,沿途不断有水流加入,厚度变深流速加大,冲刷能力增强。在径流达到平衡时的坡长为 L,此时水流的冲刷能力最强,坡面水流的模拟如图 4-5 所示。在坡面上任取一个长度 $\mathrm{d}x$,则通过断面 1 的单宽径流量为 q,通过断面 2 的单宽径流量为 $q+\dfrac{\partial q}{\partial x}\mathrm{d}x$,则两断面间径流量变化值为 $\dfrac{\partial q}{\partial x}\mathrm{d}x$,假若在一定时段内,降雨和入渗率基本保持不变,则 $\mathrm{d}x$ 段增加的径流量为 $(I-f)\mathrm{d}x\cos\alpha$,所以有

$$q+\frac{\partial q}{\partial x}\mathrm{d}x-q=(I-f)\mathrm{d}x\cos\alpha \tag{4-14}$$

即

$$\frac{\partial q}{\partial x}\mathrm{d}x=(I-f)\mathrm{d}x\cos\alpha \tag{4-15}$$

所以,离坡顶距离等于 L 的单宽流量为

$$q=\int_0^L \frac{\partial q}{\partial x}\mathrm{d}x=\int_0^L (I-f)\mathrm{d}x\cos\alpha \tag{4-16}$$

即

$$q=(I-f)L\cos\alpha \tag{4-17}$$

坡长 L 处的坡面流速采用曼宁公式计算,所以,

$$q=Vh_a=\frac{1}{n}h_a^{5/3}\tan^{0.5}\alpha=(I-f)L\cos\alpha \tag{4-18}$$

由式(4-18)可得

$$h_a=[n(I-f)L]^{3/5}\frac{\cos^{0.6}\alpha}{\tan^{0.3}\alpha} \tag{4-19}$$

坡长 L 处的水流拖拽力 τ_0 为

$$\tau_0=rh_a\sin\alpha=r[n(I-f)L]^{3/5}\sin^{0.7}\alpha\cos^{0.9}\alpha \tag{4-20}$$

由 $\dfrac{\mathrm{d}\tau_0}{\mathrm{d}\alpha}=0$,可得坡度界限 41.4°。

如果考虑泥沙重力沿坡面的分力作用,则坡面泥沙的驱动力 τ 由式(4-10)可得

$$\tau=r[n(I-f)L]^{3/5}\sin^{0.7}\alpha\cos^{0.9}\alpha+(r_s-r)d\sin\alpha \tag{4-21}$$

由 $\dfrac{\mathrm{d}\tau}{\mathrm{d}\alpha}=0$，可得坡度界限如下：

$$\frac{0.9\sin^2\alpha-0.7\cos^2\alpha}{\sin^{0.3}\alpha\cos^{1.1}\alpha}=\frac{r_s-r}{r}\frac{d}{[n(I-f)L]^{3/5}} \tag{4-22}$$

令 $f(\alpha)=\dfrac{0.9\sin^2\alpha-0.7\cos^2\alpha}{\sin^{0.3}\alpha\cos^{1.1}\alpha}$

所以

$$f(\alpha)=\frac{r_s-r}{r}\frac{d}{[n(I-f)L]^{3/5}} \tag{4-23}$$

即

$$\alpha=F\left(\frac{r_s-r}{r},d,n,I-f,L\right) \tag{4-24}$$

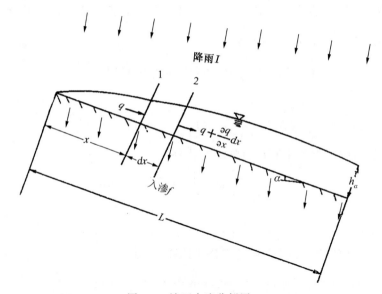

图 4-5　坡面水流分析图

　　可见，土壤侵蚀的坡度界限与泥沙粒径，坡面糙率（植被）、径流达到平衡的坡长及降雨与入渗的差值（即径流深）有关。

　　当 $\dfrac{r_s-r}{r}\dfrac{d}{[n(I-f)L]^{3/5}}\leqslant 0.01$ 时，$\alpha=41.4°$，由式（4-22）可以得出土壤侵蚀坡度界限与泥沙粒径、径流深、坡面糙率和坡长的关系（图 4-6）。可见，对于泥沙组成一定的坡面，糙率越大，径流达到平衡的距离越长以及径流深越大，土壤侵蚀的界限坡度越小。

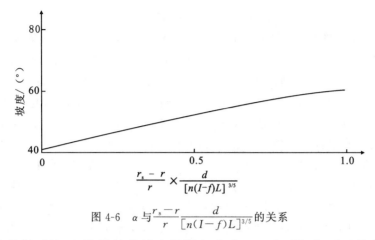

图 4-6　α 与 $\dfrac{r_s-r}{r}\dfrac{d}{[n(I-f)L]^{3/5}}$ 的关系

综上分析可见,土壤侵蚀的坡度界限似应大于 40°。同时,对天然的径流小区,由于 d/h_0 或 $\dfrac{r_s-r}{r}\dfrac{d}{[n(I-f)L]^{3/5}}$ 值比较小,因此坡度界限应接近 41.4° 或 45°。

4.1.3　坡地土壤侵蚀临界坡度探讨

通过以上分析,得出了土壤侵蚀的坡度界限与泥沙粒径、径流深和坡面糙率的关系,且坡度界限将在大于 40° 的范围内出现。虽然分析野外天然径流小区的资料有实际的意义,但由于不同坡度小区的植被、土质和微地形等的不同,尽管分析了天水、西峰和绥德许多径流小区的资料,还不能满足理论分析所要求的精度。同时也从中发现许多斜面坡度超过一定限度,侵蚀量与坡度成反比的现象。例如,南小河沟天然荒坡径流场董 12 和董 15,均为红土泻溜陡坡,土质、植被和降雨相近,董 12 坡度为 54°24′,董 15 为 50°13′,但董 15 的土壤侵蚀比董 12 严重。黄德胜(1985)在分析平定河水库(位于汉江二级支流)泥沙来源时,采用"树根法""痕迹法"和"土层对比"等方法,得出不同坡度的坡耕地与土壤流失量的关系,在 40° 范围内,土壤侵蚀的坡度界限还没有出现,说明如果出现界限坡度将在 40° 以上。

李全胜和王兆赛(1995)等考虑到山区自然降雨中风向和降雨倾角的存在,对单位坡面承雨强度进行了分析,进而以理想均质坡面上单位坡面水流的平均冲击力 F 为讨论对象,得出:

$$F=rh_a\sin\alpha=rAI[\cos\alpha\cos\theta+\sin\alpha\cos(\varphi-\varphi_1)]\sin\alpha \tag{4-25}$$

式中:r 为水的密度;h_a 为水层平均厚度;A 为坡面面积;I 为垂直于雨滴方向的降雨强度;α 为山体坡度;θ 为雨滴方向与垂直方向的夹角;φ 为雨滴下落方位(风向);φ_1 为坡地方位。

令 $\dfrac{\partial F}{\partial\alpha}=0$,则

$$\cos\alpha\cos\theta + \sin\alpha\sin\theta\cos(\varphi - \varphi_1) = 0 \tag{4-26}$$

当 $\theta = 0$ 时，即为垂直降雨，此时理想均质坡面土壤侵蚀的临界坡度为 $\alpha = 45°$。

当 $\theta \neq 0$ 时，则对于迎风坡，在 $\varphi - \varphi_1 = 0$ 的情况下，有 $\alpha = 45° + \theta/2$；对于背风坡，在 $|\varphi - \varphi_1| = 180°$ 的情况下，有 $\alpha = 45° - \theta/2$。可见，土壤侵蚀的临界坡度随降雨倾角和风向而变。对于迎风坡，临界坡度将大于 $45°$；对于背风坡，临界坡度则小于 $45°$。当然这一研究只是针对理想均质坡面。对于非均质坡面，情况会更加复杂。另外，在坡面侵蚀中仅考虑水流冲击力也有失偏颇。

坡面水流的流动情况十分复杂，沿程不断有下渗、蒸发和雨水补给，在坡面侵蚀临界坡度的研究中，很少有人考虑到薄层水流（即层流）时的情况。薄层水流侵蚀（包括雨滴击溅和薄层水流冲刷侵蚀）作为土壤水蚀的基础和坡面水蚀的开端，对其机理的研究不容忽视。因雨滴击溅侵蚀是薄层水流侵蚀物质的主要来源，溅蚀有其临界坡度存在，故薄层水流侵蚀也有其临界坡度。吴普特和周佩华（1992）利用人工模拟降雨方法（采用黄绵土，坡度范围为 $10° \sim 30°$），研究了薄层水流的侵蚀动力、雨滴击溅和水流共同作用下地表侵蚀与坡度的关系，得出在击溅和水流共同作用下侵蚀量与坡度的关系曲线中有一临界坡度 α_k，且 α_k 在 $25° \sim 27°$；若消除雨滴打击作用后［降低雨滴高度以降低雨滴动能（减小 80% 以上）］，在 $30°$ 时还没有临界坡度出现。这也许就是理论推导的临界坡度值普遍高于试验值的原因之一。理论推导均是以求坡面水流的最大切应力 τ 为落脚点，求出的临界坡度只是径流冲刷力最大时的坡度；而各种各样的试验直接是以侵蚀量与坡度建立关系，自然包括了溅蚀作用和径流冲刷侵蚀作用，所以得出的临界坡度与前者有所不同。

另外，室内人工降雨试验得出的坡度界限较野外观测的坡度界限为小，两者差异的主要原因可能是室内人工降雨的模拟试验是用扰动土和在雨型和降雨结构恒定情况下进行的，同时土壤是裸露的；而野外观测的结果是在变雨型和结构（雨滴粒径和分布密度）以及原状土的情况下得出的。

若综合考虑以下各因素：坡面承雨强度的变化、坡面雨滴溅蚀及薄层水流在坡面侵蚀及输移泥沙的基本运动方程，则在土壤侵蚀临界坡度的理论研究中可能向前推进一大步。

总之，综合各学者对临界坡度的试验分析和理论推导，总的来说试验值普遍较理论分析值偏低。这一方面说明理论研究不够完善，另一方面也说明设计出更合理更可靠的试验是完全必要的。在完善理论研究同时，进行试验很有实际意义。我们在分析天水水土保持科学试验站 1961 年吕二沟支沟农地（土壤：黄土；作物：谷子、胡麻）径流场上观测的径流泥沙资料时发现：尽管雨强、雨量差别很大，但径流和土壤冲刷临界坡度均在 21° 左右。其结果如图 4-7、图 4-8 所示。从图中也可看出，雨强是影响侵蚀的强因子。当降雨达到一定强度时，尽管历时短（总雨量少),冲刷量也可以相当大。

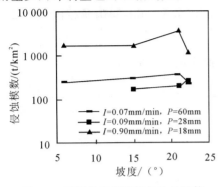
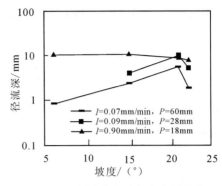

图 4-7　不同坡度径流场侵蚀量比较　　　　图 4-8　不同坡度径流场径流深比较

4.1.4　土壤侵蚀与坡度关系试验分析

为探求土壤侵蚀与坡度的关系,下面分析天水和绥德水土保持试验站以坡度为对比的径流场观测资料(表 4-3)。

表 4-3　天水站不同坡度农地径流场基本资料

坡度范围	土壤	雨强/(mm/min)	降雨/mm	作物	面积/m²
5°50′~17°40′	中壤土	0.017~0.305	6~54.8	扁豆(1995 年),冬麦荞麦(1956 年),玉米黄豆(1957 年)	20×5

考虑到在坡面的水力侵蚀中,雨强和一定雨强下的降雨量(形成径流冲刷坡面土体)是侵蚀产生的原因,所以在多元回归中纳入雨强 I、降雨量 P、坡度 θ 和径流深 h 等因子,回归结果如下:

$$M_s = a I^{0.388} P^{0.393} \theta^{1.06} h^{0.873} \qquad (R=0.82) \qquad (4\text{-}27)$$

式中:M_s 为土壤侵蚀量模数,t/km²;I 为一次降雨平均雨强,mm/min;P 为一次降雨量,mm;θ 为地表坡度,(°);h 为一次暴雨径流深,mm;a 为与作物有关的系数。

可见在雨强、降雨量、径流深和坡度等因子的综合作用下,在坡度为 5°50′~17°40′的范围内,冲刷模数与坡度的 1.06 次方成正比。

下面以绥德站辛店沟径流场为例,分析有大坡度对比试验的情况。绥德站辛店沟径流场不同坡度对比试验径流场基本情况见表 4-4。

表 4-4　不同坡度的农地径流场

场号	8	9	11	15	18	25	32
坡度	28°22′	32°47′	28°41′	29°03′	14°41′	34°20′	8°34′

径流小区面积均为 20 m×5 m,土壤为黄土,作物多为谷子,极少为黑豆,资料年限为 1954~1959 年。雨强范围为 0.14~0.65 mm/min;降雨量范围为 2.2~65 mm;径流深范围为 0.094~43.93 mm。其多元回归关系式见表 4-5。

表 4-5　绥德站农地径流场降雨冲刷多元回归分析

一次降雨产沙模型		相关系数(R)	径流场坡度	观察个数
$M_\mathrm{s}=10^{1.10}I^{0.332}P^{0.033}\theta^{0.773}h^{1.066}$	(4-28)	0.875	$8°34'\sim34°20'$	62
$M_\mathrm{s}=10^{-0.84}I^{0.374}P^{0.43}\theta^{2.23}h^{0.915}$	(4-29)	0.93	$8°34'\sim14°41'$	21
$M_\mathrm{s}=10^{2.61}I^{1.159}\theta^{-0.15}h^{0.509}$	(4-30)	0.867	$\geqslant28°41'$	25
$M_\mathrm{s}=10^{2.60}I^{0.457}\theta^{-0.133}h^{1.03}$	(4-31)	0.873	$\geqslant28°22'$	41
$M_\mathrm{s}=10^{2.58}I^{0.33}P^{0.053}|\theta-24.4|^{-0.55}h^{1.05}$	(4-32)	0.878	$8°34'\sim34°20'$	62

注:式中各符号意义同前。

式(4-28)是由坡度为 $8°34'\sim34°20'$ 的径流场观测资料建立的,式(4-29)是由坡度为 $8°34'\sim14°41'$ 的径流场观测资料建立的。可见在坡度范围小时,侵蚀模数与坡度的 2.23 次方成正比;而在坡度范围大时,坡度的方次明显减少(0.773)。考虑到在雨强、降雨量、径流深和坡度等因子的综合作用下,在表 4-3 所示的径流场坡度中可能有侵蚀临界坡度存在,只是限于观测数而不能在回归关系式中反映出来,因而仅取坡度大于 $28°41'$ 的径流场观测资料进行回归分析,得出式(4-30)。在式(4-30)中侵蚀模数与坡度的 0.15 次方成反比。再以坡度大于 $28°22'$ 的径流场观测资料进行回归分析,得出式(4-31),侵蚀模数与坡度的 0.133 次方成反比。尽管反比关系并不明显,但也说明在坡度大于 $28°22'$ 时确实对侵蚀有转折。于是替代 θ,引入了 θ 与某一假定的侵蚀转折角之差值的绝对值进行多元回归分析"试算",找出转折坡度为 $24°24'$,建立了关系式(4-32),得出在雨强、降雨量、径流深和坡度的综合作用下,侵蚀模数与 $|\theta-24.4|$ 的 0.55 次方成反比。说明在其他条件一定的情况下,坡度越接近 24.4°,侵蚀模数越大,在 24.4°时达到最大。式(4-32)的验算结果如图 4-9 所示。

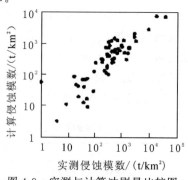

图 4-9　实测与计算冲刷量比较图

4.2　坡面土壤侵蚀的坡长影响

坡长对坡面径流与水流侵蚀产沙过程的影响，也是各国学者研究的热点。Wischmeier 和 Smith(1978)的试验资料表明，坡度较小时，侵蚀与坡长的关系不明显；当坡度较大时，侵蚀与坡长成正比。江忠善等(1990)通过分析 1985～1989 年安塞崾坡农地径流小区 5 年观测资料，得出了相同的结论。罗来兴(1958)根据实际调查资料分析得出，沿坡长侵蚀呈强弱交替变化。另外还有一些学者(King,1957；Schumm and Mosely,1973)认为，随坡长增加，径流量增加，侵蚀量也增加，因此水流含沙量也随之增加，水体搬运泥沙所消耗的能量加大，二者相互消长，结果从上坡到下坡侵蚀没有很大的差异。

一般认为，当坡度相同时，坡长越长，径流速度就越大，汇集的径流也越大，侵蚀力也越强。不过，坡长对于侵蚀的影响并非简单的直线关系，而是复杂的曲线关系，因为它和一些变量之间存在着强烈的交互作用。廖义善等(2008)以黄土丘陵区第 2 副区安塞茶坊村径流小区实测资料研究了降雨、坡度和坡长对坡面侵蚀产沙的交互影响，认为临界坡长受降雨、坡度、坡长等的变化而变化，其变化存在一个较大的范围。魏天兴和朱金兆(2002)对晋西黄土丘陵沟壑区山西吉县坡面小区侵蚀产沙研究分析，认为本地区坡耕地坡长最好小于 15 m。

4.2.1　坡长影响坡面侵蚀产沙理论分析

廖义善等(2008)为了研究坡长对坡面侵蚀产沙的影响，通过坡面某段径流的能量消长来分析坡长的影响，即假设一个理想的均匀坡面，坡长为 L，坡度为 θ。在坡面 X 处，取任意小一段长度为 ΔX 的坡面分析。该段坡面上径流的质量为 M，此刻拥有的动能为 E_0。在经过长度为 ΔX 的坡面后所具有的能量为 E，增加泥沙挟带量和雨量的质量为 M_0。完成侵蚀和挟沙流过长度为 ΔX 的坡面后，径流的速度为 v_1，μ 为坡面 X 处的摩擦因数，g 为重力加速度。水流参与侵蚀所消耗的能量为 E'侵蚀，坡面侵蚀过程如图 4-10 所示。

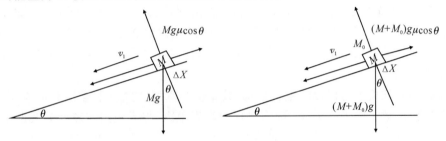

图 4-10　坡面侵蚀示意图

径流流经长度为 ΔX 的这段坡面,径流重力势能转换为动能的大小为 $(M+M_0)g \cdot \Delta X \sin\theta$,增加的挟沙量、雨量 M_0 由静止到运动消耗的能量为 $1/2\, M_0 v_1^2$,坡面与接触面摩擦消耗的能量为 $(M+M_0)g \cdot \mu\Delta X\cos\theta$。因此,动能表达式为

$$E=(M+M_0)g \cdot \Delta X\sin\theta+E_0-\frac{1}{2}M_0 v_1^2-(M+M_0)g \cdot \mu\Delta X\cos\theta-E'$$

$$(4\text{-}33)$$

由式(4-33)可知,从上坡到下坡,部分重力势能转化成动能。当 $(E-E_0)>0$ 时,水流能量增加,侵蚀能力加强,此时坡面侵蚀量随着坡长的增大而加强。当 $(E-E_0)<0$ 时,部分重力势能转换的能量不足以弥补水流侵蚀和输沙消耗的能量,径流侵蚀、输沙能力减弱。随着能量的减小,直到水流的动能 E 达不到继续侵蚀或侵蚀、输沙的能量时,水流只流经坡面,不参与继续侵蚀或侵蚀、输沙,或侵蚀、输沙与沉积,达到动态平衡。随着重力势能继续转化为动能,水流将积蓄能量。当水流具有的能量 E 超过了继续侵蚀和输沙所需要的能量时,水流将参与侵蚀和输沙。

4.2.2　土壤侵蚀与坡长关系试验分析

在黄土丘陵区自然坡面,小于 50 m 的坡长面积一般约占 50% 左右,这正是容易产生强烈侵蚀的坡长。对于较大降雨,如 30 min 降雨量大于 25 mm 的降雨,径流量、侵蚀量均较大。魏天兴和朱金兆(2002)通过对吉县不同坡长情况下水土流失调查表明,坡度相同时,坡长为 6 m、12 m、18 m、24 m 的 4 种坡长的坡耕地土壤流失量比较,随坡长增加流失量增加,坡长 24 m 流失量最大。在其他条件相同时,坡长 10 m 与 20 m 的径流小区草地、裸地相比较,坡长 20 m 的小区径流模数与侵蚀模数均较大。在 25°坡不同坡长条件下,坡长与年产沙模数调查结果分析,得出关系式为

$$M=3730.28L^{0.350} \qquad (R=0.84) \qquad (4\text{-}34)$$

式中:M 为侵蚀模数,$t/(km^2 \cdot a)$;L 为坡长,m。

根据降雨和地形因素对侵蚀量影响的综合分析(李璧成,1995),在黄土丘陵第 2 副区,对于特定的坡面来说,主要因素有降雨量、最大 30 min 雨强 I_{30}、坡度 S 和坡长 L 等因子,因此一次侵蚀性降雨坡面侵蚀模数 M 与坡长呈正相关关系。坡长与径流的关系随雨强大小的变化而不同,同时应考虑在一定坡长的范围内分析这个问题。

细沟是坡面水力侵蚀的主要形式,其宽度与深度由数厘米至数十厘米,沟与沟的间距由数十厘米到 1 m。细沟出现的临界距离、临界距离与坡度关系也相当复杂(蔡强国等,1998)。根据山西吉县径流小区观测结果,1999 年 8 月 9 日(降雨 70.4 mm,$I_{10}=1.02$ mm/h,$I_{30}=0.92$ mm/h,$I_{60}=0.48$ mm/h)暴雨后的调查,坡

长 10 m 和坡长 20 m 的两种径流小区观测表明,坡长 20 m 的小区细沟侵蚀明显严重,共产生细沟 256 条,其中上部 104 条,在小区下部,有细沟 152 条;而坡长为 10 m 的小区共产生细沟 113 条。土壤流失量比较:本场降雨中坡长为 10 m 小区平均侵蚀模数为 6.80 t/hm²,坡长 20 m 的小区平均侵蚀模数为 19.40 t/hm²,说明坡长 20 m 的侵蚀量明显大于坡长 10 m 的坡地。

　　浅沟是比细沟侵蚀更为严重的形式。浅沟深度多达 1～2 m,其沟与沟之间相隔数十米,沟形非犁耕所能消除,出现浅沟的临界距离,主要集中在 22～55 m,其中绝大多数为 30～55 m。浅沟(切沟)的出现,与坡度存在一定的关系。据调查浅沟主要出现在 25°～30° 的坡地上,并且占到浅沟总数的 60%。浅沟侵蚀需要比细沟更大的汇水面积,且多发生在坡长大于 20 m 的坡面上。根据 1998 年吉县不同地貌部位土壤侵蚀量的调查结果(表 4-6)发现,坡地侵蚀严重,随着坡长的增加,坡面中、下部土壤流失量增加。侵蚀形式以细沟状面蚀和浅沟侵蚀为主,防止细沟、浅沟侵蚀是减少产沙输沙的关键。

表 4-6　不同地貌部位的土壤侵蚀量比较

	降雨量/mm	坡面上部	坡面中部	坡面下部	沟坡	沟头
距分水岭距离/m		20～50	50～100	100～200		
5～6 月	166.5	8.3	2863.5	4421.0	3801.0	4756.3
7～8 月	283.5	3450.6	9948.7	9728.5	8553.1	10759.5
9～10 月	78.5	1035.6	2387.9	2836.1	1625.0	2475.3
侵蚀形式		面蚀、细沟	细沟、浅沟	浅沟	细沟、浅沟	崩塌

　　产生细沟侵蚀要有一定的坡长,即临界坡长。当坡长大于产生细沟的临界坡长时,在黄土坡耕地容易导致细沟侵蚀,这是坡长影响径流与侵蚀产沙的重要方面。当农地产沙细沟侵蚀时,其侵蚀量急剧增加。根据 1998 年 8 月 9 日山西吉县观测资料,次暴雨产沙量可达 2000 t/km² 以上。而山西吉县不同农地坡长有 6 m、12 m、18 m、25 m、30 m 等 5 种规格,坡度有 10°、20°、25° 和 30° 等 4 种规格,采用隔坡水平沟测定泥沙侵蚀量。暴雨后各种坡长下产沙模数大小顺序为 30＞25＞18＞12＞6(单位:m);根据淤积调查结果表明,输沙模数的顺序为 25＞18＞30＞12＞6(单位:m)。可以看出,不同坡度下无论从产沙模数还是输沙模数,大于18 m 坡长都是比较大的。根据蔡强国等(1998)对山西离石地区的研究成果,该地区坡耕地土壤侵蚀的临界坡长为 20 m。

　　廖义善等(2008)对安塞水土保持试验站 10 m、20 m、30 m、40 m 的 4 个坡长小区(坡度均为 30°)的降雨侵蚀进行了分析(观测结果见表 4-7)。从表可以看出:当 $I_{30}<0.25$ mm/min 时,侵蚀量由大变小的坡长是 20 m,并且随着坡长的增加

继续减小。当 $0.25\,\mathrm{mm/min}<I_{30}<0.75\,\mathrm{mm/min}$ 时,侵蚀量由大变小的坡长也是 20 m,但由于降雨强度比较大,随着大量的径流重力势能转化为动能,径流的侵蚀能力加强,在坡长为 30 m 的位置,侵蚀量开始随着坡长的增大迅速增大,并随着坡长的增长,坡面侵蚀量出现增大、减小交替变化的情况。当 $I_{30}>0.75\,\mathrm{mm/min}$ 时,坡面径流的量充足,随着坡长的增长,单位体积径流的势能也增大,侵蚀量将持续增大。

表 4-7　安塞站不同 I_{30} 条件下不同坡长的次平均侵蚀量

$I_{30}/(\mathrm{mm/min})$	观测次数	不同坡长次暴雨平均侵蚀量/$(\mathrm{t/km^2})$			
		10 m	20 m	30 m	40 m
<0.25	23	35.2	37.2	31.0	28.1
$0.25\sim0.5$	9	404.1	582.6	468.5	739.9
$0.50\sim0.75$	3	1548.8	2159.7	2062.8	2729.7
>0.75	4	9316.2	12 626.9	14 987.3	16 475.6

注:引自文献(廖义善等,2008)。

4.3　坡面土壤侵蚀对植被结构变化响应

黄土区沟壑纵横,表层土体疏松易蚀,水土流失十分严重。影响黄土区水土流失的因素主要有:降雨、植被、坡面等因子。降雨是水土流失的原动力,植被、坡面等因素对水土流失有重要影响。由于植被对降水再分配过程的影响,对于黄土区特定的定性地貌,通过改善植被是水土流失治理的主要措施。黄土区的植被重建是减少水土流失改善区域生态环境的有效措施,因而植被对径流和输沙的影响成为黄土区生态环境问题研究的核心(孙立达和朱金兆,1995;王克勤和王斌瑞,2002;王占礼等,2004)。森林植被包括天然林和人工林,未遭破坏的天然林生态系统对水文循环的影响和调节能力较大;人工林处于不同生长发育阶段,对水文循环和水文过程的调节有一定的差异。黄土高原森林植被的蓄水保土、截留降水、减少地表径流、拦截泥沙等方面的作用也已被大量的研究结果所证实(沈慧和姜凤岐,1999;魏天兴,2002;吴钦孝和杨文治,1998;余新晓和秦永胜,2001)。Jacky 等(1999)提出森林影响坡面泥沙输移的过程是一个非常复杂的问题,有许多的问题需要研究,与坡面的地貌特征和土壤的粒径有关系的,同时应当研究不同坡面大小尺度下的泥沙输移和沉积过程。David 和 Jeffrey(2003)认为,关于植被的结构影响坡面泥沙运动的有一些研究成果,不足以揭示说明天然状态下的植被影响泥沙运动规律。

　　为了进一步探讨森林植被与流域坡面尺度的径流和侵蚀产沙之间的关系,以及天然次生林和人工林、不同土地利用类型对坡面产流产沙的影响,本节选取山西吉县蔡家川流域1985～2003年的定位观测资料进行分析。

4.3.1　研究区概况及研究方法

　　研究区为山西省吉县蔡家川嵌套流域,位于黄土高原西南部,地理坐标为北纬 $35°53'\sim 36°21'$,东经 $110°27'\sim 111°07'$ 。年平均降水量为579.5 mm,集中于7～9月。属于暖温带、半湿润地区,为落叶阔叶林与森林草原地带。土壤类型为褐土,沙壤。流域中上游植被类型主要为白桦($Betula\ platyphylla$)、山杨($Populus\ davidiana$ Dode)、丁香($Syringa\ oblata$)、虎榛子($Ostryopsis\ davidiana$ Decne)等组成的天然次生林,中游为刺槐($Robinia\ pseudoacacia$)、油松($Pinus\ tabulaeformis$ Carr)、侧柏($Platycladus\ orientalis$)等树种组成的人工林及天然草本植被,以及山杨、沙棘($Hippophae\ rhamnoides$)、绣线菊($Spiraea\ thunbergii$)、黄刺玫($Rosa\ xanthina$)等组成的天然次生灌草植被。

　　研究区降雨量的获取是根据流域内空旷地布设 8 台翻斗式自记雨量计,常年观测记录降雨量和降雨过程。坡面尺度的侵蚀产沙和产流量采用径流小区法。设置了 9 个坡面径流小区作为对照(表 4-8)。收集了 1998～2003 年天然降雨的地表径流和泥沙。

表 4-8　径流小区基本情况

小区编号	主要植被	面积/m²	整地方式	坡度/(°)	坡向	林龄/a	平均树高/m	平均胸径/cm	郁闭度	草本盖度/%	密度(株/hm²)	土壤容重/(g/cm³)	土壤孔隙/%
I₁	刺槐	20×5		25	S	14	5.17	4.31	0.74	85	2204	1.02	48.5
I₂	刺槐	20×5		31	E	14	7.91	7.69	0.61	33	1400	1.17	51.4
I₃	刺槐	20×5	A	28	E	14	7.1	6.99	0.60	56	2000	1.05	48.3
I₄	刺槐	20×5		23	NE20°	14	6.68	7.55	0.60	73	1200	1.17	48.6
II	苹果、谷子	20×10	—	20	W	12	3.5	—	—	—	600	—	—
III	苹果	20×10	B	25	—	12	3.1	—	—	—	516	—	—
IV	虎榛子	20×5	A	23	WN38°	—	2.1	—	0.95	60	3700	—	—
V	油松	20×5		25	N	12	2.51	3.78	0.7	20	1800	1.18	53.7

续表

小区编号	主要植被	面积/m²	整地方式	坡度/(°)	坡向	林龄/a	平均树高/m	平均胸径/cm	郁闭度	草本盖度/%	密度（株/hm²）	土壤容重/(g/cm³)	土壤孔隙/%
Ⅵ	山杨、油松、虎榛子、绣线菊和黄刺玫	20×5	—	23	NE32°	—	—	—	1	100	—	1.08	49.7

注:1. Ⅰ₁~₄:刺槐林 1~4;Ⅱ:果农复合经营模式;Ⅲ:果园;Ⅳ:虎榛子林;Ⅴ:油松林;Ⅵ:天然次生林。

　　2. A:水平阶,带宽 1.5 m;B:水平带,带宽 5 m,似窄条水平梯田。

　　3. 果农果树带,在 2002 年前带宽 2 m,农作物耕作带坡度为 25°,坡长平均为 5 m;2003 年高质量整地后,果带宽 3.5 m,农作物耕作带坡长为 3 m。

4.3.2　坡面尺度植被对降雨径流和侵蚀产沙的影响

1.天然植被和人工植被减水减沙作用分析

1985～2003 年的 25 场次降雨(图 4-11)对 4 个刺槐林和 1 个天然林次生林径流小区的降雨产流产沙观测结果如图 4-12、图 4-13(其中,Ⅰ₁~₄为刺槐林 1~4,Ⅵ为天然次生林)所示。

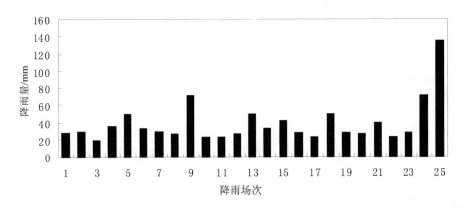

图 4-11　1985～2003 年的 25 场次降雨量

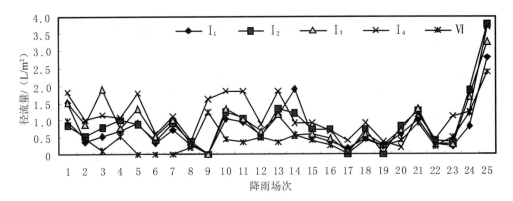

图 4-12　各坡面径流小区场次降雨产流量对照

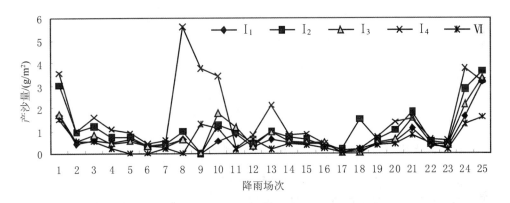

图 4-13　各坡面径流小区场次降雨产沙量对照

从图中可看出,径流小区径流量和产沙量与场次降雨量有较好的相关关系,同时径流量与产沙量也有较好的相关关系。天然次生林的径流量、泥沙量比人工刺槐林地的小,以 1999 年 8 月 8 日为例(图 4-11 中第 25 次),这是观测时段内出现的最大的 1 次暴雨。10 min 雨强 $I_{10} = 1.02$ mm/min,30 min 雨强 $I_{30} = 0.92$ mm/min,次平均雨强 $I_{次} = 0.195$ mm/min,天然次生林的产流量、产沙量比刺槐 4 分别低 65% 和 23%。而到 2002 年 8 月 5 日(图 4-11 中第 18 次),在场降雨量 50 mm,降雨强度为 3.4 mm/min 时,天然次生林的产流量、产沙量比刺槐林分别低约 70%~82% 和 72%~92%。显然天然林的涵养水源、防止土壤侵蚀功能强于人工刺槐林。究其原因,主要在于天然林郁闭度、草本盖度显著大于人工林(表 4-8)。

4 块刺槐林地的场降雨径流量和产沙量有显著差异,刺槐 1 林分密度、郁闭度较其他 3 块的大,产流产沙量明显较其他的少。但并非林分密度越大,林分的效应越好。由于要维持林地水量平衡,以防治水土流失为主要目的的刺槐林,密度不宜超过 3750 株/hm²(张建军等,2002)。

对场降雨产流量(Q)、产沙量(S)与场降雨总量(P)、60 min 雨强(I_{60})进行多元回归分析可得回归表 4-9。从表中可知,场降雨产流量和产沙量与降雨量和雨强均呈良好的相关关系。随着林分郁闭度从刺槐 4 到刺槐 1 再到天然次生林的增大,场降雨径流量和产沙量与降雨量和雨强的相关关系明显减少,说明郁闭度的增加将导致水文过程复杂性的增加。

表 4-9　径流小区产流产沙特性回归分析表($n=25$)

区号	产流量回归方程	产沙量回归方程
I_1	$Q=-0.564+0.018\,P+0.068\,I_{60}$ $R^2=0.964$	$S=-0.730+0.020P+0.085\,I_{60}$ $R^2=0.96$
I_4	$Q=-0.594+0.027\,P+0.073\,I_{60}$ $R^2=0.958$	$S=-1.702+0.046P+0.191\,I_{60}$ $R^2=0.939$
VI	$Q=-0.464+0.016P+0.047\,I_{60}$ $R^2=0.968$	$S=-0.618+0.017P+0.072\,I_{60}$ $R^2=0.933$

注:产流量 Q 单位为 L/m²,产沙量 S 单位为 g/m²,降雨量 P 单位为 mm,雨强 I_{60} 单位为 mm/60 min。

2. 不同土地利用类型径流小区的产流量与产沙量

试验区降雨主要集中在 7~9 月,因此利用 2002~2003 年 7~9 月不同土地利用类型的径流小区降雨产流产沙量的均值进行对比分析,如图 4-14 所示。

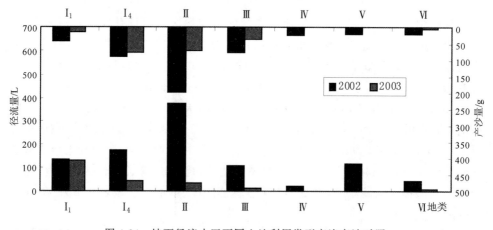

图 4-14　坡面径流小区不同土地利用类型产流产沙对照

从图 4-14 可以看出,虎榛子灌木林和天然次生林,场降雨径流量和泥沙产量都较其他林分少,若以虎榛子灌木林的产流、产沙各为 1,则天然次生林分别为

1.34 和 0.57,刺槐 1 分别为 4.54 和 2.05,油松林为 5.98 和 4.49,果农复合经营模式为 17.14 和 3.96。

显然场降雨产流产沙量与林分的盖度和枯落物的厚度有关。如自然更新的次生林,林分郁闭度为 100%,林下枯枝落叶丰富,这不但可截留降水,而且可削弱到达地面的雨滴动能,所以产流量和产沙量较小。而果农复合经营模式,果树带虽整为水平阶,但由于作物带为坡地,侵蚀土体向下运移,已形成连续坡面;且果树栽植密度小,林下无落叶、杂草,所以在侵蚀性降雨,特别是遇暴雨时,入渗量少,极易形成径流。与果农复合经营模式相似的果园,有比其较好的拦蓄径流泥沙的作用,是因为果园的果树带整地为水平带,带宽 5 m,似水平梯田,带间坡地虽有产流,但在果树带入渗,不易形成径流。

比较果农复合经营模式两年的平均场降雨产流产沙量发现,2003 年较 2002 年明显减少,其中原因在于果农复合经营模式整地质量不同(表 4-8)。因此果农配置时,应以果树带为主,高质量大工程整地,这样可起到保持水土,增加收入的双重作用。

综上所述,在黄土沟壑区,为更好地控制水土流失,应在侵蚀严重的陡坡地发展乔灌草的复层林或虎榛子灌木林,而不宜在坡度较大的部位发展果农复合,除非果树带的整地为较宽的水平带。

4.4　坡面产流产沙主导因子判析

从气象学角度来看,降雨主要由雨量、雨强、降雨历时等特征值来反映,这些因子无疑都会影响水土流失,但作用并不相同,并且有些因子之间有相关性(陆宝宏等,2001;常福宣等,2002)。研究表明,不同雨量区之间水土流失强度有差异(田光进等,2002),因而总雨量是研究的前提条件。从降雨与土壤侵蚀的关系研究中看,关于侵蚀性降雨标准、降雨的侵蚀力、侵蚀能量及侵蚀动态过程,以及降雨因子和土壤侵蚀量间的关系都有较多研究(叶芝菡等,2003;卢金发和黄秀华,2004;焦菊英等,1999;杨子生,1999)。例如,贺康宁等(1997)认为,在晋西黄土残塬沟壑区降雨量与地表径流量关系不明显,地表径流的发生取决于雨强和土壤性质。黎四龙等(1998)对张家口次生黄土研究认为,雨强与地表径流关系不密切,且在小雨强时,地表径流量与雨强呈负相关关系。Wischmeier(1959)提出以降雨总动能 E 和最大 30 min 雨强 I_{30} 的乘积 EI_{30} 作为降雨侵蚀力指标。植被保持水土机理、功能也历来是水土保持研究的一项重要内容(王佑民,2000;尹忠东等,2003;唐政洪等,2001;Walling and Webb,1996;焦菊英等,2002;吴发启等,1999)。林分结构因子的减蚀作用主要表现为:植被茎、枝、叶对降雨动能的消减作用,对降雨的截流作用;植物茎及枯枝落叶对径流流速的减缓作用;植物根系对提高土壤抗冲抗蚀作用;改良土壤结构,增加水分入渗。

　　鉴于目前在黄土区实施的植被建设政策,以及以往对黄土区植被减蚀的定性描述较多,对林分结构因子防蚀功能的定量研究较少,并且对降雨量和降雨强度与林分结构因子对径流侵蚀交互影响机理研究不多。因此,仍选取蔡家川流域不同林分结构的径流小区和典型标准地,深入研究降水与林草植被对坡面径流侵蚀的影响。

　　林冠截流量采用雨量筒收集法,在待测林分的林下和林外空旷地安放雨量筒作为对照。每次降雨后,同时测算林内和林外降雨量。枯落物持水量在7月、8月测定,在待测定的林分标准样地上沿对角线设置3个面积为1 m×1 m的样方,全部收集其枯落物并称重,混合后取一部分烘干取其干重,计算林地蓄积量,另一部分分三个重复,在清水中浸泡24 h,求其饱和持水率和持水量。径流、泥沙量采用径流筒收集法,每次产流后测定径流总体积,并取均匀径流样,测定泥沙体积,计算径流量和产沙量。

4.4.1　降水与土壤侵蚀的关系

　　降雨是水土流失的原动力,与坡面径流及产沙有密切关系。黄土区关于降雨与土壤侵蚀的关系研究中,降雨量和雨强是研究的主要影响因子。选择3块刺槐林、3块油松林和1个荒坡地的径流小区作为对照,收集了2001～2003年的20场侵蚀性降雨的产流产沙资料。表4-10为对照林分基本情况,表4-11为对照林分降雨量和降雨强度与不同郁闭度的林分产流量、产沙量的回归方程,图4-15为不同郁闭度的油松林和荒坡地场降雨产流产沙对照。

表 4-10　人工径流小区的基本情况

小区编号	面积/m²	植被种类		林龄/a	郁闭度	覆盖度/%	枯落物厚/mm	坡度/(°)	坡向	土壤质地	土壤容重/(g/cm³)	土壤孔隙/%
		主要乔木	次要植被									
刺槐1	20×5	刺槐	柠条	6～7	0.7	100	3.5	21	NW	中壤	1.21	53.13
刺槐2	20×5	刺槐	柠条	9～11	0.8	100	5.2	21	NW	中壤	1.15	45.02
刺槐3	20×5	刺槐	柠条	16～18	0.9	100	6.1	20	W	中壤	1.12	41.46
油松1	20×5	油松	荆条	18	0.4	80	3.4	24	N	中壤	1.16	44.6
油松2	20×5	油松	荆条	22	0.6	87	4.3	22	N	中壤	1.11	53.5
油松3	20×5	油松	荆条	30	0.8	93	5.2	20	N	中壤	1.05	52.13
荒坡	20×5	—	柠条、艾蒿	—	—	50	—	21	NW	中壤	1.39	44.75

表 4-11　刺槐、油松径流小区产流产沙特性回归分析表

小区编号	产流量回归方程	产沙量回归方程	样本数
刺槐 1	$Q=14.38+0.88P+27.41I_{15}$ $(R^2=0.858^{**})$	$S=0.36-0.0032P+0.655\ I_{15}$ $(R^2=0.76^{**})$	$n=20$
刺槐 2	$Q=14.08+0.72P+19.61I_{15}$ $(R^2=0.811^{**})$	$S=0.40-0.0033P+0.55\ I_{15}$ $(R^2=0.69^{**})$	$n=20$
刺槐 3	$Q=11.02+0.65\ P+17.87\ I_{15}$ $(R^2=0.799^{**})$	$S=0.37-0.0035P+0.47\ I_{15}$ $(R^2=0.66^{**})$	$n=20$
油松 1	$Q=15.3-1.91\ P+86.7\ I_{10}+102.1$ $I_{30}(R^2=0.92^{**})$	$S=0.21-0.015P-0.055I_{10}+1.057$ $I_{30}(R^2=0.95^{**})$	$n=20$
油松 2	$Q=4.6-0.105\ P-20.13\ I_{10}+$ $171.05\ I_{30}(R^2=0.94^{**})$	$S=0.04-0.0036P-0.39\ I_{10}+1.03$ $I_{30}(R^2=0.96^{**})$	$n=20$
油松 3	$Q=8.01-1.16P+99.44\ I_{10}+48.28$ $I_{30}(R^2=0.84^{**})$	$S=0.21-0.015\ P+0.44\ I_{10}+0.053$ $I_{30}(R^2=0.79^{**})$	$n=20$
荒坡	$Q=18.94-1.57\ P-156.1\ I_{10}+624.$ $6\ I_{30}(R^2=0.95^{**})$	$S=1.035-0.07\ P-1.16\ I_{10}+12.36$ $I_{30}(R^2=0.94^{**})$	$n=20$

注：产流量 Q 单位为 L；产沙量 S 单位为 kg；降雨量 P 单位为 mm；雨强 I_{10}、I_{15}、I_{30} 单位分别为 mm/10 min、mm/15 min、mm/30 min。$**$ 表示在 $p=0.01$ 显著性上极显著。

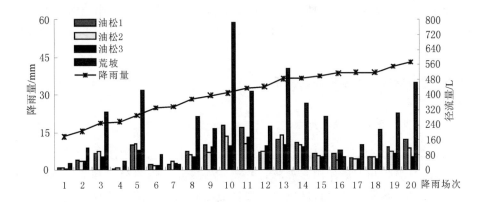

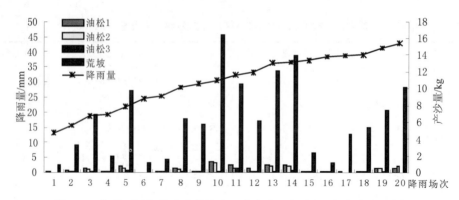

图 4-15　场降雨油松林地和荒坡人工径流小区径流量、产沙量对比分析

从图 4-15 可知,油松径流小区的场降雨产流、产沙量显著小于对照荒坡径流小区,后者比前者的平均产流量和产沙量大 3.2 倍和 22.3 倍,且产流量和产沙量显著相关。对照的 3 块油松林,任意一林分的产流产沙量并不随着降雨量级的增大而增大,只是郁闭度大的林分场降雨产流产量总体上小于郁闭度小的林分,同时随着降雨量级的增加,对照荒地与油松林的径流量和泥沙量的比值呈递增趋势。参照表 4-11 的回归方程分析可知,各林分降雨产流、产沙量与降雨量和降雨强度有很好的相关关系,但随着林分郁闭度的增大,相关性在减小。对于刺槐林,当林分郁闭度从 0.7、0.8 增加到 0.9 时,产流和产沙回归方程的相关系数分别从 0.858 和 0.76 降到 0.799 和 0.66。对于油松林,当林分郁闭度在 0.6 以下时,产流和产沙量与降雨量和降雨强度的相关系数随着林分郁闭度的增大而增大,且产流、产沙量和 I_{30} 的相关性要显著高于和 I_{10} 的相关性;当林分郁闭度大于 0.6 时,相关系数随着林分郁闭度的增大而减小,且产流、产沙量与 I_{30} 的相关性小于与 I_{10} 的相关性。显然对于荒坡地,场降雨产流、产沙量与降雨量、降雨强度的相关性极显著。

4.4.2　林草植被与土壤侵蚀的关系

1.林分覆盖度与土壤流失量

通过以上对降雨和土壤侵蚀的关系分析可知,由于林分郁闭度和灌草盖度对降雨的截持、吸收和下渗作用,场降雨产流、产沙量并不随降雨量和降雨强度的增大而相应增加,乔灌植被覆盖度与水土保持效益有密切关系。选择不同覆盖度的油松林调查发现(表 4-12),随着林分覆盖度的增加,林地土壤侵蚀量急剧降低。林分覆盖度由 10% 增加到 90%,林地土壤侵蚀模数则由 507 t/km^2 减少到 29 t/km^2,随着林分覆盖度的增加,林地水土保持效益更加显著,土壤侵蚀量越来越小。当林分覆盖度超过 40% 时,林分减少土壤侵蚀的作用显著,其侵蚀量小于坡面允许侵蚀量(200 t/km²)(孙立达和朱金兆,1995)。因此,从水土保持角度而言,40%的林分覆盖度可定为林分的有效覆盖度。从防蚀角度看,低于60%,则林分防止土壤侵蚀的作用甚低。

表 4-12　油松林不同覆盖率及土壤侵蚀量

覆盖度 /%	10	25	35	40	50	60	75	85	95
侵蚀量(t/km²)	507	483	410	183	97	57	48	45	29

2.林地枯枝落叶物的防蚀作用

黄土区林地枯枝落叶物截留降雨是林地降水分配的重要组成部分,雨量在枯落物中的分配以及降雨的入渗率取决于枯落物层厚度。通过试验得出,林分枯枝落叶物年截留雨量占降雨总量的比值范围分别是:刺槐林地13.5%～17.9%、油松林地15.4%～22.0%、沙棘17.6%～18.7%、虎榛子17.3%～17.5%。表 4-13给出了不同林地枯落物量及浸泡试验情况,不同林分的枯枝落叶物具有很强的吸水率和持水力。根据试验发现,林分场降雨截留最大值分别是:刺槐8.0 mm、油松16.4 mm、沙棘11.0 mm、虎榛子10.0 mm,可见林地具有很强蓄水能力。枯枝落叶物除通过对降雨的截留来减小降雨对土壤的直接击溅作用,减少地表径流量外,同时通过改变林地表面的糙度来减小地表径流流速,减弱径流冲击能量。

表 4-13　林地枯枝落叶物蓄积及容水量

林分	枯落物厚度/cm	现存蓄积/(t/hm²)	浸泡24 h容水量/mm	吸水率/%
刺槐	1.5～3.0	12.875	4.1	321
油松	2.0～4.0	16.450	2.0	343
沙棘	1.1～2.6	14.000	5.8	414
虎榛子	2.0～2.8	15.440	7.0	453
油松×刺槐	1.7～2.7	13.420	3.3	386
油松×沙棘	2.3～3.8	10.730	3.7	436

3.不同密度的林分的水土保持作用

不同密度林分的水土保持作用对确定水土保持型林草植被的密度有重要意义。为此,我们选择了不同密度的刺槐和油松林地,利用人工降雨研究了其渗透和产流。不同密度林地的渗透测定结果见表 4-14。

表 4-14　不同密度林地的渗透测定结果表

编号	植被类型	开始产流时间	前 40 min 产流量/mm	前 40 min 入渗量/mm	降雨强度/(mm/min)	稳渗速度/(mm/min)	密度/(株/hm²)
1	油松	25″	74.6	21.26	2.4	0.6	750
2	油松	1′	70.9	25.9	2.4	0.9	1500
3	油松	1′	62.5	46.5	2.7	1.0	2025
4	油松	1′30″	63.3	38.9	2.6	1.2	2250
5	油松	7′	21.1	77.7	2.5	2.1	3000
6	油松	2′50″	24.7	82.5	2.7	2.0	8490
7	刺槐	40″	63.3	40.2	2.6	0.4	495
8	刺槐	55″	68.2	44.1	2.8	0.8	1200
9	刺槐	20″	51.4	52.4	2.6	1.4	1500
10	刺槐	1′	48.2	42.4	2.3	1.2	2475
11	刺槐	1′20″	43.4	50.2	2.3	2.0	3000
12	刺槐	2′	29.9	76.4	2.7	2.2	3750
13	裸地	16″	87.9	17.8	2.6	0.3	
14	草地	3′30″	47.3	63.8	2.8	2.2	

　　由表 4-14 可知,油松林地的稳渗速率随林分密度的增加而增大,但并不与密度的增加幅度成正比。当密度在 3000 株/hm² 以下时,如 1 号到 5 号标准地,林地的稳渗速率随密度的增加而增大,即从 0.6 mm/min 增大到 2.0 mm/min;但林分密度从 5 号的 3000 株/hm² 到 6 号的 8490 株/hm²,稳渗速率前者却比后者略大。对于 40 min 内的累计入渗量,当密度从 750 株/hm² 增大到 3000 株/hm² 时,累计入渗量由 21.3 mm 增加到 77.7 mm,增加了 2.67 倍;密度由 3000 株/hm² 增大到 8490 株/hm² 时,累计入渗量只由 77.7 mm 增加到 82.5 mm,增加了 0.06 倍。因此,从改良土壤渗透性能的角度来说,油松林的密度在 3000 株/hm² 以下为宜。

　　刺槐林地的稳渗速率与油松林有相似之处,也是随林分密度的增加稳渗速率递增。如刺槐林密度为 3000 株/hm² 时稳渗速率为 2.0 mm/min,在密度达到 3750 株/hm² 时,稳渗速为 2.2 mm/min,增加幅度不大,这与油松林地的稳渗速率较为接近。可见,从林分稳渗速率的角度考虑,刺槐林地密度也应该在 3000 株/hm² 以下。

　　从表 4-14 可以看出,油松林、刺槐林密度越大,林地的入渗性能越好。这是因为密度越大,林地枯落物越厚,使得表层土壤中增加的有机质越多,从而地改善了土壤结构。因此,较大林分密度的林地土壤具有较大的孔隙度和较强的通气透水能力。但对于干旱、半干旱的黄土区,考虑到水土保持林能持续稳定地发挥防护功能,油松和刺槐林的密度都不宜超过 3750 株/hm²(张建军等,2002)。

另外,草地的稳渗速率也达到 2.2 mm/min,与密度为 3000 株/hm² 的油松、刺槐林地相近。可见,草本植物与乔木一样,也具有改善土壤渗透性能的作用,因此在干旱、半干旱的少雨地区,大力种植草本植物,同样也能起到增加入渗、减少地表径流的作用。

4. 林分生物量与防蚀效果

表 4-15 为不同林分的径流小区林分生物量与年平均侵蚀量调查表,从表中可见,各林地均具有较强的防止土壤侵蚀作用。比较不同郁闭度的林分,其防止土壤侵蚀的差异不明显,如刺槐 3 与刺槐 4、刺槐 5,密度和郁闭度相差较大,但土壤流失量差异不明显,这是因为刺槐 3 林地伴生有大量灌木,林地总生物量达到117.10 t/hm²,具有较强的防蚀作用。同时从表中可看出,坡面乔木生物量大于14.51 t/hm² 时,林地就具有很强的水土保持效益,其年侵蚀量小于允许侵蚀量。乔木林、灌木林、草地与农地和荒草地相比,侵蚀量不到坡耕地的 2%,因此林草均有很强的拦沙滤水功能。

表 4-15　坡面径流小区植被及年平均侵蚀量调查表

编号	主要植被	密度/(株/hm²)	总生物量/(t/hm²)	草本重量/(t/hm²)	枯落物重量/(t/hm²)	郁闭度	草本盖度/%	土壤流失量/[t/(hm²·a)]
1	刺槐	2800	28.6	3.50	1.25	0.8	30	12.37
2	刺槐	3200	61.3	3.89	1.37	0.9	20	8.98
3	刺槐	1300	117.1	3.67	3.86	0.5	75	3.17
4	刺槐	700	75.2	4.03	3.88	0.4	92	3.36
5	刺槐	3100	109.4	1.63	0.53	0.7	20	10.12
6	刺槐	2300	96.7	6.17	1.35	0.65	43	14.32
7	油松	6800	123.6	0.72	11.24	0.85	10	10.56
8	油松	1100	18.38	1.23	10.67	0.52	15	16.31
9	油松	1800	24.28	1.89	9.67	0.60	20	18.25
10	油松	5100	42.8	2.17	0.35	0.60	47	3.97
11	刺槐×油松	1800×600	31.5×12.4	—	—	0.60	50	4.29
12	沙棘	2900	22.78	1.76	3.12	0.89	60	12.34
13	虎榛子	37 500	23.60		6.53	0.98		5.89
14	虎榛子	3700	14.51	4.33	7.67	0.88	10	12.91
15	荒草地	—	0.32	9.67	2.34	—	60	54.87
16	裸地	—	—	—	—	—	—	167.98
17	坡耕地							1325.74

4.4.3　影响坡面产流产沙的主导因子判析

影响坡面径流小区产流产沙量的因子除降水因子和林分结构因子外,地形因子也在起着作用,且这些影响因子之间又相互关联。现剔除降水因子的影响,选取不同林分的产流量和产沙量分别作为母因素集,以坡度、坡向、坡位、林分密度、林分郁闭度、灌草层盖度、草本生物量和枯落物生物量等 7 个因子为子因素集,以不同土地利用类型的径流小区在 2001～2003 年降雨产流产沙的实测数据进行灰色关联度分析,结果见表 4-16。

表 4-16　影响坡面产流产沙的各因子灰色关联度值

母系列		子系列						
产流量 /(L/m²)	产沙量 /(g/m²)	坡度 /(°)	坡向	密度 /(株/hm²)	郁闭度	草本盖度 /%	草本生物量 /(g/m²)	枯落物生物量 /(g/m²)
灰色关联度 (λ_{ij})								
产流量		0.555	0.571	0.609	0.639	0.629	0.565	0.639
产沙量		0.416	0.401	0.452	0.531	0.548	0.786	0.693

灰色关联度值越大,说明比较数列对参考数列影响越大。对于产流量,影响因子参数的灰色关联度大小依次为:枯落物生物量(林分郁闭度)＞草本盖度＞林分密度＞坡向＞草本生物量＞坡度;对于产沙量,则为:草本生物量＞枯落物生物量＞草本盖度＞林分郁闭度＞林分密度＞坡度＞坡向。

从此结果可看出,各影响因子对坡面产流和产沙的影响程度并不一致,对产流影响最大的是枯落物生物量和林分郁闭度,对产沙影响最大的是草本生物量;而坡向因子通过影响林地土壤水分而影响各林分结构因子,所以对坡面产流有重要相关性;在此分析的坡度的影响作用,并不与前人所得结论相悖,因为此分析数据中各径流小区坡度值相差不大而对比度较差。林分密度、灌草层盖度、草本和枯落物生物量等影响因子,无论对坡面产流还是产沙,其灰色关联度都大于 0.5,说明这些因子对坡面林分的水保功能影响都很大。多层次的混交林因有较高的灌草层盖度、草本和枯落物生物量,所以有较强的水保功能,这与许多研究结论是一致的(陈云明等,2000;张晓明等,2003)。

通过以上分析我们认为,坡面林分场次降雨产流产沙量并不随降雨量级的增大而增大,但荒地与油松林的径流量和泥沙量的比值呈递增趋势。由于林分结构因子的防蚀作用,荒地比油松林地平均产流量和产沙量大 3.2 倍和 22.3 倍。刺槐和油松林地场次降雨产流产沙量与降雨量和降雨强度有较好的相关性,但随着林分郁闭度的增大,相关性在减小。刺槐林在郁闭度大于 0.7 时,相关系数随郁闭度的增大而减小；油松林在郁闭度小于 0.6 时，相关系数随着郁闭度的增大而增大；大于 0.6 时，相关性随郁闭度的增大而减小。对于降雨强度，当油松林郁闭度小于 0.6 时，林地产流、产沙量与 I_{30} 的相关性更显著于与 I_{15} 的相关性；当大于 0.6 时则反之。

　　林草植被对坡面降雨侵蚀的影响中，当林分覆盖度大于 0.4 时，林分减水减沙效益显著；小于 0.6 时，从防蚀角度看，林分防治土壤侵蚀作用甚低。刺槐和油松林地的枯落物年截流量占降雨总量的 13.5%～22%，场降雨截留量最大值分别是：刺槐 8.0 mm、油松 16.4 mm、沙棘 11.0 mm、虎榛子 10.0 mm。刺槐和油松林地的稳渗速率随林分密度的增加而增大，但并不与密度的增加幅度成正比，当刺槐、油松林的密度超过 3000 株/hm² 时，稳渗速率增加缓慢，从防蚀角度考虑，可将其作为林分密度的上限。在林分生物量大于 14.51 t/hm² 时，植被具有极好的防护功能。

　　对影响坡面产流产沙的因子分析中，林分郁闭度和草本、枯落物生物量影响最显著，其灰色关联度值均大于 0.6；坡向、坡度因子对场降雨径流影响显著，灰色关联度值大于 0.5。因此，黄土区坡地应经营多层次的混交林，提高植被覆盖度和林下地被物生物量，可大大降低水土流失量。

4.5　坡面土壤侵蚀产沙模拟

　　土壤侵蚀与产沙的研究已开展了近百年，但由于侵蚀与产沙是一个极其复杂的系统，它受到许多自然因素的制约，同时又受到人类活动的干扰，各个因素之间存在着错综复杂的相互作用。同时，侵蚀和产沙的测试技术手段跟不上，侵蚀和产沙机理中很多基本规律仍不清楚，特别是局部小区和典型小流域的研究成果难以应用到较大流域。因此，采用新的测试手段与方法，将相关领域的新理论引入研究流域泥沙侵蚀、沉积和输移的全过程，把局部地域泥沙微观运动和流域系统宏观效应有机地联系起来是今后发展的方向。

4.5.1　坡面土壤侵蚀过程

1. 雨滴溅蚀

1）雨滴降落

　　雨滴因重力作用降落时逐渐加速，但由于周围空气的摩擦阻力也随之增加，当此二力趋于平衡时，雨滴即以固定的速度下降，此时的速度称为终点速度。雨滴的终点速度越大，其对地表的冲击力也越大，对地表土壤的溅蚀能力也随之加大。既然溅蚀的原动力是降落雨滴的打击能量,显然溅蚀作用与雨滴的物理性质有密切的关系。

2)雨滴大小

自20世纪初众多学者研究了雨滴大小与雨强的关系,得出中值粒径与雨强的相关关系式(表4-17)。许多资料表明雨滴直径是不可能无限增大的(6.5 mm左右),也就是说雨滴大小与雨强的关系并不是单调上升的,这是由于雨滴增大制约雨滴变形的空气阻力也增大,大雨滴变形可以导致在其未达到地面前就已分裂,从这方面讲形式如 Hudson 提出的关系式更具物理意义。由于风向、风速等的变化,在一次天然降雨中雨滴大小是不同的。

表 4-17　　雨滴特性及溅蚀研究成果简表

项目	作者	公式	参数意义
雨滴大小	Laws 和 Parson(1943)	$d_{50} = 2.23 I^{0.182}$	d_{50} 为雨滴中径,mm;I 为雨强,mm/h
	Hudson(1963,1971)	$d_{50} = A + BI - CI^2 + DI^3$	A、B、C、D 均为常数,分别为1.63、1.33、0.33、0.02,其余同上
雨滴组成	Best(1950)	$F = 1 - \mathrm{e}^{-[\frac{d}{A}]^n}$	d 为雨滴直径,mm;F 为雨滴中小于或等于 d 的雨滴累计体积,%;n、A、P 为常数;I 为雨强,mm/min
雨滴终速	Schmidt(1909)	$v_m = 10^6 (0.787/r^2 + 503/\sqrt{r})^{-1}$　　$r > 60 \mu m$	v_m 为雨滴终速,cm/s;r 为雨滴半径,mm
雨滴动能	Wischmeier 和 Smith(1958)	$E = 210.2 + 89 \lg I$	E 为降雨动能,J/(m² · cm);I 为雨强,cm/h
溅蚀强度	Quansah(1981)	$D_s = a E^b$	a、b 为待定系数和指数,其值取决于土壤特性和前期含水量;E 为能量功率

3)雨滴终速

雨滴终速取决于雨滴的大小和形状。在风力影响下的雨滴终点速度要比停滞大气中的终点速度大。据 Shachori 和 Seginer 研究,20 km/h 风速下的 3.0 mm 直径的雨滴速度为 9.8 m/s,比该雨滴在停滞大气中的终点速度 8.1 m/s 增加 20%。这也是暴风雨造成雨滴溅蚀严重、土壤侵蚀强度大的主要原因。人工模拟降雨及高秆作物和林冠下的降雨均是有限高度下的雨滴,难以达到充分降落条件下的雨滴终速。

4)雨滴动能

因为不可能知道每个雨滴的终点速度和它的质量,所以一般得到的降雨总能量只是经过简化的经验公式。Park 等研究得到动能与雨强的 1.156 次方成正比。在天然降雨条件下,雨滴动能受诸多因素影响(如风),且雨滴动能与雨强的关系也不是单调的。

5)溅蚀强度

不同的研究者选择了不同的降雨特征来表达土壤侵蚀强度,如雨滴大小和终点速度、降雨动能、降雨动量、降雨侵蚀力等。

雨滴溅蚀的机理是很复杂的,目前的研究大多数仍停留在溅蚀量与降雨特性间的经验相关分析上,而对于溅蚀过程的力学关系分析很少。Tan(1989)对雨滴打击地面产生的侵蚀压力进行了理论分析,得出侵蚀压力表达式为

$$P_e = \frac{4}{3}\rho v_m^2 \frac{1}{\beta} \exp\left(-\frac{1}{\beta}\right) \tag{4-35}$$

$$\beta = \frac{r^2}{r_m^2} = \frac{r^2}{3/8} \tag{4-36}$$

对于干土表面:

$$P_e = 0.154\rho v_m^2 \tag{4-37}$$

式中:v_m 为雨滴终速;ρ 为水密度;r 为相对水深。

Prassad 等从能量平衡的途径分析了雨滴溅蚀的物理过程。当雨滴落在有一薄层水的土上时,分离的土粒要比落在干土上容易,一般雨滴溅蚀是随着表面积水深度增加而增强的,但仅仅增强到积水深度等于雨滴直径,一旦积水过深,溅蚀的强度就变弱了。但由于雨滴直接冲击地表径流,引起径流紊乱,会增加径流的挟沙能力。近 40 年来,大量试验得出雨滴溅蚀作用是引起土壤侵蚀最主要的因素。

2. 坡面径流侵蚀

Horton 认为天然坡地水流是一种混合状态的水流,即在完全紊流的面积上点缀着层流区。坡面水流(包括层流和紊流)在下渗稳定以后,可描述为

$$q = kh_m \tag{4-38}$$

式中:q 为单宽流量;h 为水深;m 为反映紊动程度的指数,完全紊流时 $m=1.67$,完全层流时 $m=3$;混合流时 $m=1.67\sim3$;k 为反映床面特性、坡度、水流类型及黏性的综合系数。

流量沿坡向下增加的方程为

$$q = xq^* \tag{4-39}$$

式中:q^* 为净雨量;x 为沿坡面的距离。

将式(4-38)代入式(4-39)即可求出沿坡面各点处的水深。Yen 等考虑到降雨对坡面流的影响,根据动量原理,推导出有降雨情况下一维坡面流运动方程:

$$\frac{\mathrm{d}y}{\mathrm{d}x} = \frac{s_0 - s_f + \frac{q}{gA}(v_m \cos\varphi - 2\beta V)}{\cos\theta - \beta \frac{v_2}{gy}} \qquad (4\text{-}40)$$

式中:θ 为床面坡角;φ 为雨滴终速 v_m 与水面的交角;V 为平均流速;S_0、S_f 分别为坡比和水流摩阻坡比;其余符号同前。

在国外,圣维南方程在坡面水流研究中得到了广泛应用,但其仅适用于缓坡。吴长文推导出既适合于缓坡又适合于陡坡,既适合于裸地又适合于有植被覆盖的坡面流微分方程:

$$\frac{\partial h}{\partial t} + \frac{\partial uh}{\partial x} = q_e \cos\alpha$$

$$\frac{\partial u}{\partial t} + u\frac{\partial u}{\partial x} + g\frac{\partial h}{\partial x} = g(S_0 - S_f) - \frac{u}{h}q_e\cos\alpha - IVS_0\cos\alpha/h \qquad (4\text{-}41)$$

$$q_e = I(t) - C(t) - f(x, t)$$

式中:u、h 分别为在坡长 x 处的流速和水深;I、f 分别为降雨强度和土壤入渗率;其余符号同前。只有当 $q_e > 0$ 时,坡地才会产流。

4.5.2 坡面侵蚀与产沙数学模拟模型

1. 经验、半经验模型

经验、半经验模型是采用数理统计方法建立的。多年来,国内外学者针对特定的区域建立了众多经验模型,如《泥沙手册》(1992 年)中介绍的经验模型。半经验模型以(通用土壤流失方程 USLE)为代表,在世界上有几十个国家得到应用,各国根据自己的具体情况作了相应的修正。近年又提出改进后的通用土壤流失方程(RUSLE),RUSLE 仍保留了 USLE 的所有因素,但在应用中,各因素的计算方法有了以下改进:数据处理计算机化;将径流侵蚀因子和土壤可蚀性因子与季节等的变化联系起来;新的坡长、坡度因子反映了细沟侵蚀和细沟间侵蚀的比率,也反映了不同形状的坡面;植被因子值的计算考虑了地表粗糙因子、地表覆盖因子、郁闭度因子和土地使用因子;水土保持措施因子值反映了轮作制度、耕作情况和土壤亚层排水情况。

2. 动力学模拟模型

由于模拟侵蚀与产沙复杂过程的相互作用、影响和制约的需要,激发了用理论动力学方程来描述流域产沙的过程,以模拟一次暴雨或更长时期含沙量变化的产沙模型。这类模型以 Simons 和 Li 建立的 CSU 模型为代表,其他的还有 Fleming 和 Leytham,Donigian 和 Crawfood 以及 Alonso 等。CSU 模型可模拟流域表面的水文过程、产沙过程和水沙运动的时空变化。该模型的流域划分及概化采用网格系统或将流域分成若干子流域,每一子流域概化为一本打开书的方法。其坡面汇流近似一维运动波:

$$\frac{\partial A}{\partial t} + \frac{\partial q}{\partial x} = q_e \tag{4-42}$$

根据水流挟沙力计算,推移质用 Du-Boys 公式,悬移质用 Einstein 公式。供沙量计算考虑了雨滴击溅和径流分离,其中径流分离量按泥沙连续方程计算:

$$\frac{\partial G_s}{\partial x} + \frac{\partial CA}{\partial t} + (1-\lambda)\frac{\partial Pz}{\partial t} = g_s \tag{4-43}$$

式中:G_s 为总输沙量;C 为含沙量;λ 为土壤孔隙率;P 为湿周;g_s 为旁侧来沙量;A 为过水面积;z 为松散土层厚度。

动力学模拟模型的优点在于模拟降雨产沙过程严谨,经验参数少,能够计算出流域出口的泥沙过程以及粒径组成,这对控制泥沙的营养和有害物质的含量极为重要。

3. 随机模型

近来人们尝试应用随机技术模拟流域产沙,Murota 和 Kashino 为日本 Arita 河流提出了一个随机降雨模型,通过一个已知的降雨密度函数,为降雨-径流的转换使用了单位水文过程线,而泥沙输移方程被用来计算每个过程输移的总泥沙量。近来随机模型的研究也有一些进展,有些研究者试图将经验的或具有理论基础的产沙模型与随机性生成的资料结合起来,以模拟长期的流域产沙,这种方法为延长有限的产沙资料提供了一条有用的途径。Julien 从次暴雨土壤流失量公式出发,得到多次暴雨土壤流失方程:

$$M = \int_0^\infty \int_0^\infty mp(t_r)p(I)\mathrm{d}t_r\mathrm{d}I \tag{4-44}$$

式中:M 为次暴雨流失量;$p(t_r)$ 为降雨历时密度函数;$p(I)$ 为雨强密度函数。

4. 物理概念预报模型

物理概念预报模型是对降雨径流的侵蚀和搬运的整个物理过程的模拟。现有的以物理学为基础的模型的研究已经集中于模拟山坡土壤侵蚀的以下几种形式:①由于雨滴打击,土壤的搬运率和分离率;②由于地表径流,土壤的搬运率和分离率;③在确定实际迁移率和侵蚀率时,搬运量和分离量之间的相互关系;④细沟蚀和细沟的侵蚀过程之间的相互关系。Foster 和 Meyer 于 1975 年提出了一个物理过程模型,其中用以描述泥沙运动的连续方程为

$$\frac{\mathrm{d}G_s}{\mathrm{d}x}=D_r+D_i \tag{4-45}$$

泥沙淤积的近似表述为

$$\frac{D_r}{D_{cr}}+\frac{G_s}{T_{cr}}=1 \tag{4-46}$$

式中：G_s 为输沙率；x 为距离；D_r 为细沟分散率；D_{cr} 为细沟流分散能力；D_i 为沟间地泥沙输移率；T_{cr} 为细沟流输沙能力。

段建南等(1998)借鉴国内外土壤侵蚀建模的经验和技术，建立了坡耕地土壤侵蚀过程模型，模型分为水相和泥沙相。该模型认为土壤侵蚀起因于雨滴打击造成土粒的分散，以及地表径流造成这些颗粒的迁移。在水相中估计降雨击溅分散的动能(E)和地表径流量(Q)分别为

$$E=P(11.9+8.7\lg i) \tag{4-47}$$

$$Q=\frac{(P-0.2s)^2}{P+0.8s} \tag{4-48}$$

式中：P 为降雨量，mm；i 为侵蚀雨强标准值，mm/h；s 为水土保持参数。

在泥沙相中计算击溅分散量(F)和径流搬运量(G)：

$$F=K_T[\exp(-ap)]^b\times10^{-3} \tag{4-49}$$

$$G=cQ^d(\sin S)\times10^{-3} \tag{4-50}$$

式中：p 为降雨成为永久截留和径流的百分率；c 为作物覆盖管理因子；S 为坡度；a、b、d 为经验值；K_T 为细沟土壤可蚀性参数。

该模型以天为步长，模拟耕地基于日降水量的坡面侵蚀过程，估计不同耕作管理措施条件下的土壤侵蚀量。物理概念预报模型的优点在于表述流域侵蚀产沙的过程清楚，物理基础较强，具有外延性，其发展前景非常广阔。

4.5.3　水土保持措施下次暴雨产流计算方法

水土保持措施可拦截降水，增加土壤入渗，减少坡面地表径流量而增加地下径流量，改变汇流特性，从而削减洪峰，降低径流侵蚀力，起到减水减沙作用。因此许多专家指出：应充分重视土壤入渗的研究，主张"拦蓄降水、就地入渗"作为治理江河灾害的战略性措施。因此，王秀英和曹文洪(1999)分析土壤入渗规律，推导得出了水土保持措施作用下降雨径流的计算模式，具体如下。

1. 土壤水分下渗能力曲线

干旱和半干旱地区以超渗产流为主。下渗过程是一个消退过程。从水动力平衡角度分析，在只考虑垂向一维水流的情况下，水流在非饱和土壤中的运动的基本表达式为

$$v = -k(\varphi)\frac{\partial \varphi}{\partial z} + k(\varphi) \tag{4-51}$$

式中：v 为渗透速度；k 为渗透系数；φ 为水势；z 为垂向距离。

根据质量守恒原理有

$$\frac{\partial \theta}{\partial t} + \frac{\partial v}{\partial z} = 0 \tag{4-52}$$

式中：θ 为包气带含水量；其余符号同前。

联解式(4-51)和式(4-52)得

$$\frac{\partial \theta}{\partial t} = \frac{\partial}{\partial z}\left[D(\theta)\frac{\partial \theta}{\partial z}\right] - \frac{\partial}{\partial z}k(\theta) \tag{4-53}$$

式中：D 为扩散系数；其余符号同前。此即非饱和下渗的微分方程。

菲利浦在上述方程的基础上，考虑均质土壤，起始含水量均匀分布及充分供水条件下，经过代换和微分展开，取展开式的前两项求得如下近似计算公式：

$$f(t) = \frac{1}{2}St^{-\frac{1}{2}} + A \tag{4-54}$$

式中：f 为下渗率；S 为吸水系数；A 相当于稳定下渗率 f_c。

若取扩散系数和渗透系数均为常数，通过分离变量解法，解式(4-53)和式(4-51)可得

$$f(t) = f_c + (f_0 - f_c)e^{-\beta} \tag{4-55}$$

式中：β 为常数，下渗曲线的递减参数(随土质而变)；f_0 为初始下渗率(也称最大下渗率)；f_c 为稳定下渗率；t 为时间；e 为自然对数底数。

2. 水土保持措施下的土壤入渗能力

水土保持措施的水文效应主要表现在涵养水源、保持水土、改良土壤、调节径流、改造局部地区水文循环等。而凡是构成对土壤物理性质影响的措施因子，都对土壤的入渗能力有重要影响。在土壤物理性质中影响土壤入渗率的主要因素是土壤的孔隙状况、土壤质地、土壤结构的稳定性、地表是否有结皮、土内是否有间层等。一般来说，地表土壤的孔隙度越高，土壤结构的通透性越好，初期入渗率也越高；剖面通体的孔隙度越高土壤的稳渗率也越高。如果土壤表面被压实或有地表结皮产生，地表层将会被导水率极低的结皮盖住，极大地降低土壤入渗率。

1) 水土保持林草措施的土壤入渗改良作用

林草措施对土壤性质起到一定的改良作用，并且随着林龄的增加、草场的发育，这种作用逐渐增强，反映在下渗曲线的上移和曲线形状发生变化(见图 4-16)。这主要是因为植物根系的生长发育过程及枯枝落叶层的形成分解过程，就是对土壤物化性质不断改善的过程，其有机质和腐殖质含量、根系活动使土壤孔隙度发达，整个剖面上的渗透能力比较高；同时，促进生物作用来改良土壤。林地枯枝落

叶层还可减少雨滴的击溅,防止地表在雨滴打击作用下颗粒分散引起的结皮,同时对泥沙具有一定的过滤作用,防止了土壤孔隙的堵塞。对晋西黄土残塬区实验林草地及对比裸地的实测资料进行分析,得土壤入渗方程各参数(表 4-18)。从表可知,不同林分及草种对土壤入渗性能的影响是不同的。

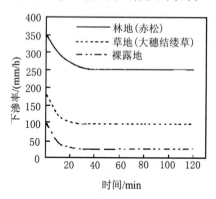

图 4-16   火山灰地带不同地被的下渗率曲线($I=400$ mm/h)

表 4-18   晋西黄土残塬区各实验地类土壤入渗性能

霍顿公式参数	沙棘林地	油松林地	草地	裸地
f_c/(mm/min)	0.23	0.21	0.13	0.09
f_0/(mm/min)	0.71	0.58	0.48	0.41
β/(1/min)	0.0593	0.0525	0.0508	0.0602

2)水土保持梯田及耕作措施对土壤入渗的影响

梯田对于改变地形、改良土壤有很大的作用。坡地修成水平梯田后,能够很好地拦截天然降水,增加土壤的蓄水供水能力,利于肥力的保持和作物的生长。根据四川盆地中部丘陵区 50 个梯田土样及 23 个坡地土样的分析结果:土壤有机质梯田比坡地高 145.8%。而有机质的存在增加了土粒间的胶结从而促进土壤团粒的形成,改良了土壤结构。

以多次洪水的平均误差最小为原则,直接用下渗曲线公式来优选参数,分析子洲径流试验站内两个小流域:团山沟(0.18 km²)和墨矾沟(0.133 km²)的雨、洪资料,得出如图 4-17 所示的两小流域下渗曲线。这两个小流域的地貌植被情况是相仿的,但从图 4-17 可知,墨矾沟的下渗能力明显高于团山沟,究其原因是由于它们的梯田面积有所不同。墨矾沟的水平梯田的面积占相当的比例,而团山沟的梯田面积很少。

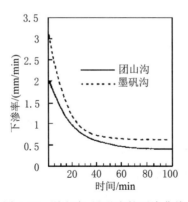

图 4-17　团山沟、墨矾沟的下渗曲线

　　水土保持耕作措施通过外界的机械力量的作用来改善土壤水分-物理性状。耕作可改善土壤的孔隙状况和通气性,利于土壤中微生物活动和有机物的积累;耕作可破坏雨后土壤表层的板结层,增强土壤的渗透能力。根据中国科学院西北水土保持研究所 1957～1958 年的研究资料表明:耕作能显著地提高土壤透水性和土壤的含水量,一般能提高 15％～30％,随着耕作深度的增加,土壤的含水量也随之提高。

　　3. 下渗曲线法产流计算公式的推导和应用

　　土壤非饱和水流基本微分方程的求解是把下渗的出现作为地表饱和的结果,就是说是在充分供水条件下导出的下渗能力曲线(霍顿和菲利浦公式在充分供水条件下与实际资料配合较好便是很好的例证)。实际的降雨过程并不一定都大于下渗过程,这就使得供水条件不充足,所以在产流计算中就得考虑流域实际下渗曲线了。流域实际下渗曲线受控于下渗能力曲线、降雨强度(降雨过程)和前期土壤含水量。一定的土壤含水量和降雨过程便有一条与之对应的下渗曲线。这就使得利用下渗能力曲线计算流域产流存在一定的困难。

　　若通过实验已知土壤在最干燥情况下的最大下渗率为 f_0,下面以霍顿公式为例推导出考虑下渗能力曲线、降雨过程和前期土壤含水量有机结合下的次降雨 $(\bar{i}>f_c)$ 产流公式。

　　1) $\bar{i}>f_0$

　　若次降雨的前期土壤含水量为 P_a,则下渗率相对要低,下渗能力曲线须向左平移 Δt_a(图 4-18),平移后有

$$f_1(t)=f(t+\Delta t_a) \tag{4-56}$$

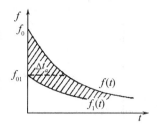

图 4-18　$\bar{i} > f_0$ 及 P_a 下下渗曲线的变化

平移后图中阴影部分的面积在数量上等于前期土壤含水量为 P_a，即

$$\int_0^\infty \left[f(t) - f_1(t) \right] \mathrm{d}t = P_a \tag{4-57}$$

联立式(4-55)、式(4-56)和式(4-57)，得

$$P_a = \int_0^\infty f(t)\mathrm{d}t - \int_0^\infty f_1(t)\mathrm{d}t = \frac{1}{\beta}(f_0 - f_c)(1 - \mathrm{e}^{-\beta \Delta t_a}) \tag{4-58}$$

$$\Delta t_a = -\frac{\ln\left(1 - \dfrac{\beta P_a}{f_0 - f_c}\right)}{\beta} \tag{4-59}$$

下渗水量部分将形成地下径流，形成地下径流的那部分下渗率即为下渗能力曲线中包含稳定下渗率的项，即

$$f_g(t) = f_c(1 - \mathrm{e}^{-\beta t}) \tag{4-60}$$

那么

$$W = \int_0^\infty \left[f(t) - f_g(t) \right] \mathrm{d}t = \int_0^\infty f_0 \mathrm{e}^{-\beta t} \mathrm{d}t = \frac{f_0}{\beta} \tag{4-61}$$

W 在数值上等于在一定 f_0 条件下的雨前土壤缺水量，其值为流域蓄水容量 W_m 与流域平均土壤含水量之差，所以：

$$f_0 = \beta(W_m - P_a) \tag{4-62}$$

由式(4-62)可知，若 $P_a = 0$，则 $f_0 = \beta W_m$，达到最大值，即土壤最干燥时的最大初渗率。从图 4-18 中可得

$$f_{01} = f_1(0) = f(0 + \Delta t_a) = f_c + (f_0 - f_c)\mathrm{e}^{-\beta \Delta t_a} = \beta(W_m - P_a) = f_0 - \beta P_a$$

即

$$f_c + (f_0 - f_c)\mathrm{e}^{-\beta \Delta t_a} = f_0 - \beta P_a \tag{4-63}$$

整理式(4-63)也可得式(4-59)。

次降雨地表产流量为

$$R_l = \int_0^{t_r} i_j(t)\mathrm{d}t - \int_0^{t_r} f_1(t)\mathrm{d}t = P_{0 \sim t_r} - f_c t_r - \frac{f_0 - f_c - \beta P_a}{\beta}(1 - \mathrm{e}^{-\beta t_r}) \tag{4-64}$$

式中：R_l 为第 l 个网格单元的产流量；$i(t)$ 为降雨强度的连续函数；t_r 为降雨历时；

$P_{0 \sim t_r}$ 为次降雨总量。

时段 $(\Delta t_j = t_j - t_{j-1})$ 地表产流量为

$$\Delta R_t = P_{t_j} - P_{t_{j-i}} - f_c(t_j - t_{j-1}) + \frac{f_0 - f_c - \beta P_a}{\beta}(e^{-\beta t_j} - e^{-\beta t_{j-1}})$$

$$= \Delta P_j - f_c \Delta t_j + \frac{f_0 - f_c - \beta P_a}{\beta}(e^{-\beta t_j} - e^{-\beta t_{j-1}}) \tag{4-65}$$

若式(4-59)、式(4-64)和式(4-65)中的 f_0 为土壤在最干燥情况下的下渗率，则 P_a 为次降雨前的土壤含水量；若 f_0 是土壤含水量为 P_{a_0} 时的初渗率，那么 P_a 需用 $P_a - P_{a_0}$ 代替。从式(4-59)可算得，当 $P_a = 0$ 时，$\Delta t_a = 0$，即曲线不作平移。

2) $f_0 > \bar{i} > f_c$

在下渗最初阶段，下渗率具有较大的数值，但在降雨初期若雨强很小，小于下渗能力 $(i < f)$，很显然 f 大于 i 的那一部分下渗能力没能得到满足，需由 $i > f$ 的部分降雨来补充(图 4-19，图中 t_a 为产流时刻)，下渗曲线须往右移，即

$$f_1(t) = f(t - \Delta t_a) \tag{4-66}$$

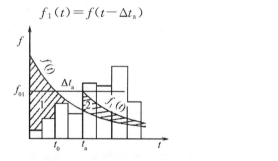

图 4-19　$f_0 > \bar{i} > f_c$ 时下渗曲线的变化

图 4-19 中平移量：

$$\Delta t_a = t_a - t_0 \tag{4-67}$$

平移后阴影部分 1 的面积应与阴影部分 2 的面积相等，即

$$\int_{t_a}^{\infty} [f_1(t) - f(t)] dt = \int_0^{t_a} f(t) dt - (P_a + P_{0 \sim t_a}) \tag{4-68}$$

式中：$P_{0 \sim t_a}$ 为 0 至 t_a 时刻的降雨量。

联立式(4-50)、式(4-61)、式(4-62)和式(4-63)，得

$$P_a + P_{0 \sim t_a} = \int_0^{\infty} f(t) dt - \int_{t_a}^{\infty} f_1(t) dt = f_c t_a + \frac{1}{\beta}(f_0 - f_c)(1 - e^{-\beta t_0})$$

整理上式得

$$P_a + P_{0 \sim t_a} - f_c t_a = \frac{1}{\beta}(f_0 - f_c)(1 - e^{-\beta t_0}) \tag{4-69}$$

由图 4-19 可知，次降雨地表径流在产流时刻 t_a 所需的平均临界雨强 $\bar{i}_{t_a}$ 等于下渗率 f_{01}，所以可以结合式(4-70)计算出产流时刻：

$$f_{01} = f_1(t_a) = f(t_a - \Delta t_a) = f(t_0) = f_c + (f_0 - f_c)e^{-\beta t_0} = \bar{i}_{t_a}$$

整理得

$$t_0 = -\frac{-\ln\dfrac{\bar{i}_{t_a} - f_c}{f_0 - f_c}}{\beta} \tag{4-70}$$

代入式(4-69)，得

$$t_a = \frac{P_a + P_{0\sim t_a} - \dfrac{1}{\beta}(f_0 - \bar{i}_{t_a})}{f_c} \tag{4-71}$$

由式(4-71)可知，产流时刻不仅与前期土壤含水量 P_a 有关，而且与平均雨强 $\bar{i}_{t_a}$ 有关(即与产流前的降雨量有关)。可以用试算法找出式(4-71)中的 t_a 和 $\bar{i}_{t_a}$。

次降雨地表产流量为

$$R_l = \int_{t_a}^{t_r} i_j(t)\,\mathrm{d}t - \int_{t_a}^{t_r} f_1(t)\,\mathrm{d}t = P_{t_a\sim t_r} - f_c(t_r - t_a) - \frac{1}{\beta}(\bar{i}_{t_a} - f_c)\left[1 - e^{-\beta(t_r - t_a)}\right] \tag{4-72}$$

将式(4-71)中通过试算法找出的 t_a 和 $\bar{i}_{t_a}$ 代入式(4-72)即可求出次降雨地表产流量。时段($\Delta t_j = t_j - t_{j-1}$)地表产流量的计算则以 t_j、t_{j-1} 及相应历时的降雨量分别代入式(4-72)后相减即得。

根据以上的计算公式，对子洲径流实验站团山沟 1969 年 5 月 11 日的暴雨进行计算，其下渗与雨强历时曲线如图 4-20 所示，土壤初期入渗率为 2.02 mm/min($f_c = 0.42$ mm/mim，$\beta = 0.0538$ min^{-1})，求得产流时刻在 11.8 min；各时段产流总和为 16.6 mm，与实测值 15.5 mm 很接近，误差为 7.1%。对 1969 年 7 月 20 日的(前期土壤含水量为 14 mm)暴雨进行计算，土壤初期入渗率为 1.47 mm/min，产流总和为 0.94 mm，实测值 0.9 mm，误差为 4.44%。计算产流量均略大于实测值，这主要是因为用下渗曲线法计算的流域次暴雨产流量是流域的当地产流量，而实测流域出口的产流量是经流域汇流后的流量，而在汇流过程中必有一定的填凹等损失。所以，可以认为计算结果基本上是符合实际的。

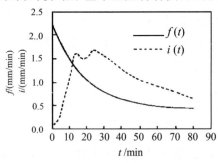

图 4-20　下渗与雨强历时曲线

第5章 沟道侵蚀产沙过程

沟道是一种地貌侵蚀形态,是在水流不断下切、侧蚀,包括由切蚀引起的溯源侵蚀和沿程侵蚀,以及侵蚀物质随水流悬移、推移搬运作用下形成的。在沟道侵蚀过程中,水力作用往往为诱发因子,而重力作用多是主导因子,因而沟道侵蚀(又称沟蚀)的力学机理同样是比较复杂的,它往往是水流动力和重力联合作用形成的一种动力、静力相耦合的现代加速侵蚀过程。沟蚀发生一般要具备两个条件:一是风化或沟岸的崩坍;二是径流量超过输送物质的临界值。由坡面汇集到沟道内的水流具有较大的动能,其作用是使沟道边壁受力,淘刷沟岸;下切沟底,使沟头跌水高度变大,并溅蚀和淘刷跌水面,使沟岸及沟头跌水面底部失去支撑,上部悬空,从而引起重力侵蚀,造成沟岸扩张、沟头前进及沟底下切的沟道侵蚀现象;输送被侵蚀的物质。由于沟道是流域系统输送能量和物质的直接通道,因而在输送侵蚀物质过程中,沟道往往表现出与河道水流具有不同的特性和规律。尤其是高含沙水流和泥石流,是黄土地区和土石山区沟道侵蚀产沙过程中特有运动形式。

5.1 沟道侵蚀类型及过程

5.1.1 沟道侵蚀形式

沟道侵蚀是指由汇集在一起的地表径流冲刷破坏土壤及母质,形成切入地表以下沟壑的土壤侵蚀形式。面蚀产生的细沟,在集中的地表径流侵蚀下继续加深、加宽、加长,当沟壑发展到不能为耕作所平复时,即变成沟蚀。

根据沟蚀强度及表现的形态,沟蚀可以分为浅沟侵蚀、切沟侵蚀和冲沟侵蚀等不同类型。而根据侵蚀沟道发育的不同阶段,可将侵蚀沟分为浅沟、切沟、冲沟和干沟等类型。任何一个侵蚀沟都不是孤立存在的,它总是与一定的水文网系统相联系,或者与其他侵蚀沟呈规律性的联系。同一流域内,不同类型的沟道共同组成了侵蚀沟系统。侵蚀沟系统中的主干称为干沟或主沟,由主沟上产生的分支称为支沟或一级支沟,与一级支沟相联系的支沟称为二级支沟,依次类推。侵蚀沟作为现代加速侵蚀的形成物,除了其形成原因之外,在外形上很容易与古代侵蚀形成的水文网的各个环节相区别。其不同点是:第一,水文网的两岸相对水文网的中轴具有一定的倾斜,其倾斜呈圆滑曲线形式;而侵蚀沟两岸的斜坡则多呈陡峭的立土面,即使在胶结物质较少的风化产物上,其斜坡也经常呈折线形式;第二,水文网两岸斜坡及沟底部多生长有植物,侵蚀沟则只是在停止冲刷的侵蚀沟底才生长有植物。

　　不同类型的侵蚀沟,具有不同的主要侵蚀形式。由于沟道侵蚀往往是水力作用和重力作用共同造成的,加上沟坡远较坡面为陡,因而其侵蚀形式是多样的,但以崩塌、滑坡、泻溜及径流冲刷下切为多。沟道形态的发展具有三维性,即沟头的溯源前进、沟岸扩张和沟底下切。

　　1)浅沟侵蚀

　　浅沟侵蚀在初期和细沟侵蚀相同,下切深度在 0.5 m 以下,逐渐加深到 1 m。沟宽一般超过沟深,以后继续加深加宽[图 5-1(a)]。浅沟侵蚀是侵蚀沟发育的初期阶段,其特点是没有形成明显的沟头跌水,正常的耕翻已不能平复,不妨碍耕犁通过;由于耕犁作用,沟壑斜坡与坡面无明显界限。浅沟在凸形坡上呈扇形分散排列,在凹形坡里扇形集中排列,而在直线形斜坡上则呈平行排列。这种侵蚀沟使坡面农地在横向呈波状起伏,已不能为耕犁所平复,必须采取水平梯田等比较合理的措施进行治理。在黄土区修梯田时采取的"小弯取直"原则,就是针对整治浅沟而言的。

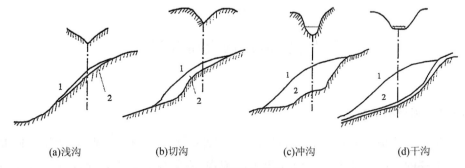

(a)浅沟　　　　(b)切沟　　　　(c)冲沟　　　　(d)干沟

图 5-1　侵蚀沟类型

1 为坡面地形;2 为沟底地形

　　大量的研究表明,对流域地貌系统而言,坡面的边界条件可以直接影响沟蚀的发展,反过来,沟蚀的发展对坡面侵蚀过程可以产生强烈的反馈作用。例如,浅沟形成后,改变了坡面形态,破坏了地表的平整性,使径流更易于集中,同时可增大雨滴击溅侵蚀作用面积,从而能够加剧坡面的侵蚀产沙作用过程,使侵蚀产沙量增加。张科利(1991)认为在相同降雨条件下,浅沟发育的坡面土壤入渗强度会迅速达到稳定阶段,降雨初始时的径流强度和土壤入渗强度的变化梯度很大,而未发育浅沟的坡面却较为和缓(图 5-2)。在同一降雨过程中,发育浅沟的坡面产沙率比未形成浅沟的坡面产沙率要大,最大时可超出 3 倍多。浅沟形成后,雨滴溅蚀量也将发生变化,发育浅沟的坡面雨滴溅蚀量较原始坡面增加 1.2 倍。另外,对于沟间地坡面的侵蚀量,也相应增加 1/4 左右。因此,在研究坡面侵蚀产沙过程中,把沟壑作为一项变量要素考虑是必要的。

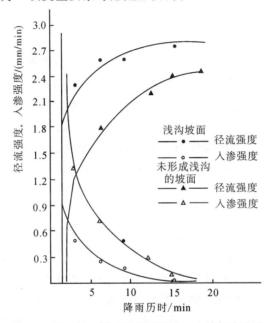

图 5-2　不同坡面形态的径流强度和入渗强度曲线

2)切沟侵蚀

浅沟进一步发展,较小浅沟的径流流入较大的浅沟,下切力量增大,当沟床切入母质(黄土区)或风化基岩(红壤区)时,开始有明显沟头,这就称为切沟侵蚀。初期阶段的切沟深度至少有 1 m 以上,因而横坡耕作已不可能。切沟进一步扩大后,在疏松的黄土地区,沟深在 20 m 上下,深的可达 50 m 以上,横断面初期呈 V形,后期呈 U 形,如图 5-1(b)所示。切沟沟头有一定高度的跌水,长宽深三方面的侵蚀同时不同程度地进行,即因水流的不断冲刷,使沟头前进和沟底下切。加之重力作用,沟岸也不断坍塌。沿古代水文网形成的切沟有可能发展成冲沟而成为沟谷的分支。

由于切沟沟床比降比地面沟床比降小,沟头溯源前进,跌水的高度变大。这种跌水是切沟最活跃的侵蚀部分,跌水既冲刷它所跌入的沟底面,又击溅或淘刷水面。跌水面的底部被冲蚀淘空之后,使留下来的上部土体悬空。悬空的土体很快崩塌,随之出现一个新的垂直跌水面,落差加大,开始新的循环。切沟侵蚀在质地疏松、透水性好和具有垂直节理的黄土丘陵区,发展十分迅速,侵蚀量大。切沟侵蚀耕地,使耕地支离破碎,大大降低了土地利用率。切沟侵蚀是侵蚀沟发育的盛期阶段,是沟头前进、沟底下切和沟岸扩张均甚为激烈的阶段,也是防治沟蚀最困难的阶段。切沟对坡地进行蚕食,使其割裂成条块且日益破碎,黄土区修梯田时的"大弯就势"原则,就是针对整治切沟沟头部分而言的,其沟身部分一般采用植物措施或谷坊进行治理。

3)冲沟侵蚀

切沟侵蚀进一步发展,水流更加集中,下切深度越来越大,沟壑向两侧扩展。横断面呈"U"形并逐渐定型,如图5-1(c)所示。沟底纵断面与原坡面有明显差异,上部较陡,下部已日渐接近平衡断面,这种侵蚀称为冲沟侵蚀。冲沟侵蚀形成的侵蚀沟,是侵蚀沟发育的末期,但还没有达到相对稳定的程度,这时沟底下切虽已缓和,但沟头的溯源侵蚀和沟坡沟岸的崩塌还在发生。在黄土区,冲沟深度可达数十米至百米之间,宽度从几十米到一百多米。在治理上,一般在沟底建坝修库,在沟坡造林种草。

4)干沟侵蚀

冲沟形成后,水流进一步塑造沟床,使沟头溯源侵蚀接近分水岭,纵坡渐缓,沟底下切到侵蚀基准面所控制的沟道自然比降的程度,侧蚀作用引起的沟坡扩张趋于停止,冲沟发育进入相对稳定阶段,即干沟侵蚀阶段。干沟横断面宽而相对浅,底部呈平缓的"U"形;纵剖面呈下凹曲线形,如图5-1(d)所示。当干沟下切到潜水层,得到地下水的补给,沟中具有常流水时,这种侵蚀沟又称为"河沟"、"河谷"或"溪"。

在土石山区,土层薄,基岩露头高,集中的股流虽然有很大的冲刷力,但遇到坚硬岩层的抵制,沟底下切停止,形成宽而浅的侵蚀沟,沟底纵剖面与坡面近乎平行,这种沟称为荒山溪,又称荒沟。

5.1.2　沟道侵蚀的主要类型

重力侵蚀在沟道侵蚀中起着重要作用,沟道侵蚀往往是由水力侵蚀和重力侵蚀的联合作用产生的。自然界中,由土体组成的斜坡,其稳定性是由内摩擦阻力、颗粒间的凝聚力和其上生长的植物固土作用来维持的。一旦受到径流淘刷、水分下渗及地震等外力作用而破坏了平衡,在地心引力或重力作用下,就将引起土体甚至岩石的破坏或位移。水力侵蚀会使沟岸及沟头跌水面底部失去支撑,上部悬空,从而引起重力侵蚀,使沟岸扩张,沟头前进。

在黄土地区,沟道侵蚀形式主要有崩塌、滑坡和泻溜等类型。根据刘秉正等

(1990)对渭北高原沟蚀的调查分析,重力侵蚀发生的频率以泻溜为最大,其次崩塌,滑坡最小;而侵蚀量滑坡最大,崩塌次之,泻溜最小。

1)崩塌

在基岩或母质垂直节理比较发育的陡坡地段,如沟岸、河岸、沟缘处,当其基部在水流下切淘刷作用或人工开挖,陡壁土体失去平衡时,成块体倾倒,伴随有土体的滚落、翻转,这种现象就称为崩塌。崩塌也包括崩、坠落和塌陷。崩塌一般发生在 70°~90°的陡坡上,其发生部位多在冲沟和河岸的陡壁及冲沟沟头,崩塌运动的速度很快。崩塌的体积小者不到 1 m³,大者可至几十万 m³。

崩塌所产生的破坏力 P 与下落岩、土体的质量 m 及其下落速度 v 的平方的乘积成正比,即

$$P = \frac{1}{2} m v^2 \tag{5-1}$$

自然落体的速度 v 由物体崩塌处的高度所决定,即

$$v = \sqrt{2gH} \tag{5-2}$$

式中:g 为重力加速度;H 为斜坡高度。

所以,崩塌所产生的破坏力还可表示为

$$P = gmH \tag{5-3}$$

因此,崩塌的危险性,不仅取决于具有一定特性的岩、土体的质量和体积,而且取决于斜坡的高度。

崩塌所造成的地貌现象是上部为直立的陡壁,下部是 35°左右的自然堆积坡。崩塌的发生主要取决于沟道的下切深度和谷坡上部张裂隙的发育深度。在理论上,当张裂隙发育深度达到沟道下切深度的一半时,谷坡即会发生破裂崩塌。

2)滑坡

滑坡是陡坡上岩石土体沿某滑动面向下运动的过程,其最突出的特点是具有一定的滑动面和滑塌体。滑坡多发生在沟坡相对高差较大的地方,主要分布于冲沟的中、下游和河道两岸。从动力条件看,滑坡主要是受沟道径流的下切作用和土体中地下水的下渗,使沟坡变陡,黏滞力降低,重力作用相对增大,以致失去平衡,使整块土体突然滑动,但一般滑坡体仍可保持其原来的相对位置。无论从平面或剖面上看,其滑动面均呈弧形,在纵剖面上多呈叠瓦状。滑坡规模有大有小,大滑坡滑下来的物质可达 1 亿 m³ 以上,其危害程度很大。在黄土区,当大量的滑坡体堆积在沟谷一侧时,即形成塌地;滑坡体堵塞沟道时,可形成天然水库,称为"聚湫"。斜坡坡度陡、斜坡岩(土)体具有软弱结构或潜在的滑动面、地表水和地下水等,是引起滑坡发生的主要因素。特别是在连续降雨后,有大量雨水下渗时,滑坡极易发生。若上部为透水层,下部为隔水层时,则在隔水层顶面易于蓄水,造

成上部岩层的下滑。断层面、节理面、岩层面是天然的软弱面,如果中央夹有黏土层时,更易引发滑坡。在 20°～30°的斜坡上即会有滑坡发生。

有人根据滑坡的移动量与时间的关系,将滑坡分为下列三种类型:①减速蔓延型,滑坡发生开始后,移动速度很快,随着时间的推移,速度逐渐变缓,经过某一定时间则移动停止。②定常蔓延型,初期的移动比较活跃,但以后的移动则逐渐变缓,状态呈长时间的继续移动。③崩溃蔓延型,在移动初期,经过第一次蔓延式的移动后,移动速度增大,最终导致崩溃。

3)泻溜

泻溜是陡坡上的土层受干湿、寒热和冻融作用所引起的膨胀和收缩作用,使土体表层发生鳞片状剥落,在重力作用下沿坡向下流动的侵蚀过程,其结果往往在沟底或坡面形成陡峭的泻溜堆积体。

在黄土地区当坡面坡度超过 35°时,就有可能发生泻溜。泻溜是黄土地区主要的侵蚀产沙方式。一般来说,红土坡比黄土坡泻溜更严重。在黄土地区,泻溜侵蚀的主要特点表现为连续而持久的循环作用;自然逆转比较困难;影响因素复杂多样,常与其他侵蚀方式相叠加,加剧侵蚀程度。也就是说,泻溜是一种比较连续而持久的侵蚀形式,在发生时间上无明显间断,空间分布也不明显;泻溜发生部位很难形成和保持疏松通透的表土层,对植被生长极为不利,如无有效治理措施,从生态环境角度而言,将是一种不可逆转的恶性循环;泻溜侵蚀受重力、水力、风力、地形、土质、植被、温差和水热变化过程的影响,常与面蚀叠加在一起,往复不断,相互加剧侵蚀。

4)错落

在沟道水流下切淘刷作用下,土体沿垂直节理整体下挫位移,垂直位移量大于水平位移量。错落多发生在冲沟和较大沟道下部及破洞和遗坝中。

错落是崩塌与滑坡之间的一种过渡类型。它是沿一定滑动面作整体下挫的,错落后的壁面几乎是垂直的,一般都可大于 70°。另外,虽然错落有滑动面,但错落比滑坡更加依赖于重力作用。这些特点,可作为区别错落和滑坡的根据。

5.1.3　沟道侵蚀过程

降水顺坡面流动,水量不断增加,流速增大,形成许多切入坡面的线状水流,称为股流或沟槽流。股流集中到沟槽中,冲刷侵蚀能量增大,一方面冲蚀下切土体,一方面进行侧蚀。由下蚀、侧蚀引起的溯源侵蚀和沿程侵蚀,以及侵蚀物质的搬运作用,都不断改变着沟槽外观,从而形成了形态各异的侵蚀沟。侵蚀沟由小变大,由浅变深,由窄变宽,由发展到衰退的过程,表现为侵蚀沟向长、深、宽的发展和停顿的过程。侵蚀猛烈发展的阶段正是沟头前进,沟底下切和沟岸扩张的时期。它们是与沟蚀发展紧密不可分割的三个方面,只是在沟蚀发展的不同阶段其表现程度不同而已。

Davies 在 19 世纪末 20 世纪初提出了地形发育的阶段学说。到 20 世纪 50 年代,美国理论地貌学家 Strahler 完整地提出了流域高程分析法(或者称为面积-高程分析法),把 Davies 的地貌发育模式进行了定量化。具体做法如下:在沟谷小流域的等高线地形图上,量出每一条等高线以上的面积 a,再量出每一条等高线与谷底最低高程的高差 h,设沟谷面积为 A,最高点到最低点的高差为 H。

令 $x = a/A$,$y = h/H$,x、y 分别为横、纵坐标,且 $0 \leqslant x \leqslant 1, 0 \leqslant y \leqslant 1$。根据一系列的 (a, h) 数据便可在坐标上绘出曲线 $y = f(x)$,此为沟谷面积-高程曲线,积分得

$$S = \int_0^{h_0} f(x) \mathrm{d}x = \int_0^1 x \mathrm{d}y \tag{5-4}$$

因此该模型又称高程积分曲线,它可反映沟谷形态和发育过程,用 S 值来量化 Davies 模型的沟谷系统演化阶段:①当 S≥60%时,沟谷属未均衡的幼年期;②当 35%<S<60%时,沟谷属均衡的壮年期;③当 S≤35%时,沟谷属老年期。

1)侵蚀沟纵断面形成

侵蚀沟开始形成的阶段,向长发展最为迅速,这是股流沿坡面平行方向的分力大于土壤抵抗力的结果。由于在沟顶处坡度有时局部变陡,水流冲力加大,结果在沟顶处形成水蚀穴,水蚀穴继续加深扩大,沟顶逐渐形成跌水状,跌水一经形成,沟顶破坏和前进的速度更加显著。此时沟顶的冲刷作用,一方面表现为股流对沟顶土体的直接冲刷破坏;另一方面表现为水流经过跌水下落而形成漩涡后有力的冲淘沟顶基部,从而引起沟顶土体的坍塌,促使沟顶溯源侵蚀的加速进行。

一旦沟顶跌水形成之后,沟底的纵剖面线与当地的坡面坡度相一致的状态就明显地表现出来。由于此时进入沟底的水流充沛,沟底与侵蚀基准面的高差较大,纵坡较陡,因而侵蚀沟内水流的冲力表现在下切沟底的作用也较明显,但沟底下切较沟头前进为慢。

总之侵蚀沟纵剖面的形成过程正是沟顶前进,沟底下切的反复过程。在整个侵蚀作用和侵蚀沟纵剖面形成的过程中,侵蚀沟最活跃的地段始终在沟顶以下一定距离范围内。

2)侵蚀沟的发育阶段

依据侵蚀沟外形的某些指标判断侵蚀沟的发育程度和强度,侵蚀沟的发育分四个阶段。

(1)水蚀沟阶段。侵蚀沟的第一阶段是属于冲刷范围的,形成的水蚀穴和小沟通过一般耕作不能平复,此阶段向长发展最快,向宽发展最慢。其深度一般不

超过 0.5 m,尚未形成明显的沟头和跌水,沟底的纵剖面线和当地地面坡度的斜坡的纵断面线相似,侵蚀沟的横断面多呈三角形,当沟底由坚硬母质组成时,这一阶段可保持较长的时间,但当沟底母质疏松时,很快进入第二阶段。

(2)侵蚀沟顶的切割阶段。由于沟头继续前进,侵蚀沟出现分支现象,集水区的地表径流从主沟顶和几个支沟顶流入侵蚀沟内。因此,每一个沟顶集中的地表径流就减少了,因此侵蚀沟向长发展的速度减缓,另外由于沟顶陡坡,侵蚀作用加剧,其结果在沟顶下部形成明显跌水,通常以沟顶跌水明显与否作为第一、第二阶段划分的主要依据。在平面上主沟顶呈圆形,支沟顶处于第一阶段。侵蚀沟的断面呈 U 形,但上部和下部的横断面有较大的差异,沟底与水路合一;它的纵剖面与原来的地面线不相一致,沟底纵坡甚陡且不光滑;第二阶段是侵蚀沟发展最为激烈的阶段,因为它是防治最困难的时期。

(3)平衡剖面阶段。发展到这一阶段由于受侵蚀基底的影响,不再激烈的向深冲刷,而两岸向宽发展成为主要形式。沟底纵坡虽然较大,但沟底下切作用已经甚微,以沟岸局部扩张为主,其外形具有最严重的侵蚀形态,在平面上支沟呈树枝状的侵蚀沟网,在纵断面上沟顶跌水不太明显,形成平滑的凹曲线,沟的上游水路没有明显的界线,沟的中游沟底和水路具有明显的界线,沟口开始有泥沙沉积,形成冲积扇。发展到此阶段的侵蚀沟常被利用为交通道路。

(4)停止阶段。在这一阶段,沟顶接近分水岭,沟底纵坡接近于或相当接近于临界侵蚀曲线,沟岸大致接近于自然倾角,因此沟顶已停止溯源侵蚀,沟底不再下切,沟岸停止扩张。在沟底冲积土上开始生长草类或灌木,这一阶段的侵蚀沟转变为荒溪。

5.2　沟道侵蚀机制

沟坡一般是由于坡面下部切沟在水流作用下不断下切,切沟之间形成了孤立沟坡,而沟坡在降雨等条件下,由于重力作用产生崩塌。另外,沟坡下部在雨季形成行洪沟道,沟坡本身将受到水流的强烈淘刷而加大直立面高度,从而对沟坡的稳定性产生严重影响。因此,沟坡侵蚀是多因素作用下的坡面失稳问题,是水流的切割、降雨影响和坡面土体自重力共同作用的结果。将沟坡侵蚀发生的单位宽度坡面概化如图 5-3 所示。

图 5-3 将坡面土体分为表层土和中层土。沟坡受力状况如下:①土体重力 W_t,土体重力主要考虑土体自重以及降雨过程中由于雨水入渗产生的重力增量。②裂缝水压力 T,由于黄土垂直节理较为发育,坡面常形成垂直裂缝。降雨条件

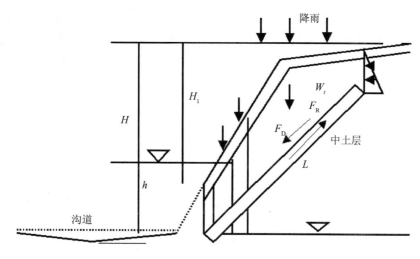

图 5-3　沟坡侵蚀物理图形

下,雨水灌入将形成一定的水平水压力,对土体稳定造成不利影响。③裂隙面上的抗滑力 F_R,抗滑力与土体的黏聚力和摩擦角有关;降雨条件下,随含水量变化。④坡脚处的水流切割力 τ,该力将直接导致坡角的横向后退,继而使直立面高度增加,对坡面稳定产生不利影响。

　　沟坡侵蚀是在上述各力的作用下,达到临界平衡条件导致的失稳破坏。沟道中的水流运动是沟道侵蚀和泥沙输移的主要动力因素。沟道水流是具有固定河槽的集中性的水流,其水力和输沙特性与一般明渠水流特征相似,可以使用明渠流的理论和方法来进行描述。但是沟道水流与河流中的水流运动相比仍有一些差别,如坡陡流急,纵剖面很不均匀,在落差集中处伴有急流甚至跌水,横断面沿程变化很大,易受人类活动干扰,在一些地区常形成高含沙水流或泥石流等。一般认为沟槽流的侵蚀作用有:①淘刷沟岸,引起岸坍塌,使沟道不断展宽;②冲刷沟床,引起沟床下切,使沟道不断加深;③沟头溯源冲刷,使沟头不断前进,在适宜条件下并能发生冲沟的袭夺,产生冲沟的合并;④输送被侵蚀的物质。

5.2.1　沟道水流冲刷力

　　黄土坡脚下形成的沟道是雨季主要的行洪通道。由于其坡降一般较大,洪峰较为集中,因此水流对坡脚将形成强烈的侧向淘刷。

　　黄土沟坡颗粒粒径在 $0.05 \sim 0.005$ mm 的粉粒占 65％ 左右,而粒径小于 0.001 mm 的黏性颗粒约占 6％,因此物理特性可按具有一定黏结力的黏土考虑。唐存本将重力、拖曳力、上举力、黏结力统一考虑,得出新淤黏土的起动切应力公式为

$$\tau_c = 66.8 \times 10^2 \times d + \frac{3.67 \times 10^{-6}}{d} \tag{5-5}$$

式中:τ_c 为起动切应力,N/m^2;d 为粒径,m。

在给定的 Δt 时间内,洪水持续对沟坡进行侧向冲刷,冲刷导致的横向后退速度与水流切应力 τ 及上述的土体起动切应力 τ_c 有关,同时还与土体本身的理化性质有关。

Osman 和 Thorne(1988)根据室内模型试验得到的土体单位时间侧向冲刷距离:

$$\Delta B = \frac{C_1 \times (\tau - \tau_c) \times e^{-1.3\tau_c}}{\gamma_s} \tag{5-6}$$

式中:ΔB 为土体单位时间受水流侧向冲刷而后退的距离,m;τ 为水流切应力,N/m^2;τ_c 为土体起动切应力,N/m^2;C_1 为与土体理化特性有关的系数,根据 Osman 的试验资料,可取 $C_1 = 3.64 \times 10^{-4}$。

由图 5-3 所示的几何关系可知,坡脚由于水流侧向冲刷而后退 ΔB 后,沟坡将相应产生直立高度,其转折点之上的沟坡高度为

$$H_1 = H - \Delta B \tan i \tag{5-7}$$

式中:H_1 为直立面转折点上的沟坡高度,m;H 为沟坡高度,m;i 为沟坡自然坡角度;ΔB 同前。

当沟坡发生垮塌时,破坏面与水平面的夹角为

$$\beta = 0.5 \times \left\{ \tan^{-1} \left[\frac{H}{H_1}(1 - k^2) \tan i \right] + \varphi \right\} \tag{5-8}$$

式中:k 为黄土坡面中较大垂直节理或裂隙深度与沟坡高度 H 的比值,可根据地质调查确定,无资料时可取 0.3;φ 为摩擦角;β 为垮塌面与水平面的夹角;其余各量同上。

5.2.2 沟坡下滑力与抗滑力

1.沟坡下滑力

降雨期间,沟坡的下滑力主要由坡面垂直节理中水压力、沟坡土体重力、入渗雨水重力等在破坏面上的分力组成。

1)垂直裂缝中的水压力

由于黄土普遍具有较为发育的垂直节理,在各种营力作用下,黄土沟坡,特别是坡度较陡的沟坡部分常沿某一垂直节理产生具有一定深度的裂隙。在降雨期间裂隙中充满雨水,对深度较大的裂隙中的水压力,是不可忽略的,将构成沟坡下滑力的一部分。

该水压力在沿破坏面的分力为

$$T = \frac{1}{2} \gamma H_t^2 \tag{5-9}$$

式中：γ 为入渗雨水容重，kN/m³；H_t 为裂隙深度，m；T 为入渗雨水压力，kN/m。

2）沟坡土体在降雨情况下的重力

由图 5-3 概化沟坡的几何关系可知，沟坡土体的重力可表示为

$$W_t = \frac{\gamma_{um}}{2}\left(\frac{H^2 - H_t^2}{\tan\beta} - \frac{H_1^2}{\tan i}\right) \tag{5-10}$$

式中：W_t 为可能失稳的土体重力，kN/m；γ_{um} 为相应于某一土体含水量 w 时的土体容重，kN/m³；其余各量同前。

3）沟坡下滑力

下滑力由上述裂隙中水压力和土体重力沿失稳破坏面的分力组成，可由下式表达：

$$F_D = W_t\sin\beta + T\cos\beta \tag{5-11}$$

式中：F_D 为沟坡下滑力，kN/m；其余各量同前。

2. 沟坡抗滑力的确定

抗滑力的确定较为复杂。由于黄土高原地区的降雨一般都集中在汛期的几个月时间里有限的几场暴雨中，同时由于地下水埋深较深，因此大部分时间沟坡土体均处于非饱和状态。

非饱和土体的本构关系与强度特征与饱和土有较大不同。主要是非饱和土体不仅要满足土体本身的应力应变关系，同时还受到土体含水量的较大影响。在含水量较低时，由于负空隙水压力的存在，形成基质吸力，从效果上看，相当于增加了附加黏聚力，增强了土体的抗剪强度。但随着降雨入渗，土体的含水量增大，则附加黏聚力急剧降低，从而导致抗剪强度的减小，当抗剪强度不足以抵抗下滑力时，就可能发生沟坡的滑动破坏。

采用简化的处理方法，将非饱和土抗剪强度中的黏聚力分为饱和黏聚力与附加黏聚力，并通过试验得到不同土体的附加黏聚力随含水量的变化关系。对于同一土体，其内摩擦角可以按常数考虑。非饱和土抗剪强度可近似写为

$$\tau = c + \sigma\tan\phi = c' + \tau' + \sigma\tan\phi \tag{5-12}$$

式中：τ 为非饱和土的抗剪强度，kPa；c' 为相应于饱和土体的黏聚力，kPa；τ' 为附加黏聚力；其余各量同前。

对于不同地区的黄土，其附加黏聚力随含水量变化的系数及指数有一定变化，应根据相关试验拟合确定。

确定黄土抗剪强度参数随含水量变化的关系后，即可由图 5-3 所示的几何关系，确定沟坡滑动面上所受的抗滑力，如下式所示：

$$F_R = cL + N\tan\phi = \frac{(H - H_t)c}{\sin\beta} + W_t\cos\beta\tan\phi \tag{5-13}$$

式中:F_R 为滑动面上的抗滑力,kN/m;N 为作用在滑动面上的法向力,kN/m;c 由式(5-12)确定;其余各量同前。

5.2.3　沟坡稳定安全系数

按照传统的极限平衡法,定义安全系数为抗滑力与下滑力的比值,即

$$F_s = \frac{F_R}{F_D} \tag{5-14}$$

式中:F_R、F_D 分别为沟坡抗滑力与下滑力;F_s 为沟坡抗滑安全系数。

5.2.4　沟道侵蚀产沙预测

目前,分析沟道发展和估算沟蚀产沙量的方法仍然是属于统计回归和相关的方法,包括用一元或多元线性回归技术。Beer(1965)对美国的艾奥瓦西部严重沟蚀的黄土区求得如下形式的预报冲沟面积增长的关系式:

$$x_1 = 0.01 x_4^{0.982} \times x_6^{-0.044} \times x_8^{0.795} \times x_{14}^{-0.243} \mathrm{e}^{-0.036 x_3} \tag{5-15}$$

式中:x_1 为在给定对段内冲沟面积的增长,acr[①];x_4 为地表径流指标,in,x_6 为流域的梯田面积,acr;x_8 为时段开始的冲沟长度,ft[②];x_{14} 为冲沟末端至流域分水岭的长度,ft;x_3 为年降雨量与正常降雨量的离差,in。

Thompsom(1964)根据美国若干地区冲沟活动的野外观测资料得出沟头前进的如下初步关系式:

$$x = 0.15 F_4^{0.49} J^{0.14} P^{0.74} s_0 \tag{5-16}$$

式中:x 为沟头年平均前进长度,ft;F_4 为流域面积,acr;J 为沟道坡度,%;P 为降雨等于或大于 0.5 in/24 h 的年累积雨量,in;s_0 为侵蚀土壤剖面的黏土含量,%。

美国农业部认为可根据以往冲沟的特征及降雨条件等预报未来冲沟的发展,并提出以下关系式:

$$R_2 = R_1 \left(\frac{A_2}{A_1} \right)^{0.46} \left(\frac{P_2}{P_1} \right)^{0.20} \tag{5-17}$$

式中:R_1、R_2 为过去及未来平均年沟头前进距离,ft;A_1、A_2 为过去及未来集水面积,acr;P_1、P_2 为过去及未来在此期间内等于或大于 0.5 in 的 24 h 降雨量的总和(换算为年计)。

美国土壤保持局 1966 年提出的估算年平均前进速率的公式为

$$R = (5.25 \times 10^3) A^{0.46} P^{0.20} \tag{5-18}$$

式中:R 为沟头年平均前进长度,m;A 为沟头以上的汇水面积,m²;P 为某一时期

---

①　1acr=0.404 856 hm²。

②　1ft=3.048×10⁻¹ m。

内 24 h 降雨量大于或等于 12.7 mm 的总降雨量,mm。

根据 Piest 等(1975)对黄土性土壤切沟的侵蚀研究成果,在一些切沟中,径流沿切沟边界的拖曳力不是侵蚀的主要原因;在沟岸冻融交替、干湿变化所引起的沟岸崩塌伴随着下切,则是沟道侵蚀的机制。当然,由于支配土壤侵蚀的物理学过程是十分复杂的,现今所建立的许多具有一定物理成因的数学模型,都只是加以简化后的有关物理变化过程。

Seginer 在 1996 年的研究中发现,冲沟侵蚀与流域面积的大小或某些相互关联的变量有十分明显的关系。因此建议,一个地区的冲沟侵蚀可用下式计算:

$$X = CF^b \tag{5-19}$$

式中:C、b 为常数。

由于水系内全部连续冲沟的沟头切割都是从共同的起点移动到各自目前的位置,因此水系内部冲沟的 C 值是相同的,冲沟前进的相对速率取决于 b 值。如果 $b=0$,则全部冲沟的平均前进速率相同;若 b 为中间值时,说明流域的大小对冲沟的平均前进速率有影响,而流域大小本身反映该地区主要水文变量的综合影响。各地之间或某地区各流域之间 b 的变差也反映土壤、地形、土地利用以及管理的影响。

以上公式只适用于特定区域甚至是个别的沟道,当用于不同地形、土壤、气候特征区域时要特别小心。这些公式的共同弱点是试图用统计的数学工具来定量描述一个时间自变量或过程。也有一些学者试图根据沟蚀过程的动力特征来制订预报沟蚀发展及产沙量的方法。在无黏结力的沟道,沟道侵蚀是一种均衡的关系,可以根据河相关系式来预报冲刷的极限状态。一些人使用几种推移质输沙量公式来大致估算沟道的推移质输沙量,并利用这些成果来估算沟道的冲刷率和沉积率。

5.3　沟道侵蚀模型

5.3.1　沟道汇流模型

沟道的汇流演算有水文学方法和水力学方法,水文学方法如 Muskingum 法及其改进的 Muskinggum-Cunge 方法等相对简单,对 Saint-Venant 方程的各种近似则为水力学方法。Saint-Venant 方程如下:

$$\begin{cases} \dfrac{\partial A}{\partial t} + \dfrac{\partial Q}{\partial x} = q_1 & (1) \\[2mm] \dfrac{\partial Q}{\partial t} + \dfrac{\partial (Qv)}{\partial x} + gA\left(\dfrac{\partial z}{\partial x} + S_f\right) = 0 & (2) \end{cases} \tag{5-20}$$

式中:A 为过水面积,m^2;Q 为流量,m^3/s;q_1 为旁侧入流,m^3/s;v 为平均流速,$\mathrm{m/s}$;Z 为水位,m;S_f 为摩阻坡度,$S_\mathrm{f}=n^2v|v|/R^{4/3}$;$R$ 为水力半径,m;n 为糙率。

运动波方程假定水面坡度与河床坡度一致,即忽略式(5-20)中(2)的惯性力项和压力项,将动量方程简化为 $S_\mathrm{f}=S_0$;扩散波则忽略式(5-20)中(2)式中的惯性力项;使用完全 Saint-Venant 方程组成为动力波模型。

在流域尺度范围内,获得所有河段断面形态的实测数据是非常困难的,而通过 DEM 提取的精度又非常低。因此,在实际的流域河网的汇流计算中,运动波和扩散波方法应用较多。计算中如果需要考虑下边界条件的影响,如水位顶托作用,则必须用动力波模型。基于上述因素考虑,李文杰(2011)开发了改进的扩散波模型和动力波模型,以针对不同工况进行选择。

1)改进扩散波模型

改进扩散波方法的方程为

$$\frac{\partial Q}{\partial t}+C\frac{\partial Q}{\partial x}=D\frac{\partial^2 Q}{\partial x^2} \tag{5-21}$$

式中:$C=\dfrac{1}{B}\dfrac{\partial Q}{\partial h}+\dfrac{D}{B}\dfrac{\mathrm{d}B}{\mathrm{d}h}\dfrac{\partial h}{\partial x}$ 为波速系数;$D=Q/(2BS_\mathrm{f})$ 为扩散系数,B 为水面宽度,S_f 为摩阻坡降。其中 Muskingum-Cunge 演算公式形式为

$$Q_{j+1}^{n+1}=C_1Q_j^n+C_2Q_j^{n+1}+C_3Q_{j+1}^n \tag{5-22}$$

式中:马斯京根法流量系数 C_1、C_2、C_3 分别为

$$C_1=\frac{0.5\Delta t+K\varepsilon}{0.5\Delta t+K(1-\varepsilon)},\quad C_2=\frac{0.5\Delta t-K\varepsilon}{0.5\Delta t+K(1-\varepsilon)},\quad C_3=\frac{K(1-\varepsilon)0.5\Delta t}{0.5\Delta t+K(1-\varepsilon)} \tag{5-23}$$

K 和 ε 分别为马斯京根法的槽蓄系数和流量比重因子:

$$K=\Delta x/C,\quad \varepsilon=\frac{1}{2}\left(1-\frac{Q}{BS_\mathrm{f}C\Delta x}\right) \tag{5-24}$$

在汇流计算时,交汇点处需要施加连续条件,包括流量和水位两种:

$$Q_{\mathrm{Parent}}=\sum Q_{\mathrm{Child}},\quad Z_{\mathrm{Parent}}=Z_{\mathrm{Child}} \tag{5-25}$$

2)动力波方法

为了使模型可以适用于缓流、跨临界流和急流情况,对动力波方程进行修正,增加一个系数来削弱惯性项,使缓流算法结构也能适用于急流。修正的动力波方程如下:

$$\begin{cases} B\dfrac{\partial A}{\partial t}+\dfrac{\partial Q}{\partial x}=q_1 \\[2mm] \alpha\left[\dfrac{\partial Q}{\partial t}+\dfrac{\partial}{\partial x}\left(\dfrac{\alpha_\mathrm{m}Q^2}{A}\right)\right]+gA\left(\dfrac{\partial h}{\partial x}+\dfrac{|Q|Q}{K^2}-S_0\right)=\dfrac{Q}{A}q_1 \end{cases} \tag{5-26}$$

式中:K 为流量模数;α_m 为动量修正系数;α 为修正系数,是 Froude 数的函数:

$$\alpha = \begin{cases} 1 & F \leqslant F_0 \\ \dfrac{F_1 - F^\beta}{F_1 - F_0^\beta} & F \leqslant_0 F \leqslant F_1 \\ 0 & F \geqslant F_1 \end{cases} \qquad (5\text{-}27)$$

式中：Froude 数 $F = v/\sqrt{gh}$，取四点平均值；F_0 和 F_1 分别表示接近临界 Froude 数和临界 Froude 数，取值分别为 0.9 和 1.0；β 为指数，取值为 2。可看出，当 Froude 数向临界状态靠近时，α 使对流项作用衰减；当 Froude 数超过临界值时，动力波模型退化为扩散波模型。

可选用 Preissmann 四点偏心格式离散式(5-26)：

$$\begin{cases} Q_{j+1}^{n+1} - Q_j^{n+1} + C_j h_{j+1}^{n+1} + C_j h_j^{n+1} = D_j \\ E_j Q_j^{n+1} - G_j Q_{j+1}^{n+1} + F_j h_{j+1}^{n+1} - F_j h_j^{n+1} = \Phi_j \end{cases} \qquad (5\text{-}28)$$

式中各系数分别为

$$C_j = \frac{B_{j+1/2}^n \Delta x_j}{2\Delta t \theta}$$

$$D_j = \frac{q_{j+1/2} \Delta x_j}{\theta} - \frac{1-\theta}{\theta}(Q_{j+1}^n - Q_j^n) + C_j(h_{j+1}^{\prime n} - h_j^{\prime n})$$

$$E_j = \left[\frac{\Delta x_j}{2\theta\Delta t} - (\alpha_m u)_j^n\right]\alpha + \frac{g\Delta x_j}{2\theta}\left(\frac{|u|}{c^2 R}\right)_j^n - \frac{q_j^n}{2A_j^n}\frac{\Delta x}{\theta}$$

$$G_j = \left[\frac{\Delta x_j}{2\theta\Delta t} - (\alpha_m u)_{j+1}^n\right]\alpha + \frac{g\Delta x_j}{2\theta}\left(\frac{|u|}{c^2 R}\right)_{j+1}^n - \frac{q_{j+1}^n}{2A_{j+1}^n}\frac{\Delta x}{\theta} \qquad (5\text{-}29)$$

$$F_j = (gA)_{j+1/2}^n$$

$$G_j = \left[\frac{\Delta x_j}{2\theta\Delta t} - (\alpha_m u)_{j+1}^n\right]\alpha + \frac{g\Delta x_j}{2\theta}\left(\frac{|u|}{c^2 R}\right)_{j+1}^n - \frac{q_{j+1}^n}{2A_{j+1}^n}\frac{\Delta x}{\theta}$$

$$\Phi_j = \left\{\frac{\Delta x_j}{2\theta\Delta t}(Q_{j+1}^n + Q_j^n) - \frac{1-\theta}{\theta}[(\alpha_m uQ)_{j+1}^n - (\alpha_m uQ)_j^n]\right\}\alpha$$
$$\quad - \frac{1-\theta}{\theta}(gA)_{j+1/2}^n(h_{j+1}^n - h_j^n) + (gA)_{j+1/2}^n\frac{\Delta x}{\theta}J_0$$

流域汇流计算中的上边界条件一般为流量，求解时假设存在追赶关系：

$$\begin{cases} h_j = S_{j+1} - T_{j+1} h_{j+1} \\ Q_{j+1} = P_{j+1} - V_{j+1} h_{j+1} \end{cases} \qquad (5\text{-}30)$$

将式(5-30)代入式(5-28)，可求解追赶系数：

$$S_{j+1} = \frac{G_j Y_3 - Y_4}{G_j Y_1 + Y_2}; \quad T_{j+1} = \frac{G_j C_j - F_j}{G_j Y_1 + Y_2}; \quad P_{j+1} = Y_3 - Y_1 S_{j+1}; \quad V_{j+1} = C_j - Y_1 T_{j+1}$$

$$(5\text{-}31)$$

式中：$Y_1 = V_j + C_j, Y_2 = F_j + E_j V_j, Y_3 = D_j + P_j, Y_4 = \Phi_j - E_j P_j$。

根据此递推关系，可依次得到 S_{j+1}、T_{j+1}、P_{j+1}、V_{j+1}，最后可得 $Q_E = P_E -$

$V_E h_E$，E 为河道末断面的编号。

5.3.2　沟道泥沙输移模型

天然河道中的水沙运动都是非恒定、非均匀输移,河道的冲淤模型宜采用非恒定悬移质不平衡输沙方程。一维非恒定悬移质不平衡输沙方程为

$$\frac{\partial (AC_s)}{\partial t} + \frac{\partial (QC_s)}{\partial x} + \alpha \omega B(C_s - C_{*s}) = qC_{sl} \tag{5-32}$$

式中:C_{*s} 为挟沙能力,kg/m^3;C_s 和 C_{sl} 分别为沟道水流和旁侧入流的泥沙浓度,kg/m^3;α 为恢复饱和系数,其值为 1(冲刷)或 0.25(淤积)。

水流挟沙力可采用张瑞瑾课题组(2007)推导出的结构形式:

$$C_{*s} = K\left(\frac{U^3}{gR\omega}\right)^m \tag{5-33}$$

式中:U 为平均流速,m/s;K 和 m 为经验系数。

河床的冲淤变化可通过河床变形方程来实现(李义天等,1998):

$$\gamma'_s \frac{A_d}{t} = \alpha \omega B(C_s - C_{*s}) \tag{5-34}$$

式中:γ'_s 为淤积物的干容重,kg/m^3,A_d 为淤积面积,m^2。

利用迎风格式离散输沙方程:

$$C_{sj}^{n+1} = \begin{cases} \dfrac{\Delta t \alpha B_j^{n+1} \omega C_{*sj}^{n+1} + A_j^n C_{sj}^n + \Delta t Q_{j-1}^{n+1} \omega C_{sj-1}^{n+1}/\Delta x_{j-1} + qC_{si}}{A_j^{n+1} + \Delta t \alpha B_j^{n+1} \omega + \Delta t Q_j^{n+1}/\Delta x_j}, Q \geqslant 0 \\[2mm] \dfrac{\Delta t \alpha B_j^{n+1} \omega C_{*sj}^{n+1} + A_j^n C_{sj}^n + \Delta t Q_{j-1}^{n+1} \omega C_{sj-1}^{n+1}/\Delta x_{j-1} + qC_{si}}{A_j^{n+1} + \Delta t \alpha B_j^{n+1} \omega - \Delta t Q_j^{n+1}/\Delta x_j}, Q < 0 \end{cases} \tag{5-35}$$

河床变形方程的差分形式为

$$\Delta A_j = \frac{\Delta t \alpha \omega B_j^{n+1}}{\gamma'_s}(C_{sj}^{n+1} - C_{*sj}^{n+1}) \tag{5-36}$$

得到的断面冲淤量按面积比分配在断面上:

$$\Delta Z_{si} = (h_i/A)\Delta A_j \tag{5-37}$$

式中:h_i 是 i 子断面平均水深。

沟道的汊点处引入沙量守恒方程:

$$Q_k C_{ks} = \sum_{i=1}^{n} Q_i C_{is} \tag{5-38}$$

式中:C_{ks} 和 C_{is} 分别是汊点下游和上游的泥沙浓度。

5.3.3　沟道水沙变化的灰色系统模型预测

沟道水沙变化是其所在流域多种自然因素和人为因素综合作用的结果,不仅受降雨(特别是暴雨)的时空变化影响,而且受人类活动,尤其是水利水保工程调

蓄作用的影响。降雨条件对沟道水沙变化规律起着主导作用，人为因素较为复杂，其不确定度也较大，对流域下垫面以及流域泥沙的输移条件等产生重要影响。由于问题的复杂性，以往对水沙变化发展趋势的研究，大多采用定性的描述说明为主的研究方法。水沙行为序列是表征河流泥沙系统（运行机制尚不明确的本征性灰色系统）行为的两个主要映射量，灰色理论认为每一行为特征的数字，都是所有因素共同作用的结果，而作为一组表征系统行为发展变化的时间过程量，则蕴涵着各种因子在不同时期的各种映射。因此，可根据系统的输出（或最终的外在表现特征）进行信息反馈，建立 GM(1,1)模型，用微分方程来模拟系统的动态变化。王秀英和曹文洪(1999)采用灰色系统的理论和方法，直接从系统的输出入手，对渠江水系罗渡溪站控制流域沟道水沙的变化进行了灰色分析和预测。

1. GM(1,1)模型简介

灰色系统理论通常对数据进行累加生成，使杂乱无章的数据转化为适合于微分方程建模的有序数列。

$$\{x^{(1)}(t)\} = \sum_{t=1}^{k} x^{(0)}(t) \tag{5-39}$$

灰色预测 GM(1,1)模型，指的是只有一个变量，采用一阶微分方程拟合的模型，其代表的微分方程是

$$\frac{\mathrm{d}x^{(1)}}{\mathrm{d}t} + ax^{(1)} = u \tag{5-40}$$

式中：a、u 为待求参数（a 为发展系数，u 为灰作用量）；$x^{(1)}$ 为原始数据 $x^{(0)}$ 的一阶累加生成；t 为时间。

求解得其时间响应函数为

$$\hat{x}^{(1)}(t) = \left[x^{(0)}(0) - \frac{u}{a}\right]\mathrm{e}^{-at} + \frac{u}{a} \tag{5-41}$$

计算还原值为

$$\hat{x}^{(0)}(t+1) = \hat{x}^{(1)}(t+1) - \hat{x}^{(1)}(t) \tag{5-42}$$

该微分方程表示的是动态模型，能够反映事物发展的连续性。根据研究问题的不同，GM(1,1)模型不仅有多种处理数据的方法，而且有多种组合方式，但都是基于生成数来建模。模型形似微分方程却不是一般的微分方程，而是具有适应性的微分方程群；模型具有差分方程性质，却不是一般差分方程，而是具有一步差分，多步微分的变结构差分方程群；模型形似指数函数却不完全是指数函数，而是可能出现奇异点或现象的灰指数律。所以该模型是微分、差分、指数兼容的模型群。它的应用已渗透到自然科学和社会经济等众多领域。灰色系统的理论和方法，从应用角度看，以 GM(1,1)预测模型的应用最为广泛，前景广阔。与一般预测方法相比，该类模型预测不需因素数据，计算简单，且有多种检验方法等优点。

2.渠江流域水沙发展态势预测

1)基本情况分析

渠江是嘉陵江较大的支流,属"长治"工程(长江上游重点水土流失区治理工程)减沙效益研究分区中的秦巴山地区,在罗渡溪水文站以上流域面积为 39 592 km²。该区自 1989 年来经过了 9 年的治理,减沙效益明显。我们从小流域入手,对全区水利水保措施的减沙效益进行了深入的研究。本研究从另一侧面探讨在大流域上预测水沙变化趋势的可行性。渠江流域"长治"工程治理前的水沙变化见表 5-1。

表 5-1　罗渡溪站径流量、输沙量统计表

年份	径流量/10^8 m³	输沙量/10^4 t	年份	径流量/10^8 m³	输沙量/10^4 t
1957	155.30	1880.00	1973	248.19	3216.67
1958	216.20	3290.00	1974	334.28	5361.12
1959	105.96	646.49	1975	269.95	3942.00
1960	163.36	1188.91	1976	156.42	873.55
1961	196.15	1103.76	1977	146.00	1986.77
1962	117.95	403.66	1978	137.50	3052.68
1963	304.01	4446.57	1979	193.00	3689.72
1964	331.13	3185.14	1980	282.56	4951.15
1965	306.21	5771.09	1981	293.60	3311.28
1966	106.91	359.51	1982	29.18	4635.79
1967	287.92	4036.61	1983	441.50	6685.63
1968	304.95	4446.57	1984	262.06	2958.08
1969	206.56	2519.73	1985	232.42	2380.97
1970	179.12	1075.38	1986	178.00	1170.00
1971	203.09	1942.62	1987	262.06	3689.71
1972	164.93	1668.25	1988	146.00	622.00

2)沟道输沙过程灰色分析

流域沟道泥沙系统是一个内部结构复杂,运行机制尚不明确的本征性灰色系统,由于影响系统行为的因素极其复杂,又为野外观测资料所限制,不可能对所有影响因素逐一进行完整的分析。应用灰色理论可着重对各种特征量本身进行研究,并分析系统的稳定性。以 1988 年的数据为参考点,通过数据的不同取舍(由模型程序自动完成),分别建立表 5-1 所示的年径流量和年输沙量邻域族模型群,确定参数的区间,进行行为轨迹的研究。以表 5-1 中 1957~1988 共 32 年的资料,分别建立行为特征量的 14 个 GM(1,1)模型,见表 5-2。

表 5-2　罗渡溪站年径流量和年输沙量 GM(1,1)模型计算表

建模年数	建模时区/年	年径流量模型			年输沙量模型		
		发展系数	灰作用量	关联度	发展系数	灰作用量	关联度
32	1957～1988	-6.85×10^{-3}	203.6	0.629	-1.11×10^{-2}	2377.6	0.644
31	1958～1988	-7.15×10^{-3}	203.3	0.624	-1.28×10^{-2}	2297.8	0.643
30	1959～1988	-4.20×10^{-3}	218.3	0.604	-9.32×10^{-3}	2539.7	0.635
29	1960～1988	-2.38×10^{-3}	226.9	0.626	-6.25×10^{-3}	2721.7	0.640
28	1961～1988	-1.26×10^{-3}	232.3	0.634	-2.19×10^{-3}	2959.4	0.632
26	1963～1988	9.72×10^{-4}	241.7	0.634	1.64×10^{-3}	3172.8	0.617
25	1964～1988	-3.17×10^{-3}	224.8	0.634	1.57×10^{-3}	3161.5	0.602
24	1965～1988	-7.04×10^{-3}	211.2	0.612	-7.40×10^{-3}	2693.5	0.636
23	1966～1988	-1.37×10^{-3}	233.5	0.622	1.33×10^{-3}	3147.0	0.602
22	1967～1988	-4.55×10^{-3}	222.5	0.617	-2.31×10^{-3}	2973.5	0.610
21	1968～1988	-9.58×10^{-3}	207.0	0.597	-8.45×10^{-3}	2705.6	0.617
20	1969～1988	-9.29×10^{-3}	210.8	0.581	-7.41×10^{-3}	2786.8	0.605
19	1970～1988	-6.72×10^{-3}	220.5	0.587	1.19×10^{-3}	3153.5	0.611
18	1971～1988	-5.10×10^{-3}	226.3	0.578	8.14×10^{-3}	3430.5	0.606

由表 5-2 关联度检验,其值在 0.578～0.644,说明所建模型近似性较好。发展系数 a 反映发展的态势,负为态势增长,正为态势衰减。由上述径流量邻域族模型确定的 $a \in [-0.009581, 0.000972]$;输沙量邻域族模型确定的 $a \in [-0.01278, 0.00814]$,说明系统的运行机制不够稳定。

3)GM(1,1)均值模型灰色预测

GM(1,1)均值模型是以罗渡溪站水沙行为特征值序列的多年平均值为建模原始数据,对其未来发展的平均值序列进行预测,并分析现有实测水沙系列资料的代表性。

以表 5-1 中 1957～1988 年为计算时区,分别建立行为特征量径流量、输沙量的多年平均值序列,考虑到均值序列的前段因时区较短,平均值代表性差,因此取 1982～1988 年 7 个平均值数据建立 GM(1,1)均值模型,模型参数见表 5-3。对模型进行关联度检验,得 $R \in [-0.68, 0.63]$。对模型作残差检验,结果见表 5-4。模型预测精度等级见表 5-5。由表 5-4 和表 5-5 可知均值模型精度较高。

表 5-3　罗渡溪站 GM(1,1)均值模型计算成果

行为特征量	发展系数	灰作用量	关联度	时间响应函数
年径流量	1.4897×10^{-3}	229.029	-0.68	$\hat{x}^{(1)}(k+1) = -1.5 \times 10^5 e^{-0.002k} + 1.5 \times 10^5$
年输沙量	8.1351×10^{-3}	2999.77	0.63	$\hat{x}^{(1)}(k+1) = -3.66 \times 10^5 e^{-0.008k} + 3.69 \times 10^5$

表 5-4　均值模型精度检验

均值区间/年	径流量/10^8 m³			输沙量/10^4 t		
	实测值	计算值	误差/%	实测值	计算值	误差/%
1957~1982	227.5	227.50	0	2950.8	2950.80	0
1957~1983	227.5	228.53	-0.45	2950.8	2964.86	-0.48
1957~1984	228.7	228.19	0.22	2951.0	2940.84	0.34
1957~1985	228.8	227.85	0.41	2931.4	2917.01	0.49
1957~1986	227.1	227.51	-0.18	2872.7	2893.38	-0.72
1957~1987	228.3	227.17	0.49	2899.0	2869.94	1.00
1957~1988	225.7	226.84	-0.50	2827.9	2846.68	-0.66

表 5-5　均值模型精度预测精度检验等级

项目	年径流量模型		年输沙量模型	
小误差概率	$P=1 > 0.95$	一级	$P=1 > 0.95$	一级
后验差比值	$C=0.34 < 0.35$	一级	$C=0.41 < 0.50$	合格

　　利用 GM(1,1)均值模型对系统中的两个特征量的多年平均值进行灰色预测，由于均值模型的两个灰发展系数(1.4897×10^{-3} 和 8.1351×10^{-3})的绝对值很小，因此认为罗渡溪站控制流域水沙行为特征量多年平均值序列属于平稳结构型序列，数据变幅很小，属于正常范围内的波动，其均值(较长时间序列)基本不变，将保持相对稳定。这说明罗渡溪站现有资料系列的代表性和可靠性较好，可以应用现有资料的均值来预估今后特征序列的平均情况，前提条件是系统环境基本保持不变。

　　4)拓扑预测

　　现进一步对系统未来发展变化的波形(过程)进行拓扑预测。拓扑预测是在 x^0 的曲线上，取定一组阈值 $\zeta_i(i=1,2,\cdots,n)$，然后按灾变预测的办法预测每一阈值对应的未来时刻，将未来时刻所有的 ζ_i 按时间顺序联成曲线，便可得到某种预测波形。拓扑预测是将各阈值线与 x^0 曲线所交的点分别作为建模的原始数据，因此拓扑预测是 GM(1,1)模型群的预测，是变化波型的预测。罗渡溪站水沙序列实测数据图形如图 5-4 所示。

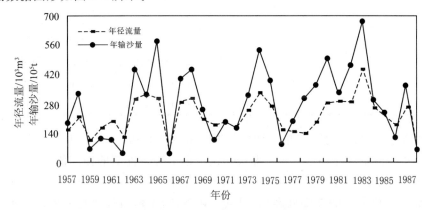

图 5-4   罗渡溪站年径流量和年输沙量实测过程

采用王秀英和曹文洪(1998)开发的灰色系统软件包,对罗渡溪站水沙行为特征值序列分别进行拓扑预测,年径流量阈值和年输沙量阈值见表 5-6,模型群方程见表 5-7。通过关联度检验得年径流量和年输沙量的值分别为 0.698 和 0.718,精度较高。

表 5-6   年径流量、年输沙量阈值

年径流量阈值/10^8 m³					年输沙量阈值/10^4 t				
120	150	180	210	500	1000	1500	2000	2500	3000
240	270	300	330	3500	4000	4500	5000	5500	6000

表 5-7   年径流量、年输沙量 GM(1,1)模型群

年径流量	年输沙量
$\hat{x}_1^{(1)}(k+1)=15.28e^{0.24k}-12.41(\zeta_1=120)$	$\hat{x}_1^{(1)}(k+1)=28.86e^{0.214k}-23(\zeta_1=500)$
$\hat{x}_1^{(1)}(k+1)=10.31e^{0.31k}-7.71(\zeta_2=150)$	$\hat{x}_1^{(1)}(k+1)=9.74e^{0.307k}-6.87(\zeta_2=1000)$
$\hat{x}_1^{(1)}(k+1)=36.26e^{0.14k}-34.85(\zeta_3=180)$	$\hat{x}_1^{(1)}(k+1)=48.69e^{0.159k}-46.02(\zeta_3=1500)$
$\hat{x}_1^{(1)}(k+1)=39.70e^{0.166k}-37.81(\zeta_4=210)$	$\hat{x}_1^{(1)}(k+1)=38.92e^{0.166k}-37.83(\zeta_4=2000)$
$\hat{x}_1^{(1)}(k+1)=66.43e^{0.148k}-59.77(\zeta_5=240)$	$\hat{x}_1^{(1)}(k+1)=39.06e^{.166k}-37.62(\zeta_5=2500)$
$\hat{x}_1^{(1)}(k+1)=43.93e^{0.188k}-37.12(\zeta_6=270)$	$\hat{x}_1^{(1)}(k+1)=39.26e^{0.165k}-37.47(\zeta_6=3000)$

年径流量	年输沙量
$\hat{x}_1^{(1)}(k+1)=44.33\mathrm{e}^{0.189k}-37.35(\zeta_7=300)$	$\hat{x}_1^{(1)}(k+1)=77.74\mathrm{e}^{0.112k}-70.97(\zeta_7=3500)$
$\hat{x}_1^{(1)}(k+1)=46.68\mathrm{e}^{0.227k}-38.72(\zeta_8=330)$	$\hat{x}_1^{(1)}(k+1)=58.97\mathrm{e}^{0.131k}-52.08(\zeta_8=4000)$
	$\hat{x}_1^{(1)}(k+1)=9.74\mathrm{e}^{0.307k}-6.87(\zeta_9=4500)$
	$\hat{x}_1^{(1)}(k+1)=109.59\mathrm{e}^{0.12k}-10.11(\zeta_{10}=5000)$
	$\hat{x}_1^{(1)}(k+1)=51.26\mathrm{e}^{0.216k}-42.56(\zeta_{11}=5500)$
	$\hat{x}_1^{(1)}(k+1)=29.91\mathrm{e}^{0.379k}-21.02(\zeta_{12}=6000)$

　　根据模型群进行预测,并将预测值作图,得图5-5和图5-6。从图可见,流域经治理后年径流量和年输沙量过程曲线均低于未治理条件下的预测值,说明经过水利水土保持治理的作用是明显的。计算结果说明运用灰色系统理论及方法通过对离乱的灰色变量的加工处理,寻找其变化规律,不但可以量化分析沟道水沙发展变化的趋势,还可对其变化过程作出定量预测。但同时也应注意到,由于系统的贫信息性,系统水沙变化过程的预测值只能认为是灰色变量的白化值,属于长期规划性预测。

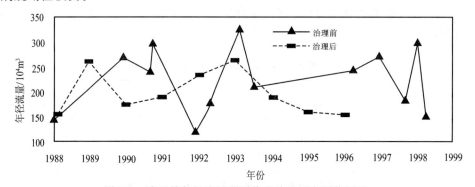

图 5-5　治理前年径流量预测值及治理后实测值图形

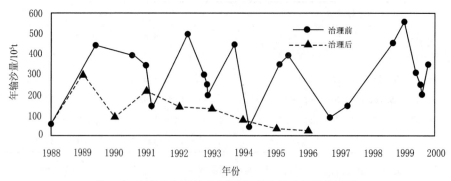

图 5-6　治理前年输沙量预测值及治理后实测值图形

5.4　沟道侵蚀中的泥沙输移比及其测算模型

从土壤侵蚀量到输沙量,要经过冲刷、输移、沉积、再搬运等复杂过程,泥沙无论在数量上还是物理特性上都发生了很大变化,二者之间存在转换系数,即泥沙输移比(sediment delivery ratio,SDR)(李林育等,2009)。泥沙输移比是 Brown 在 1950 年估计美国入海泥沙数量时提出的,其反映了流域水流输移侵蚀泥沙能力的指标,是衡量流域泥沙变化的尺度,同时也是流域产沙过程中的一个基本理论问题。半个多世纪以来,中外学者就泥沙输移比概念(Vanoni,1975;牟金泽和孟庆枚,1982)、测算方法(王协康,1999;张金山和崔鹏,2012)、影响因素(Roehl,1962;Wolman,1977)和区域分异规律(刘纪根等,2007;李秀霞,李天宏,2011)等开展了广泛探讨,但因泥沙输移比时空变异性大、影响因素复杂且其值无直接的获取方法,使泥沙输移比研究虽多却仍不成熟,且在许多认识问题上存在分歧,如关于泥沙输移比基本定义的科学界定、定量表达式中变量的解译,测算模型的普适性以及尺度依存性等科学问题,仍需作科学讨论。

20 世纪以后,由于"尺度"在地学领域研究的兴起,且客观存在水土流失时空分异特征和土壤侵蚀过程尺度依存特征,使泥沙输移比的尺度性研究成为新的关注点。刘纪根等(2007)以岔巴沟嵌套的各级流域为例分析了泥沙输移比的时空分异特征;李秀霞(2011)认为黄河流域泥沙输移比对流域尺度具有依存性;而景可等(2010)则以长江流域的涪江和赣江流域为例重点论述了流域面积只是一个度量单位,与泥沙输移比不存在任何相关性。显然,泥沙输移比的尺度效应研究尚未形成一致的学术认知。

张晓明等(2012)基于对国内外泥沙输移比研究的系统梳理,试着围绕以上科学问题展开分析与讨论,为泥沙输移比更进一步研究提供参考。

5.4.1　泥沙输移比的内涵

美国《泥沙工程手册》(Vanoni,1975)首次对 SDR 进行了定义:泥沙从侵蚀点向下游任何指定位置移动过程中侵蚀泥沙因沿途沉积而减小的程度。显然,该定义只是对一种自然现象程度的描述,随后我国学者对这种现象程度进行了不同的定量表达,其中有针对次侵蚀产沙(张金山和崔鹏,2012)或一定时段的平均侵蚀产沙(景可,2002)的,也有针对某一沟道断面以上区域(牟金泽和孟庆枚,1982)或一个完整的流域(陈浩,2000)的,这些描述虽各有差异,但内涵是一致的,是在时间和空间范围界定下的侵蚀量和产沙量(或输沙量)之间关系的表述。目前,引用频次较高的是《泥沙手册》给出的定义:流域某一断面的输沙量与断面以上流域总侵蚀量之比,数学关系式见式(5-43)。

$$S_{DR} = Y/E \tag{5-43}$$

式中:S_{DR} 为流域泥沙输移比(无量纲);Y 为流域出口断面实测输沙量,t 或 t/(km² · a);E 为流域控制断面以上土壤侵蚀量,t 或 t/(km² · a)。

式(5-43)是 S_{DR} 求算所依据的基本公式,但对式中的变量,学者又有不同的理解,如"Y"有学者定义为"流域产沙量",而"E"因学者有不同的解译,提出了 S_{DR} 计算的修正公式(张广兴等,2009):

$$S_{DR} = Y/(M + UG) \tag{5-44}$$

$$M = T \cdot \eta \tag{5-45}$$

式中:M 为水土流失量,t 或 t/(km² · a);T 为流域控制断面以上土壤侵蚀量,t 或 t/(km² · a);η 为归槽率(无量纲),即某区域受侵蚀的土壤颗粒在水力作用下进入沟道的那部分与该区域总的土壤侵蚀量的比值;UG 为沟道、沟壑侵蚀量中输送到流域出口断面的泥沙量,t 或 t/(km² · a)。

鉴于以上对 SDR 计算式及其中变量的不同引申和理解,我们需对侵蚀泥沙的运动过程作一解译和界定,如图 5-7 所示。在流域这一空间概念上,泥沙输移包括沟间泥沙输移和沟道泥沙输移,但由于学科背景与习惯用法的差异,土壤侵蚀学中的"流域产沙量"只是沟间侵蚀并在冲淤平衡后被移出观测断面的泥沙量,"土壤流失量"也仅指流域的面蚀量;而河流工程学常用概念"流域输沙量"所涵的时空尺度较大,包含了沟(河)道侵蚀中的冲淤过程。当然,这种沟间与沟道侵蚀的划分只是相对的,一条支沟的侵蚀产沙可以是该支沟流域的沟道侵蚀,也可作为在更大尺度入汇的主沟流域的沟间侵蚀。侵蚀的泥沙由于地面或沟道拦截而沉积,流域产沙量通常在不同程度上小于流域输沙量、土壤侵蚀量和土壤流失量;只有当面积很小或在特殊的地质、地貌及泥沙输移与沉积特性下,上述四者才有可能相等。式(5-45)中的水土流失量"M"也是土壤侵蚀学惯用的概念,其对应于土壤侵蚀量"E",前者的驱动力仅指水力,而后者包括了风力、水力、冻融侵蚀力等各种外营力,且此时的"M"仅被理解为图 5-7 中的地面侵蚀量"E'"。

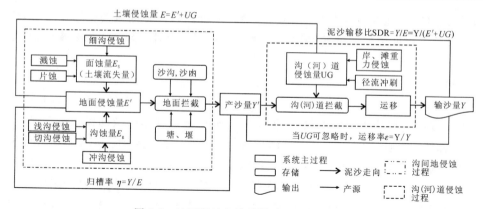

图 5-7　地面侵蚀与沟道输沙系统结构框图

　　SDR 的值一般在 1 左右波动,大多数流域泥沙输移比小于 1 ,即在一次泥沙输移过程中存在泥沙沉积;大于 1 的情况出现较少,即在一次泥沙输移过程中,以往泥沙输移过程中沉积滞留的泥沙被重新侵蚀搬运;0 值,即无侵蚀发生或发生的侵蚀量等于沉积量(谢旺成和李天宏,2012)。黄河流域的 SDR 值,整体较接近 1 (刘纪根等,2007),局部有变动,说明黄河流域侵蚀的泥沙在输移过程中沉积较少,侵蚀较为剧烈。长江流域大部分 SDR 值不高,整体范围在 0.20～0.60变动(景可等,2010),整体明显小于黄河流域,由此说明长江流域较黄河流域泥沙沉积较多,侵蚀程度较低。

5.4.2　泥沙输移比的测算方法

　　美国学者在 1950 年泥沙输移比概念提出之时,并没有给出其求算方式,直至 1972 年才由美国农业部发布的关于泥沙输移比与流域面积的关系手册,来查算流域的 SDR 值。我国学者一直以来为反推区域土壤侵蚀量而开展了大量的 SDR 测算方法研究,但目前仍没有能普遍适用于各种条件下的估算方法。根据 SDR 的定义,其测算需确定一定流域尺度下某时间段内断面以上流域的侵蚀泥沙量和通过断面的输移泥沙量,其中输沙量是水文观测的基本测量项目,可通过有目的地布设监测站来准确获取,而侵蚀量(这里以水力侵蚀为例)是整个流域面内降雨和径流导致移动的土壤表层及母质量,这个量是未知的、也无法科学准确地量测,主要通过类比计算、建模计算或者基于泥沙侵蚀和输移过程的沿程分段计算求和。SDR 的测算本质是泥沙侵蚀量的测算,下面针对目前国内外关于土壤侵蚀量的测算方法分别作一评述。

　　1.类比计算

　　类比计算,即通过在某一空间域上获得较为准确的土壤侵蚀量,然后根据相似的气象特征、地形地貌类型和土壤侵蚀特点,推测较大空间域的土壤侵蚀量,依此来计算该尺度域的泥沙输移比。类比计算包括径流小区法、单元流域法、遥测法和定性估算法。

1)径流小区法

通过坡面径流小区或小集水区实地调查研究区不同降雨条件和土地利用现状下各侵蚀类型的土壤侵蚀量,径流小区可根据土地利用类型选择布设在耕地、草地、林地、荒地或道路中,根据自然侵蚀性降雨或人工模拟降雨测算小区侵蚀量,由此类比推算流域内的土壤侵蚀量,或者采用流域总侵蚀量等于坡面侵蚀、沟壑侵蚀和沟道侵蚀之和进行计算。特别对于冲刷沟遍布的流域,因悬沟陷穴和崩塌剥蚀四处可见,沟谷的重力侵蚀又很严重,应通过径流小区、小集水区等计算峁坡侵蚀、沟坡侵蚀和沟道侵蚀来推求全流域总侵蚀量。小集水区、全坡面的观测结果可较准确地代表典型小流域产沙量。由径流小区类比计算流域土壤侵蚀量实质上是土壤侵蚀的尺度上推,鉴于目前仍没有较为成熟的土壤侵蚀尺度转换方法,其结果可能失真,且随着上推尺度增大结果失真也将增大。

2)单元流域法

单元流域的概念是由牟金泽等在 1982 年研究流域产沙量计算中的 SDR 时提出,单元流域是指与研究地区具有相类似的土壤侵蚀类型区,流域面积小于 1.0 km²,并包含有坡面、沟坡和沟道三部分地貌单元组成的完整小流域(牟金泽,孟庆枚,1982)。单元小流域是一相对完整的自然地貌单元和集水区,是地理环境与生态系统的基本单元,它既是地表径流泥沙汇集输移的基本单元,又是侵蚀环境生态系统的基本单元,其侵蚀方式和形态类型具有一定规律性和代表性。因此,单元流域在土壤侵蚀环境研究中被广泛应用,由单元流域出口径流泥沙的实测资料推测相似侵蚀类型区的土壤侵蚀状况。单元流域的选择是基于其侵蚀产、输沙特点的可代表性与其流域出口水沙数据的易测控性,由此将其应用引申,又有典型坝、库控单元流域法。

一般意义的单元流域法即采用单元流域作为泥沙的产源地,将同侵蚀类型区的中、小流域输沙模数与单元流域实测的侵蚀模数相比得到该中、小流域的 SDR。如陈浩等在计算黄土丘陵沟壑区各级尺度流域 SDR 时,以岔巴沟流域内的团员沟(0.18 km²)作为单元流域来推算该流域内各级嵌套子流域的 SDR(陈浩等,2001)。

典型坝、库控单元流域法,即选择典型的单坝、库(塘)控制的单元流域,基于核素示踪通过测量流域内坡面土壤剖面和坝、库淤积层土壤剖面中的核素浓度,推测、分析和计算坝、库淤积的泥沙来源以及流域的侵蚀量。黄河中游地区分布有广泛的闷葫芦淤地坝,而长江上游地区又存在较多的库(塘坝)。因此,许多学者利用典型坝、库控单元流域来分析流域的侵蚀产沙量及泥沙输移比(张鸾等,

2009)。

3)遥测法

遥测法即应用 RS 和 GIS 等技术方法,根据某区域土壤侵蚀强度分级指标,将地形数据信息、土地利用信息和植被覆盖信息等空间叠加,判断和计算侵蚀强度等级,编制流域土壤侵蚀强度等级图(谭炳香等,2005),然后通过量算不同等级土壤侵蚀强度的面积,由不同级别侵蚀模数推求年平均侵蚀量,计算泥沙输移比(刘毅,张平,1995)。水利部第二、第三次全国土壤侵蚀遥感调查中,均编制了不同时段的土壤侵蚀强度图,但鉴于遥感解译及人工判读等地理信息处理技术的科学水平,遥感调查结果的精度和可信度均存在争议,因此推算的泥沙输移比值只是一个相对值。

4)定性估算法

定性估算法是针对特定尺度范围和特定区域的,龚时旸(1981)曾提出黄河中游黄土丘陵沟壑区无论大中流域还是小流域,泥沙输移比均为 1.0 左右。张信宝等(2006)认为黄河中游黄土粒度组成细,其河流的自然泥沙输移比接近于 1,流域输沙模数可以表征侵蚀模数。实际国内外绝大部分河流的泥沙输移比小于 1,即使黄河中游某流域多年平均泥沙输移比接近于 1,但也会出现其场暴雨的泥沙输移比大于或小于 1 的情况,而且该流域嵌套的子流域、单元流域的泥沙输移比也不一定为 1。陈浩等(2001)在计算大理河流域泥沙输移比时得出,岔巴沟曹坪站多年平均泥沙输移比约为 1,但 1964 年的丰水年泥沙输移比为 0.79,1965 年的枯水年泥沙输移比却为 9.8。因此,定性估算法是一种简单的概念性认识上的近似,只能作参考性比对,对于要获得较为准确的泥沙输移比值不具有任何意义。

2.建模计算

获得泥沙输移比值最基本方式是依据式(5-43)来计算,而估算流域出口控制断面以上流域总侵蚀量"T"除 2.1 介绍的几种方法外,通过构建经验模型(如RUSLS 模型)和物理过程模型(如 WEPP、LISEM 等模型)来推求。随着对泥沙输移比研究的深入,各学者根据泥沙输移比的影响因素,构建了适应不同区域和降雨条件下的基于影响因子的流域泥沙比经验模型。

1)基于流域总侵蚀量计算的经验模型

通用土壤流失方程(USLE)是欧美最早也是运用最广的用来估算以面蚀和细沟侵蚀为主的地块土壤侵蚀量,是预报坡地多年平均年土壤流失量的经验方程,比较容易使用且推算效率高,但该模型忽略了泥沙的沉积。MUSLE(modified USLE)是 USLE 的更新版本,被广泛用来估算次降水径流过程的产沙量。随着计算机技术的发展和对土壤侵蚀理论认识的深入,学者们修正了 USLE 中的因子并建立了计算机模型,修正后的通用流失方程(RUSLE)可更加精确地估算土壤侵蚀量,成为土地资源管理和保护的一个实用且相对准确的技术工具而被广泛应用(Meyer,1984)。我国学者刘宝元等通过调整部分因子的测算公式及估算方法,形成适用于我国黄土高原、华北土石山区等多数区域的 CSLE(Chines soil loss equation)模型(Liu et al.,2002),且第一次全国水利普查的水土保持专项普查中,CSLE 模型成为全国水力侵蚀成果普查的基本模型。但归根到底,通用土壤流失方程终究是个经验方程,难以表达土壤侵蚀的机理过程,它只对平均状态下的土壤流失量预报较好,而由于方程是大量统计的结果,难以描述大量试验数据的变化,且方程没有包含反映径流影响的因子,因此其影响了预报的精度,而土壤侵蚀过程模型可避免上述缺陷。

2)基于流域总侵蚀量计算的物理过程模型

自 20 世纪 70 年代开始,伴随着非点源污染模型的发展,土壤侵蚀过程的物理模型研究得到推动,其中美国农业部等各局开发了水蚀预报模型 WEPP 来代替RUSLE,从 1995 年的第一版至目前最新的 2010 版,WEPP 模型有了长足发展。90 年代初荷兰学者以荷兰南部黄土区为研究区开发了能描述土壤侵蚀主要过程的 LISEM 模型。这类模型基本上可以模拟泥沙的侵蚀与堆积量,进而求算泥沙输移比,如王建勋(2007)系统评价了 WEPP 模型坡面版在黄土高原丘陵沟壑区的适用性;张晓明针对 WEPP 模型的流域版开展了基于黄土丘陵沟壑区气候、土壤、流域管理等参数库构建及其模拟应用,并通过模拟计算了流域的泥沙输移比等(张晓明等,2011)。但该过程模型一般需输入较多的参数,在国内使用仍存在诸多不适。因此,国内学者也陆续开发了可反映土壤侵蚀物理过程的分布式模型,如包卫民等建立了中大流域水沙耦合模拟的物理概念模型(包卫民和陈姐庭,1994);曹文洪等构建了可以反映降雨击溅侵蚀、径流侵蚀产沙和输沙过程的分布式模型,该模型可以计算小流域任意断面处的土壤侵蚀量和输沙量(曹文洪等,2003)。虽然这些模型在区域通用上有较大限制,但对于估算本区域泥沙输移比还是发挥了重要作用。

3)基于泥沙输移比影响因子的经验模型

通过已知某流域的泥沙输移比值和与其响应最密切的一个或多个因子间的相关性分析,建立某区域泥沙输移比与主要影响因子的经验模型,来推求其他流域的泥沙输移比。由于影响泥沙输移比的因素众多,包括降雨-径流、地形地貌、土地利用/土地覆被、泥沙来源及其粒径以及流域面积等,各学者分别根据区域侵蚀特点和自己已有资料建立相应的泥沙输移比模型,如泥沙输移比与降雨量、径流系数、最大含沙量、无量纲雨型因子间的回归关系(蔡强国,1991),与峰值径流和降雨入渗间的幂函数(Arnold et al.,1996),与沟道平均比降或流域面积的指数函数(Williams and Berndt,1972),与流域地形(流域分水岭的平均高程与流域出口高程之差)、流域最大长度(平行于主河道的流域分水岭与流域出口两点间的距离)的对数关系(Williams and Berndt,1972),与植被覆盖度、平均坡度、平均坡长、土壤侵蚀因子,土壤下渗率的回归关系(Ebisemiju,1990),与黏土含量的回归关系(Walling,1983)等。

上述泥沙输移比计算模型大多是泥沙输移比与直接可测的某一或某几个影响因子间的关系,这种关系对于特定区域或许可用,但实际中影响泥沙输移比的因素复杂繁多,且因子之间又相互作用,人们又追求能最大限度地纳入各种影响因子且模型具有更广泛的应用范围,因此学者们基于机理分析构建可包含各主控因子信息的间接指标来建立关系,或通过因次分析来构建可考虑各种影响因子的模型。如陈浩(2000)认为影响暴雨洪水次降雨泥沙输移比变化的因素主要是降雨径流特性与沟道系统的汇流能力及相应的含沙水流的侵蚀、搬运与沉积的能量变化,以及泥沙特性对水流挟沙能力的变化等。王协康等(1999)通过分别构建流域坡面系统和沟道系统的泥沙输移比来推求流域的泥沙输移比,其在泥沙输移比的公式中虽引入了包含降雨、地形地貌、植被覆盖、泥沙粒径及时段因子等方方面面的影响因素,表明不同区域泥沙输移比的影响因素不同,丰富了泥沙输移比影响因子的综合考虑,但公式运用起来仍然比较复杂且待定系数多,其实用范围和计算精度也需进一步的数据检验。

5.4.3　泥沙输移比的影响因素

影响泥沙输移比的因素很多,包括水文要素、集水区面积、地质地形和地貌、土地利用以及泥沙粒径等在内的各种指标。初期的研究多数学者认为流域形态特征是影响泥沙输移比的主要因素,如 Roehl(1962)认为泥沙输移比只是某一具体流域特征值的函数,与水流情况的变化无关;Williams 等(1972)指出泥沙输移比可作为沟道平均比降或流域面积的指数函数,且沟道平均比降更重要。景可(2010)在计算侵蚀类型区侵蚀量时,先根据地貌形态类型和植被覆盖度来划分侵蚀形态类型区,显然这里土地利用和地貌形态对泥沙输移比的影响同等重要。关于流域面积对泥沙输移比影响现阶段争论较多,Owens 等(1992)在对世界地区产沙模数与流域面积关系的研究中发现,产沙模数与流域面积呈显著的线性关系;而景可等在对长江流域、黄河流域输沙模数与流域面积的研究中认为,流域面积只是一个集水区的度量单位,与输沙模数没有直接关系。其实,在比较流域输沙模数或泥沙输移比时,脱离不了流域的空间尺度和研究的时间尺度,每一尺度表征的特征指标不同,用小尺度适用的影响因子来分析大尺度范围内其与泥沙输移比的相关性,很可能出现偏差,如随着空间尺度增大,流域内布设水利工程的可能性增加,其对泥沙的淤积具有显著影响,不能简单地用水文站的信息反映沟道自然状况。因此泥沙输移比与流域面积的关系不是简单意义上的相关与无关,它不仅具有严格的尺度依存性,而且与大规模的人类活动密切相关。

影响泥沙输移比的因素的种类及其权重与区域的空间尺度和研究的时间尺度直接相关。在分析流域次降雨或年际间泥沙输移比时,水文要素是最主要影响因子(王玲玲等,2011);而在一次降雨能覆盖的不同流域间的泥沙输移比主要受地貌形态如流域面积影响(陈浩,2000);在不同侵蚀类型区流域的泥沙输移比又取决于所在区域的地质构造单元性质、地貌及土地利用等。表 5-8 显示了国内外关于不同尺度泥沙输移比的影响因子研究。

表 5-8　国内外不同流域泥沙输移比影响因素及其关系式

影响因素	指标因子	相关性表达	源自
		次降雨尺度	
水文要素	雨量分布比 P_b 径流深度增幅比 H_b 洪峰增幅比 H_f	$SDR=0.403P_b^{0.37}H_b^{1.07}H_f^{0.19}$ $R=0.996$　$n=125$	陈浩(2000)
	降雨量 R 径流系数 C 最大水流含沙量 S_m 雨型因子 E_a/E	$SDR=0.017R^{-0.29}C^{0.10}S_m^{0.59}(E_a/E)^{0.44}$	蔡强国等(1991)
	降水峰现系数 η 径流侵蚀力 泥沙相对容重 $\gamma_泥$	$SDR=0.3154e^{2.672\eta}$ $R^2=0.732$　$n=13$ $SDR=0.602E^{0.212}$ $R^2=0.647$　$n=13$ SDR 与 $\gamma_泥$ 具有相同的变化趋势,且 SDR 的变化幅度大于 $\gamma_泥$ 的变化幅度	王玲玲等(2011)
		多年平均尺度	
集水区面积	流域面积 F	$\lg(SDR)=1.794-0.140\lg(F)$ $R^2=0.92$　$n=14$	Renfro(1975)
		$SDR=0.35F^{-0.211}$ $R^2=0.923$　$n=9$	Robinson(1979)
		$SDR=0.95F^{-0.023}$ $R^2=0.857$　$n=5$	牟金泽(1982)
		$SDR=0.80F^{-0.403}$ $R^2=0.946$　$n=11$	张晓明(2007)

续表

影响因素	指标因子	相关性表达	源自
地质、地形、地貌	主河道比降 SLP	$SDR=0.627SLP^{0.403}$	Williams 和 Berndt(1972)
	流域地形 G 流域最大长度 L	$\lg(SDR)=2.944+0.824\lg(G/L)$ $R^2=0.970$	Foster 和 Lane(1987)
	沟壑密度 R_c 流域面积 F 集水区坡长 L	$SDR=1.29+1.37\ln R_c-0.025\ln F$ $SDR=2.85L^{-0.306}$	牟金泽(1982)
	地貌形态分形维数 D_i 流域面积 F	$SDR=170.65e^{-4.90D_i}F^{-0.205}$ $R^2=0.925\quad n=11$	赵晓光和石辉(2002) 余新晓和张晓明(2009)
土地利用	植被覆盖度 平均坡度 S_0 平均坡长 L 土壤侵蚀因子 ER 土壤下渗率 f	(1)植被覆盖度为22%: $SDR=2.101-0.112\lg S_0-0.080/\lg f$ (2)植被覆盖度为75%: $SDR=1.992-0.411\lg L+0.0921/\lg ER$	Ebiseniju(1990)
泥沙粒级	土壤中黏土颗粒含量 C_{soil} 输移泥沙中黏土颗粒含量 C_{sed}	$SDR=C_{soil}/S_{sed}$	Walling(1983)

　　因此,在探讨和分析泥沙输移比的影响因素时,仍不能脱离尺度域的限制,不同的时空尺度其主控因子并不相同。泥沙输移比时间域上的标定有如:次降雨尺度、年尺度和多年平均尺度,每一时间域的标定对应空间域的范围限定。例如,黄土高原地区 $100~km^2$ 的小流域被一次暴雨全部笼盖的概率大,那么次降雨的泥沙输移比只有在 $100~km^2$ 的空间域下讨论才具有意义;Robinson(1979)曾研究认为,小流域集雨面积 $>500~km^2$ 时,降雨空间分布均匀的假设不成立,因此只有在 $500~km^2$ 的区域内比较流域年尺度泥沙输移比才更具科学性;而对于黄河中游河流的自然泥沙输移比接近于1(陈浩,2000)、长江上游的泥沙输移比在 $0.7\sim0.8$ 以上(张胜利等,1994)等研究结论,只能针对多年平均泥沙输移比才能成立。泥沙输移比空间域的界定,在于不同空间尺度影响泥沙输移比的主控因子不同,如大尺度的地质地貌类型区,影响泥沙输移的主要因素在于区域的整体地质构造及多年平均降水条件;中尺度的侵蚀类型区在于地形要素与多年平均降水,而小尺度流域土壤特性、土地覆被、地形因子等则是主要影响因素。

5.4.4　泥沙输移比的尺度依存性

1. 泥沙输移比内涵对尺度的标定

显然,无论泥沙输移比如何定义,其首先蕴含了空间概念,如某断面区域或流域。同时,许多客观现象的存在也使泥沙输移比深深烙印了"尺度"的特征:如时间域上,年度和次降雨泥沙输移比存在侵蚀与产沙的暂时的不平衡,沟道存在短期的泥沙滞留与再侵蚀搬运的现象;空间域上,从坡面、单元侵蚀沟、小流域到中大尺度流域等观测尺度的扩展,坡面侵蚀和河道输移或沉积过程显著不同,且各级尺度的泥沙粒径需作明确界定,因通常细沙相对于粗砂的泥沙输移比要高,面蚀和细沟侵蚀产生的泥沙比河道侵蚀产生的泥沙更容易沉积。因此,泥沙输移比脱离"尺度"的限定就失去讨论的意义,对此景可等(1993)提出了包含泥沙粒径、时间系列和空间系列界定的泥沙输移比定义,蔡强国等(蔡强国,范昊明,2004)也认为,只有在界定参与确定泥沙输移比的泥沙粒级的上限、研究区的面积和明确研究的时间尺度,泥沙输移比的概念才会有意义。

1972 年美国农业部发布了关于泥沙输移比与流域面积的关系手册,首次基于空间尺度来标定泥沙输移比的值。此外,单元流域的类比计算和基于泥沙输移比影响因子的经验模型计算已成为我国最常用的估算泥沙输移比值的方法。单元流域法由牟金泽在 1982 年提出,但其一方面存在数据源单一、相对尺度较大、代表性不够等问题,另一方面定义的空间尺度比较模糊($<1\ km^2$),选择标准待于细化,应当考虑其空间异质性。基于泥沙输移比影响因子的经验模型计算法也因土壤侵蚀过程的时空分异特征和尺度效应的客观存在,不同时空尺度下影响泥沙输移比的主控因子存在变异性,使这种方式的测算也深刻烙印上"尺度依存"的特征。因此,泥沙输移比从概念提出到影响因素分析和测算方法建立都无法脱离尺度对其的界定。

2. 泥沙输移比的尺度依存性及尺度域

流域的产、输沙是各种水文气象、地质地形、土地覆被等因素在不同时空尺度上交互影响综合作用的结果,因此泥沙输移比值与时间和空间密切相关,如不同次降雨雨型下流域可能以侵蚀搬运为主也可能以沉积为主;而在特定土壤侵蚀类型区,大尺度流域相比小尺度影响泥沙过程的因素更多,交互作用更复杂,因此泥沙输移比值差异性可能就很大。图 5-8 为 Owens 等(1992)点绘的世界上不同地区产沙模数与流域面积关系图。图中流域产沙模数与流域面积呈显著的线性关系,且表现为负相关,展示了良好的"尺度依存性"。许多学者认为产沙模数与流域面积存在正相关关系(Krishnaswam et al.,2001;Rondeau et al.,2000)、先增加后减小(Osterkam and Toy,1995;de Vente and Poesen,2005)或先减小后增加的非线性关系,这些都是客观存在的,是由研究对象及具体环境条件引起的。负相关关系的研究区主要以坡耕地为主,泥沙来自坡面;正相关关系的研究区以沟道侵蚀为主;当人类活动及地质地貌影响复杂时,产沙模数和流域面积的关系就更为复杂(闫云霞和许炯心,2006)。

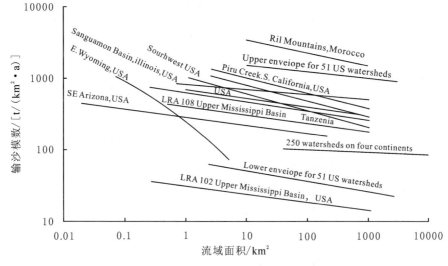

图 5-8 世界上不同地区产沙模数与流域面积关系图

景可和师长兴(2007)在 2007 年探讨流域输沙模数与流域面积关系时,通过分别点绘黄河和长江流域内各水文站点的输沙模数和流域面积关系图(图 5-9、图 5-10)发现,二者之间没有任何趋势性关系,并认为流域面积仅仅是反映一个集水区的规模,没有其他含义。为此,笔者依据图 5-9 和图 5-10 分别提取黄河和长江流域不同支流的嵌套流域水文站点的输沙模数和其面积数据,点绘如图 5-11 的关系图。从图 5-11 明显发现,各支流嵌套流域的输沙模数和其面积表现出很好的线性相关性,黄河流域的泾河、洛河、渭河各嵌套流域均显示单调递减趋势,长江流域的嘉陵江、金沙江和岷江各嵌套流域显示了单调递增趋势。相同的数据源,当忽略区域环境要素差异而点绘在同一坐标下时,输沙模数变化显然不会有任何趋势可言;而当流域环境要素相对一致时,输沙模数变化则展示了某种趋势。因此,流域泥沙输移比与流域面积不是简单意义上的相关与无关。

许炯心(1999)曾参照黄河流域干支流 249 个站点对其输沙模数与流域面积关系进行了分析,未发现输沙模数有明显的尺度效应。笔者认为黄河中游自然条件复杂,区域地形地貌、土地利用差异较大,且降雨存在空间不均匀性,因此只有考虑"尺度域"才能对流域泥沙输移比与面积关系有科学认识。图 5-12 为不同侵蚀类型区各空间尺度嵌套流域泥沙输移比与流域面积关系,图中 5 个流域均显示

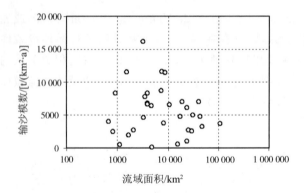

图 5-9　黄河流域各水文站输沙模数与流域面积关系

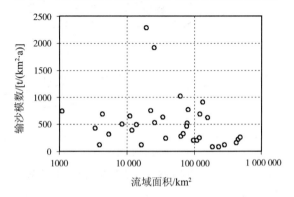

图 5-10　长江流域各水文站输沙模数与流域面积关系

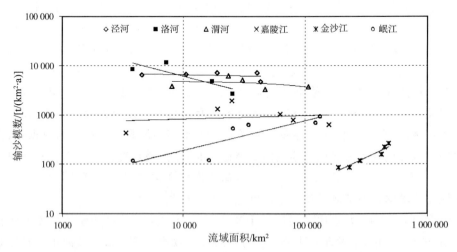

图 5-11　黄河流域和长江流域不同支流嵌套流域水文站输沙模数与流域面积关系

出二者之间存在较好的线性相关,且随着流域面积增大,相关性的决定系数在减小。约 100 km² 的紫色土区李子溪子流域和黄土区罗玉沟流域,泥沙输移比与流域面积呈对数关系,决定系数 R^2 大于 0.9,接近 1000 km² 的大理河嵌套流域其决定系数降为 0.5,而近 10 000 km² 的涪江和赣江嵌套流域,决定系数降至不足 0.2。因此,基于泥沙输移比与流域面积的相关度分析表明,泥沙输移比的尺度效应有"域"的界定。

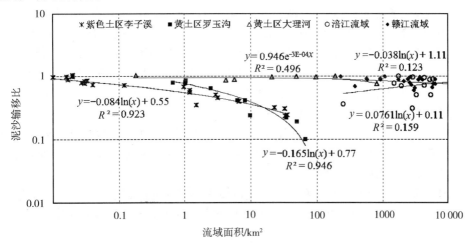

图 5-12　黄河流域和长江流域不同支流嵌套流域水文站输沙模数与流域面积关系

水文生态学广义的尺度域包括"时间域"和"空间域",二者是相互依存、互有交集的。泥沙输移比尺度依存的时间域上的标度值有次降雨尺度、年尺度和多年平均尺度,每一时间域的标度值又依存一定的空间尺度。黄土高原地区 100 km² 的小流域被一次暴雨全部笼盖的概率大,那么次降雨的泥沙输移比只有在 100 km² 的空间域下讨论才具有意义。泥沙输移比尺度依存的空间域上的标度值可简单视为小区、坡面、沟道 小流域、中流域和大流域等尺度,不同的空间尺度影响泥沙输移比的主控因子不同。影响泥沙输移的主要因素,在大尺度的地质地貌类型区是区域的整体地质构造及多年平均降水条件,中尺度的侵蚀类型区是地形要素与多年平均降水,而小尺度流域则是土壤特性、土地覆被、地形因子等,就如图 5-12 所示,不同空间尺度的同类型区内流域的泥沙输移比与流域面积关系表现出不同的相关度。这将指示我们在探讨流域泥沙输移比时,不仅不能割裂时空尺度而就事论事,且在构建相关模型时需考虑适用的尺度域。

5.4.5　泥沙输移比的分形特征及尺度转换途径

泥沙输移比既然具有尺度依存特征,那么在一定尺度域内就有实现尺度转换的可能。目前水文尺度转换的途径有分布式水文模拟、分形理论和统计自相似性等方法,分布式水文模拟法仍然是传统的通过不同尺度间的状态变量、模型参数、输入数据等信息转换来实现,且应用较为成熟的如 USLE、WEPP、SWAT 等模型基本都不考虑坡面与沟道的泥沙沉积及其交换,导致其在实用区域的推广上受到很大限制。分形理论与统计自相似性的共同特点在于通过某个简单的转换因子（如尺度因子）将一个系统与另一个系统的相应特征联系起来，二者是水文尺度转换最为直接的方法。为此，作者试着通过分形理论或自相似性方法来探究实现泥沙输移比尺度转换的方法。

首先，在概念的理解上，泥沙输移比与流域的水文网紧密联系，而流域水文网又具有分形特征，表现了很强的自相似性。因此，在一定空间尺度内假设降雨空间分布均匀，一个流域从地面侵蚀到河流输沙整个过程中泥沙运行规律与更小一级的流域无本质差异，只是量上有所不同，即随着观测尺度（如流域面积）的变化其某种功能（如泥沙输移比）也同步发生变化，但规律一致。由此可见，泥沙输移比的这一特性符合分形和自相似特征。

其次，通过试验数据判定流域泥沙输移比是否可用分维来定量描述。分形维数计算模型见式(5-46)，即以标度值 r 去度量一个客体的度量值 $N(r)$，$N(r)$ 随 r 变化而变化，如满足式(5-46)，则 D 为客体的分维。在测定分维时根据式 $D = -\Delta \ln N(r)/\Delta \ln r$，取一系列不同的标度值 r，分别测量客体相应的度量值 $N(r)$，在双对数坐标上画出 $\ln N(r)$ 与 $\ln r$ 的曲线，其中直线段的斜率的绝对值就是客体的分维。

$$D = \lim_{r \to 0} \frac{\ln N(r)}{\ln r} \tag{5-46}$$

现以流域面积 F 作为标度值，对应的泥沙输移比 SDR 作为相应的度量值〔如式(5-46)中的 $N(r)$〕，随着面积 F 的变化，流域泥沙输移比 SDR 也相应变化。以黄土丘陵沟壑区甘肃天水罗玉沟(72 km^2)、吕二沟(12 km^2)及其嵌套的共 24 个流域为对象，分别将流域面积 F 与其泥沙输移比 SDR(1982～2004 年平均值)取对数值并点绘在双对数坐标上，如图 5-13 所示。$\ln(\text{SDR})$ 与 $\ln(F)$ 拟合曲线近似直线关系，该直线的斜率 0.413 即为该嵌套流域泥沙输移比的分维数。同时对泥沙输移比 SDR 与流域面积 F 进行拟合，如图 5-14 所示，拟合的关系为幂函数，决定系数达到 0.900。可见，研究区小流域的泥沙输移比确具有分形特征，也可由分维定量描述。

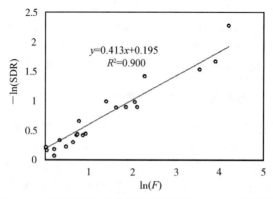

图 5-13　流域面积与多年平均泥沙输移比的双对数曲线

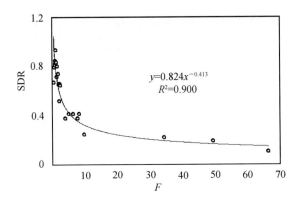

图 5-14　流域面积与多年平均泥沙输移比拟合曲线

　　依据流域泥沙输移比的分形特征,分别选择 500 km² 以下的已有公开发表的流域泥沙输移比及其面积数据建立关系式,见表 5-9。各研究区流域面积与其泥沙输移比呈现如式(5-47)的幂函数关系,除 1 例的决定系数为 0.610 以外,其余 4 例均高于 0.900,且所有函数关系的系数均表现出特定的规律性,如系数 a 值近似等于该嵌套流域约 1 km² 流域的泥沙输移比值,系数 b 值即为该系列嵌套流域泥沙输移比的分维值。a 值的代表性虽然在表 5-9 所列实例中展现出的是偶然性,但实际体现了其内在的规律性,因为约 1.0 km² 面积的小流域常是一相对完整的自然地貌单元和集水区,包含了该区域最基本的坡面、沟坡和沟道三部分地貌单元,可称为"典型单元流域"。典型流域单元是表征区域地理环境与生态系统特征的基本单元,既是地表径流泥沙汇集输移的基本单元,又是侵蚀环境生态系统的基本单元,其侵蚀方式和形态类型具有规律性和代表性,这也与牟金泽在 1982 年首次提出并在土壤侵蚀环境研究中被广泛应用的"单元流域"在内涵及外延上有异曲同工之意。

$$\mathrm{SDR} = aF^{-b} \tag{5-47}$$

　　因此,式(5-47)的标准式可由式(5-48)表达,式(5-48)可以作为一定尺度域内流域泥沙输移比求算的尺度转换模型。当然,该模型适用的尺度域仍需进行细致的推导和研究,但作为泥沙输移比求算和尺度转换的一种思路或方法仍具有代表意义。

$$\mathrm{SDR} = \mathrm{SDR}' F^{-D} \tag{5-48}$$

式中:SDR′为某区域典型单元流域的泥沙输移比值,D 为该区域流域泥沙输移比分形维数。

表 5-9　不同研究区流域面积 F 与其泥沙输移比 SDR 关系研究结果对照

李青云等(1995)		Roehl(1962)		Williams and Berndt (1972)		ASCE(1975)		本研究	
F/km^2	SDR	F/km^2	SDR	F/km^2	SDR	F/km^2	SDR	F/km^2	SDR
0.01	0.95	1.02	0.52	0.10	0.53	0.50	0.67	0.56	0.67
0.02	0.96	1.60	0.55	0.50	0.39	0.70	0.63	0.66	0.79
0.02	0.87	5.70	0.17	1.00	0.35	1.00	0.62	1.02	0.82
0.02	0.97	11.80	0.29	5.00	0.27	1.30	0.66	1.03	0.81
0.02	1.02	17.20	0.13	10.00	0.24	4.50	0.48	1.05	0.85
0.03	0.77	17.90	0.69	50.00	0.15	17.70	0.42	1.23	0.93
0.03	0.82	19.50	0.13	100.00	0.13			1.24	0.83
0.03	0.76	24.20	0.10	200.00	0.11			1.40	0.71
0.03	0.83	36.00	0.15	500.00	0.09			1.62	0.80
0.04	0.72	41.30	0.13					1.91	0.74
0.12	0.70	45.90	0.18					2.05	0.66
0.98	0.48	161.00	0.12					2.11	0.65
1.20	0.54	190.00	0.09					2.17	0.52
1.20	0.58	272.00	0.04					2.37	0.66
1.50	0.34	433.00	0.09					2.53	0.64
3.00	0.49							4.07	0.37
3.20	0.44							5.11	0.41
6.70	0.39							6.41	0.41
22.90	0.31							7.88	0.37
32.50	0.30							8.29	0.41
33.20	0.23							9.83	0.24
35.50	0.24							34.32	0.22
								49.43	0.19
								66.49	0.10
$\mathrm{SDR}=0.493F^{-0.154}$		$\mathrm{SDR}=0.525F^{-0.346}$		$\mathrm{SDR}=0.3481F^{-0.211}$		$\mathrm{SDR}=0.621F^{-0.139}$		$\mathrm{SDR}=0.824F^{-0.413}$	
$(R^2=0.914)$		$(R^2=0.610)$		$(R^2=0.991)$		$(R^2=0.928)$		$(R^2=0.900)$	
$D_{\mathrm{SDR}}=0.154$		$D_{\mathrm{SDR}}=0.346$		$D_{\mathrm{SDR}}=0.211$		$D_{\mathrm{SDR}}=0.139$		$D_{\mathrm{SDR}}=0.413$	

第6章　流域侵蚀产沙动力学过程

6.1　流域产汇流过程

流域产流是指流域中各种径流成分的生成过程,是研究降雨转化为径流的过程,其实质是水分在下垫面垂向运动中,在各种因素综合作用下对降雨的再分配过程,主要取决于地表水与地下水运动的机理、特性和运动规律。流域植被对流域水文生态功能有着重要的调节作用,可促进降雨再分配、影响土壤水分运动、改变产汇流条件,进而在一定程度上起到削洪减洪、控制土壤侵蚀、改善流域水质的作用(张志强等,2001)。

6.1.1　产流机制

1.植物截留

植物截留是降雨在植物枝叶表面吸着力、承托力和水分重力、表面张力等作用下储存于植物枝叶表面的现象。降雨初期,雨滴降落在植物上被枝叶表面所截留。在降雨过程中截留不断增加,直至达到最大截留量(又称截留容量)。植物枝叶截留的水分,当水滴质量超过表面张力时,便落至地面。截留过程延续整个降雨过程。积蓄在枝叶上的水分不断地被新的雨水滴所更替。雨止后截留水量最终耗于蒸发。

1)林冠截留

冠层是大气降雨进入林地后的第一个作用面,其对降雨具有在数量和时间上重新分配的功能。林冠对降雨的截留,可以看作是由固体对于液体的吸附作用、液体对液体的吸附作用以及林冠的蒸发作用而使其由干变湿和由湿变干的过程组成。因此,林冠对降雨的截留过程既不是纯物理过程,也不是一个纯随机过程,而是一个复杂的混合过程。林冠截留降雨的量直接取决于降雨量的大小、强度和频度,同时也取决于林冠层的蓄水能力和变干的速度,间接地受气候、林分植被类型、林分密度以及生长期等的影响。

图 6-1 为林冠截留后的再分配过程物理模型。落到林冠的降雨,在向林地转

移过程中被分为林冠截留、树干茎流和林内降雨三部分,在数值上可以表示为

$$I_c = P - (P_i + P_s) \qquad (6\text{-}1)$$

式中:P 为大气降雨量,mm;P_i 为林内雨量,mm;P_s 为树干茎流量,mm;I_c 为林冠截留量,mm。

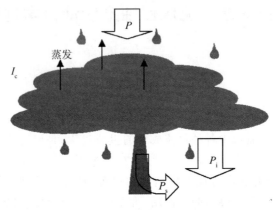

图 6-1　林冠截留再分配过程(余新晓和秦富仓,2007)

式(6-1)表明,只要观测到大气降雨量和林内透过降雨量和树干茎流量,就可以通过计算求得林冠截留量和截留率。林冠截留量直接影响着大气降雨产生的地表径流量,其大小与森林的类型、组成、结构、林龄、郁闭度等紧密相关。吴钦孝等(2005)通过对黄土高原不同林分类型的林冠截留率做了研究,其结果见表 6-1。

表 6-1　黄土高原不同森林类型的林冠截留率(吴钦孝等,2005)

森林类型	截留率/%	森林类型	截留率/%
云杉林	15.6~38.6	白桦林	16.2~23.1
油松林	19.4~26.7	辽东栎林	20.8~22.5
华北落叶松	29.1~32.3	刺槐林	20.2~30.0
山杨林	15.0~18.0	沙棘林	6.9~9.8

2)枯枝落叶层截留

透过林冠的降雨在到达枯枝落叶层后被分为三部分,一部分暂时保留在枯枝落叶层内,经蒸发返回大气层;一部分透过枯枝落叶层下渗林地土壤;超量降雨成为地表径流流走。其数量关系可以用公式表示如下:

$$P_i = I_i + F + R \qquad (6\text{-}2)$$

式中:P_i 为林内降雨量,mm;I_i 为枯枝落叶层截留量,mm;F 为透过枯枝落叶层的下渗量,mm;R 为地表径流量,mm。

将式(6-1)代入式(6-2)并整理得枯枝落叶层截留量为

$$I_i = P - I_c - F - R \tag{6-3}$$

枯枝落叶层的截留,可进一步减少林地的净雨量,仅林分截留一项,就吸纳大约 1/3 的大气降雨量,也就是说,只有 2/3 的降雨能最终到达林地土壤,从而有效地减少了坡地径流量。枯枝落叶层截留降雨的大小与其持水能力关系密切,不同树种因枝叶形态和生理结构不同,其枯枝落叶层的持水能力差别很大。

2.填洼

流域内的池塘、小沟等大大小小的闭合洼陷部分称为洼地。在降雨中被洼地拦蓄的那部分雨水称为填洼量。当降雨强度大于地面下渗能力时,超渗雨即开始填充洼地,当每一洼地达到其最大容量后,后续降雨,就会产生洼地出流。在降雨过程中,流域上较小的洼地总是先行填满,然后才是较大者。降雨停止后,填洼量最终耗于下渗和蒸散发。

流域内填洼量的大小与洼地的分布和降雨量有关。设 S 为流域上的洼地蓄水深,α 表示蓄水深大于等于 S 的洼地的面积占流域面积的比例,则 α 与 S 必存在正变函数关系,即 S 增大时 α 也必增大,其函数表示为

$$\alpha = F(S) \tag{6-4}$$

其图形如图 6-2 所示。式(6-4)所表达的关系称为洼地分配曲线或填洼曲线。根据流域的洼地分配曲线可建立降雨量与流域填洼量的定量关系。

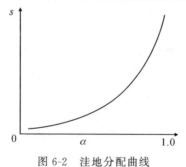

图 6-2　洼地分配曲线

流域的最大填洼量一般不大,一次洪水的填洼量还要小些。但在平原及坡水区,由于地面洼陷较多,填洼量可能较大,这时填洼量往往就不能忽视了。

3.包气带对降雨再分配

在流域上沿深度方向取一剖面,如图 6-3 所示,可以看出,以地下水面为界可把土柱划分为两个不同的含水带。地下水面以下,土壤处于饱和含水量状态,是土壤颗粒和水分组成的二相系统,称为饱和带或饱水带。地下水面以上,土壤含水量未达饱和,是土壤颗粒、水分和空气同时存在的三相系统,称为包气带或非饱和带。有时,土柱中并不存在地下水面,因此也就不存在饱和带。这时不透水基

岩以上整个土层全属包气带。在特殊情况下,当地下水位出露地表,或不透水基岩出露地表时,包气带厚度为零,或者说不存在包气带。

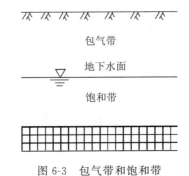

图 6-3　包气带和饱和带

包气带的上界直接与大气接触,它既是大气降雨的承受面,又是土壤蒸发的蒸发面。因此包气带是土壤水分剧烈变化的土壤带。包气带中的孔隙和裂隙等具有吸收、储存和输送水分的功能。这种功能将导致它对降雨的一系列再分配作用。

地面犹如一面"筛子"。地面的下渗能力好比"筛孔",下渗能力大,表示筛孔也大,因此可以把大的雨强"筛入"土中。下渗能力小,表示筛孔也小,只能把小的雨强"筛入"土中。由于下渗能力随土壤含水量的增加而逐渐减小,直至达到稳定下渗率。因此,更确切地说,根据雨强和地面下渗能力的对比关系,地面像一面筛孔会逐渐变小的"筛子"。由于地面的"筛子"作用,包气带总是把其上界即地面承受的降雨分成两部分:一部分渗入土中,另一部分暂留在地面。

降雨通过地面下渗到土中的那部分水量即下渗水量,首先在土壤吸力作用下被土壤颗粒吸附、保持、储存,成为土壤含水量的一部分,这其中的一些又要以蒸散发形式逸出地面,返回到大气中去。当下渗水量扣除蒸散发后超过包气带缺水量时,余下的部分将成为可从包气带排出的自由重力水。在包气带土层对下渗水量的再分配过程中,就包气带中是否有自由重力水排出而言,田间持水量起着控制作用。包气带土层对下渗水量的再分配作用可形象化地称为"门槛"作用。

4. 流域产流的物理机制

在水文学研究中,霍顿产流理论是最为经典的描述流域产流物理机制的理论,而自然界中,由于种种原因,多数情况下包气带的岩土结构并非均质。为此,自 20 世纪 60 年代起,赫魏尔特就开始研究可描述包气带为非均质岩土结构的产流过程。20 世纪 70 年代初,柯克比(Kirkby)等一批水文学家合著了《山坡水文学》一书,书中提出了若干新的产流机制,即目前大家称作的"山坡水文学产流机制",其中包括壤中径流和饱和地面径流的形成机制及回归流概念。

1)霍顿产流理论

早在 1953 年,霍顿就认为降雨径流的产生受控于两个条件:降雨强度超过地面下渗能力;包气带的土壤含水量超过田间持水量。也就是说受控于包气带对降雨的"筛子"和"门槛"作用。霍顿断言:①当 $i \leqslant f_p$,$I-E \leqslant D$ 时,无径流产生,河流处于原先的退水状态,图 6-4(a);②当 $i > f_p$,$I-E \leqslant D$ 时,河流中将出现尖瘦且涨落大致对称的洪水过程线,这是由单一地面径流形成的情况,图 6-4(b);③当 $i \leqslant f_p$,$I-E > D$ 时,河流中出现矮胖且涨落大致对称的洪水过程线,这是由单一地下径流形成的情况,图 6-4(c);④当 $i < f_p$,$I-E > D$ 时,河流中将出现涨陡落缓呈明显不对称的洪水过程线,这是由地面、地下两种径流成分混合形成的情况,图 6-4(d)。

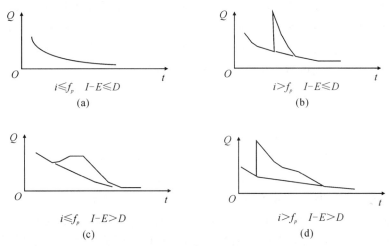

图 6-4　霍顿产流机制

霍顿产流机制正确地阐明了自然界均质包气带产流的物理条件,这就是:超渗地面径流产生的条件是降雨强度大于地面下渗能力;地下水径流产生的条件是整个包气带达到田间持水率。在下渗过程中,包气带自上而下依次达到田间持水率。

2)山坡水文学产流机制

A.壤中流径流机制

设包气带由两种不同性质的土壤叠成(图 6-5),上层土壤的质地较粗,为 A 层;下层土壤的质地较细,为 B 层。两者分界面为 AB 。由于 B 层透水性比 A 层差,因此 AB 称为相对不透水面。这种情况下包气带上层的稳定下渗率显然大于下层的稳定下渗率,所以在降雨下渗过程中,如果 A 层土壤已达到田间持水率,则其稳定下渗率就成为对 AB 界面供水强度的上限。

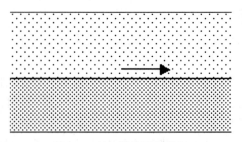

图 6-5　包气带分层的情况

此后,当降雨强度介乎上、下两层稳定下渗率之间时,则降雨强度扣除 AB 界面下渗能力后的剩余部分将积聚在该界面上,形成临时的饱和带;当降雨强度大于上层稳定下渗率时,则也要以上、下两层稳定下渗率之差值作为补给强度积聚在 AB 界面上形成临时饱和带;唯当降雨强度不超过 AB 界面的下渗能力时,降雨才全部通过 AB 界面进入 B 层,而没有水分在 AB 界面上积聚。这种积聚在包气带中相对不透水面上的自由重力水就是壤中径流。

B.饱和地面径流机制

在很长的一段时间里,人们发现,对于表层透水性很强的包气带,如具有枯枝落叶腐殖质覆盖的林地,由于地面的下渗能力很大,以致实际发生的降雨强度几乎不可能超过它,但却有地面径流产生。这是超渗地面径流机制所不能解释的。直到 20 世纪 60～70 年代,赫魏尔特和邓尼等才在大量的室内实验和野外观测基础上证实除了霍顿提出的超渗地面径流机制外,还存在饱和地面径流机制。

事实上,在表层土壤具有很强透水性的情况下,虽然降雨强度超过地面下渗能力几乎不可能,但因为下层为相对不透水层,因此降雨强度大于下层下渗能力的情况是常会发生的。按照前述壤中径流的形成机制,这时首先会在上、下层界面上出现临时饱和带。该临时饱和带随着降雨的继续将逐步向上发展,并有可能达到地面。这样后续降雨就会有相当多的部分积聚在地面上,不再表现出壤中径流的特点,而成为一种地面径流,这就是饱和地面径流。

C.回归流

在山坡上,由于地形坡度的起伏、转折,其产流过程与前述略有不同。这主要是因为在降雨产流过程中,具有一定坡度的相对不透水面上形成的临时饱和带的厚度沿坡度呈不均匀分布。在湿润地区或湿润季节,坡脚经常处于饱和含水率状态,而坡顶则处于含水率较小的状态。这样,山坡上的临时饱和带与非饱和带的交界面就会与山坡面形成相交,该相交面处势必成为一个薄弱地带,很易被沿坡流动着的壤中径流所穿透,于是原先为壤中径流的水流,在此处就会渗出地面成为饱和地面径流。这就是回归流现象。因此,回归流主要出现在山坡土壤中径流比较发育、坡脚处又易形成能达到地面的临时饱和带的情况。

D. 山坡产流过程

邓尼于 1979 年曾描述了典型的山坡产流过程。现引述如下(图 6-6)：当降雨到达山坡地面后，即遇到在确定山坡径流形成机制中起重要作用的"筛子"作用。当降雨强度大于地面下渗能力时，不能被土壤吸收的那部分超渗雨成为地面径流。这就是超渗地面径流，又称霍顿坡面流，如迹线①所示。如果降雨被土壤所吸收，那么它就可能储蓄在土壤中，也可能以不同的路径进入河槽。如果土壤和岩石覆盖是深厚的，而且具有均匀透水性，则土壤中水分可以垂直向下运动到饱和带，然后以曲线路径进入邻近的河道，如迹线②所示。但地质结构的不均匀性可以破坏这种简单的水流路径。由于地下水的流速通常是很小的，而且路径又很长，所以大部分地下水只能贡献给两次暴雨之间的基流，只有一小部分地下水流贡献给河流的洪水过程线。这部分水流与其他来源的径流一起加到河道水流中，对确定洪峰流量是重要的。在透水性很好的岩石(如石灰岩)和具有大断裂系统的基岩中，地下洞穴中的水的流速可能很大，以致河道水流中相当大的部分来自地下水。然而，一般的，在地下取很长径的水流控制着河流的基流，而并非暴雨径流。如果在土壤及岩石的浅层处，渗透水遇到一阻水层，则一部分水将改变流向，以较短的路径到达河槽，如迹线③所示。这种水流不仅流程短，而且流速也大，因此它到达河槽比上述地下水要快得多，通常对洪水过程线有较大贡献。这种水流称为壤中径流。在山坡的某些部分，垂直和水平渗透可以使土壤成为饱和状态。当这种情况出现时，一部分沿浅层壤中流轨迹运动的水流将从土壤表层出露，并以地面径流的形式到达河槽。这种径流成分称为回归流。

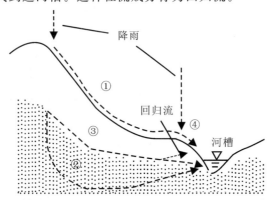

图 6-6　山坡产流示意图(余新晓和秦富仓,2007)
①超渗地面径流；②地下水径流；③壤中水径流；④饱和地面径流

6.1.2　流域产流过程

流域通常都是由不同类型的山坡流域组合而成的，因此流域的产流特征应取决于组成流域的山坡流域的产流类型。但是,在一个流域中,每类山坡流域所占的比例是不相同的。所占比例大的山坡流域对流域产流特征的影响一定也比较大。因此,可以认为,流域产流特征主要是由占主导地位的山坡流域的产流类型所决定的。

流域产流特征通常可以从以下几方面进行分析论证:①根据流域所处的气候条件;②根据其中典型山坡流域的包气带结构和水文动态;③根据出口断面流量过程线的形状,尤其是它的退水规律;④根据流域中地下水动态观测资料;⑤根据影响次降雨-径流关系的因素。

由于一个流域的径流形成特点取决于流域的降雨特征和下垫面特征,而流域出口断面流量过程线则是两方面特征的综合产物。因此,通过对流量过程线的多方面分析,一般可获得关于流域径流形成的一些重要信息。

降雨过程中,流域上产生径流的部分称为产流区,产流区所包围的面积称为产流面积。流域产流面积在降雨过程中是变化的,这是流域产流的一个重要特点。

降雨开始前,河流中的水量主要来自流域中包气带较厚的中下游地区的地下水补给。降雨开始后,流域中易产流的地区先产流,因此河流中的水量主要来自于易产流地区,这些易产流地区主要是土层浅薄的地区,或河沟附近土壤含水量较大的地区,或雨强大的地区。这时河沟开始逐渐向上游延伸,河网密度开始增加。随着降雨的持续,产流面积不断扩大,河网密度不断增加,从而组成了不同时刻的出口断面流量过程线。

6.1.3　流域汇流

1. 流域汇流过程

降落在流域上的降雨水滴,扣除损失后,从流域各处向流域出口断面汇集的过程称为流域汇流。

通常可以将流域划分为坡地和河网两个基本部分。降落在河流槽面上的雨水将直接通过河网汇集到流域出口断面;降落在坡地上的雨水,一般要从两条不同的途径汇集至流域出口断面:一条是沿着坡地地面汇入相近的河流,接着汇入更高级的河流,最后汇集至流域出口断面;另一条是下渗到坡地地面以下,在满足一定的条件后,通过土层中各种孔隙汇集至流域出口断面。值得一提的是,以上两条汇流途径有时可能交替进行,成为所谓串流现象。

由此可见,流域汇流由坡地地面水流运动、坡地地下水流运动和河网水流运动所组成,是一种比单纯的明渠水流和地下水流更为复杂的水流现象。流域出口断面的洪水过程线一般由槽面降雨、坡地地面径流和坡地地下径流(包括壤中水径流和地下水径流)等径流成分汇集至流域出口断面所形成。

坡面汇流和河网汇流是两个先后衔接的过程,前者是降落在坡面上的降雨在注入河网之前的必经之地,后者则是坡面出流在河网中继续运动的过程。不同径流成分由于汇集至流域出口断面所经历的时间不同,因此在出口断面洪水过程线的退水段上表现出不同的终止时刻,槽面降雨形成的出流终止时间最早,坡地地面径流的终止时间次之,然后是壤中水径流。终止时间最迟的是坡地地下水径流。

2. 流域汇流时间

降落在流域上的雨水水滴汇集至流域出口断面所经历的时间称为流域汇流时间。由于汇集至流域出口断面的具体条件不同,不同径流成分的流域汇流时间是不一样的。下面主要讨论地面水和地下水的流域汇流时间。

1)地面水流域汇流时间

地面水流域汇流时间一般等于地面水坡面汇流时间与河网汇流时间之和,只有槽面降雨才不需经历坡面汇流阶段。用 τ_L 表示地面水坡面汇流时间,用 τ_r 表示地面水河网汇流时间,用 τ_ω 表示地面水流域汇流时间,则一般有

$$\tau_\omega = \tau_L + \tau_r \tag{6-5}$$

坡面通常为土壤、植被、岩石及其风化层所覆盖。人类活动,如农业耕作、水土保持、植树造林、水利化和城市化等也主要在坡面上进行。由于坡面微地形的影响,坡面水流一般呈细沟状流。但当降雨强度很大时,也有可能呈片状流。坡面阻力一般很大,因此流速较小,但坡面水流的流程不长,常只有百米至数百米左右,所以坡面汇流时间一般并不大,大约只有几十分钟。

河网由大大小小的河流(沟道)交会而成。由于在河网交会处存在着不同程度的洪水波干扰作用。因此,河网汇流要比河道洪水波运动来得复杂。另外,坡面水流是沿着河道两侧汇入河网的,所以河网汇流又是一种具有旁侧入流的河道洪水波运动。河网中的流速通常要比坡面水流流速大得多,但河网的长度更长,随着流域面积的增大,流域中最长的河流将是坡面长度的数倍、数百倍、数千倍,乃至数万倍。因此,河网汇流时间一般远大于坡面水流汇流时间,只有当流域面积很小时,两者才可能具有相同的量级。

2)地下水流域汇流时间

地下水流属于渗流,由于其流速一般比地面水小得多,因此地下水流域汇流时间总是比地面水流域汇流时间大得多。

在地面以下,由于土壤质地、结构和地质构造上的差异,一般是分不同层次的。在地下不同层次土层中产生的地下径流,在汇流时间上也是有差别的。浅层疏松土层中形成的地下径流,即壤中水径流,流速相对较大,为快速地下径流。而

在更深的土层中形成的地下径流,即地下水径流,流速相对较慢,为慢速地下径流。

地面径流、壤中水径流和地下水径流在汇流时间上的差别仅表现在坡地汇流阶段,在河网汇流阶段,这种差别就不复存在了。

6.2　流域径流侵蚀动力学过程

影响流域暴雨径流侵蚀产沙的主要因素包括:降雨强度、历时及时空变化特性,流域下垫面的形态、地质条件、植被、土地利用及雨期状态等。降雨量的大小及时空分布,是引起土壤侵蚀的原动力,反映了降雨侵蚀的动力及输沙能力的大小。同等条件下,降雨量大,径流量一般也较大,则径流冲刷能力与输沙能力大;降雨量在时空上分布越不均匀,不同时段的局部产沙越集中,相同降雨量时的产流产沙量越大。因此,不同的暴雨雨型,流域产流产沙过程不同,洪水流量和洪水输沙量不等。

6.2.1　流域径流对降雨过程的响应

在 2.3 节中提到甘肃天水区研究时段内具有三种暴雨类型:小范围、短历时、高强度的局地性暴雨(A 型暴雨),较大范围、中历时、中强度暴雨(B 型暴雨)和大面积、长历时、低强度暴雨(C 型暴雨)。显然,能直观表征暴雨雨型的指标有 5 种:①降雨量 P;②降雨强度 I;③降雨时间 T;④降雨量与降雨强度乘积 PI;⑤降雨量与降雨时间乘积 PT。其中,在大量研究降雨与土壤侵蚀关系中提及的反映暴雨强度的降雨强度又有 4 种:最大 10 min 降雨强度 I_{10};最大 15 min 降雨强度 I_{15};最大 30 min 降雨强度 I_{30};最大 60 min 降雨强度 I_{60}。

大量实测资料研究结果表明:在天然降雨条件下,土壤侵蚀量与次降雨量之间的关系并不密切;与平均雨强的关系有所提高,但不够理想;而与反映降雨集中程度的短历时最大雨强的关系最为密切。众多研究者用降雨侵蚀力指标 EI_{30} 来表示降雨对土壤侵蚀的影响。但由于降雨动能 E 难获取,不少研究提出了由 P 和 I_{30}、I_{60} 或者 T 来组合表征降雨侵蚀力。

本节根据 4 个试验流域 180 场暴雨实测资料,分别得到表征暴雨特征的各指标,通过对其与暴雨洪水量与输沙量相关性分析,探讨影响不同尺度流域不同暴雨雨型下的侵蚀量大小的主导动力指标和最佳的侵蚀力组合指标。

统计 4 个流域在 1983~2004 年发生的所有暴雨,摘录洪峰流量大于 1 m³/s 的 180 场暴雨进行分析。其中罗玉沟 1986~2004 年共发生 53 场暴雨,包括 11 场 A 型暴雨、27 场 B 型暴雨和 15 场 C 型暴雨;吕二沟 1983~2004 年共发生 62 场暴雨,包括 8 场 A 型暴雨、28 场 B 型暴雨和 26 场 C 型暴雨;桥子东沟 1985~2004 年共发生 65 场暴雨,包括 9 场 A 型暴雨、33 场 B 型暴雨和 23 场 C 型暴雨;桥子西沟 1986~2004 年共发生 50 场暴雨,包括 7 场 A 型暴雨、26 场 B 型暴雨和 17 场 C 型暴雨。

表 6-2 为 4 个试验流域 PI_{60}、PI_{30} 分别和 Q、S 建立的回归关系式。除吕二沟流域外,PI_{60}、PI_{30} 和 Q、S 的回归方程决定系数大于 0.60,能较好地表达流域洪水侵蚀产沙。对于洪水输沙,由降雨侵蚀性指标 PI_{30} 和洪水径流 Q 一起表征洪水输沙更具合理性,回归方程的决定系数都约在 0.88 以上。可见,对于黄土区小流域,影响暴雨洪水径流和输沙模数大小的主要降雨指标对流域面积尺度不具有响应性,各流域主要影响指标为 PI_{60} 或 PI_{30},其可以用来表征降雨的侵蚀力大小,根据这两指标与洪水径流模数和输沙模数建立的关系式,能较好地预测、预报暴雨洪水径流和输沙量的大小。

表 6-2　流域暴雨指标与洪水径流、输沙模数关系式

	关系式	R^2	关系式	R^2	n
罗玉沟	$Q=216.41\,PI_{60}+1075$	0.648	$Q=196.32\,PI_{30}+515.28$	0.686	
	$S=161.59\,PI_{60}+367.6$	0.634	$S=150.16\,PI_{30}-120.69$	0.706	53
	$S=8.34\,PI_{60}+0.71Q-393.7$	0.845	$S=19.88\,PI_{30}+0.66Q-462.63$	0.948	
吕二沟	$Q=294.19\,PI_{60}+1272.15$	0.096	$Q=0.04PT+1831.52$	0.670	
	$S=49.76\,PI_{60}+82.49$	0.150	$S=0.0045\,PT+311.15$	0.372	62
	$S=16.04PI_{60}+0.11Q-63.33$	0.796	$S=-0.0025PT+0.16Q+21.71$	0.820	
桥子东沟	$Q=304.18\,PI_{60}+277.14$	0.629	$Q=204.63\,PI_{30}+414.83$	0.584	
	$S=118.83\,PI_{60}+208.27$	0.651	$S=82.51\,PI_{30}+234.62$	0.644	65
	$S=27.95PI_{60}+0.30Q+125.47$	0.876	$S=22.92\,PI_{30}+0.29Q+113.78$	0.882	
桥子西沟	$Q=389.58\,PI_{60}-1177.08$	0.763	$Q=98.56\,PI_{30}-435.18$	0.737	
	$S=150.15\,PI_{60}-524.03$	0.749	$S=249.06\,PI_{30}-871.17$	0.712	50
	$S=5.43PI_{60}+0.37Q-86.79$	0.965	$S=11.79\,PI_{30}+0.35Q-131.72$	0.968	

注:R^2 为决定系数,n 为样本数;下同。

6.2.2　流域径流及其变率对输沙的影响

降雨,除了雨滴击溅直接侵蚀作用外,一般是通过径流过程引起侵蚀作用的,径流除本身对土壤有侵蚀作用外,同时也是泥沙输移的载体,因此径流的大小及其变率与输沙量多少有直接关系。

　　关于在降雨条件下流域产沙量的研究,国内外一般采用径流总量 $Q(m^3)$ 和洪峰流量 $Q_w(m^3/s)$ 的组合因子计算流量的产沙量。江忠善等(1980)和牟金泽等(1980)也对黄土丘陵区的 Q 和 Q_w 组合因子的不同组合方式与流量产沙量进行了分析。次暴雨条件下流域出口处的洪水特征是天然降雨与流域下垫面相互作用的结果。同时,降雨在流域下垫面产生的径流不仅是流域坡面和沟道侵蚀产沙的根本动力,而且是侵蚀泥沙输送的主要载体,径流的多少很大程度上决定了被输送的侵蚀泥沙的多少。因此,流域出口处的洪水特征间接反映了天然降雨和流域下垫面特性对流域侵蚀产沙的综合影响。

　　径流深和洪峰流量是反映流域洪水特征的两个重要参数,径流深代表次暴雨在流域上产生的洪水总量的多少,而洪峰流量则反映了次暴雨洪水的强度。一般情况下,径流深与洪峰流量之间没有明显的相关关系,虽然洪峰流量的大小也能影响到径流深的大小,但径流深并不取决于洪峰流量,可以认为两者是相互独立的。表 6-3 和图 6-7 给出流域场暴雨洪水产沙模数 M_S 与径流深 H 及洪峰流量模数 M_S 的回归关系分析,流域产沙模数 M_S 与径流深 H 的回归关系明显好于产沙模数 M_S 与洪峰流量模数 Q_w 的回归关系,说明径流深对产沙量的影响是主要的。这是因为径流深不仅代表了降雨总量及其本身的影响,而且在一定程度上也反映了降雨和径流的集中程度。不过,不同空间尺度的产沙模数 M_S 与径流深 H 的回归系数变化不大,但产沙模数 M_S 与洪峰流量模数 Q_w 的回归系数随流域面积增大而增大的趋势,其系数与流域面积有如下关系:

$$y = 29.1A + 850.6 \qquad R^2 = 0.96 \quad (n = 4)$$

式中,y 为流域产沙模数 M_S 与洪峰流量模数 Q_w 的回归系数;A 为流域面积,km^2。

表 6-3　不同流域产沙模数 M_S 与径流深 H 及洪峰流量 Q_w 的回归关系

流域站点	面积/km²	M_S-H 回归关系	R^2	M_S-Q_w 回归关系	R^2	n
罗玉沟	70.29	$M_S = 733.1H - 375.55$	0.94	$M_S = 2855.1Q_w0.68$	0.59	53
吕二沟	12.01	$M_S = 119.88H + 54.58$	0.78	$M_S = 1442.7Q_w0.95$	0.65	62
桥子东沟	1.36	$M_S = 356.58H + 188.81$	0.86	$M_S = 936.95Q_w0.72$	0.55	65
桥子西沟	1.09	$M_S = 382.1H - 63.86$	0.96	$M_S = 627.99Q_w0.89$	0.74	50

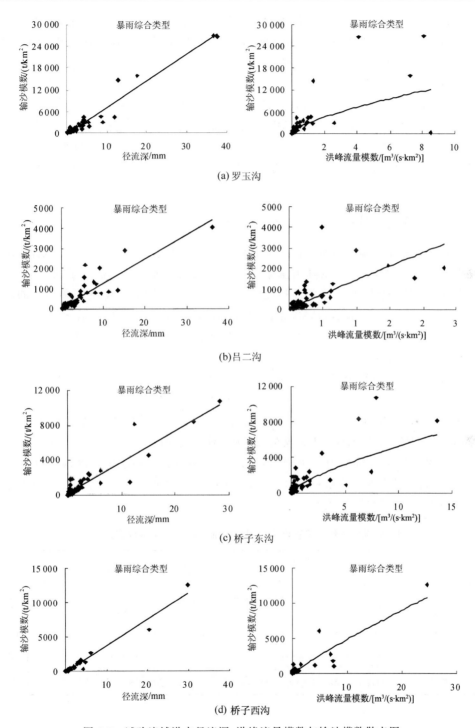

图 6-7　试验流域洪水径流深、洪峰流量模数与输沙模数散点图

以上表明,不同空间尺度径流深对流域产沙的影响作用是同等的,但洪峰流量对流域产沙的影响在不同空间尺度不同,面积越大其影响越显著。由此可见,不同空间尺度径流大小对流域产沙的影响变化不大,径流变率是造成不同空间尺度流域产沙显著差异的重要因素。在尺度较大的流域,由于存在发育较为完善的河床,且流域内沟道纵横,坡面破碎,易侵蚀、搬运的物质较多,强大的洪峰流量会把一些不易侵蚀、搬运的物质破坏搬运出流域出口;而在尺度较小的流域,主沟道仍呈现"V"形,沟长较小,到达主沟道被搬运的物质较少,因此即使较大的洪峰流量,其输沙率并不很大,场暴雨流域输沙量就少。所以,随着面积的增加,洪峰流量对流域产沙的影响也就变大。

1.流域降雨侵蚀输移能力与洪水输沙量关系

根据通用土壤流失方程中降雨和径流侵蚀因子与侵蚀产沙因子的关系,径流是泥沙流失的载体,在一定降雨量条件下主要受坡面因子和植被因子的影响,是必要条件;侵蚀产沙的充要条件是能够产生破坏土壤结构、产生溅蚀和沟蚀的动力,即降雨侵蚀力。因此,将降雨侵蚀力 R 和洪水径流深 H 的乘积 $R \cdot H$ 与土壤侵蚀量进行模拟就考虑了影响坡面产沙三因子的综合作用。因此,将主要降雨侵蚀力组合指标和洪水径流深的乘积和洪水输沙量进行回归模拟分析。

将降雨侵蚀力组合指标与洪水径流深的乘积称为降雨侵蚀输移能力,即

$$R_s = R \cdot H \tag{6-6}$$

式中: R_s 为降雨侵蚀输移能力; R 为降雨侵蚀力,根据流域面积尺度和暴雨类型,可由 PI_{10}、PI_{15}、PI_{30}、PI_{60}、PT 表征; H 为径流深,mm。

以四个试验流域暴雨洪水资料,选出显著影响洪水输沙量的降雨侵蚀力指标,并将其与洪水径流深乘积,形成典型暴雨的降雨侵蚀输移能力指标,与洪水输沙模数进行回归模拟,见表 6-4。

表 6-4　流域降雨侵蚀输移能力和洪水径流输移能力与输沙模数回归关系

流域	暴雨类型	n	M_s-R_s		R^2	M_s-N	R^2
			R 值	关系式			
罗玉沟	综合	53	HPI_{30}	$M_s = 136.28 R_s^{0.613}$	0.828	$M_s = 1531.4 N^{0.504}$	0.852
	A 型	11	HPI_{30}	$M_s = 298.18 R_s^{0.515}$	0.844	$M_s = 1765.3 N^{0.357}$	0.976
	B 型	27	HPI_{60}	$M_s = 133.44 R_s^{0.674}$	0.906	$M_s = 1657 N^{0.544}$	0.932
	C 型	15	HPT	$M_s = 1.63 R_s^{0.533}$	0.815	$M_s = 1502.6 N^{0.506}$	0.895

流域	暴雨类型	n	$M_s\text{-}R_s$		R^2	$M_s\text{-}N$	R^2
			R 值	关系式			
吕二沟	综合	62	HPI_{30}	$M_s=25.68R_s^{0.815}$	0.740	$M_s=504.25N^{0.651}$	0.917
	A 型	8	HPI_{30}	$M_s=60.44R_s^{0.720}$	0.800	$M_s=810.37N^{0.930}$	0.980
	B 型	28	HPI_{60}	$M_s=32.88R_s^{0.744}$	0.656	$M_s=428.64N^{0.546}$	0.907
	C 型	26	HPT	$M_s=0.16R_s^{0.635}$	0.724	$M_s=583.49N^{0.695}$	0.952
桥子东沟	综合	65	HPI_{60}	$M_s=181.56R_s^{0.615}$	0.732	$M_s=770.54N^{0.462}$	0.760
	A 型	9	HPI_{15}	$M_s=56.243R_s^{0.778}$	0.867	$M_s=640.9N^{0.499}$	0.873
	B 型	33	HPI_{15}	$M_s=145.27R_s^{0.526}$	0.733	$M_s=524.46N^{0.461}$	0.859
	C 型	23	HPI_{60}	$M_s=213.97R_s^{0.655}$	0.646	$M_s=197.13N^{0.628}$	0.65
桥子西沟	综合	50	HPI_{60}	$M_s=54.14R_s^{0.824}$	0.887	$M_s=509.74N^{0.543}$	0.916
	A 型	7	HPI_{15}	$M_s=68.30R_s^{0.639}$	0.977	$M_s=370.19N^{0.446}$	0.991
	B 型	26	HPI_{15}	$M_s=38.12R_s^{0.764}$	0.862	$M_s=474.69N^{0.568}$	0.944
	C 型	17	HPI_{60}	$M_s=43.13R_s^{0.903}$	0.886	$M_s=1000.1N^{0.628}$	0.884

2. 流域径流输移能力与输沙量关系

由前面分析知,径流量和洪峰流量是两个相互独立的反映洪水特征的重要参数,径流量表征了次降雨所产生的洪水量的大小,而洪峰流量则代表了次降雨所形成的洪水强度,径流量和洪峰流量分别与洪水输沙量有密切关系;且在相同降水条件下,径流深和洪峰流量模数随森林植被的增加呈减少趋势。径流是一个既受地形、植被、土壤等影响,又对流域侵蚀产沙有影响作用的因子。因此,在排除流域面积的影响下,有必要将径流深和洪峰流量模数二者结合起来反映暴雨洪水径流的输移能力。

洪水径流输移能力是指流域产生洪水的径流侵蚀土壤和输移泥沙的能力,反映了流域洪水径流量和洪峰流量在侵蚀产沙及搬运泥沙过程中的共同作用效果。将洪水径流输移能力确定为径流深与洪峰流量模数的乘积,即

$$N = H \cdot Q_w \tag{6-7}$$

式中:N 为洪水径流输移能力;Q_w 为洪峰流量模数,$m^3/(s \cdot km^2)$;H 为径流深,mm。

利用四个流域的实测资料进行洪水径流输移能力与输沙模数的回归分析,得到表 6-4 的结果。从表 6-4 可看出,场暴雨降雨侵蚀输移能力 $R \cdot H$ 和洪水径流

输移能力 $H \cdot Q_w$ 与洪水输沙模数均具有极好的相关性,回归方程均为幂函数关系,且其决定系数基本都在 0.8 以上。同时,可得到如下分析结果:

(1)根据回归方程的决定系数看,对任何一个流域、任何类型的暴雨,洪水径流输移能力 N 与洪水输沙模数回归的 R^2 值均大于降雨侵蚀输移能力 R_s 与洪水输沙模数回归的 R^2 值,说明洪水径流输移能力要较降雨侵蚀输移能力更能表征场暴雨输沙强度。由于所考察的特征值均剔除了流域面积的影响,因此认为洪水径流输移能力 $N(H \cdot Q_w)$ 是反映场暴雨流域输沙强度的较为科学、合理的指标。

(2)从降雨侵蚀输移能力 R_s 与洪水输沙模数 M_s 回归分析看出,不同面积尺度的流域,对于不同类型的暴雨,由于反映降雨侵蚀力 R 的组合指标不同而表征 R_s 的指标也不同。对于暴雨综合类型,较大面积流域 HPI_{30} 代表 R_s,而较小面积的流域 HPI_{60} 代表 R_s;A 型暴雨,HPI_{30} 表征较大面积流域的 R_s,HPI_{15} 表征较小面积流域的 R_s;B 型暴雨,HPI_{60} 表征较大面积流域的 R_s,HPI_{15} 表征较小面积流域的 R_s;C 型暴雨,HPT 表征较大面积流域的 R_s,HPI_{60} 表征较小面积流域的 R_s。可见,流域降雨侵蚀输移能力 R_s 的表征指标不仅具有尺度性,也由于降雨类型不同而表现出差异性。

(3)从回归方程的回归系数看,不同流域对应的每一相同类型暴雨的系数值变化不随流域面积的增大而呈现规律性的增大或者减小,说明不同空间尺度降雨侵蚀输移能力和洪水径流输移能力对流域产沙的影响作用是同等的。

但从 M_s-R_s 或 M_s-N 回归方程中各流域 A、B、C 型暴雨的回归系数看,罗玉沟、吕二沟、桥子东沟各流域回归系数随着 A、B、C 型变化逐渐减小,说明降雨侵蚀输移能力 R_s 或洪水径流输移能力 N 对输沙模数的影响显著性存在以下趋势:A 型暴雨＞B 型暴雨＞C 型暴雨。但桥子西沟出现相反情况,即植被条件很差的西沟 R_s 或 N 对输沙模数影响的显著性表现为:A 型暴雨＜B 型暴雨＜C 型暴雨。分析认为,黄土区遵循超渗产流机制,由于暴雨瞬时发生,而且强度很大,大部分降水来不及入渗就直接形成洪水径流挟带泥沙输出流域出口,所以 A 型或部分 B 型暴雨下,流域降雨侵蚀输移能力和洪水径流输移能力相对就强,对洪水输沙量的贡献率就大;而在部分 B 型暴雨或 C 型暴雨下,起初降雨强度不大,且因为植被对降雨的截留、对径流的拦蓄,使得洪峰流量小,洪水径流对泥沙输移能力相对弱。而植被条件很差的桥子西沟,由于无植被对径流的阻延作用,不同类型暴雨下的降雨侵蚀输移能力和洪水径流输移能力体现出无规律性。

6.2.3　流域径流侵蚀产沙过程对侵蚀性降雨类型的响应

不同尺度的流域,其产流产沙模式存在明显的差异。研究表明,中小及以下尺度的流域,以超渗产流模式为主,中大尺度的流域具有蓄满产流的特征(汤立群,1996)。本节的试验流域均为小尺度流域,但四个流域面积存在较大差异,分别为 1 km²、10 km²、70 km² 三种情况。本节通过对四个流域不同雨型下洪水径流和输沙过程分析,探悉小尺度流域面积变化对洪水侵蚀产沙过程有无影响以及如何影响。

根据研究区暴雨类型,选择了四个试验流域在 1986～2004 年同期发生的三场暴雨,包括 2001 年 7 月 24 日 A 型降雨、1990 年 6 月 29 日的 B 型降雨和 2003 年 9 月 5 日发生的 C 型降雨,所选场暴雨基本覆盖各流域,降雨分布也基本均匀,具有代表性,其基本特征及洪水产流特征见表 6-5。

同时,分别绘制了各场暴雨降水、洪水流量模数和输沙模数过程线,如图 6-8～图 6-10 所示。为了方便对比分析各流域降雨—洪水—输沙过程发生前后性,图中横轴时间的起始值“0”以四个流域最先出现的降雨时间为准,后发生的降雨或产流其发生时间以与最先出现降雨的时间为准。

图 6-8 为 2001 年 7 月 24 日发生的 A 型降雨,从各流域流量模数和输沙模数实测过程线可以看出,小尺度流域洪水和输沙过程线比较对称,陡涨陡落,洪水过程线尖峭。中大尺度流域洪水、输沙过程线相对平缓,且洪前洪后退水过程线不能重合,表现出一定的偏态。同时可以看到,小尺度流域在降雨出现最大强度时,相应流量模数和输沙模数也达到峰值,降雨过程和洪水及输沙过程表现出极好的一致性;而较大尺度流域,流量模数和输沙模数出现峰值要滞后于降雨强度的峰值。另外,随着流域面积尺度的增大,流域降雨径流的初损历时在增大,雨后径流持续时间也在增大。

图 6-9 为 1990 年 6 月 29 日发生的 B 型暴雨,从各流域洪水流量模数和输沙模数的走势看,大尺度流域为单峰走势,而尺度较小流域随着降雨强度变化出现多峰的波动变化,即由于汇流和槽蓄的作用,流量模数和输沙模数过程线随着集水面积的增加逐渐坦化;且如 A 型降雨一样,小尺度流域流量模数、输沙模数和降

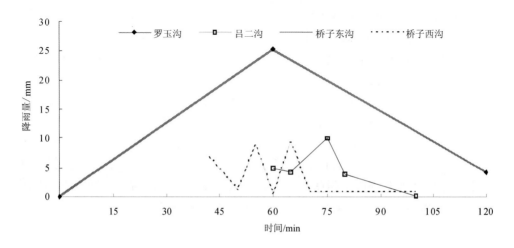

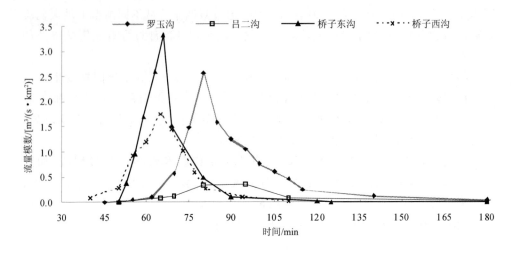

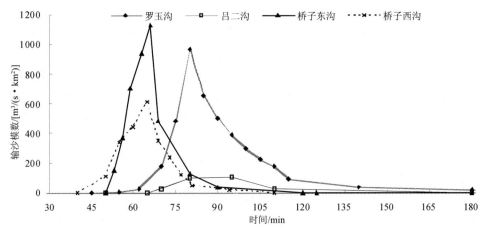

图 6-8　2001 年 7 月 24 日 A 型暴雨下各流域流量模数、输沙模数和降雨量随时间变化

雨强度即时最大值出现在同一刻,而大流域流量模数和输沙模数峰值仍滞后于降雨强度即时最大值。同时,以桥子东、西沟为例,由于土地利用格局和森林覆盖的不同,相同降雨条件下,无论流量模数和输沙模数的峰值大小还是过程的变化都有显著不同,西沟流量和输沙参数的峰值要较东沟大许多,且前者过程线随着降雨强度变化出现多次极值,这显然也同 A 型暴雨较为对称的洪水流量和输沙过程线显著不同。由表 6-5 知,对于 B 型暴雨,各流域径流发生的降雨初损历时较 A 型的要长,1990 年 6 月 29 日的暴雨,各流域的初损历时都长于 7 h,这主要是降雨特性决定的,即产流前降雨强度相对于 A 型暴雨要小。可见,流域面积尺度、森林植被覆盖和降雨类型对流域暴雨洪水径流都有显著影响。

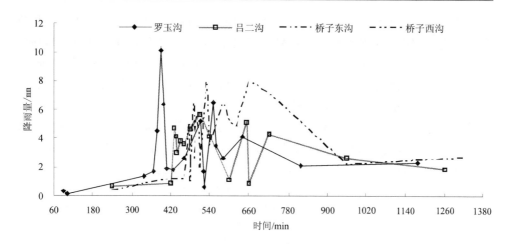

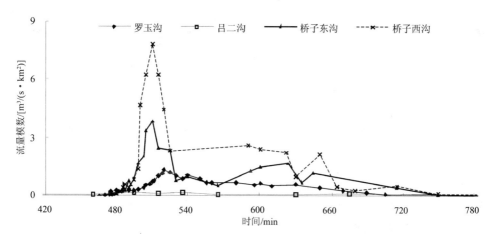

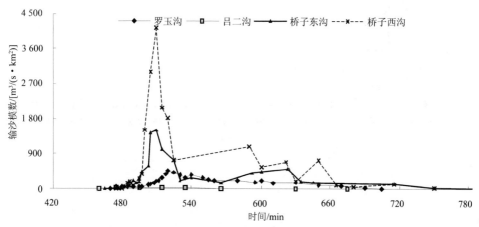

图 6-9　1990 年 6 月 29 日 B 型暴雨下各流域流量模数、输沙模数和降雨量随时间变化

　　图 6-10 为 2003 年 9 月 5 日发生的 C 型暴雨,从图中显示 C 型暴雨下流域洪水流量模数和输沙模数的变化趋势显著不同于 A、B 型的是在降雨结束后流域洪水径流和输沙仍然持续较长时间,而且由于流域土地利用和植被条件的差异,土地利用合理、植被覆盖度高的罗玉沟、吕二沟和桥子东沟雨后径流持续时间相差不大,但远长于植被覆盖较差的桥子西沟;且前三个流域流量模数和输沙模数的总量或者过程线的峰值相差较小,但桥子西沟流量模数和输沙过程线远较前三者变化剧烈,峰值和总量也远较前三者大很多。因此,C 型降雨下,影响流域洪水径流和输沙过程的主要因子为土地利用状况和森林植被覆盖。

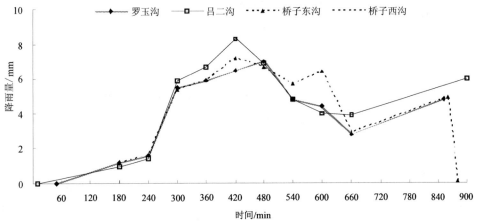

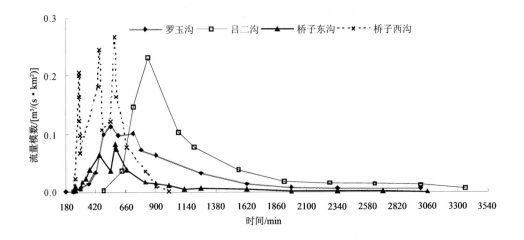

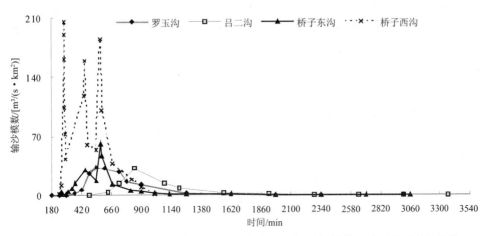

图 6-10　2003 年 9 月 5 日 C 型暴雨下各流域流量模数、输沙模数和降雨量随时间变化

　　另外,就流域面积尺度对流量和输沙过程线影响来看,C 型降雨同 B 型一样,面积较小流域随着降雨强度变化出现多峰的波动趋势,而由于汇流和槽蓄的作用,随着集水面积的增加,流量和输沙过程线逐渐坦化。从流量和输沙过程线的峰值与降雨过程的瞬时最大强度值出现一致性看,C 型暴雨不同于 A、B 型,面积较小流域流量和输沙峰值要先于降雨强度瞬时最大值出现,面积较大流域仍然是前两者滞后于后者。因此,认为降雨雨型影响流域洪水径流洪峰的出现。

6.3　森林植被对流域土壤侵蚀影响机制

　　黄土高原沟壑纵横,土体表层结构疏松易蚀,水土流失十分严重。改善黄土区现有环境的主要方式是提高植被覆盖度。森林植被可以涵养水源改良土壤,增加地表覆盖防止水土流失。在森林植被与生态环境相互作用和相互影响中,水文过程是最为重要的方面之一(Buttle et al.,2000;Troendle,1982)。而森林植被对水文循环和侵蚀泥沙的影响具有尺度相关性,因此客观评价森林植被对水文循环的影响,建立不同空间尺度的实验研究区是认识森林植被功能的必然选择。

　　近 20 年来森林水文研究从流域试验与单项水文因子的实验研究扩展到从点尺度、坡面尺度、景观尺度、流域尺度乃至区域尺度系统研究森林的水文响应。森林植被与流域径流过程的关系错综复杂(张晓明等,2003;黄明斌和刘贤赵,2002;黄明斌等,1999),但总体而言,森林植被通过林冠层、枯枝落叶层、根系层以及森林生态系统的生理生态特性,影响流域降水的时空分配过程,影响流域径流成分、流域蒸发散、流域径流量以及流域水量平衡变化(沈慧和姜凤岐,1999);Klock 等

(Klock and Lopushinsky,1980)认为流域地表的几何形态对流域径流和输沙也有显著影响。而森林植被在蓄水保土、截留降水、减少地表径流、拦截泥沙等方面的作用已被大量的研究结果所证实(唐政洪等,2004;王礼先,张志强,2001;吴钦孝,杨文治,1998;余新晓,秦永胜,2001)。但黄土区因其特殊的气候环境和土壤环境,使植被与水资源和径流输沙之间的关系研究备受关注(张志强等,2001,2003)。由于流域水沙环境的复杂性,且各流域植被、地形地貌等对径流和输沙影响机理的不同,流域间实验结果的直接对比有失科学性,因此关于这方面的研究受到了限制。

为了进一步探讨森林植被与流域尺度的径流和侵蚀产沙之间的关系,为黄土高原植被重建和流域水分环境演变研究提供科学依据,本节以蔡家川嵌套流域为例,在流域地形地貌特征相似性分析及类型划分的基础上,分析研究了流域尺度森林植被对径流、输沙及其过程的影响作用。

6.3.1 研究区概况及研究方法

1.研究区概况

研究区为山西省吉县蔡家川嵌套流域,位于黄土高原西南部,地理坐标为北纬 $35°53' \sim 36°21'$,东经 $110°27' \sim 111°07'$。年平均降水量为 579.5 mm,集中于 7~9月。属于暖温带、半湿润地区,半湿生落叶阔叶林与森林草原地带。土壤类型为褐土,普遍呈碱性。吉县总面积 1777 km²,水土流失面积为 95300 hm²,占总土地面积的 53.6%,年侵蚀量为 2100 万 t,侵蚀模数为 11818 t/(km²·a)。流域中上游植被类型主要为白桦(Betula platyphylla)、山杨(Populus davidiana,)、丁香(Syringa oblata)、虎榛子(Ostryopsis davidiana Decne)等组成的天然次生林,中游为刺槐(Robinia pseudoacacia)、油松(Pinus tabulaeformis)、侧柏(Platycladus orientalis)等树种组成的人工林及天然草本植被,以及山杨(Populus davidiana)、沙棘(Hippophae rhamnoides)、绣线菊(Spiraea thunbeigii)、黄刺玫(Rosa xanthina Lindl)等组成的天然次生灌草植被为主。

蔡家川嵌套流域总面积为 40.10 km²,其主沟道为义亭河的一级支流,义亭河为黄河一级支流的昕水河支流,流域大体上为由西向东走向,流域长约 12.15 km,流域形状及各支流分布如图 6-11 所示。蔡家川嵌套流域主沟道及其部分支沟有常流水。

表 6-5　试验流域发生 A,B,C 型暴雨的特征值

日期	流域	降雨情况				雨型	产流发生时间	产流发生前降雨			产流发生前降雨			产流停止后降雨			降雨停后产流持续时间/min
		开始时间	历时/min	雨量/mm	雨强/(mm/min)			历时/min	雨量/mm	雨强/(mm/min)	历时/min	雨量/mm	雨强/(mm/min)	历时/min	雨量/mm	雨强/(mm/min)	
2001.07.24	罗玉沟	5:00	120	29.5	0.25	A	5:45	45	5.4	0.12	75	24.1	0.32				420
	吕二沟	5:05	55	23.1	0.42		6:00	15	5	0.33	40	18.1	0.45				170
	桥子东沟	5:35	65	28.6	0.44		5:50	15	8.1	0.54	50	20.5	0.41				80
	桥子西沟	5:35	65	28.6	0.44		5:50	15	8.1	0.54	50	20.5	0.41				10
1990.06.29	罗玉沟	16:20	1160	59.4	0.05	B	23:40	440	8	0.02	800	51.4	0.06				360
	吕二沟	16:15	1245	51.2	0.04		23:10	425	6.3	0.01	724	44.9	0.06				420
	桥子东沟	16:05	1315	80	0.06		23:45	460	4.5	0.01	430	64.6	0.15	480	10.9	0.02	
	桥子西沟	16:05	1315	80	0.06		23:55	470	9	0.02	485	68.3	0.14	360	2.7	0.01	
2003.09.05	罗玉沟	5:50	670	44.5	0.07	C	9:00	190	2.8	0.01	610	41.7	0.07				2150
	吕二沟	5:10	890	48.9	0.05		9:00	230	2.4	0.01	660	46.5	0.07				2460
	桥子东沟	5:40	840	48.0	0.06		9:15	215	3	0.01	775	45	0.06				2180
	桥子西沟	5:40	840	48.0	0.06		9:00	200	2.8	0.01	670	45.2	0.07				125

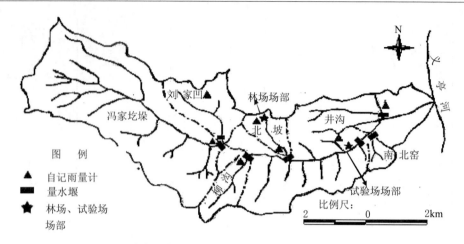

图 6-11 蔡家川嵌套流域主沟及其支沟分布和量水堰布设图

2. 研究方法

1) 降雨量的测定

在该流域的空旷地布设 7 台翻斗式自记雨量计(图 6-11),常年观测记录降雨量和降雨过程。

2) 流域径流的测定

在 6 个小流域的出口和蔡家川嵌套流域主沟分别修建布设了 7 个量水堰,各个量水堰的测水断面由三角形和矩形断面复合而成,降雨洪水径流量及其过程采用日产水研 62 型自记水位计记录水位,以水位-流量公式换算得出流域洪水径流量及洪水过程。常流量采用人工观测,每月 2 次。各量水堰的布设位置及其编号如图 6-11 所示。

3) 流域暴雨径流输沙过程的测定

由于暴雨时洪流产流时间滞后于降雨时间,因此根据堰内水位计显示的水位,分别在各量水堰出现第一次洪峰时开始取样,视洪流浊清设定间隔时间,即每 3～5 min 取一次样,至洪水开始消落为止。取样桶体积为 1000 mL,根据标定,在实验室称重、过滤泥沙、烘样,计算径流随时间的输沙量。

4) 流域地形地貌特征及土地利用现状和林分类型调查

流域地形地貌特征和土地利用状况是根据地形图、航片判读及实地调查和计算得出,林分结构类型根据实测资料得出。

表 6-6 为蔡家川嵌套流域及各支沟流域的土地利用现状及植被类型。1 号量水堰控制的南北窑和 7 号量水堰控制的井沟流域,土地利用格局为农业用地和牧业用地。3、4、5、6 号这 4 个量水堰分别控制的北坡、柳沟、刘家凹、冯家圪垛流域,

土地利用格局为不同林分类型配置的林地。

表 6-6　蔡家川嵌套流域主沟及其支沟的土地利用现状

流域名称（编号）	项目	农地	天然草地	灌木林地	次生林	人工林	果园	暂不利用	居民点	合计
南北窑（1）	面积/km²	0.247	0.437	0	0	0	0	0.0257	0	0.710
	百分比/%	34.80	61.58	0	0	0	0	3.62	0	100
蔡家川主沟（2）	面积/km²	2.503	3.030	7.010	12.44	8.536	0.618	0.020	0.076	34.233
	百分比/%	7.31	8.86	20.48	36.34	24.93	1.81	0.06	0.21	100
北坡（3）	面积/km²	0.107	0.005	0.554	0.123	0.610	0.1029	0	0.001	1.503
	百分比/%	7.12	0.33	36.86	8.18	40.59	6.85	0	0.07	100
柳沟（4）	面积/km²	0.001	0	0.465	1.3597	0.107	0	0	0	1.933
	百分比/%	0.05	0	24.06	70.35	5.54	0	0	0	100
刘家凹（5）	面积/km²	0.132	0.494	0.505	1.4843	0.967	0.035	0	0	3.617
	百分比/%	3.65	13.66	13.96	41.03	26.73	0.97	0	0	100
冯家圪垛（6）	面积/km²	0.774	0.174	4.177	7.503	5.885	0.035	0.017	0	18.565
	百分比/%	4.17	0.94	22.50	40.41	31.70	0.19	0.09	0	100
井沟（7）	面积（km²）	1.183	1.006	0	0.065	0.331	0.003	0	0.037	2.625
	百分比/%	45.07	38.32	0	2.48	12.61	0.11	0	1.41	100

6.3.2　流域地形地貌相似性分类的聚类分析

蔡家川嵌套流域包括 6 条较大的支流（图 6-11），在 2 号量水堰控制的流域内选择了具有代表各类土地利用格局和地形地貌条件特征的 4 条支流布设了量水堰，控制面积为 25.62 km²，占主沟 2 号量水堰以上控制流域面积的 75%。2 号量水堰以下还有 2 条支流，控制面积为 3.3347 km²，流域主沟及其支沟的流域面积和地形地貌特征见表 6-7。

流域径流量、径流过程以及暴雨输沙不仅受流域土地利用、森林分布格局和林分类型的影响，而且流域地形地貌特征也是主要影响因素之一。现通过聚类分析来剔除流域地形地貌的影响（表 6-7）。选取对流域地形地貌特征起主导作用的因子如流域面积、流域长度、流域宽度、流域形状系数、河道比降、河网密度作为聚类分析的指标体系，运用 Matlab 软件对嵌套流域地形地貌相似性进行分类，结果如图 6-12 所示。

表 6-7　蔡家川嵌套流域主沟及其支沟的地形地貌特征

编号	流域名称	流域面积 /km²	流域长度 /km	流域宽度 /km	形状系数	河网密度	河流比降
1	南北窑	0.709 7	1.38	0.542 0	0.392 8	1.81	0.087 0
2	蔡家川主沟	34.233	14.50	1.254 3	0.162 8	1.53	0.019 4
3	北坡	1.502 9	2.18	0.719 0	0.329 8	3.00	0.121 1
4	柳沟	1.932 7	3.00	0.682 5	0.227 5	4.10	0.084 3
5	刘家凹	3.617 3	3.30	1.096 2	0.332 2	0.91	0.088 9
6	冯家圪垛	18.565	7.25	2.670 0	0.368 3	25.9	0.070 5
7	井沟	2.625	2.88	0.913 0	0.317 0	1.09	0.121 9

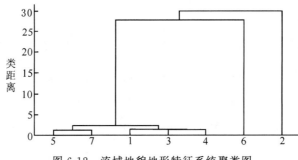

图 6-12　流域地貌地形特征系统聚类图

聚类评价效果 cophenet(z,y)＝0.9954，说明该分类效果很好。如图 6-12 所示，取阈值为 2.5 时，刘家凹和井沟流域为一类，南北窑、北坡、柳沟 3 个流域为一类。因此，刘家凹与井沟流域，南北窑、北坡与柳沟流域在地形地貌特征条件方面最具相似性。为此可讨论分析流域不同土地利用及森林分布特征和林分类型对流域径流和输沙的影响。

6.3.3　无林流域和森林流域的雨季径流对比分析

由聚类分析结果知，南北窑流域（1 号量水堰）、北坡流域（3 号量水堰）和柳沟流域（4 号量水堰）的地形地貌特征基本相同，可以进行类比。其中南北窑流域是典型的农牧流域，没有林地。而北坡流域和柳沟流域森林覆盖率都在 90％以上，属于典型的森林流域。

图 6-13 为 2002 年 9 月 11～12 日南北窑流域和柳沟流域降雨时的典型径流过程线。其中 8～9 日前期降雨量为 60 mm，11 日降雨从 0:00 开始到 17:30 结

束,降雨量为 35.5 mm,60 min 最大雨强 I_{60}＝0.067 mm/min。如图示,在前期降雨量为 60 mm 时,有林流域 11 日降雨的产流初损历时仍达 3 小时 30 分钟,且流量增长非常缓慢,从 3:00 至 19:00 流量一直保持在 0.05L/s,降雨结束后的 1 个半小时首次出现峰值 2.49L/s;而无林流域初始流量为 0.27L/s,当日降雨半小时后流量迅猛提升到了 11.62 L/s,且径流过程线随着雨量的多寡变化剧烈,至 11 日 13:30 出现最大峰值 21.62L/s(该值约是有林流域最大峰值的 5 倍),但随着降雨的结束,流量急剧下降到初始值。

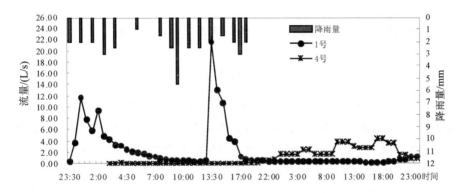

图 6-13　对比流域典型径流过程线

可见,由于林地的林冠、枯枝落叶的拦截及根系的吸渗,有林地比无林地开始产流的时间晚的多;且降雨要满足林冠、枯枝落叶的吸水,以及在林地入渗降雨后,土壤的入渗强度小于降雨强度时,雨水才能到达地表形成径流,因此有林地比无林地有较强的拦蓄降雨功能。

表 6-8 为 3 个对比流域 2001～2002 年雨季径流情况对比。各流域降雨总量近乎相等,差别在于森林覆盖率的不同,但南北窑流域的雨季径流深和径流系数都非常大,约是北坡和柳沟有林流域的 5～20 倍,说明南北窑流域的农地降雨入渗量远小于北坡和柳沟流域的林地入渗量,因此有林地比无林地具有减少流域径流总量、径流深和径流系数的作用。

表 6-8　不同土地利用类型的小流域径流观测结果

观测时段	流域名称	森林覆被率 /%	降雨总量 /mm	径流总量 /m³	径流深 /mm	径流系数 /%
2001.6.28～10.14	北坡	92.48	356.8	2705.22	1.8	0.5
	柳沟	99.95	360	10 347.21	5.4	1.5
	南北窑	0	358.6	19 516.75	27.5	7.7

续表

观测时段	流域名称	森林覆被率/%	降雨总量/mm	径流总量/m³	径流深/mm	径流系数/%
	北坡	92.48	350	2 154.898	1.4	0.4
2002.6.24~10.20	柳沟	99.95	371.4	10 123.46	5.2	1.4
	南北窑	0	355.1	20 155.48	28.4	7.9

6.3.4　多林流域和少林流域对雨季径流和暴雨时输沙的影响

1. 多林流域和少林流域的雨季径流对比分析

在蔡家川嵌套流域的支沟刘家凹（5 号）流域和井沟（7 号）流域中，地形地貌特征基本相同，但由于这两个流域中的土地利用格局及森林覆盖率不同，流域平均径流深及径流系数也不同。表 6-9 中为刘家凹和井沟的雨季径流观测结果（包括基流量和洪峰径流量），从表 6-9 可知，刘家凹流域的森林覆盖率达 82.7%，属于典型的森林流域，径流深与径流系数均很小。大部分降水在森林植被的作用下储藏于土壤之中，以土壤水或地下水的形式存在。而井沟流域为半农半牧小流域，森林植被覆盖率仅 15.2%，人为活动频繁，流域内受牛羊等牲畜的践踏较为强烈，天然草地退化严重，地表裸露无保护，所以产流量较大，雨季流域径流深和径流系数约为刘家凹流域的 2.7~2.9 倍。这表明在小流域中，森林植被具有减少流域径流总量的作用。

表 6-9　不同森林覆盖率的小流域径流观测结果

观测时段	流域名称	森林覆被率/%	降雨总量/mm	径流总量/m³	径流深/mm	径流系数/%
2001.6.28~10.14	刘家凹	82.7	368.75	21 398.53	5.9	1.6
	井沟	15.2	367.39	44 321.78	16.9	4.6
20026.24~10.20	刘家凹	82.7	366.7	19 847.78	5.5	1.5
	井沟	15.2	343.18	39 587.98	15.1	4.1

2. 多林流域和少林流域暴雨径流输沙对比分析

暴雨是引起流域沟道产洪的主要原因，黄土区的蔡家川嵌套流域，沟道输沙主要以悬移质为主。以刘家凹（5 号）流域和井沟（7 号）流域为对比流域，以 2003

年各沟道产洪的两场暴雨为例,如图 6-14、图 6-15 所示,两流域沟道从第一次出现
洪峰到洪峰开始消落时内输沙量随时间的过程线。

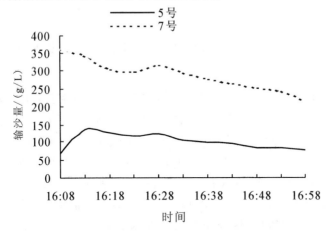

图 6-14　2003 年 4 月 17 日径流输沙过程线

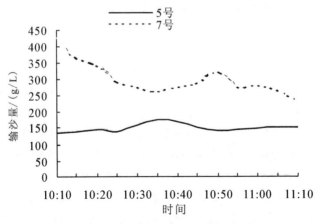

图 6-15　2003 年 8 月 25 日径流输沙过程线

图 6-14 是 2003 年 4 月 17 号的输沙过程线,降雨时段为 16:08～16:58,降雨
量 42 mm。从图中可看出,刘家凹(5 号)流域在降雨 11 min 后即 16:13 出现峰
值,随之开始消落。而井沟(7 号)流域沟道出现峰值时间比前者提前至少 5 min,
且输沙过程线变化没后者平缓。图 6-15 为 2003 年从 8 月 25 日 10:10～11:10 的
径流输沙过程线,此次降雨量为 276 mm,观测时间从 26 日 10:10 开始,显然井沟
支沟输沙量峰值的出现要远早于刘家凹支沟。另外,井沟支沟径流输沙量显著高
于刘家凹支沟输沙量,以最大峰值处的径流输沙量值为例,后者约是前者的 3～6
倍,因此森林植被可大大降低暴雨坡面产沙量。

可见,在流域尺度上,植被对减少坡面产流产沙的作用是巨大的。在雨季径流

深和径流系数上,森林流域较无林流域减少 80%～95%、多林流域较少林流域减少 60%～70%。同时植被可以减少降雨土壤侵蚀量,阻延径流,消减径流输沙量。

6.4 流域侵蚀产沙过程对土地利用变化响应

土地利用/覆被变化(LUCC)是陆地生态系统变化的主要表现,也是造成全球环境变化的重要原因。目前,世界范围内由于土地利用变化而引起的沉积物运移已大大增长(邓伟等,2004;傅伯杰等,1999),给人类生存环境带来诸如土壤侵蚀严重、水资源区域不平衡及自然灾害频发等问题。土地利用/覆被变化是人类活动改变地表微地貌的一种表现,土地利用格局调整可在一定程度上改变土壤侵蚀的程度(Kusumandari and Mitchell,1997)。因此,人类活动对地表的巨大干扰不仅可改变流域的景观格局,也直接影响着流域水土流失过程(刁一伟和裴铁璠,2004)。由于水土流失在不同土地利用方式和土地利用格局中的发生机制不同,通过调整土地利用格局可以减少径流和保持土壤(Rai and Sharma,1998;Sanchez et al.,2002;游珍和李占斌,2005),在生产实践中,也可通过坡改梯、缩短坡长及地面覆盖以减少水土流失(秦富仓等,2005;张晓明等,2005)。傅伯杰等(1999)在黄土高原的研究表明,坡耕地-草地-林地格局(由坡面下部至上部顺序)对减少水土流失最为有利。目前,有关侵蚀的研究多集中于坡面尺度,而流域尺度的侵蚀输沙研究多借助于模型进行情景模拟(周江红和雷廷武,2006;袁艺和史培军,2001;Kirby and Mcmahon,1999;Favis-Mortlock et al.,1996),但异质景观内不同土地利用及其格局均深刻影响着景观内径流和侵蚀过程(彭文英和张科利,2002;Zuazo et al.,2004),这就需要提供足够的资料及参数以保证模型的有效性。由于土地覆被资料的获取既费时费力又难以定量表达,因此土地利用/覆被变化与流域侵蚀输沙关系的研究仍是流域土壤侵蚀输沙研究的薄弱环节(卢金发和黄秀花,2003)。

黄土高原是我国生态环境建设的重点地区,黄河流域水资源强度开发与水资源短缺已制约了该流域的可持续发展。因此,对于黄土高原水土流失严重、水资源短缺问题,土地利用结构调整是解决的重要手段。在黄土高原开展退耕还林等生态重建工程,对于黄河流域的水文情势以及下游水生生态系统具有何种影响,已引起全社会的普遍关注(高龙华,2006;郑明国等,2007)。目前,黄土高原大面积植被重建对流域水资源将会造成的可能影响的研究结果仍不尽一致,有的研究认为林果面积增加、农田草地面积减少使产水量减少(Liu et al.,2004),有的研究则认为森林的存在增加了径流量(Hao et al.,2004)。天水市位于甘肃东南部,是黄土高原的腹地,处于暖温带向北亚热带的过渡地带,特殊的地理位置和气候、土地利用格局,决定了这一地区的土地利用/覆被在影响区域水循环、维护流域生态平衡方面具有不可替代的作用。本研究以黄土高原甘肃天水罗玉沟流域多年降雨径流观测资料,分析土地利用变化对径流的调节效应以及对流域输沙的影响,以期为流域土地利用规划、管理以及生态环境建设提供依据(张晓明等,2007a、2007b、2009a、2009b)。

6.4.1　研究区概况及研究方法

1.研究区概况

天水市位于甘肃省东南部,地处陕、甘、川三省交界(图 6-16)。罗玉沟流域(34°36′13″～34°39′7″ N,105°30′11″～105°43′8″E)位于天水市北郊,是渭河支流藉河左岸的一级支流。流域面积 72.79 km²,沟壑密度 3.54 km/km²,年均降水量548.9 mm,6～9 月的降水量占全年降水量的 60% 以上,年蒸发量 1 293.3 mm。研究区土壤类型有 11 种,其中山地灰褐土为典型地带性土壤,占全流域土壤面积的 91.7%。流域内乔木均为人工植被,主要包括旱柳(*Salix matsudana*)、白榆(*Ulmus pumila*)、刺槐(*Robinia pseudoacacia*)、油松(*Pinus tabulaeformis*)和侧柏(*Platycladus orientalis*)等,灌木为天然生长,主要包括狼牙刺(*Sophora viciifolia*)、紫穗槐(*Amorpha fruticosa*)和花椒(*Zanthoxylum bungeanum*)等。

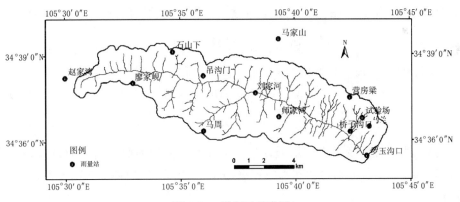

图 6-16　研究区示意图

2.研究方法

1)图像处理

根据 1986 年和 1995 年的 Landsat TM 和 2001 年的 Landsat ETM＋影像数据,以研究区 1∶10 000 地形图为依据,选取地面 6 个控制点,分别进行几何校正,误差控制在 1 个像元以内。结合相关的统计资料、地形图、各种专题图件和 2004

年的野外调查资料,建立研究区的解译标志,然后应用 ERDAS 和 Arc GIS 图像处理软件,采用人机交互的监督分类方法进行解译,并通过野外验证对其精度进行评价,解译精度达 76%。在 ArcGIS 软件的支持下,统计生成 1986 年、1995 年和2004 年研究区土地利用/覆被变化数据,并通过空间叠加分析,得到该区土地利用/覆被变化的动态变化信息,生成相关专题图。

2)指标测定

研究区 1986~2004 年的降雨、径流和泥沙数据来源于黄河水利委员会甘肃天水水土保持试验站。流域内布设 13 个雨量站(图 6-16)进行全年降雨过程测定,降雨量平均值的获得是以泰森三角形面积权重值来计算。径流和输沙数据通过设在罗玉沟沟口的梯形测流槽来获取。降水量较小时用接流筒按体积法施测径流,洪水时用率定水位流量关系曲线和浮标法测速计算流量两种方法同步进行,对照检查。浮标系数平水时采用 0.85,大洪水时采用中泓一点法施测,采用0.65,计算公式如下:

$$Q = v \cdot H \cdot L \cdot \alpha \tag{6-8}$$

式中:Q 为流量,m^3/s;v 为流速,m/s;H 为水深,m;L 为岸边距,m;α 为浮标系数。

泥沙观测采用水边一点法取样,每天取样次数与测流次数基本相同,即平水期每日观测时距相等,洪水期视水情设定测量次数,测距为几分钟到数小时。采用置换法获取含沙量,逐日平均流量及逐日平均含沙量采用算数平均法计算:

$$M_s = \frac{r_s}{r_s - r_w}(M_{ws} - M_2) \tag{6-9}$$

取 $r_s = 2.65$、$r_w = 1.0$,则

$$M_s = 1.6 \times (M_{ws} - M_2) \tag{6-10}$$

$$S = \frac{M_s}{V} \times 1000 \tag{6-11}$$

式中:M_{ws} 为取样瓶及洪水质量,g;M_2 为与样品同体积的瓶及清水质量,g;M_s 为净沙质量,g;r_s、r_w 分别为沙和水的容重,g/cm^3;V 为样品体积,mL;S 为含沙量,kg/m^3。

6.4.2　罗玉沟流域土地利用变化

通过 1986 年、1995 年、2001 年 3 期遥感影像解译及 2004 年研究区土地利用现状的实际调绘,获得 1986 年、1995 年、2001 年和 2004 年土地利用状况,因 2001~2004 年土地利用状况变化轻微,因此本节以 1986 年、1995 年和 2004 年的土地利用状况为研究对象。由表 6-10 可以看出,1986 年、1995 年和 2004 年研究区均以林地、坡耕地和梯田为主要土地利用类型,3 种地类面积之和占总土地面积约

82.2%;1995 年研究区林地和梯田面积分别较 1986 年增加 107.5% 和 275.0%,坡耕地面积减少 76.5%;2004 年研究区林地面积比 1995 年增加 12.6%,坡耕地和梯田面积分别减少 12.6% 和 0.9%。由于罗玉沟流域 1995 年前后的土地利用变化较显著,因此本节对 1986~1994 年(前期)和 1995~2004 年(后期)两个时段进行分析。

表 6-10　罗玉沟流域土地利用类型的面积及其变化

土地类型	面积 /hm²			变化百分比 /%		
	1986 年	1995 年	2004 年	1986~1995 年	1995~2004 年	1986~2004 年
裸地	85.64	85.63	85.64	−0.01	0.01	0.00
林地	696.87	1445.98	1628.52	107.50	12.62	133.69
草地	712.81	699.04	695.12	−1.93	−0.56	−2.48
居民点	276.36	284.53	288.32	2.96	1.33	4.33
灌木	231.55	231.55	209.64	0.00	−9.46	−9.46
坡耕地	4358.25	1024.47	895.05	−76.49	−12.63	−79.46
梯田	941.97	3532.26	3501.15	274.99	−0.88	271.68

图 6-17 显示了罗玉沟流域土地利用后期相对于前期的各土地利用类型的空间转移变化,图 6-18 分别显示了由前期到后期林地、坡耕地和梯田的转移量。由图 6-17 图例中 22 和 26 看出,土地利用前期的地类 2(林地)只向后期的地类 6(坡耕地)发生转移,但转移面积极小,不足 1%,前期的林地基本保持到后期;而图例 32、52 和 72 显示了前期草地、灌木地和梯田部分演化为林地,使罗玉沟土地利用后期较前期林地面积增加,这正如图 6-18 I 所显示的,由前期转入到后期的林地面积较多,而由前期林地转出的面积很小。图 6-17 中 64、66、67 和 72、74、77 分别显示了前期的部分坡耕地向后期的居民用地和梯田演化,而前期的部分梯田向林地和居民用地转移;67 显示了罗玉沟流域土地利用前期的大部分坡耕地到后期均转移为梯田,这些也正如图 6-18 II 和图 6-18 III 所展示的,土地利用后期较前期坡耕地面积显著减少,而坡耕地转化为梯田的面积显著增加,土地利用结构得到优化。

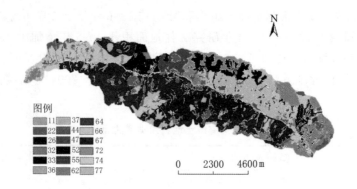

图 6-17 罗玉沟流域土地利用空间转移图

1.裸地；2.林地；3.草地；4.居民点；5.灌木；6.坡耕地；7.梯田；

26 代表林地 2 转化为坡耕地 6,其余两位数标号所代表含义与此作同样理解

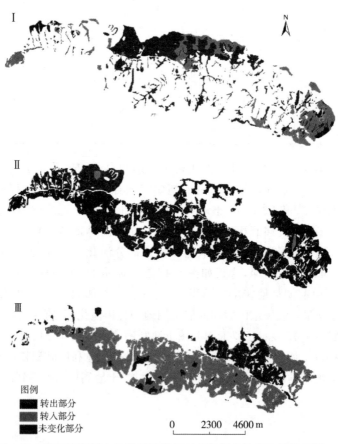

图 6-18 罗玉沟流域土地利用后期相对于前期的地类空间转移图

Ⅰ为林地；Ⅱ为坡耕地；Ⅲ为梯田

6.4.3　流域土地利用/覆被变化的径流调节效应

1. LUCC 对流域年径流的调节效应

图 6-19 为罗玉沟流域 1986～2004 年的年径流系数随时间的变化曲线。从图中可看出,径流系数与降雨量的变化趋势相对一致;径流系数总体呈下降趋势:1986～1994 年年平均径流系数为 0.08(±0.06),而 1995～2004 年仅为 0.02,前者是后者的 4 倍。径流系数在一定程度上是反映流域产流能力的一项重要指标,但径流系数的变化是随降雨变化而变化的。因此,为进一步揭示两期土地利用对流域不同降水年际产流的影响,对观测年份的降水进行频率统计,得到降水频率为 10%、50% 和 90% 的丰、平、枯水年的降水量,分别对两期土地利用丰、平、枯水年下的产流进行统计对比,结果见表 6-11。从表中可以看出,在观测年内各丰、平、枯水年,后期降水量较前期略有减少,减少幅度在 3%～16%,但对应的产流量减小幅度巨大,约 51%～84%。因此,初步分析认为后期植被条件较好的土地利用时期较前期产流能力有所下降。其他学者的研究也得出类似结论,Samraj 和 Shard(1998)在印度湿润区种植桉树后的径流量较种植前分别减少 16% 和 25%;刘昌明等(1978)认为黄土高原林区的年径流深显著低于其外围的边缘地区,林区的径流系数较非林区小 40%～60%,周围非林区的年径流量为林区的 1.7～3.0 倍。

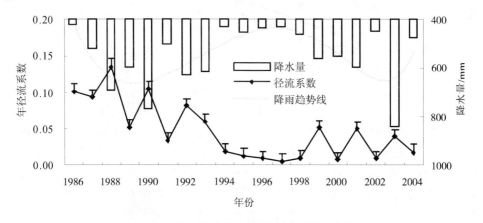

图 6-19　罗玉沟流域年降雨-径流系数变化图

表 6-11   罗玉沟流域不同土地利用时期各降水年份降雨、产流比较

土地利用	丰水年/mm		平水年/mm		枯水年/mm	
时期/年	平均降水	平均产流	平均降水	平均产流	平均降水	平均产流
1986~1994	696.0 ($n=3$)	74.8	579.0 ($n=3$)	38.9	450.6 ($n=3$)	22.7
1995~2004	666.2 ($n=3$)	36.5	485.0 ($n=4$)	5.9	438.0 ($n=3$)	3.6
变化率	−4.3	−51.2	−16.2	−84.9	−2.8	−84.1

注:括号中 n 为统计年数。

为有效分析土地利用/覆被变化对水文动态的影响,分别对两期土地利用降雨-径流回归,比较同一降水条件下的径流差异。图 6-20 为罗玉沟两期土地利用的降雨-径流关系图,采用线性回归得到如图所示的直线,其中拟合 1986~1994 年降雨-径流关系得到式(6-12),拟合 1995~2004 年降雨-径流关系得到式(6-13)。

$$Y_1 = 0.21X_1 - 79.23 \qquad (R^2 = 0.742^{**} \quad n=9) \qquad (6\text{-}12)$$

$$Y_2 = 0.09X_2 - 29.13 \qquad (R^2 = 0.717^{**} \quad n=10) \qquad (6\text{-}13)$$

式中:X_1、X_2 为年降雨量,mm;Y_1、Y_2 为年径流量,mm;n 为样本数,$p < 0.01$。

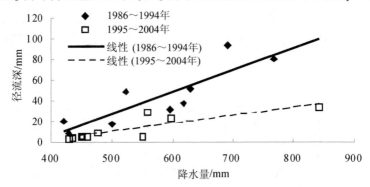

图 6-20   罗玉沟流域年降雨-径流关系图

从图 6-20 中趋势线的斜率可以看出,罗玉沟土地利用后期的降雨产流量较前期减少,即土地利用结构相对合理(坡地植被覆盖的增加、坡改梯的土地利用方式转变),其年产流量相应减少。表 6-12 为根据式(6-12)、式(6-13)得到的同一降水条件下的不同径流深。其中预测 1 是根据式(6-12)得到的预测值,预测 2 为根据式(6-13)得到的预测值。从表中可以看出,径流深预测 2 较预测 1 平均减少约63.0%,说明同样降水条件,土地利用后期的降雨产流量远较土地利用前期的降雨产流量少。

表 6-12　罗玉沟不同土地利用时期预测降雨径流深

| 年份 | 降雨量/mm | 径流深/ mm | | 减少率/% |
		预测 1	预测 2	
1986	421.8	10.2	3.8	62.6
1987	522.4	31.5	11.7	63.0
1988	691.7	67.4	24.9	63.1
1989	596.1	47.1	17.4	63.0
1990	766.6	83.3	30.7	63.1
1991	501	27	10	62.9
1992	629.7	54.3	20.1	63.1
1993	618.4	51.9	19.2	63.0
1994	429	11.7	4.4	62.7
1995	452.2	16.6	6.2	62.8
1996	434.9	13	4.8	62.7
1997	429.5	11.8	4.4	62.7
1998	459.9	18.3	6.8	62.8
1999	559.2	39.3	14.5	63.0
2000	550.6	37.5	13.9	63.0
2001	597.4	47.4	17.5	63.0
2002	449.7	16.1	6	62.8
2003	842	99.3	36.6	63.1
2004	477.4	22	8.2	62.9

比较前后期土地利用径流随降雨的变化率,前期土地利用时期降雨增多而径流增长率较快,而后期则较慢,如图 6-20 中两趋势线的斜率所示,直线在雨量值＜400 mm 处将相交,这意味着研究区随降水的增多,土地利用/覆被变化对径流的影响效应增强。

2.LUCC 对流域月径流的调节效应

图 6-21 为不同土地利用时期多年月平均降雨量和径流量变化图。图中显示,土地利用后期月径流量明显比前期的小,经计算平均约小 73.4%,且枯水季 1~3

月和 10~12 月,后期径流断流或量很小,而前期仍存在枯水径流。

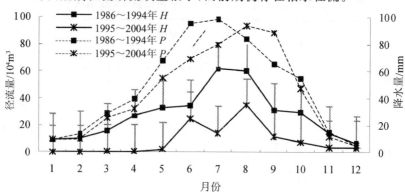

图 6-21　罗玉沟流域降雨与径流深月变化

　　流域枯水期径流的存在与年内降水量变化的贡献有一定相关性。进一步分析发现,相对于 1986~2004 年整个时期,流域前期丰水年较多,虽年内枯水季降雨产流少,但雨季的强降雨增加了枯水径流。如图 6-22 所示,1988 年(丰水年)无论 1~3 月还是 11~12 月均具有明显的枯水径流,而 1994 年(枯水年)则不然。流域土地利用后期枯水季径流减少或者断流,是因观测年份多为平水年或枯水年(相对于 1986~2004 年的观测期)。图 6-21 中的标准偏差明显较大,说明由于降水年份的不同导致径流有明显差异。因此,流域前期枯水季径流量虽对应较高值,但此时的径流量并不代表降水的产流能力,也并不能直接反映产流对土地利用覆被变化的响应。

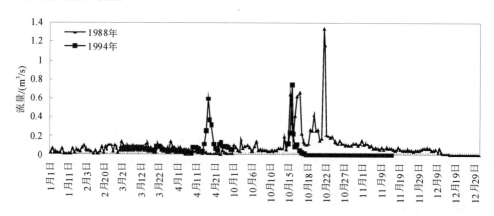

图 6-22　罗玉沟流域丰、枯年枯水季 1~4 月和 10~12 月径流对比图

　　将不同土地利用时期的各月降雨、径流数据进行多年平均,绘制图 6-23 的散点图,并对两期土地利用的数据点进行拟合,得到如下回归方程:

$$1986\sim1994 \text{ 年} \quad H=0.488P+4.13 \quad (R^2=0.825^{**} \quad n=12) \quad (6\text{-}14)$$

1995～2004 年　　$H = 0.266P - 2.90$　　　（$R^2 = 0.729^{**}$　　$n = 12$）　　（6-15）

式中：H 为多年平均月径流深，mm；P 为多年平均月降水量，mm；n 为样本数，P <0.01。

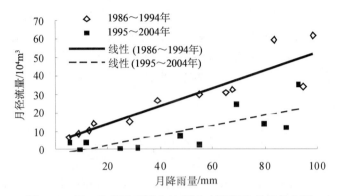

图 6-23　罗玉沟流域不同土地利用时期降雨-径流散点图

　　回归方程的相关系数都较大，表明月均降水量对月均径流量有较大的贡献率。同时趋势线的斜率反映了土地利用后期各月降雨产流能力较前期小。

　　由于降水变化的影响，流域前、后期产流量不具有直接的可比性。因此，采用式(6-14)计算 1995～2004 年平均各月降水相应的预测径流量，获得同一降水、不同土地利用覆被条件下对比径流量。图 6-24 为 1995～2004 年多平均月均降雨、径流累计分布图。从图中可以看出，总体上径流与降雨变化趋势一致，降水增加，径流增加。比较预测值和实测值，实测值较预测值减少 63%～100%，其中 1～4 月没有实测径流，而存在预测径流；5～9 月预测值比实测值显著增加，曲线上升较快，说明此阶段土地利用/覆被变化对径流产量有显著影响；10 月后曲线基本平行，表明该阶段土地利用变化对径流影响较小。这与 Hornbeck 等(1997)的研究结果相似，认为森林植被在皆伐后仅在生长季能观测到明显的径流增长，而在其他季节皆伐前后产流量几乎无明显区别。

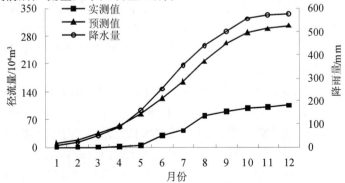

图 6-24　罗玉沟流域 1995～2004 年土地利用时期降雨-径流年内累计分布

　　土地覆被中的森林植被对径流的影响是通过几个过程来实现的,包括林冠截流、入渗、蒸发散等,其控制程度取决于气候条件以及流域土壤及地形条件。有研究认为常绿树种对地表径流的影响是季节性的。本研究虽然得到不同土地利用时期枯水季节径流量有所差异,但并不代表场降雨的实际产流能力。同时,因为1995～2004年土地利用时期11月和12月的平均降水量很小,分别为12 mm和6 mm,因此从降雨产流来看两期土地利用在11月和12月不会产生明显的差异,认为土地利用/覆被变化对径流的影响仅在生长季有明显的表现。

　　3.洪水径流对流域LUCC的响应

　　本研究是基于单个流域不同土地利用时期的洪水径流比较,不能直接比较不同土地利用时期的洪水过程线,因此采用频率分布曲线分析不同土地利用时期的洪水变化。频率分布曲线是较小时间尺度上研究土地利用变化对地表径流影响的一种重要方法。

　　本研究采用的洪水资料以洪峰流量大于1 m^3/s 为标准进行摘录。经过降雨量、降雨强度(包括平均降雨强度 I 和最大60 min、30 min、15 min雨强 I_{60}、I_{30}、I_{15})与洪水径流量相关分析,发现降雨量、最大15 min雨强与洪水径流量有较好的相关关系($P<0.01$),见式(6-16)和式(6-17)。

1986～1994年　　$W=1.21P+77.07I_{15}-51.16$　　　$(R^2=0.56^*,n=26)$

$$(6\text{-}16)$$

1995～2004年　　$W'=1.70P'+19.67I'_{15}-44.96$　　　$(R^2=0.76^*,n=27)$

$$(6\text{-}17)$$

式中:W、W' 为洪水径流量,$10^4 m^3$;P、P' 降雨量,mm;I_{15}、I'_{15} 最大15 min雨强,mm/min;n 为样本数。

　　由于黄土高原地区降雨产流以超渗产流为主,土壤侵蚀与产流产沙多发生在短历时、高强度的降雨。因此,和其他性质雨强相比,最大15 min雨强和降雨量与洪水径流的相关性较强。洪水径流量在某种程度上反映了场降雨量,而雨强性质又是降雨类型的集中体现,因此根据Pearson-Ⅲ绘制图6-25的最大15 min雨强和洪水径流量的频率分布曲线,探讨相同频率降雨下流域洪水径流对土地利用和森林植被变化的响应。

　　由图6-25看出,相同频率下罗玉沟流域土地利用后期的最大15 min雨强要大于前期的,在降水频率大于70%时,前、后期最大15 min雨强相差无几;而对于场暴雨洪水径流,在相同发生频率下,后期洪水径流量要小于前期的,且也在频率大于70%后,前、后期的洪水径流相差甚微。由此可见,暴雨强度越大,森林植被对流域的减水效应越强;同时,若前、后期具有一致的降雨强度频率曲线,则大部分频率范围内洪水径流量后期较前期显著减小。

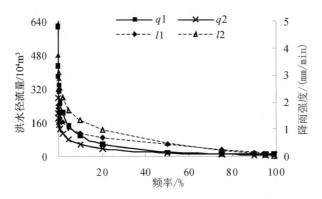

图 6-25　最大 15 min 雨强(I)和洪水径流量(q)频率分布

1 为土地利用前期 1986～1994 年;2 为土地利用后期 1995～2004 年

4.小结

黄土高原土地利用/覆被对流域径流有显著的调节作用。无论场暴雨、雨季以及年际尺度,土地利用结构优化及森林植被覆盖增加,均使流域产流能力降低。在不考虑土地利用前、后期降水量变异的情况下,罗玉沟后期较前期在丰、平和枯水年径流系数分别减少约 51%、85% 和 84%;在剔除降水量的影响,通过相同降水条件径流系数的预测,后期较前期在丰、平、枯水年均减少约 63%。土地利用/覆被变化对流域径流的影响表现为季节性。流域土地利用前、后期枯水季降雨的产流能力均低,前期枯水径流的存在是因雨季强降雨引起该土地覆被条件下的强产流能力,进而增加了枯水径流。采用频率分布曲线分析流域土地利用前、后期的洪水过程,认为前、后两期土地利用若具有相同频率的降雨强度,则相同频率范围内对应的洪峰流量对土地利用与植被变化产生明显响应,土地利用结构优化及植被增加,场暴雨洪峰流量呈减小的规律。

流域土地利用/森林植被的径流调节效应对降雨量变化的响应,本研究作了初步探讨,结合同研究区的吕二沟流域和桥子东、西沟流域的研究发现,相同降雨量条件下,森林植被增加及土地利用结构优化引起的四个流域径流模数减少约 20%～100%,不同降水水平的减少率存在差异,且表现出尺度性。其中,对于沟道下切浅、沟宽窄(主沟道沟宽最大约 5 m)且没有发育为如吕二沟和罗玉沟粗骨质河床的桥子东、西沟,类似为全坡面,表现为降雨量增大弱化了下垫面条件对产流的影响(尤其强降雨年份,减少率仅为 10%);而当流域面积增大,下垫面改变对流域产流的影响变得更加显著且稳定,不受降雨量变化制约(如罗玉沟流域年径流减少率约为 63%)。

本研究提出的关于罗玉沟流域土地利用后期较前期产流能力的降低,是森林植被增加与坡改梯等耕作措施调整共同影响的结果。根据罗玉沟流域土地利用格局,分别划分了 9 个嵌套小流域,包括以林地为基质的 Lyg17(1.02 km²)、以灌木地为基质的 Lyg10(1.24 km²)、以草地为基质的 Lyg9(1.23 km²)、以梯田为基质的 Lyg1(2.37 km²)、以坡耕地为基质的 Lyg7(1.41 km²)、流域上游为林地下游为梯田的 Lyg8(0.66 km²)、上游为梯田下游为林地的 Lyg2(2.17 km²)以及林地、梯田和坡耕地相嵌分布的 Lyg18(34.32 km²)。通过分析比较相同降雨条件下(1992～2004 年)的径流模数发现,全林流域 Lyg17 多年平均径流模数最小,以梯田农地为主的流域 Lyg1 次小,而以坡耕地为主的流域 Lyg7 最大。流域中林地和农地配置的相对位置变化(Lyg2 和 Lyg8)对径流影响较小(图 6-26)。

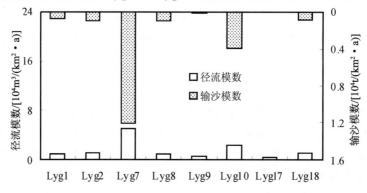

图 6-26　不同土地利用格局的典型流域多年平均径流和输沙模数

因此,在考虑山区生态建设与粮食生产的共同目标下,增加土地植被覆盖与实施坡耕地改梯田的治理工程,是我国山区土地整理以及退耕还林等生态修复政策的方向性指导。这也正符合我国土地利用调整政策,即以早期的以外延增加耕地面积为主要目标,转变为对土地利用不合理状况的整治和改造为主要目标,通过坡改梯田、林带防护和蓄水以及农田水利建设等措施使生态环境得到了明显改善,并促进土地资源的可持续利用。

6.4.4　流域土地利用变化对侵蚀产沙过程的影响

1. LUCC 对流域年输沙的影响

根据罗玉沟流域出口的年输沙量和径流量,建立 1986～1994 年和 1995～2004 年两个时期年降水、径流量和输沙量的回归方程:

$$S_1 = 0.118P_1 + 2.077Q_1 + 20.228 \quad (R^2 = 0.825^{**}, n=9) \quad (6\text{-}18)$$

$$S_2 = -0.192P_2 + 2.99Q_2 + 82.899 \quad (R^2 = 0.971^{**}, n=10) \quad (6\text{-}19)$$

式中:S_1、S_2 分别为 1986～1994 年和 1995～2004 年的年均输沙量,10^4 t;P_1、P_2 分别为 1986～1994 年和 1995～2004 年的年均降水量,mm;Q_1、Q_2 分别为 1986～

1994 年和 1995~2004 年的年均径流量,mm;n 为样本数。由回归模型的决定系数看,研究区年输沙量与年降水量、径流量均呈极显著相关($P < 0.01$)。

由于本节提到的流域前、后两个时期流域降雨特性及降雨量显著不同,只有剔除因降雨对流域产沙差异的影响,才可单独分析流域产沙对土地覆被变化的响应。因此,将流域 1986~2004 年各年的实际降雨、径流数据分别代入式(6-18)和式(6-19),计算出 1986~1994 年和 1995~2004 年输沙量值,进而得到相同降雨、径流条件下不同土地利用状况的预测输沙量。结果显示,本研究区土地利用后期输沙量较前期减少约 63%。由图 6-27 可以看出,当降雨量值较大时,罗玉沟流域前、后期预测输沙量差值的绝对值也较大,说明 1995~2004 年研究区植被覆盖增加及土地利用结构优化后,其输沙量较 1986~1994 年显著减少;当平水年或降雨量较小时,后期输沙量比前期输沙量的减少值较少。

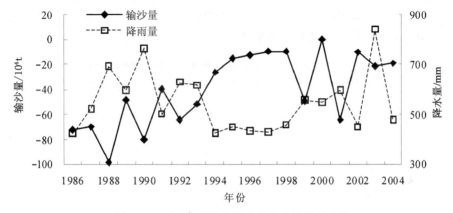

图 6-27 罗玉沟流域年降水量和输沙量的变化

图中主纵坐标为同降雨、径流条件下土地利用后期预测输沙量减去前期预测输沙量所得差值

有学者认为,降雨量增大弱化了下垫面条件对降雨-产流关系的影响,Ni 等则认为,在多雨和多暴雨年份退耕还林还草的减沙减水效应最强,与本研究结果相似。随着研究区降水的增多,土地利用/覆被变化对降水产流的影响作用增强。径流作为挟沙的主要动力,降水量增多,不同土地利用的降雨-产流差异增大,导致产沙、输沙差异随之增大;反之,产沙、输沙的差异则减小。

黄土高原地区植被覆盖率增加、坡耕地减少等土地利用结构优化措施在一定程度上可以减少流域产流和产沙,但其作用程度受降水量大小影响:降水量越多,这种土地利用结构优化措施的减水减沙效应越明显;降水量越少,其减水减沙效果越弱。

2. LUCC 对流域月径流输沙的影响

为避免极值的影响,以各月输沙量的平均值为分析指标,分别建立两阶段各月降水、径流及输沙量间的回归关系：

$$S_1 = -0.039P_1 + 0.261Q_1 - 2.003 \qquad (R^2 = 0.76, n = 12) \qquad (6\text{-}20)$$

$$S_2 = -0.025P_2 + 0.398Q_2 - 0.190 \qquad (R^2 = 0.93, n = 12) \qquad (6\text{-}21)$$

式中：S_1、S_2 分别为前、后期的月均输沙量，10^4 t；P_1、P_2 分别为前、后期的月均降水量，mm；Q_1、Q_2 分别为前、后期的月均径流量，mm；n 为样本数。

由表 6-13 可以看出，1986~1994 年和 1995~2004 年，研究区径流量对输沙量的直接作用系数分别为 1.1528 和 1.1199，降雨量对输沙量的直接作用系数分别为 -0.3214 和 -0.2085，表明引起罗玉沟流域输沙量变化的直接作用因子为径流量。前、后两个时期，降雨量通过径流量的间接作用系数都较高，分别为 1.0474 和 0.8816，而且降雨量和径流量具有很高的相关性，说明降雨量对输沙量的作用可通过其影响径流量来实现。前、后两个时期回归方程的剩余通径系数分别为 0.4908 和 0.2645，表明影响罗玉沟流域输沙的因素，除降雨和径流外还有其他如森林植被格局和流域地形地貌等重要因子。

表 6-13　罗玉沟流域月均降雨量、径流量与输沙量的相关性

土地利用时期	变量	相关系数分析			通径系数分析			剩余通径系数
		p	Q	S	直接作用	间接作用		
						通径 P	通径 Q	
1986—1994	P	1	0.0001*	0.0075*	1.1528		1.0474	
	Q	0.9085	1	0.003*	-0.3214	-0.2920		0.4908
	S	0.7260	0.8609	1				
1995—2004	P	1	0.0024	0.0164	-0.2085		0.8816	
	Q	0.7872	1	0.0001	1.1199	-0.1641		0.2645
	S	0.6731	0.9558	1				

注：P 为月均降雨量，mm；Q 为月净流量，mm；S 为月均输沙量，10^4 t。

* $p < 0.05$。

为有效地比较研究区不同时期土地利用/覆被变化对输沙的季节性影响，根据回归模型计算多年平均各月降水、径流条件下的输沙量，旨在剔除降水、径流的影响。由于降雨量是通过径流量来影响输沙量的，因此根据式（6-20）和式（6-21）分别计算 1986~1994 年和 1995~2004 年降雨、径流条件下的罗玉沟流域预测输沙量。由图 6-28 可以看出，任何降雨、径流条件下，研究区后期的预测输沙量均少于前期；两期的输沙量曲线均在 5~10 月增长较快，10 月以后基本平行，说明罗玉沟流域产沙主要集中在 5~10 月，其他各月侵蚀较少或无侵蚀，原因可能是 5~10

月降水量占全年降水量的 81.6% 所致,降水增多,侵蚀也增大。1986~1994 年和 1995~2004 年降雨、径流条件下,后期月均输沙量曲线的增长速率不同,主要是由于两个时期的总降水情况不同,前期较后期丰水年多,月降水量也较多,因此前期输沙量的增速大于后期。

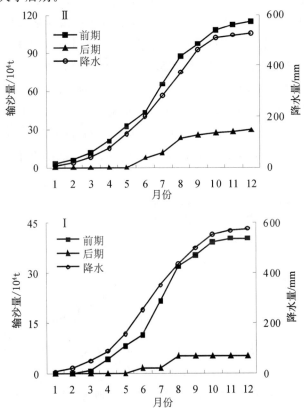

图 6-28 不同土地利用罗玉沟流域月均输沙量累计的比较
Ⅰ 为 1986~1994 年降雨、径流条件;Ⅱ 为 1995~2004 年降雨、径流条件

3. 洪水输沙对流域 LUCC 的响应

流域土地利用变化对暴雨产流输沙具有显著影响,首先采用频率曲线分析不同土地利用时期流域的降雨、产流频率分布,然后依据两时期降水-径流-输沙关系,计算相同降雨和径流频率下的输沙量,以探讨土地利用变化对洪水输沙的影响。本研究采用的洪水资料以洪峰流量大于 1 m³/s 为标准进行摘录。经相关分析表明,洪水输沙量与最大的 15 min 降雨量时的雨强(以下简称 15 min 最大雨强)、洪峰流量存在较好相关性,因此以 15 min 最大雨强、洪峰流量为预测因子,分别对两个时期的洪水平均含沙量进行回归分析,方程如下:

$$S = 0.66Q + 26.23I_{15} - 14.58(R^2 = 0.99^{**}, n = 26) \tag{6-22}$$

$$S' = 0.69P' + 9.63I'_{15} - 5.5(R^2 = 0.94^{**}, n = 27) \tag{6-23}$$

式中，S、S'分别为前、后期的洪水输沙量，10^4 t；Q、Q'分别为前、后期的洪水径流量，10^4 m³，I_{15}、I'_{15}分别为前、后期的 15 min 最大雨强，mm/min；n 为样本数。

回归方程显示 15 min 最大雨强、洪峰流量与洪水输沙量呈极显著相关（$p <$ 0.01）。由于雨强与洪水径流量表征了场暴雨的基本特性，因此探讨相同频率的雨强与洪水流量条件下的输沙量，可以较好地反映森林植被变化对洪水输沙的影响。由图 6-29 可知，在相同频率的降水及洪水重现期条件下，罗玉沟流域后期的输沙量较前期有所减小。在降水及洪水频率分布的任何范围内，相同频率下流域后期洪峰流量小于前期，但降水强度却显著大于前期（图 6-28）。若研究区两期的雨强频率分布一致、后期的洪水径流量小于前期，则后期的洪水输沙量也小于前期。

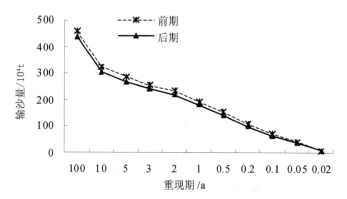

图 6-29　相同降水频率下罗玉沟流域前、后两期洪水输沙量的比较

4. 小结

黄土高原土地利用/覆被变化对流域年径流输沙有显著影响。研究区在增加土地植被覆盖、实施坡耕地改梯田的治理工程以及减少坡耕地面积比例后，其年输沙量有所下降，特别在强降雨年份，输沙量减少相对显著。这一研究结果可为我国土地整理以及退耕还林等生态修复政策提供方向性指导，使研究区由早期的以外延增加耕地面积为主要目标，转变为对土地利用不合理状况的整治和改造为主要目标，通过坡改梯田、林带防护和蓄水以及农田水利建设等措施使生态环境得到了明显改善，并促进了土地资源的可持续利用。

植被增多，导致流域产沙减小，但减少程度受降水量影响。枯水年，在同一降水-径流条件下流域 1995～2004 年输沙量的减幅较 1986～1995 年小，而平水年和丰水年,后期输沙量的减幅较前期大,说明随着降雨的增多,研究区土地利用和植被变化对径流输沙的影响效应增强。

研究区土地利用/覆被变化对流域径流输沙的影响具有季节性特征,罗玉沟流域输沙主要集中在 5~10 月,与降水的季节分布一致。根据回归方程预测相同降雨和径流条件下前、后两个时期的输沙量时,无论输入回归方程的降雨量及径流量为多少,预测所得后期的输沙量均少于前期。由于流域水土流失过程是气候因子、地形因子、植被因子和人类干扰等共同作用的结果,而径流间接反映了径流路径及地形的变化,因此流域前、后期输沙量的不同主要受因于下垫面的变化。

本研究采用频率分布曲线同时分析了罗玉沟流域前、后两期的洪水输沙量,结果表明,任意洪水重现期内,后期的洪水平均含沙量比前期大;若流域在两个时期具有相同频率分布的雨强,则任一重现期内后期的洪水平均含沙量小于前期。王兴奎等(1982)研究表明,黄土丘陵沟壑区土层深厚,只要产流且水流具有一定挟沙能力就能获得足够的泥沙补给而达到其极限含沙量。本研究中虽然由于后期植被增多、坡耕地减少导致了显著的减沙效应,但流域内仍存在较大比例的坡耕地,且灌木林地和草地面积的比例仍偏小,因此研究区仍存在很强的土壤侵蚀必然性。所以,罗玉沟流域必须减少坡耕地、增加林草地面积。在实际流域管理中,应将峁顶平整为梯田或退耕还草,以增加对降雨的截留量和提高土壤的入渗率,从而相应地减少峁顶的产流量,以减轻对峁坡的土壤侵蚀;对坡面农耕地应尽快退耕还草,减少坡面土壤侵蚀,促进生态环境的修复与重建。

6.5　流域水土保持措施效益分析

曹文洪等(1993)通过对浑河流域降雨、产流、产沙特性分析和降雨、径流、输沙资料统计,采用成因分析法建立了适合该流域的降雨-径流和降雨-产流经验关系。用水文法和水保法对选取的浑河试验流域 20 世纪 80 年代水土保持减水、减沙效益进行分析。

浑河(又名红河),发源于山西省平鲁区,流经右玉县沙虎口村进入内蒙古凉城县境,于清水河岔河村汇入黄河(图 6-30),全长 219 km,河道平均比降 2.3‰,流域面积 5533 km² 。流域地貌类型主要为黄土丘陵沟壑区,其中清水河及黄河沿岸地带发布的土石山区,是浑河推移质的主要来源地。

图 6-30　浑河流域平面示意图

　　经对流域内各年代降雨量、径流量和输沙量的变化进行统计（表 6-14），各年代的降雨变化基本上呈现波动状态，唯有 20 世纪 80 年代偏枯；径流量和输沙量都呈逐年代单一减小的态势，且以输沙量的衰减最为明显。浑河流域水土流失面积 4358 km²，占流域面积的 78.8%。截止 1989 年，共完成梯田 1.48 万 hm²，坝地 0.59 万 hm²，造林 22.17 万 hm²，种草 3.30 万 hm²。各年时期治理情况统计见表 6-15。在流域治理中，工程措施占有相当的比例，全流域共建成大中小型水库 10 余座，总库容 3 亿 m³，另外还建有一批淤地坝。其中，挡阳桥水库位于浑河下游峡谷段进口，控制流域面积 4370 km²，占全流域面积的 85%，总库容 2.07 亿 m³，主要任务是防洪拦沙及灌溉。该水库自 1975 年建成以来，其运用方式分为两个阶段。其中，1976～1981 年为蓄水拦沙运用阶段；1982 年后改为低水位运用。由于水库运用方式的不同，其淤积速度也不一样，各时段的淤积情况见表 6-16。由表可见，水库年平均淤积速率逐年降低。这除了与水库运用方式改变、加大了排沙率有关外，同时，随着库容的减少，水库的排沙能力也明显增大。

表 6-14　各年代降雨量、径流量、输沙量统计

项目	1955～1959 年	1960～1969 年	1970～1979 年	1980～1989 年	1955～1989 年
降雨量/mm	420	405	419	364	400
径流量/10⁴ m³	30 678	26 036	19 848	12 922	21 184
输沙量/10⁴ t	2471	2192	1653	713	1655

表 6-15　挡阳桥水库淤积情况

项目	1976～1979 年	1980～1981 年	1982～1983 年	1976～1983 年
淤积量/$10^8 m^3$	0.477	0.151	0.087	0.71
占总淤积量的比/%	66.8	21.1	12.1	100
年均淤积量/$10^8 m^3$	0.12	0.0754	0.013	0.089
年均淤积率/%	5.7	3.6	2.1	4.3

表 6-16　各项水保措施完成量统计(10^4 hm^2)

措施	完成量			
	1959 年	1969 年	1979 年	1989 年
梯田	0.33	0.59	1.07	1.48
坝地	0.12	0.22	0.43	0.59
造林	3.22	5.23	12.66	22.17
种草	0.32	0.54	0.72	3.30

6.5.1　降雨-径流与降雨-产沙关系的建立

1. 降雨-径流关系

影响流域径流的因素十分复杂,大致分为与降雨有关和与下垫面有关两个方面。由于流域内大量开展水土保持工作始于 20 世纪 70 年代,因此可以选择 1970 年以前的资料建立降雨-径流关系。利用 1955～1970 年 16 年间实测资料建立的降雨-径流关系为

$$W = W_{基} + 104 \left(0.6 \frac{H_{非汛}^2}{H_{年}} + 0.4 \frac{H_{汛}^2}{H_{年}} \right)^{1.14} \tag{6-24}$$

式中:W、$W_{基}$ 为年径流量和年基流量,$10^4 m^3$;$H_{年}$、$H_{汛}$、$H_{非汛}$ 为年、汛期和非汛期降雨量,mm。

该式的相关系数为 0.92。实测值与计算值的比较如图 6-31 所示。

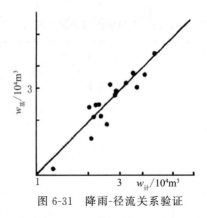

图 6-31　降雨-径流关系验证

2.降雨-产沙关系

　　流域降雨侵蚀及产沙,涉及流域范围内从面蚀到沟蚀,直至大小支流所构成河网的全过程。由于影响流域产沙的因素非常复杂,因此利用降雨与流域出口输沙量建立二者之间的关系,是解决实际问题的一种近似方法。统计资料表明,流域多年平均汛期输沙量占全年输沙量的 90％以上;多年平均最大 1 日输沙量占全年的 40％左右。1971 年 7 月 23～25 日,一次洪水输沙量达 4132 万 t,占该年输沙量的 81.8％。因此,在建立降雨-产沙关系时,必须考虑降雨年内的分配过程。利用 1970 年前的基本资料建立的降雨-产沙关系为

$$M_s = 9.9(0.35\,\frac{H_{汛\text{-}月}^2}{H_年} + 0.45\,\frac{H_{月\text{-}日}^2}{H_年} + 0.2\,\frac{H_日^{2.5}}{H_年})^{1.596} \tag{6-25}$$

式中:M_s 为输沙模数,t/km^2;$H_{汛\text{-}月}$、$H_{月\text{-}日}$、$H_日$ 分别为汛期降雨量减去最大一月降雨量、最大一月降雨量减去最大一日降雨量、最大一日降雨量,mm;$H_年$ 为年降雨量,mm。

　　该式相关系数为 0.91。实测值与计算值的比较如图 6-32 所示。

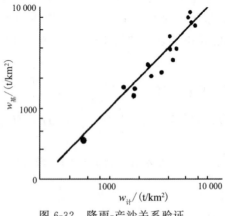

图 6-32　降雨-产沙关系验证

6.5.2　流域水土保持措施效益分析

1. 水文法

首先根据降雨-径流和降雨-产沙公式计算年水、沙量,若把计算值与同期实测值比较,两者之差即为相应时期人类活动造成的减水减沙量;如果以 1955～1969 年作为对比的基准时期(以下简称基准期),则某一时期计算的水沙量与基准期实测的水沙量之差便为该时期由于降雨变化引起的水沙量的增减,计算结果见表 6-17、表 6-18。由表可见,20 世纪 70 年代与基准期相比,年均减水减沙量分别为 7735 万 m³ 和 632 万 t,其中由于降雨的变化引起的减水量和增沙量分别为 956 万 m³ 和 364.6 万 t;由于人类活动引起的减沙量和减沙量分别为 6779 万 m³ 和 996.6 万 t。80 年代与基准期相比,平均减水、减沙量分别为 14 661 万 m³ 和 1572 万 t,其中由于降雨变化引起的减水、减沙量分别为 6080 万 m³ 和 331.9 万 t;由于人类活动引起的减水、减沙量分别为 8581 万 m³ 和 1240.1 万 t。

表 6-17　各年代年均水量变化　　　　　　　　　　（万 m³）

时段	实测值	计算值	减水量	降雨引起的减水量		人类活动引起的减水量	
				绝对值	占比/%	绝对值	占比/%
1955～1969 年	27 563	27 909					
1970～1979 年	19 848	26 627	7735	956	12.4	6779	87.6
1980～1989 年	12 922	21 503	14 661	6080	41.5	8581	58.5

表 6-18　各年代年均减沙量变化　　　　　　　　　　（万 t）

时段	实测值	计算值	减水量	降雨引起的减沙量		人类活动引起的减沙量	
				绝对值	占比/%	绝对值	占比/%
1955～1969 年	2285	2238.5					
1970～1979 年	1653	2649.6	632	−364.6	−57.7	996.6	157.7
1980～1989 年	713	1953.1	1572	331.9	21.1	1240.1	78.9

注:"−"表示增沙。

2. 水保法

1)减水分析

A. 水保措施拦水

根据山西省各项水保措施的拦蓄指标和当地实际情况,确定拦蓄指标如下:

梯田 210 m³/hm²、坝地 3000 m³/hm²、水保林 135 m³/hm²、草地 120 m³/hm²。经计算,20 世纪各年代水保措施年均减水量如下:基准期为 840 万 m³,70 年代为 2432 万 m³,80 年代为 4382 万 m³。

B. 农业灌溉用水

浑河流域基准期共有灌溉面积 0.513 万 hm²,70 年代为 1.45 万 hm²,80 年代为 1.4 万 hm²。根据山西省灌溉用水指标和当地的实际情况,确定的用水指标为 4500 m³/hm²。由此可算出 20 世纪各年代基准期年均灌溉用水量为 2310 万 m³,70 年代为 6510 万 m³,80 年代为 6300 万 m³。

C. 工业及城镇生活用水

流域内共有清水河和右玉两座县城及一些小型工矿企业,根据城镇人口、工业发展情况并参考黄河水利委员会通过调查确定的指标,得出 20 世纪各年代用水情况如下:基准期年均用水为 300 万 m³,70 年代为 480 万 m³,80 年代为 900 万 m³。

D. 水库蓄水变量

水库蓄水变量指水库年末蓄水量与年初蓄水量之差,根据水库观测资料确定。统计结果表明,基准期水库年均蓄水变量为 65 万 m³,70 年代为 315 万 m³,80 年代为 305 万 m³。

2)减沙分析

A. 水保措施拦沙

根据山西省各项水保措施的拦沙指标和当地实际情况,确定各项水保措施拦沙指标如下:梯田 45 t/hm²、坝地 1.95 万 t/hm²、水保林 30 t/hm²、草地 15 t/hm²。另外,由于各年代水保措施的标准以及林草生长期的不同,确定各种措施 20 世纪各年代的折减系数见表 6-19。据此可得出各年代水保措施年均减沙量如下:基准期为 425.5 万 t,70 年代为 1031 万 t,80 年代为 1601 万 t。

表 6-19 各项水保措施减沙折减系数

时间	梯田	坝地	水保林	草地
50 年代	0.6	1.0	0.4	0.4
60 年代	0.7	1.0	0.6	0.6
70 年代	0.9	1.0	0.8	0.8
80 年代	1.0	1.0	1.0	1.0

B. 水库拦沙

根据水库各年代的实际拦沙情况确定如下:基准期年均拦沙量为 162 万 t,70 年代为 585 万 t,80 年代为 238 万 t。

综上所述,各年代人类活动减水减沙情况为:基准期年均减水 3515 万 m³、减沙 587 万 t,70 年代年均减水 9737 万 m³、减沙 1616 万 t,80 年代年均减水 11887 万 m³、减沙 1839 万 t。与基准期对比,受人类活动影响,70 年代年均减水 6222 万 m³、减沙 1029 万 t;80 年代年均减水 8372 万 m³、减沙 1252 万 t。

综合水文法和水保法的计算结果可见,两种方法的计算结果是相近的。用水文法和水保法对浑河流域水沙量剧减的原因进行分析的结果表明,所减水量中,降雨量偏枯的影响占 41.5%,流域治理的作用占 58.5%;所减沙量中,降雨量偏枯的影响占 21.1%,流域治理的作用占 78.9%。

第7章　河道泥沙输移过程

在我国江河治理中,泥沙问题是一个十分突出的问题。黄河是世界上泥沙最多的大河,多年平均年输沙量达 16 亿 t 之多。黄河中游的黄土高原丘陵沟壑区,平均每年侵蚀和沟蚀模数可达 10 000 t/km²。长江的泥沙侵蚀和输移量居我国第二,仅次于黄河,宜昌站平均年输沙量为 5.3 亿 t。大江大河流域内水土流失严重,造成大量泥沙输入河道,河道和水库淤积,这不仅给水利水电工程建设带来很多问题,也给河道防洪、沿岸工农业发展和人民生活带来很大的影响。

土壤侵蚀和水土流失,是河流工程泥沙问题的直接起因。从长远的观点来看,解决泥沙问题的根本途径是减少人为侵蚀,恢复流域植被,保护和改善流域内的生态系统,减少水土流失。但是实现这一目标需要巨大的财力投入,生态环境的自然恢复过程也较慢。因此,在未来相当长的时间内,我国河流的泥沙问题将仍然十分严峻。在河流和流域的水电资源开发及治理中还将遇到许多与泥沙有关的工程问题,为了能够作出符合自然规律的正确决策,必须详细地研究河流泥沙运动的规律。

7.1　河道泥沙运移基本方程

泥沙输移运动主要是指被侵蚀的土壤颗粒在坡面较大的沟道或者河道中随水流运动而发生移动或沉积的过程。坡面水流挟带被侵蚀的土壤颗粒进入沟道,再随着沟道水流向流域出口演进,并形成流域产沙量。但并不是全部进入沟道的土壤颗粒都能够到达出口断面。在汇集过程中,部分土壤颗粒可能沉积在沟谷、河槽或滩地中,从而使到达出口断面的产沙量小于流域的侵蚀量;还有一种情况,随着河道流速和流量的增加,水流的挟沙能力增大到大于实际水流中含沙量时,就会导致沿程河道的冲刷,使得到达出口断面的产沙量增加。挟沙能力是泥沙演进中一个很重要的概念,是指一定水流、泥沙和断面形态条件下,河床处于平衡状态时,水流所能挟带的最大含沙量,它是一个介于冲刷和淤积两者之间的相对平衡状态的断面含沙量。如果上游的来水含沙量等于断面的挟沙能力,则断面上既不发生冲刷也不发生淤积;如果上游来水的含沙量大于和小于断面挟沙能力,断面上就会发生淤积或者冲刷。实际含沙量与挟沙能力相差越大,断面上发生的冲淤量也越大。

水动力学泥沙数学模型的关键在于如何计算水流挟沙能力、悬移质以及床沙级配的调整,特别对于像黄河下游这样高含沙水流更是如此。比较有代表的水流挟沙能力公式是张瑞瑾等(1959)根据悬移质具有制紊作用的观点,从挟沙水流的能量平衡原理出发,建立能量平衡方程,导出了水流挟沙能力公式(张瑞瑾,1959):

$$C^* = K \cdot \left(\frac{v^3}{gR\omega} \right)^m \tag{7-1}$$

式中:C^* 为水流挟沙能力,kg/m^3;R 为水力半径,m;ω 为泥沙平均沉降速度,m/s;v 为断面平均流速,m/s;K、m 均为与 $\frac{v^3}{gR\omega}$ 的大小有关的参数,其值可通过半理论公式或实测资料得到。根据 $\frac{v^3}{gR\omega}$ 的值从图 7-1 中可查 K、m 的值。

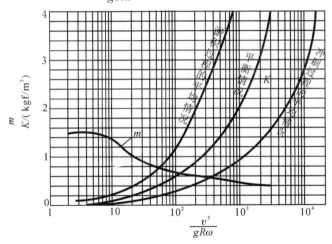

图 7-1　参数 K、m 的取值(清华大学水力学教研组,1980)

泥沙沉降速率与泥沙粒径 D 和水流速度 v 等因素有关,为简化计算,通常采用中值粒径 d_{50} 来计算 ω。

$$\omega = \sqrt{ \left(13.95 \frac{v}{d_{50}} \right)^2 + 1.09 \frac{\gamma_s - \gamma}{\gamma} \cdot g \cdot d_{50} } - 13.95 \cdot \frac{v}{d_{50}} \tag{7-2}$$

考虑河道的沿程冲淤,窦国仁提出了一维非恒定不平衡输沙方程(王光谦,胡春红,2006),并考虑旁侧坡面单元的泥沙输入,采用如下方程:

$$\frac{\partial (C_s A)}{\partial t} + \frac{\partial (Q \cdot C_s)}{\partial x} = \alpha \cdot \omega \cdot B(C_s^* - C_s) + q_l \cdot C_{sl} \tag{7-3}$$

式中:C_s 为断面泥沙浓度,kg/m^3;Q 为河道流量,m^3/s;α 为常系数,反映入、出断面的水沙对河段的贡献比例,又称为恢复饱和系数;ω 为泥沙沉降速度,m/s;B 为断面宽度,m;C^*为水流挟沙能力,kg/m³;q_l为坡面入流量,m²/s;C_{sl}为坡面入流中的含沙量,kg/m³。

韩其为等(1997)提出了恢复饱和系数的经验系数,淤积时 $\alpha=0.25$,冲刷时 $\alpha=1.0$。根据河网之间的拓扑关系,采用自上而下的方法计算各子流域内流带—河段之间的泥沙输移方程。采用线性差分格式,离散方程如下:

$$\frac{(C_s A)_j^{n+1}-(C_s A)_j^n}{\Delta t}+\frac{(Q \cdot C_s)_j^{n+1}-(Q \cdot C_s)_{j-1}^{n+1}}{\Delta x}$$

$$=\alpha \cdot \omega \cdot B(C_s^{*n+1}-C_{s,j}^{n+1})+(q_1 \cdot C_{sl})_j \tag{7-4}$$

上边界条件:①如果该河段为三级支流,上游泥沙浓度为 0;②如果该河段为干流,且上游无支流汇入,则上边界断面浓度等于其上游河段的下边界浓度;③若该河段为干流,且上游有支流汇入,则在河道交叉点上保证泥沙质量守恒,该点的泥沙浓度满足下式:

$$Q \cdot C_s = \sum_{i=1}^n Q_i \cdot C_{si} \tag{7-5}$$

式中:Q 为交叉点上的流量,m³/s;C_s 为交叉点的泥沙浓度,kg/m³;Q_i 表示支流 i 的流量,m³/s;C_{si} 表示支流 i 的泥沙浓度,kg/m³。

下边界条件:浓度梯度不变,即

$$\frac{dC_s}{dt}=\text{const.} \tag{7-6}$$

与坡面实际侵蚀量类似,如果河道中发生冲刷,实际冲刷量受河道中可冲刷物质量 Q_{sp}(kg)的限制,取二者的较小值。

7.2　河道与水库冲淤水动力学模型

张启舜和曹文洪等(1982,1997)研究的水库与河道冲淤计算方法"水文水动力学泥沙数学模型",在实际工程中应用较广,现介绍如下。

7.2.1　输沙公式与参数的确定

1. 壅水排沙比公式

$$\eta=-A\lg\frac{V}{Q}+B \tag{7-7}$$

式中:A 为系数;B 为常数;V 为蓄水容积,一般用时段中蓄水容积,10⁴m³;Q 为时段平均出库流量,m³/s;η 为排沙比。

当出库流量大于进库流量时,宜用输沙率排沙比 $\eta=\dfrac{Q_{S出}}{Q_{S入}}$,即为出库输沙率与

进库输沙率之比值;当出库流量小于进库流量时,宜用含沙量排沙比 $\eta=\dfrac{S_{出}}{S_{入}}$,即为

出库含沙量与进库含沙量之比值,用出库含沙量与出库流量相乘,得出库输沙率,
然后计算出库输沙率与进库输沙率之比值,得输沙率排沙比。

$\dfrac{V}{Q}$ 作为壅水程度的衡量指标,其物理意义为反映悬沙在水库中滞留的时间。

上式关系如图 7-2 所示。图中点子比较分散,呈一条带状分布,有以下特点:

(1)库容形态对水库排沙能力有影响。当水库有深槽后,在槽库容内排沙时,
排沙能力较大;反之,排沙能力较小。

(2)高含沙量时排沙能力较大;反之,则较小。

(3)细泥沙排沙能力较大;反之,则较小。

(4)库容 V 应采用干、支流水流泥沙确实经过的那部分库容,即用“流通库容”
(包括干流倒灌支流或支流倒灌干流的“流通库容”)。

应根据水库排沙能力的特点分别情况采用图中的排沙比关系线。

若采用图 7-2 中线时,则式(7-7)中 $A=0.58$, $B=1.02$ 。

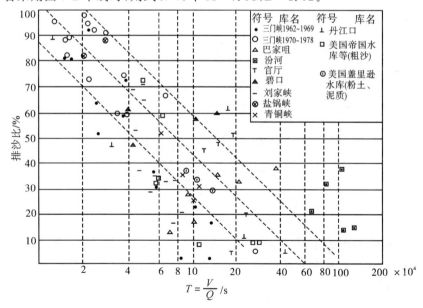

图 7-2　壅水排沙关系图

2.敞泄排沙公式

敞泄排沙即明渠水流排沙,包括河段的冲刷、河段的淤积和河段的不冲不淤

三种情形。

1)水库和河道冲刷条件下挟沙力关系式

在河段冲刷情况下的水流挟沙力关系式为

$$q_s^* = K(\gamma' qi)^C \tag{7-8}$$

式中:q_s^* 为水流挟沙力,即出口断面单宽输沙率,t/(s·m);γ' 为浑水容重,t/m³;q 为单宽流量,m³/(s·m);i 为冲刷段的比降;C 为指数,在水库和河道均可取 $C=2$;K 为挟沙力系数,与河床组成有关,汛期河床淤积物组成较细,较易冲刷,非汛期河床淤积物较粗,较难冲刷,取汛期 $K=25\times10^4$,非汛期 $K=15\times10^4$。

式(7-8)的关系如图 7-3 所示。图中实线为汛期冲刷关系线,虚线为非汛期冲刷关系线。

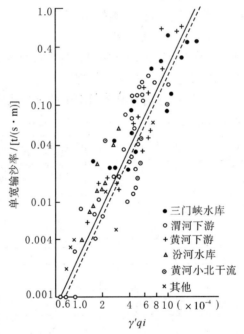

图 7-3　冲刷输沙率关系图

在河床冲刷中,发生河床粗化,在冲刷计算关系式中要引进反映河床冲刷粗化调整系数 α,$\alpha<1.0$,用河床冲刷粗化对水流挟沙力影响的实测资料确定 α 值。即在河床冲刷粗化条件下:

$$q_s^* = \alpha K(\gamma' qi)^C \tag{7-9}$$

2)水库和河道淤积条件下挟沙力关系式

在河段淤积情况下的水流挟沙力关系式为

$$q_s^* = 12\,500 S^{0.8}(\gamma' qi)^{1.2} \tag{7-10}$$

式中:S 为上游断面(河段进口)来水含沙量,t/m³;其余符号意义同上。

式(7-11)的关系如图 7-4 所示,其下限即虚线为冲刷平衡线,各实线为相应于不同来水含沙量的淤积平衡线。

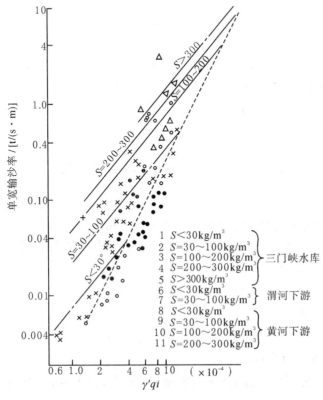

图 7-4　淤积输沙率关系图

在河床淤积中发生河床淤积细化,在淤积计算关系式中要引进反映河床淤积细化调整系数 β,$\beta > 1.0$,用河床淤积细化对水流挟沙力影响的实测资料确定 β 值。即在河床淤积细化条件下:

$$q_s^* = 12\,500\beta S^{0.8}(\gamma' qi)^{1.2} \tag{7-11}$$

3)按工程实际计算和总结确定的水流挟沙力关系

经过近 20 个工程的水库和河道的计算,进行总结,确定水流挟沙力关系:

冲刷条件下　　　　　　　　$q_s^* = 19\,000(\gamma' qi)^C \tag{7-12}$

式中:指数 C 在库区(三门峡库区)为 1.9,在河道(黄河下游)为 1.97。

淤积条件下　　　　　$q_s^* = 8500 S^{0.6}(\gamma' qi)^{1.4} \tag{7-13}$

4)河段冲淤判别指标

当河段淤积时,以淤积平衡线作为淤积时的极限挟沙力数值;当河段冲刷时,以冲刷平衡线作为冲刷时的极限挟沙力数值;当来沙低于前者而高于后者时可视为河段不冲不淤。

河段冲淤判别指标：

冲刷平衡比降

$$i_冲 = \frac{2 \times 10^{-3}}{\gamma'}\left(\frac{S}{q}\right)^{1/2}$$　　　　　　(7-14)

淤积平衡比降

$$i_淤 = \frac{5.27 \times 10^{-4}}{\gamma'}\left(\frac{S}{q}\right)^{1/6}$$　　　　　　(7-15)

当河段比降 $i < i_冲$，河段要发生淤积；当河段比降 $i > i_冲$，河段要发生冲刷；当 $i_冲 < i < i_淤$，则河段为不冲不淤。

3.河段冲淤的计算关系式

1)不平衡输沙方程

河流中泥沙运动，可以用扩散理论描述，二维扩散方程：

$$u_x\frac{\partial S}{\partial x} = \varepsilon\frac{\partial^2 S}{\partial y^2} + \omega\frac{\partial S}{\partial y}$$　　　　　　(7-16)

式中：S 为含沙量；ε 为紊动交换系数；ω 为泥沙沉速。

可以导得断面平均含沙量沿程变化的微分方程式，进行积分，并代入初始条件 $x = 0$，$S(x) = S_0$，得

$$S(x) = S^* + (S_0 - S^*)e^{-\frac{a\omega}{q}x}$$　　　　　　(7-17)

写成输沙率表达式为

$$q_{s出} = q^* + e^{-\frac{a\omega}{q}x}(q_{s进} - q_s^*)$$　　　　　　(7-18)

此即为不平衡输沙方程式。

令 $\xi = e^{-\frac{a\omega}{q}x}$ 为不平衡输沙系数。在淤积情况下，淤积不平衡输沙系数为

$$\xi_1 = e^{-0.0175S^{0.8}(0.4+0.77\lg S)\frac{x}{q}}$$　　　　　　(7-19)

在冲刷情况下，冲刷不平衡输沙系数为

$$\xi_2 = e^{-0.36(qB)^{0.3}i^{0.5}\frac{x}{q}}$$　　　　　　(7-20)

则不平衡输沙方程为

$$q_{s出} = q^* + \xi(q_{s进} - q_s^*)$$　　　　　　(7-21)

式中，ξ 为考虑不平衡输沙特性的系数。

2)河段冲淤量计算式

$$\Delta W_s = (q_{s进} - q_{s出})\cdot\Delta T\cdot B$$　　　　　　(7-22)

式中：q^* 为河段挟沙能力；$q_{s进}$、$q_{s出}$ 分别为河段进口与出口的单宽输沙率，t/(s·m)；ΔT 为计算时段，s；B 为河段平均宽度，m。

关于不平衡输沙系数，由式(7-22)看到，当河段很短，即 $x \to 0$，$\xi \approx 1$，此时 $q_{s进} \approx q_{s出}$，不发生冲淤；当河段很长，即 $x \to \infty$，$\xi \approx 0$，此时出口的含沙量达到饱和状态 $q_{s出} = q^*$；因此 ξ 值在 0～1，分别按式(7-19)或式(7-20)计算，并由实际资料验算确定。

3)河宽计算

对河宽计算按不同情况分别采用:①冲淤铺沙河宽,名为摆动河宽,是水流所能及的河宽。②行水河宽,即各时段计算输沙时采用的河宽,其宽度按河相关系式计算。③造床河宽,即造床流量下主槽行水河宽。在弯曲性河段,造床河宽与摆动河宽一致;对于游荡性河段,两者的比值小于 1。④漫滩河宽,即漫滩的宽度,漫滩计算采用河段平均的办法。

采用通过调整河宽变单宽输沙率的方法来反映河床断面的调整对输沙率的影响。关于河相关系式按下式表达:

$$B = a\frac{Q_P^{0.5}}{i^{0.2}} \tag{7-23}$$

式中:a 为系数,因不同河段而异,由实际资料验算确定;Q_P 为造床流量,$\mathrm{m^3/s}$;i 为河道比降。

求得造床流量下的输沙宽度 B;然后根据同一河段水力坡度及系数 a 均不变的原则,可求得各流量的输沙宽度 B_i:

$$B_i = C_r B_P \left(\frac{Q_i}{Q_P}\right)^{0.5} \tag{7-24}$$

式中:C_r 为比例系数,由实际资料验算确定。

4)滩槽水沙交换模式

滩槽的水力特性及输沙特性不同,其计算方法如下:

A. 主槽流量和滩地流量计算

$$Q_m = \frac{B_m}{n_m} h_m^{5/3} i^{1/2} \tag{7-25}$$

$$Q_f = \frac{B_f}{n_f} h_f^{5/3} i^{1/2} \tag{7-26}$$

求出相应滩槽的单宽流量,分别为 $q_f = \frac{1}{n_f} h_f^{5/3} i^{1/2}$ 和 $q_m = \frac{1}{n_m} h_m^{5/3} i^{1/2}$;再按上式分别进行滩槽的输沙计算。

B. 考虑滩槽冲淤变化后的平滩流量和滩地流量计算

$$Q_P = \frac{B_m}{n_m} h^{5/3} i^{1/2} \tag{7-27}$$

$$Q_f = \frac{B_f}{n_f} (h_m - \Delta h)^{5/3} i^{1/2} \tag{7-28}$$

Δh 随主槽的河床变形而变化,是滩槽流量分配的决定因素;此外,主槽冲淤取决于主槽流量,因此必须采用迭代法。

C. 滩地输沙率计算

当本河段滩地流量大于上河段时,

$$Q_{sf本} = Q_{sf上} + (Q_{sf本} - Q_{sf上}) Q_{sm}/Q_m \tag{7-29}$$

当本河段滩地流量小于上河段时，

$$Q_{sf本} = Q_{sf上} - (Q_{f上} - Q_{f本})Q_{sf}/Q_{f上} \tag{7-30}$$

式中：Q_m、Q_f 分别为主槽和滩地流量，m^3/s；n_m、n_f 分别为主槽和滩地糙率；h_m、h_f 分别为主槽和滩地水深，m；Q_P 为平滩流量 m^3/s；Δh 为造床流量下水深，$Q_{sf本}$ 为本河段滩地输沙率，t/s；$Q_{sf上}$ 为上河段滩地输沙率，t/s；Q_{sm} 为河槽输沙率，t/s；$Q_{s本}$、$Q_{f上}$ 为本河段和上河段滩地流量，m^3/s。

7.2.2　全程统一计算的模式

从河流冲淤形态和机理划分了三种基本冲淤类型——沿程冲淤、溯源冲刷和壅水淤积，并分别建立了这三种类型冲淤的计算模式。在计算时段内将这三种类型的计算衔接起来，并反映它们之间的相互影响和制约关系。

在建立数学模型时要考虑：冲淤形态的整体性和不同河段的特性，河床纵剖面保持连续，各个时段冲淤形态与输沙公式计算的冲淤量一致，干流、支流的相互影响等。沿程冲淤与溯源冲刷或壅水淤积在系统计算过程中有一个待定的可动衔接点。

1. 壅水区的三角洲淤积

在库区河道受到壅水后，壅水淤积的基本形态呈三角洲淤积，其顶点沿侵蚀基准面（坝前水位减去正常水深）不断往坝前推进，在三角洲顶部塑造一个淤积平衡输沙比降，如图 7-5 所示。

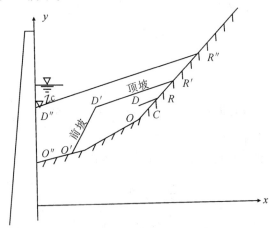

图 7-5　三角洲淤积形态

在坝前水位固定的情况下，设三角洲的水深及顶坡和前坡比降一定，则三角洲的体积 ∇_s 是其顶点 D（或尾部点 R）位置 x 的函数，即

$$\nabla_s = f_{\nabla_s}(x) \tag{7-31}$$

随着三角洲的发展，尾部点 R 向上游发展，进入三角洲尾部的水沙条件随之

改变,进口输沙率 Q_{S_R} 是 z 的函数,即

$$Q_{S_R} = f_{R'}(x) \tag{7-32}$$

因三角洲淤积侵占了库容,壅水排沙比公式(7-8)中的库容 V 也是 x 的函数,从而排沙比 η 也是 x 的函数,即

$$\eta = f_\eta(x) \tag{7-33}$$

在壅水情况下,三角洲的体积应为

$$\bigtriangledown_s = (1\eta)Q_{S_R} T/\gamma_0 \tag{7-34}$$

式中:T 为时段秒数;γ_0 为淤积物干容重,t/m³。

联解式(7-31)～式(7-34),即可求得三角洲的实际位置,以及出库沙量或进到三角洲下游的沙量。

当原始河床比降大于三角洲前坡比降,此时无法堆成三角洲,则泥沙大体以锥体淤积的形式,向坝前堆积,淤积厚度沿程线性递增。

当水位变化时,三角洲位置不同或交替、叠加,因此便呈现了带状或其他形状的淤积形态;而当三角洲推移至坝前时,便呈现锥体淤积形态。

2. 溯源冲刷的计算

在坝前侵蚀基准面高程(坝前水位减去正常水深)低于淤积面时,便以侵蚀基准面为基点,向上游发展溯源冲刷。其图形可简化为以起冲点 C 为中心,冲刷面不断向上游作扇面转动,由陡坡冲刷至缓坡冲刷,如图7-6(a)所示。如果冲刷时间足够长,则最后的冲刷坡面为 CC'',达到与冲刷末端点 C'' 处的河道来沙相适应的输沙平衡比降。溯源冲刷还可以在陡坡上发生,起冲点 C 在陡坡的坡脚,同时出现几级溯源冲刷现象,如图7-6(b)所示。例如,三门峡水库1970～1973年工程改建,打开底孔,增大泄流能力,降低水位冲刷库区淤积物,发生溯源冲刷,在冲刷异重流淤积物时,出现冲刷黏结性淤积物受阻,形成多级陡坡跌水,出现多级溯源冲刷,最后冲开黏结性淤积物,形成冲刷纵剖面。

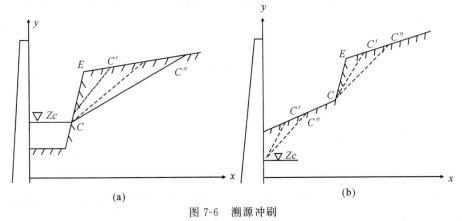

图 7-6　溯源冲刷

溯源冲刷计算在于决定冲刷 C' 的位置。当起冲点确定之后，由 ECC' 围成的冲刷体积 ∇_s 取决于 C' 的坐标 x 位置，即

$$\nabla_C = f_{\nabla_C}(x) \tag{7-35}$$

进入冲刷面 CC' 时的输沙率 $Q_{Sc'}$ 是 x 的函数，即

$$Q_{Sc'} = f_{Sc'}(x) \tag{7-36}$$

新的河床剖面 CC' 也决定了河段的输沙能力 Q_{Sc}，即

$$Q_{Sc} = f_{Sc}(x) \tag{7-37}$$

按照输沙连续原理，有

$$Q_{Sc} = Q_{Sc'} + \nabla_c \cdot \gamma_0 / T \tag{7-38}$$

联解式(7-35)～式(7-38)，即可求得 C' 的位置及 C 点的输沙率。

3. 沿程冲淤计算

如图 7-7(a)所示为冲刷的计算模式。设 AB 为某一时段的纵剖面，在河宽不变化的情况下，河段的冲淤可近似地看成以出口断面为基准面的河床比降调整。

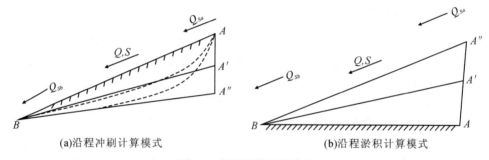

(a)沿程冲刷计算模式　　　　　　　　　(b)沿程淤积计算模式

图 7-7　沿程冲淤计算模式

若 $A''B$ 是适应上游来沙 Q_{Sa} 的冲刷平衡纵剖面，在某个有限时段内纵剖面为 $A'B$，若 A' 的高程为 y，按式(7-9)，河段挟沙能力 Q_S 可表示为

$$Q_S = f_{Q_S}(y) \tag{7-39}$$

冲刷体积　　　　　　　　$$\nabla_a = f_{\nabla_a}(y) \tag{7-40}$$

按照不平衡输沙的原理，以式(7-22)计算河段出口断面输沙率 Q_{Sb}，同样可得到：

$$Q_{Sb} = f_{Q_{Sb}}(y) \tag{7-41}$$

按照输沙连续原理，有

$$Q_{Sb} = Q_{Sa} + \nabla_a \cdot \gamma_0 / T \tag{7-42}$$

联解式(7-39)～式(7-42)可得到 A' 的坐标 y 以及 Q_{Sb}。

图 7-7 (b)为沿程淤积的计算模式，计算方法同上述步骤，只是用沿程淤积计算式(7-9)计算。

4.沿程冲淤、溯源冲刷和壅水淤积的衔接

划分若干河段和计算时段后,将当前计算时段的坝前水位减去正常水深,即得侵蚀基准面高程。从上游河道的进口断面起至侵蚀基准面与河床的交点止,自上而下逐个河段进行沿程冲淤计算。然后再判别,若侵蚀基准面低于坝前河床高程,则进行坝前溯源冲刷计算;反之,则进行壅水淤积计算。在计算过程中,关键是各个断面的计算厚度并不马上加到初始河床上去。因此,当溯源冲刷或壅水淤积向上游发展时,仍然是在初始河床上冲淤,其冲淤厚度自然代替了沿程冲淤厚度,从而沿程冲淤与溯源冲刷或壅水淤积便自动相互衔接起来。当这一系统全过程计算完毕,并对各断面的冲淤厚度加以修正后,再将冲淤厚度加到初始河床上,得出本计算时段末的新河床剖面。

5.支流汇入及干支流倒灌淤积计算

当支流河口不受回水影响时,支流属于非壅水段的沿程冲淤,支流河口以下的干流河段的来水来沙应考虑经过冲淤变化后的支流水沙量。当支流受到壅水作用时,支流发生壅水淤积,形成三角洲,并往干流推进。在同一坝前水位条件下,因支流流量通常比干流流量小,支流正常水深比干流的正常水深小,所以支流的侵蚀基准面一般是比干流的侵蚀基准面高。

支流对干流倒灌淤积或干流对支流倒灌淤积,在较长时段内为水平面,因此按近似水平淤积来计算倒灌淤积体积。但在交汇口断面的淤积高程要高于倒灌淤积区的水平淤积面,其淤积高程取决于发生倒灌的干流或支流的淤积高程,在交汇口形成淤积沙坎,自交汇口沙坎处以倒坡形式与倒灌淤积区淤积水平面衔接。如官厅水库干流异重流倒灌淤积支流妫水河;刘家峡水库支流洮河异重流倒灌淤积干流。

6.“揭河底”冲刷计算

在多泥沙河流,发生高含沙量洪水时,有时发生“揭河底”冲刷现象。因此,在计算程序中必须引入发生“揭河底”现象的条件及其冲刷计算。采用万兆惠分析的结果,并根据龙门水文站的实测资料,给出发生“揭河底”现象的两个条件,即

$$\frac{\gamma'}{\gamma_0 - \gamma} hi > 0.01\text{m} \tag{7-43}$$

$$S > 500\text{kg/m}^2 \tag{7-44}$$

式中:h 为水深,m;i 为比降,γ'水为洪水容重,t/m³;γ_0 河床淤积物干容重,t/m³。

在上述条件满足后,在计算程序中采用增大冲刷挟沙力来增加“揭河底”时的冲刷。通过对黄河龙门—潼关河段 1977 年“揭河底”冲刷量的拟合,在发生“揭河

底"冲刷现象时,采用下式计算"揭河底"冲刷条件下的水流挟沙力:

$$q_s^* = 19\,000(\gamma' qi)^{1.5} \tag{7-45}$$

7. 河口计算模式

河口淤积形态和过程类似于湖泊型水库。因此,河口泥沙淤积计算模式仍是循某一流通宽度输沙向前运动,然后摆动铺沙,逐步呈扇面向前推移。河口海流的输沙类似水库异重流排沙。在计算中调整出海口的扩散角及确定类似水库坝址的近海与深海的分界线模拟。河口海区存在一条较稳定的深海前沿等深线,当泥沙进入这一等深线便可以通过海流输入大海。因此,在计算中将这个控制近海与深海的分界线视为类似于水库的坝址断面,以海平面(潮水位)作为河口水位,类似于水库水位的作用。

具体计算入海沙量,仍采用类似式(7-8)的壅水排沙比公式:

$$\eta = -k_2 \lg \frac{V}{Q} + k_1 \tag{7-46}$$

式中:η 为排沙比,即排入深海(-15 m 等深线以外)的沙量与进入扇面的沙量之比;V 为流通库容,即某一潮位下按扩散角所计算的库容;Q 为入海流量;k_1、k_2 为系数、常数,由河口实测资料确定。

7.3　禹门口至黄河口河道泥沙冲淤计算

黄河禹门口至河口包括禹门口至潼关的小北干流河段、三门峡水库小浪底水库、黄河下游河道直至河口,长达 1000 多公里,其间库区有渭河汇入,下游有伊洛河和沁河汇入,以及沿下游河道的引水引沙,问题十分复杂。黄河上应用泥沙数学模型进行河床变形冲淤计算,则是始自 1955 年围绕三门峡水库的规划设计、改建和管理运用展开的,此后几十年来全国有关大专院校、科研单位都投入相当的力量开展泥沙数学模型研究工作,研制出了很多具有不同特色的数学模型,有一维、二维,还有三维模型;有水文水动力学模型,也有水动力学模型。就进行长时期长河段及各种不同水沙及边界条件的河床演变规律研究和预报的一维数学模型而言,以往较少采用同一计算方法进行多个系统不同河段连续计算。曹文洪,张启舜(1995)以建立在河床变形强烈的多沙河流的基础上,既考虑水动力学因素,又考虑水文因素的水文水动力学数学模型,开展黄河禹门口至河口多系统连续计算,以便于对全流域的泥沙问题作出全面的评价,以及对各种水沙条件及人类活动带来的全流域泥沙分配效应作出评估。

7.3.1　泥沙冲淤验证计算

1.验证范围

水库范围包括黄河龙门以下的干流段及支流渭河华县以下河段,黄河下游范围为铁谢至利津河段。

2.验证条件

1)水沙条件

验证采用了 1960~1990 年长达 31 年的水文系列,包括洪、平、枯各种水文年。三门峡入库站龙门、华县、河津、状头的逐日流量、输沙率,三门峡逐日坝前水位和出库流量;黄河下游两条主要支流伊洛河黑石关和沁河武陟的逐日流量和输沙率以及出口断面河口的水位。

2)黄河下游引水引沙条件

黄河下游的引水引沙采用"八五"攻关中"黄河泥沙数学模型专用数据库"提供的资料,包括花园口—夹河滩、夹河滩—高村、高村—孙口、孙口—艾山、艾山—洛口、洛口—利津、利津以下等七个河段。

3)初始地形条件

初始地形三门峡库区采用 1960 年 4 月、1965 年 4 月和 1974 年 6 月实测大断面资料,黄河下游采用 1960 年 9 月、1965 年 5 月和 1974 年 5 月实测大断面资料,库区共 74 个断面,黄河下游共 99 个断面。各初始地形的淤积物级配的沿程分布。

4)时段划分

根据进、出口水沙条件,支流入汇的水沙条件以及三门峡水库不同运用时期的特点来划分计算时段。一般汛期为 1~10 天,非汛期为 1~30 天。1960~1990年共划分计算时段 2146 个。

3.验证内容

(1)各时期冲淤总量的验证,包括整个库区和整个下游河段以及分河段冲淤总量的验证。

(2)各时期冲淤过程的验证,包括整个库区和整个下游河段以及分河段逐年汛期、非汛期冲淤量的验证。

(3)各时期累积冲淤量的验证,包括整个库区和整个下游河段以及分河段逐年汛期、非汛期累积冲淤量的验证。

4.各时期冲淤特点的分析

1960～1964 年为三门峡水库蓄水运用时期,潼关以下库区全断面平淤,龙门至潼关河段主要是回水造成的"翘尾巴"淤积;黄河下游处于水库连续下泄清水冲刷过程。1965～1973 年为三门峡水库滞洪排沙运用时期,潼关以下主要经历塑造行水主槽的造床过程,龙门至潼关河段的淤积受来水来沙和水库运用引起潼关水位变化的双重影响,黄河下游处于三门峡水库连续下泄浑水的回淤过程。1974～1990 年为蓄清排浑运用时期,潼关以下的冲淤规律为非汛期淤积和汛期冲刷,龙门至潼关河段的冲淤特点为非汛期冲刷和汛期淤积,三门峡水库"蓄清排浑"运用对黄河下游河道河床冲淤的主要影响是改变了年内冲淤过程,即非汛期水库排泄全年泥沙,下游河道发生淤积。

5.验证结果

1)1960～1964 年水沙系列的验证

A.技术难点

1960～1964 年为三门峡水库蓄水运用时期,黄河下游处于连续下泄清水冲刷过程,以往本模型不能较好地进行连续下泄清水冲刷的计算,原因是计算中没有考虑河床质粒径的变化。本次做了如下简化处理:首先确定河床可冲刷厚度,随着冲刷过程的继续,床面粗化,床面抗冲刷能力增强,因此将床面分为三层,通过公式(7-9)中的冲刷粗化调整系数来反映床面粗化的过程。另外水库的坍岸量逐段平铺河底。

B.结果

验证结果如表 7-1 和图 7-8 所示。潼关以下冲淤总量,计算值为 36.6585 亿 m^3,实测值为 36.5195 亿 m^3,龙门至潼关河段冲淤总量,计算值为 6.3649 亿 m^3,实测值为 6.5157 亿 m^3;华县至潼关河段冲淤总量,计算值为 1.5246 亿 m^3,实测值 1.5774 亿 m^3。各段冲淤总量符合的较好。

表 7-1　1960～1964 年冲淤总量验证　　　　　　　　(单位:$10^8 m^3$)

河段\冲淤量	潼关以下	龙门—潼关	华县—潼关	全库区	铁谢—官庄峪
实测	36.5195	6.5157	1.5774	44.6126	−5.676
计算	36.6585	6.3649	1.5246	44.548	−6.0584

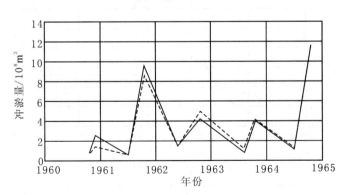

潼关以下冲淤量过程验证

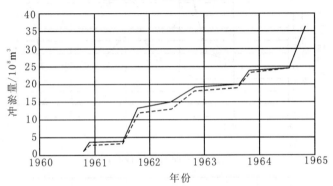

潼关以下累积冲淤量过程验证

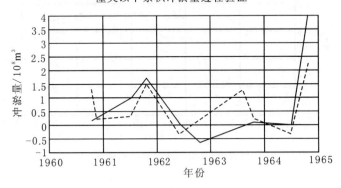

龙门-潼关冲淤量过程验证

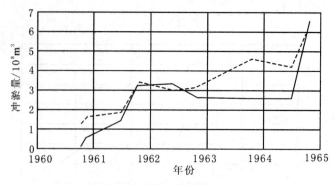

龙门-潼关累积冲淤量过程验证

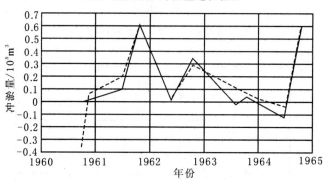

华县-潼关冲淤量过程验证

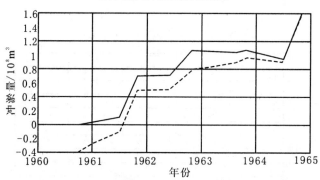

华县-潼关累积冲淤量过程验证

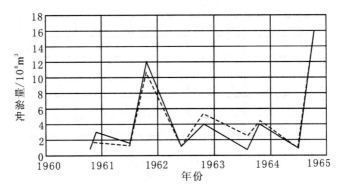

全库区冲淤量过程验证

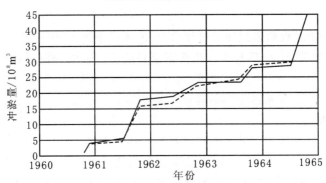

全库区累积冲淤量过程验证

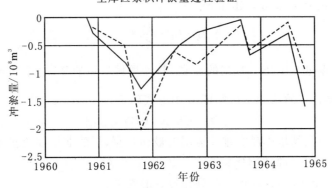

铁谢-官庄峪冲淤量过程验证

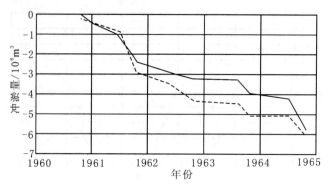

铁谢—官庄峪累积冲淤量过程验证

图 7-8　1960～1964 年各河段冲淤验证

从历年冲淤过程和累积冲淤过程来看,潼关以下河段和整个三门峡库区符合较好;龙门至潼关,华县至潼关以及铁谢至官庄峪河段的冲淤过程也基本符合良好。

2)1965～1973 年水沙系列的验证

A.技术难点

1965～1973 年为三门峡水库滞洪排沙运用时期,潼关以下的库区经历了塑造行水主槽的造床过程,从 1965 年汛前最初的河槽 B_0,逐步坍塌扩展,最终达到相应于造床流量下的冲淤基本平衡的河槽宽 BT,在这个过程中主槽河宽是随时间而变化的,理论上讲 B 可表述如下:

$$B=B_0+\frac{\partial B}{\partial t}\mathrm{d}t \tag{7-47}$$

式中:B 为坍塌过程中任一时刻的河宽,$\frac{B}{t}$ 为坍塌扩展速率,这个因子十分复杂,目前尚未从理论上解决。本次验证 B 由下式确定:

$$B=0.5(B_0+BT) \tag{7-48}$$

另外,在三门峡水库滞洪排沙运用的最初几年,虽然非汛期流量不很大,但库水位变幅比较大,溯源冲刷比较强烈。因此在库水位变幅大的非汛期,计算时段均采用 1 天 1 个时段,这样可以收到比较好的效果。

B.结果

计算结果见表 7-2 和表 7-3,整个库区冲淤总量,计算值为 8.4842 亿 m^3,实测值为 8.3719 亿 m^3,整个下游河道冲淤总量,实测值 28.3007 亿 m^3,计算值为 28.2826 亿 m^3,符合的很好,从表 7-2 可见沿程分段的冲淤总量符合也较好。

表 7-2　1965～1973 年三门峡库区总量验证　　　　　（单位：$10^8\,m^3$）

冲淤量 ＼ 河段	潼关以下	龙门—潼关	华县—潼关	全库区
实测	−7.989	10.9465	5.4144	8.3719
计算	−8.5615	11.3326	5.7131	8.4842

表 7-3　1965～1973 年黄河下游冲淤总量验证　　　　　（单位：$10^8\,m^3$）

冲淤量 ＼ 河段	铁谢—花园口	龙园口—高村	高村—艾山	艾山—利津	全下游
实测	5.309	13.2647	4.9346	4.7748	28.3007
计算	5.7398	12.95	5.1944	4.4165	28.2826

从历年冲淤过程和累积冲淤过程看，无论三门峡库区和全下游，还是分河段的情况，计算与实测基本相符。

3）1974～1990 年水沙系列的验证

A．技术难点

1974～1990 年为三门峡水库蓄清排浑运用时期，在这一水沙系列中的 1977 年小北干流发生了"揭河底"现象，如果不考虑这一观象，按公式（7-12）计算，则小北干流淤积相当严重，与实测资料比较相差甚远。如果考虑"揭河底"现象，在计算程序中必须给出。"揭河底"现象发生的条件，采用了万兆惠分析的结果（参见 7.2.2 节）。

万兆惠认为满足式（7-43）的前一条件表示成片河床可以被水流冲出，满足式（7-44）后一个条件表示冲起的泥沙不增加水流的挟沙负担，很容易被带走。在上述条件满足后，在计算程序中采用增大冲刷挟沙力来增加"揭河底"时的冲刷，通过对 1977 年小北干流冲淤量的拟合，在发生"揭河底"现象时，采用式（7-45）计算冲刷条件下的挟沙能力。

B．结果

验证结果见表 7-4 和表 7-5。整个库区冲淤总量，计算值为 4.0694 亿 m^3，实测值为 4.267 亿 m^3，整个下游河道冲淤总量，计算值为 12.7124 亿 m^3，实测值为 13.0179 亿 m^3，符合很好。从表 7-5 可见，沿程分段的冲淤总量符合的也较好。

表 7-4　1974～1990 年三门峡库区总量验证　　　　　（单位：$10^8 m^3$）

河段 冲淤量	潼关以下	龙门—潼关	华县—潼关	全库区
实测	0.3001	3.5394	0.4272	4.267
计算	0.3589	3.4222	0.2883	4.0694

表 7-5　1974～1990 年黄河下游冲淤总量验证　　　　　（单位：$10^8 m^3$）

河段 冲淤量	铁谢—花园口	龙园口—高村	高村—艾山	艾山—利津	全下游
实测	−0.6446	4.8289	6.6075	2.2261	13.0179
计算	−0.8662	4.6572	6.3089	2.6125	12.7124

从历年冲淤过程和累积冲淤过程看，无论三门峡库区和全下游，还是分河段的情况，计算与实测基本相符。

7.3.2　龙羊峡水库对三门峡水库和黄河下游河道的冲淤计算

1. 现状分析

龙羊峡水库是一个具有总库容 247 亿 m^3，以发电为主的多年调节大型水库。该库于 1986 年汛后蓄水，对其下游水量在年内的分配产生了明显的影响。其特点是汛期水量减少，非汛期水量增加，洪峰流量削减，流量过程趋于均匀化。根据1973 年 11 月至 1986 年 10 月和 1986 年 11 月至 1990 年 10 月两个时段的实测资料显示，龙羊峡水库蓄水运用后，龙门至潼关，潼关至大坝以及黄河下游河道的淤积量明显增加。但龙、刘水库的运用对三门峡水库及黄河下游的影响是十分复杂的，龙、刘汛期拦蓄洪水，非汛期增大泄量。这个过程到达龙门站其间要经过长达2000 多公里的演进，其中有宁蒙区间灌溉等引水、宁蒙段沙质河床调整以及中游五座大、中水库的影响。由于 1986 年 11 月至 1990 年 10 月，龙羊峡水库基本上属于初蓄阶段，汛期蓄水量较大，而非汛期下泄水量又较小，因此并不代表龙、刘两库联合运用的正常情况。此外，影响三门峡水库及黄河下游冲淤演变因素也是异常复杂的。因此，要较客观地比较龙羊映水库正常运用后对三门峡水库及黄河下游的冲淤影响，就是在保持三门峡水库及黄河下游河道各种边界条件（三门峡水库运用方式，黄河下游引水引沙等）相同的情况下，选择一个代表性的实测水沙系列（包括洪、平、枯），对实测和对其经过龙、刘水库调节的两个水文系列进行对比计算,探求龙羊峡水库正常运用后对三门峡水库及黄河下游的影响。由于龙、刘水库不同的调节水量对三门峡水库及黄河下游河道的冲淤影响是不同的,下面采用经龙、刘水库调节后的水沙系列进行对比计算。

2.计算条件

计算范围是黄河禹门口至利津,起始地形统一采用 1974 年汛前实测断面。无龙羊峡水库方案的入库水沙条件采用 1970 年 7 月～1985 年 6 月龙门、华县、河津和状头四站的实测流量和输沙率。有龙羊峡水库方案采用本专题提供的水沙系列,差别在于龙门站的流量经过龙羊峡水库的调节,其他与实测相同(表 7-6)。比较龙门站的水量年内分配可见(图 7-9 和图 7-10),有龙羊峡方案,龙门站汛期水量减少,年均减少 27.2 亿 m³,非汛期水量增加,年均增加 18.2 亿 m³。1970 年 7 月～1985 年 6 月实测水沙系列,龙门站汛期水量占全年的 54.2%,非汛期水量占全年的 45.8%;龙羊峡水库调节后龙门站汛期水量占全年的 45.5%,非汛期水量占全年的 54.5%。从四站(龙门＋华县＋河津＋状头)的情况看:无龙羊峡水库方案,汛期水量占全年的 56.8%,非汛期水量占全年的 43.2%;有龙羊峡水库方案,汛期水量占全年的 50.6%,非汛期水量占全年的 49.4%。

表 7-6　有、无龙羊峡水库方案来水来沙量统计

方案	无龙羊峡		有龙羊峡	
项目	水量/10⁸m³	沙量/10⁸t	水量/10⁸m³	沙量/10⁸t
15 年累积总量	5666.36	172.57	5529.49	172.57
年平均	377.76	11.50	368.63	11.50

有、无龙羊峡水库两个方案,三门峡水库均采用相同的运用方式,即

11～12 月,11 月控制水位为 310 m,12 月 1 日开始蓄水至 12 月 10 日最高蓄水位 315 m,12 月 11 日放水至 12 月 31 日库水位降至 310 m,下泄流量不小于 500 m³/s。

1～2 月是防凌运用,水库流量不大于 500 m³/s,允许最高水位 326 m,达到 326 m 后,出库流量等于入库流量。

3 月 1 日～3 月 25 日,水位逐渐降到 318 m,迎接桃汛到来。

3 月 26 日～4 月 20 日,最小流量 600 m³/s,允许最高水位 324 m,达到 324 m 后,出库流量等于入库流量,这是春灌蓄水运用情况。

4 月 21 日～6 月 20 日,水位逐渐降至 310 m。

6 月 21 日～6 月 30 日,水位逐渐降至 305 m。

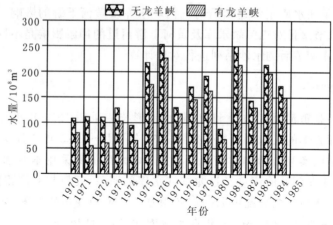

图 7-9　龙门站汛期水量过程

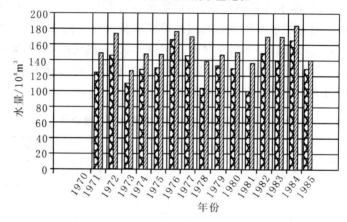

图 7-10　龙门站汛期水量过程

7 月 1 日～8 月 31 日,控制最低水位 302 m。

9 月 1 日～10 月 31 日,控制最低水位 305 m。

3.预测

采用数学模型进行了有、无龙羊峡水库两个方案(1970 年 7 月～1985 年 6 月)各 15 年的计算。计算结果表明,龙羊峡水库运用后,改变了三门峡水库的入库水沙在年内的分配,增加了库区和黄河下游各段的淤积。从表 7-7 可见,龙门至潼关段累积增淤 1.6477 亿 m³,年均增淤 0.1098 亿 m³;华县至潼关段累积增淤 0.2713 亿 m³,年均增淤 0.0181 亿 m³;全库累积增淤 2.5427 亿 m³,年均增淤 0.1695 亿 m³。从表 7-8 可见,铁谢至花园口段累积增淤 0.9965 亿 m³,年均增淤 0.0664 亿 m³;花园口至高村段累积增淤 2.1223 亿 m³,年均增淤 0.1414 亿 m³;高村至艾山段累积增淤 2.6458 亿 m³,年均增淤 0.1764 亿 m³;艾山至利津段累积增淤 0.3844 亿 m³,年均增淤 0.0257 亿 m³,全下游累积增淤 6.149 亿 m³,年均增淤 0.41 亿 m³。

可见,龙羊峡水库蓄水运用后,改变了三门峡水库入库水沙在年内的分配,其特点是汛期水量减小,非汛期水量增加,洪峰流量削减,流量过程趋于均匀化。龙羊峡水库蓄水运用后,增加了三门峡库区和黄河下游各段的淤积。龙羊峡水库不同的调节水量对三门峡及黄河下游的冲淤影响是不同的。

表 7-7　有、无龙羊峡水库方案三门峡水库冲淤量　　　　（单位:10⁸ m³）

方案	河段	潼关—三门峡	龙门—潼关	华县—潼关	全库区
无龙羊峡水库	15 年累积冲淤量	0.5713	1.6588	0.3228	2.5529
	年平均冲淤量	0.0381	0.1106	0.0215	0.1702
有龙羊峡水库	15 年累积冲淤量	1.195	3.3065	0.5941	5.0956
	年平均冲淤量	0.0797	0.2204	0.0396	0.3397

表 7-8　有、无龙羊峡水库方案黄河下游河道冲淤量　　　　（单位:10⁸ m³）

方案	河段	铁谢—花园口	花园口—高村	高村—艾山	艾山—利津	全下游
无龙羊峡水库	15 年累积冲淤量	0.5898	11.3483	7.3075	1.655	20.9006
	年平均冲淤量	0.0393	0.7566	0.4872	0.1103	1.3934
有龙羊峡水库	15 年累积冲淤量	1.5863	13.4706	9.9533	2.0394	27.0496
	年平均冲淤量	0.1058	0.898	0.6636	0.136	1.8034

7.4　工程治理和新水沙条件下黄河口清水沟流路行水年限模拟

清水沟流路行水年限的研究自 20 世纪 80 年代以来已有不少成果。近年来河口治理发展较快,河口地区的来水来沙发生了很大变化,因此迫切需要运用数学模型对各种变量进行动态分析,正确地计算现行流路的行水年限,这对于黄河口治理的科学决策以及长期规划黄河三角洲经济布局都具有十分重要的意义。曹文洪,张启舜等(1997)充分利用以往研究成果的基础上,对可能影响黄河口清水沟流路行水年限的因素进行分析,包括黄河中、上游水沙条件变化,大型水利工程(如小浪底工程)和工农业用水对河口形势的综合影响以及河口治理综合作用的分析。通过河口一维和二维数学模型的有效连接,能够有效地对有效流路行水年限的各种因素的作用进行动态和多方案的对比分析,从而预报了清水沟流路的使用年限和河道向海域伸展的安全距离。

7.4.1　黄河口流路演变历史

黄河以其多泥沙闻名于世,黄河口为弱潮、多沙河堆积性河口。历史上黄河三角洲人烟稀少,基本上不受人为影响的情况下,黄河尾闾摆动频繁,从 1955 年至 1976 年间三角洲河道发生了 10 次变迁。新中国成立后国家十分重视黄河治理和三角洲的开发建设,特别是胜利油田勘探、开发和生产,黄河三角洲的社会经济状况发生了巨大变化。清水沟改道是第一次有计划的人工改道,清水沟流路改道前后都采取了工程治理措施;同时近年来由于黄河中下游水利水保工程措施的作用以及干流骨干水利工程的修建,进入黄河的水沙发生了新的变化。因此,在工程治理和新的水沙条件下预测清水沟流路的行水年限是非常重要的。

黄河在郑州以下主要有四次大的改道(即 1128 年,1194 年,1494 年和 1855 年),形成了目前广大的冲积平原。按照历史年代,黄河三角洲通常可分为古代三角洲、近代三角洲和现代三角洲。

自 1855 年以来,近代黄河三角洲总共经历了 10 次改道过程,图 7-11 是改道的历程,表 7-9 给出了黄河口流路变迁的具体内容。

表 7-9　1855 年以来黄河入海流路变迁

序号	改道年份	改道地点	入海位置	流路历时/年	实际行水年限/年	改道原因
1	1855 年 8 月	铜瓦厢	肖神庙	34	19	伏汛决口
2	1889 年 4 月	韩家垣	毛丝坨	8	6	凌汛决口
3	1897 年 6 月	岭子庄	丝网口	7	5.5	伏汛决口
4	1904 年 7 月	盐窝	老鸹嘴(顺江沟、车子沟)	22	17.5	伏汛决口
5	1926 年 7 月	八里庄	刁口	3	3	伏汛决口
6	1929 年 9 月	纪家庄	南旺河	9	4	人为扒口
7	1934 年 9 月	一号坝	老神仙沟、甜水沟、宋春荣沟	20	9	堵岔未合拢改道,1938 年春花园口扒口山东河竭 9 年,1947 年 3 月堵复
8	1953 年 7 月	小口子	神仙沟	10.5	10.5	人工裁弯并汊
9	1964 年 1 月	罗家屋子	钓口河	12.5	12.5	凌汛人工破堤
10	1976 年 5 月	西河口	清水沟			人工截流改道

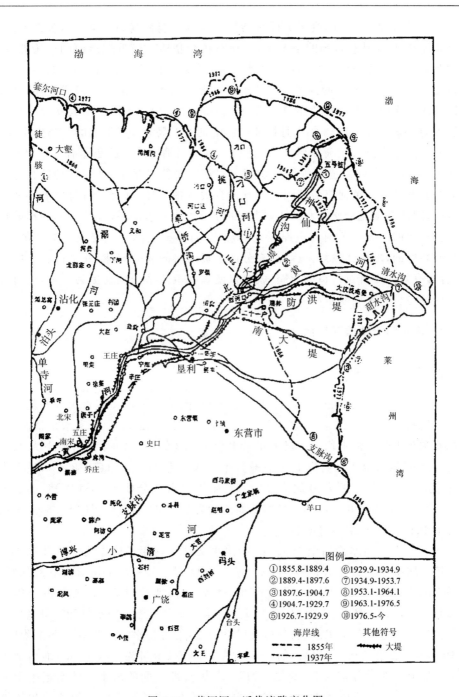

图 7-11　黄河河口近代流路变化图

可见,河口改道变迁,受各方面复杂的因素所影响和制约。虽然从长期看过,在基本不受人为因素影响的情况下,河口有机会塑造成较近似扇面的三角洲,但每次改道变迁是由分汊、决堤或人为因素等带有众多偶然机会所引起的。具体分析可见,1855 至 1929 年间河道决口改道基本上是天然洪水的作用造成的,而 1929年以后的几次改道人为因素的作用比较大,特别是 1949 年新中国成立以后三次改道人为因素更大。1953 年 7 月神仙沟流路是人工裁弯并汊形成的,1964 年 1 月钓口河流路是凌汛人工破堤形成的,而 1976 年 5 月清水沟流路更是有计划地人工截流改道,这是在人们逐步加深认识黄河口演变规律基础上,适应当地社会经济发展的必然结果。黄河口流路河道与其他客观事物一样,都有其自身发展和演变的规律,因此必须充分研究和认识,同时随着经济的迅速发展,人的因素的影响也是非常重要的。纵观黄河口流路变迁的历史,自然改道基本上是决口造成的,而且是破坏性的,寿命比较短。因此,充分认识黄河口的演变规律,并辅以相应的治理,合理有效地安排黄河口的流路,就可以使黄河口流路的变迁更为合理,更有效地与区域经济的发展联系起来。

7.4.2　清水沟流路演变规律

1.来水来沙概况

根据利津水文站 1950 年至 1995 年资料统计,多年平均径流量为 366 亿 m³,多年平均来沙量为 9.24 亿 t,多年平均含沙量为 25.2 kg/m³。从来水来情况看,年际间和年内分配极不均匀。最大年来水量为 973 亿 m³(1964 年),最小为 91.5亿 m³(1960 年),两者之比为 11∶1;最大年来沙量为 21.0 亿 t(1958 年),最小为0.96 亿 t(1987 年),两者之比为 22∶1。在年内水沙分配上,平均汛期水量为223.4 亿 m³,占全年的 61.6%;平均汛期沙量为 7.79 亿 t,占全年的 84.6%,来水来沙集中于汛期,且水沙不同步。

1976 年改道清水沟后至 1995 年,利津水文站平均年径流量为 257.3 亿 m³,较多年平均值偏小 29.7%;平均年输沙量为 6.44 亿 t,较多年平均值偏小 30.6%。年平均汛期水量 166.5 亿 m³,占全年的 64.7%,汛期沙量 5.77 亿 t,占全年的89.6%。图 7-12~图 7-15 为 1976 年以后清水沟流路所经历的水量和沙量过程及其年内分配的过程。从水沙过程看,有以下特点:①可将水沙过程分为两个阶段,即 1986 年以前和 1986 年以后,前十年利津站平均来水量为 308 亿 m³,而后十年为 180 亿 m³,沙量分别为 7.36 亿 t 和 4.60 亿 t,即后期的来水来沙量远小于前期。②后期含沙量有所增加,而来沙系数明显增大,这是造成河口河道淤积的直接原因。③水量的减少主要表现为汛期大于 3000 m³/s 流量的出现天数减少,前期平均每年 26 天,后期仅几天。图 7-16 统计艾山站 1949~1995 年历年最大流量的值,1949～1959 年平均为 7813 m³/s,1960～1969 年平均为 6193 m³/s,1970～1985 年平均为 5557 m³/s,1986～1995 年平均为 3664 m³/s,可见历年最大流量呈下降趋势,尤以 1986 年以后为最甚。

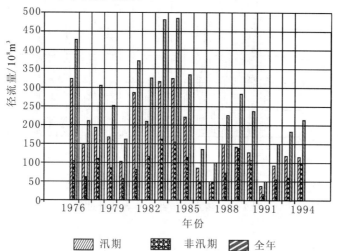

图 7-12　清水沟流路历年水量过程

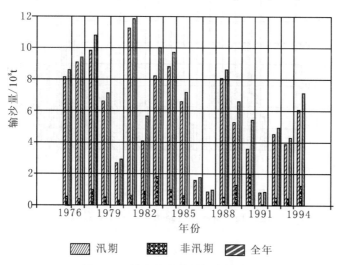

图 7-13　清水沟流路历年沙量过程

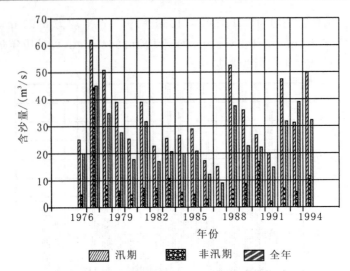

图 7-14　清水沟流路历年含沙量过程

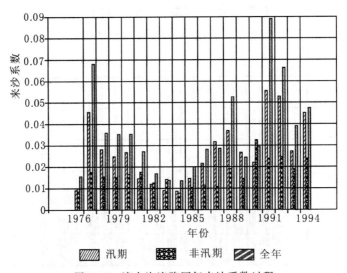

图 7-15　清水沟流路历年来沙系数过程

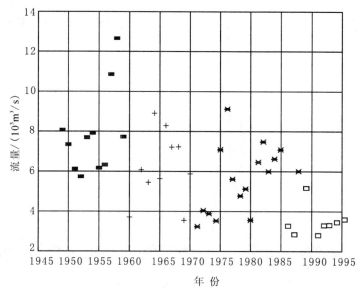

图 7-16　艾山站历年最大流量过程

2. 海洋动力的基本情况

海洋动力一般指潮汐、海流和波浪。黄河口位于渤海湾之间,平均潮差 1 m 左右,属陆相弱潮河口,潮区界较短,一般不足 20 km。黄河三角洲沿岸潮流为不正规半日潮型,在黄河入海口,由于沙嘴突出后,海岸地形、径流注入以及淡水泥沙淤积等作用,潮流场的分布发生了较大变化,根据 1984 年海岸调查测验资料分析表明,在沙嘴前沿约 10～15 m 水深区存在一个强潮流带,1984 年 8 月 25 日已在 502 站(37°41.6′N,119°19.6′E)观测的最大涨潮流为 141 cm/s,流向为 234°;最大落潮流为 181 cm/s,流向为 33°,所以潮流是泥沙搬运的重要动力。波浪是海洋中的又一重要的动力,本海区的波浪主要由海面上的风产生,因此受海上风场变化规律所控制具有明显的季节变化。波浪侵入浅水区,容易发生破碎,破碎波瞬时流速比较大,因此波浪侵蚀掀沙的作用不容忽视。根据中国科学院海洋研究所(1996)关于渤海及黄河口附近海域海洋动力状况及输沙能力研究报告,在水深 5 m 以内 8 m/s 的大风可使悬沙含量增加 3～5 倍,而 17 m/s 的大风可使悬沙含量增加 6～10 倍。黄河口的余流流速约几至十几 cm/s 不等,由于余流是非周期性的,它能沿着一定方向把泥沙作较长距离的输送。此外,风生激流作为一种风场与潮流场共同作用下的海水异常运动,具有突发性、速度大、持续时间短和空间尺度小的特点,1995 年 4 月 18 日在埕岛海域的离底 20 cm 处观测到的激流流速达 318 cm/s(图 7-17),因此风生激流的作用也要引起人们足够的重视。

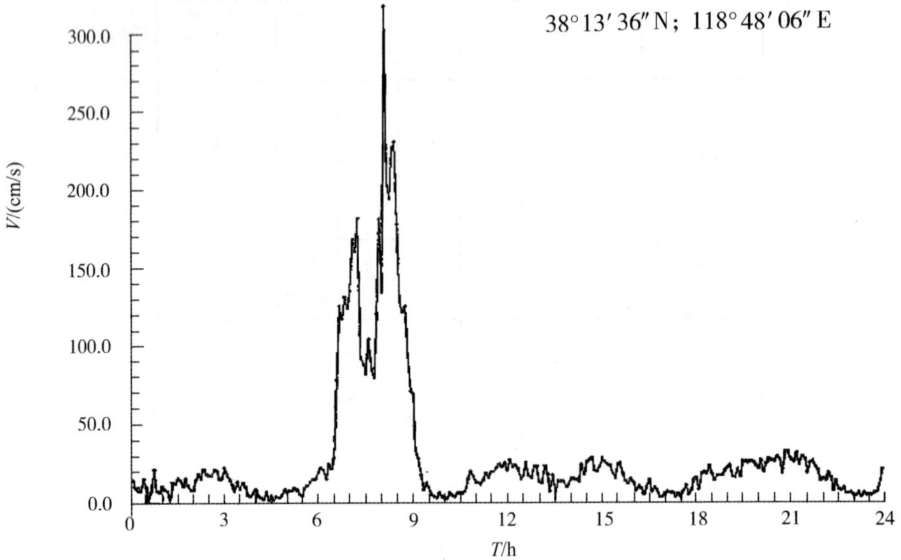

图 7-17 埕岛海域实测海流

综上,海洋动力的输沙能力可对黄河口沙咀产生强烈侵蚀作用,使黄河口在汛期由于来沙多出现强烈的堆积期,而在非汛期由于径流量少,海洋动力作用强烈,出现侵蚀的动力特性,根据1988～1989年实测蚀退最大距离可达4 km,估计8个月侵蚀量可达5000万t的量级,这相对日益减少的黄河来沙而言是一个不小的数值。1990年非汛期出现河口断流122天,这种风浪的侵蚀更加明显突出了。海洋动力作用还表现为海洋余流与入海径流的联合作用,根据胡春宏等(1995)对黄河口拦门沙演变规律研究表明,当来水的水沙比小于0.01 t/m^3,沙咀延伸的长度可以停止,即海洋可以将来沙全部带走。

3. 河道冲淤变化

实测资料表明,1976年6月～1995年5月,利津至西河口河段累积淤积0.218亿t,西河口以下至有断面观测资料范围内累积淤积4.789亿t,两项之和为5.007亿t,此间利津水文站来沙总量122.56亿t,利津以下河道淤积量占来沙量的4.09%。利津以下河口河道的冲淤变化可分为以下三个阶段。

第一阶段:1976年6月～1979年5月为流路淤积成槽阶段。此间利津至西河口河段共淤积0.079亿t泥沙,西河口以下共淤积3.625亿t泥沙。这一期间,1976年水沙条件比较有利,加之改道使河道入海距离缩短了37 km,引起改道点以下河道发生明显的沿程和溯源冲刷,1976年6月～1977年6月利津至西河口河段发生冲刷,一年内冲刷0.241亿t,主槽冲深0.73 m。而改道点以下由于水流游荡摆动不定,没有形成固定的河槽,漫流入海,但地势较低,清3以上淤积严重,滩地淤积1.05 m,主槽淤积 0.64 m。1977 年、1978 年属中水大沙年,利津以下河段全面淤积。

第二阶段:1979 年 5 月～1984 年 5 月为冲刷阶段。自 1979 年 5 月开始,由于水沙条件较好,加之河口已延伸至较大水深的海域,改道点以下已形成单一河槽,行水条件得到较大改善。西河口以上河段全面冲刷,1979 年 5 月～1984 年 10 月利津至西河口河段共冲刷 0.581 亿 t;在同一时期西河口以下河段,除 1979 年 5 月～1980 年 5 月淤积 0.280 亿 t 外,1980 年 5 月～1984 年 10 月是冲刷状态,共计冲刷 0.508 亿 t。在此期间入海口门未发生较大范围的摆动,水沙条件极为有利,因此上述河口河道的冲刷是明显的沿程冲刷和溯源冲刷共同作用的结果。

第三阶段:1984 年 5 月～1995 年 5 月为回淤抬高阶段。1984～1985 年水沙条件与 1981～1983 年相似,汛期主槽发生明显的沿程冲刷,但由于河口淤积延伸,产生溯源淤积。1986～1995 年水沙较枯,过水流量远小于河槽的过流能力,致使河槽不断淤积,逐渐枯萎,出现汛期、非汛期都淤积的严重局面,加之河口继续向外延伸,溯源淤积加重,此阶段河口河段的淤积是沿程淤积和溯源淤积共同作用的结果。从 1984 年以后至 1995 年汛前,利津至河口段累积淤积 2.114 亿 t。

4. 粒径变化

据统计,1986～1995 年利津站年平均来水量 180.4 亿 m³,年平均来沙量为 4.6亿 t,年平均含沙量 25.5 kg/m³,其中汛期 7～10 月来沙量占全年输沙量的 83% ～ 97%,来沙组成见表 7-10。$d>0.025$ mm 的泥沙占百分数变化范围为 32%～44.9%,年平均为 38.3%;$d>0.05$ mm 的泥沙所占百分数为 11.6%～16.2%,平均为 13.6%。

表 7-10　利津站粗细沙泥沙量统计

沙量 / 亿 t		神仙沟	钓口河	清水沟		总计
	流路	1953.7～1963.12	1964.1～1976.6	1976.7～1985.6	1986～1995	1953.7～1995.6
全沙量		129.7	134.4	75.6	46	385.7
床沙质 $d>0.025$ mm	沙量	42.5	57.3	35.4	17.6	152.8
	占全沙量/%	32.8	42.6	46.8	38.3	39.6
粗颗粒泥沙 $d>0.05$ mm	沙量	16.9	22.8	14.7	6.3	60.7
	占全沙量/%	13.0	17.0	19.4	13.6	15.7

1986～1995 年利津至清 8 断面河道冲淤测验资料的平均统计淤积物的组成见表 7-11。从表中可见,$d<0.025$ mm 的床沙所占百分数为 15.2%～25.7%,$d<0.05$ mm 的床沙所占百分数平均在 44.1%～68.8%,中值粒径 d_{50} 为 0.040～0.062mm 且沿程变细。从造床的角度来看,d_{10} 的泥沙粒径值为 0.01 mm 左右,即在河口段非造床质的界限大体为 0.01 mm。

表 7-11　河口各断面淤积物组成表

断面号	利津	清 1	清 3	清 4	清 7	清 8	清 9	清 10
$d<0.025$ mm 百分数/%	15.2	25.7	22.8	18.8	22.0	24.4	21.4	25.5
$d<0.05$ mm 百分数/%	44.1	50.9	55.2	48.4	49.6	68.8	63.8	65.7
d_{50}/mm	0.062	0.048	0.044	0.045	0.045	0.043	0.040	0.042

据统计,从 1986～1995 年的十年内,利津以下的口门地区的淤积分布为河道段占 4.1%,尾闾段占 21.6%,滨海段占 24.7%,因此可以推断输送到黄河口门地区的泥沙有 50% 左右,送到深海,大体相当于 0.01 mm 以下的颗粒的全部。利津水文站实测的各组泥沙来量的数值见表 7-10,从表中看出,40% 的来沙为大于 0.025 mm 的粉沙颗粒,15%～20% 的来沙大于 0.05 mm,即为粗沙颗粒。根据河口口门地区沉积物的测验资料,90% 为粉沙颗粒,中值粒径为 0.04 mm,拦门沙河段 51%～77% 为沙质颗粒,中径粒径为 0.06～0.085 mm,这表明几乎所有大于 0.025 mm 的泥沙沉积在整个三角洲地区,除此之外尚有 10% 左右小于 0.025 mm 的泥沙通过扩散沉积在河口口门两岸的扩散区。

5. 横断面形态变化

从清水沟流路实测断面看(图 7-18),清 1 以下各断面,在淤滩成槽阶段,大都出现整个断面大面积的平行淤高现象。从淤积部位看,1980 年以前,主要淤积部位在滩地,主槽深泓点左右移动。1981～1985 年连续出现 5 年较好的水沙条件,主槽下切及展宽。1986 年以后,无论汛期、非汛期大都处于持续淤积状态。主槽淤积严重,主要表现在主槽变窄、变浅,过水面积减小,河槽发生枯萎现象。从槽断面的演变过程可见,河口段河段横断面变化受来水来沙条件、河口淤积延伸及人工整治措施等因素的制约,但最主要还是河道形态与来水来沙条件相适应的过程,即河床的自动调整以适应来水来沙特点。黄河主槽经大流量塑造的河床,如遇连续的枯水年份,河道必将发生枯萎,出现心滩、嫩滩,在河槽内形成二级滩唇,使主槽明显缩窄,对防洪极为不利。同时,随着入海口门的稳定延伸,溯源淤积的持续发展,将加速河槽枯萎的进程。但主要的萎缩过程还是由于来水来沙产生的自上而下的萎缩过程。

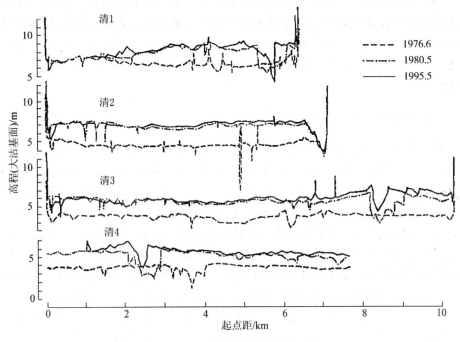

图 7-18　清水沟流路汛前断面比较

6. 纵比降的变化

河流纵剖面的调整必然反映出比降的增大或减缓,沿程淤积上大下小或溯源冲刷上小下大均是河床及水面比降变陡。沿程冲刷上大下小或溯源淤积上小下大均使河床及水面比降变缓。以汛前 3000 m³/s 流量相应水面比降变化作为分析依据,表 7-12 表明近年来上游河段的比降并未因河口延伸而变缓,这也表明目前河口的延伸与河道淤积并非同步。一号坝以上比降增加,说明以沿程淤积为主。西河口附近比降上小下大,这可能与西河口附近河道狭窄且弯曲,有明显的壅水有关。一号坝以下比降减缓较多,表明受河口淤积延伸的影响。

表 7-12　艾山以下各河段 3000 m³/s 流量下的水面比降变化(10⁻⁴)

河段	艾山—洛口	洛口—利津	利津——号坝	一号坝—西河口	西河口—清 3
1977 年	1.01	0.99	0.85	1.01	1.90
1981 年	1.04	0.99	0.98	0.97	1.47
1987 年	1.03	1.01	0.91	0.86	1.33
1992 年	1.02	1.01	0.95	0.87	1.39
1993 年	1.03	1.01	0.95	0.80	1.47

纵比降影响河口延伸的速度及对上游影响的程度,但纵比降又受到主河槽造床流量的影响,由于河槽造床流量的减少又会影响纵比降增加,而影响向海延伸的速度,增大对上游的影响,因此在大于 3000 m³/s 造床流量锐减的情况下,在中枯水年采用人工疏浚,扩大枯萎断面以降低纵比降,减少对上游的影响是十分必要的。

7. 河口沙嘴的延伸变化

以 2 m 等深线的推进变化作为沙嘴延伸的概化模式。图 7-19 是 2 m、5 m、10 m 等深线延伸变化图。从 1976 年至 1992 年,河口附近 2 m 等深线向前推进了 24.1 km,平均每年推进 1.5 km。1976 年 5 月～1979 年 10 月是清水沟行水初期,2 m 等深线推进了 7.8 km,平均每年推进 2.3 km,这期间河口附近水深较小,上游来沙最大,因此河口沙嘴淤进较快。经过了改道初期的淤积延伸,1979 年以后,河口比较稳定,河口沙嘴已突出到较大的海域,因而 1979 年 10 月～1992 年 10 月,2 m 等深线淤进速度逐渐减缓,这段时间内 2 m 等深线推进了 18.0 km,平均每年推进 1.4 km。这里值得一提的是,近年来 2 m 等深线推进的速度大大减缓,1988 年 10 月～1992 年 10 月平均每年只向前推进 1.2 km。1993～1994 年推进 0.95 km,1995 年基本没有延伸,这是由于近年来沙量少,沙嘴更向深水海域突出以及非汛期断流时间长,在海洋动力作用下沙嘴发生蚀退等因素造成的。

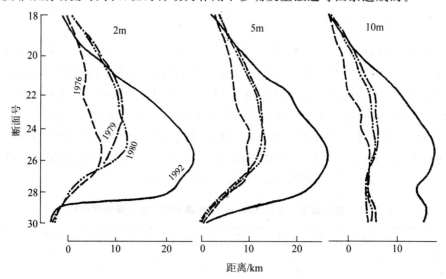

图 7-19　滨海区等深线演变图

7.4.3 黄河口未来的水沙变化

表 7-13 和表 7-14 分别列出近十年来进入黄河下游河段及进入河口段的来水来沙量的变化情况,表明进入下游及河口地区的水量分别减少 113 亿 m³ 和 230 亿 m³,沙量减少 3.6 亿 t 和 5 亿 t。造成这种变化的原因主要是中上游流域的水利水保工程、下游河道的淤积及引水引沙等多方面因素。未来影响进入黄河口的水沙变化的因素归纳起来有以下几方面。

表 7-13 黄河下游来水来沙量统计表(三门峡+黑石关+武陟)

项目 年份	径流量/亿 m³		沙量/亿 t		花园口站最大 洪峰/(m/s)	水沙组合
	全年	汛期	全年	汛期		
1986	315	134	4.14	3.74	4260	枯水少沙
1987	221	87.5	2.89	2.69	4800	枯水少沙
1988	346	212	15.5	15.4	7000	枯水丰沙
1989	400	216	8.06	7.56	6100	平水少沙
1990	367	142	7.24	6.66	4440	枯水少沙
1991	249	60.6	4.86	2.49	3180	枯水少沙
1992	256	136	11.1	10.6	626	枯水少沙
1993	316	148	6.08	5.63	4280	枯水少沙
1994	297	140	12.3	12.1	6260	枯水平沙
多年平均值	420	234	11.62	10.19		
1986~1994 年均值	307.4	141.8	8.02	7.43		

注:表中各年值为上年 11 月至当年 10 月值,7~10 月为汛期。

表 7-14 进入河口的利津站来水来沙量统计表

年份	水量/亿 m³		沙量/亿 t	
	汛期	全年	汛期	全年
1986	87.1	136.9	1.53	1.66
1987	50.6	99	0.77	0.89
1988	152.5	226.5	8.03	8.57
1989	144.4	286.3	5.28	6.54
1990	130.3	239.4	3.51	5.37
1991	39.0	54.2	0.80	0.83
1992	94.7	152.1	4.48	4.87
1993	123.0	185.9	3.71	4.84
多年平均(1950~1987 年)	240.0	404.0	8.50	10.0

1. 中上游流域的水利水保措施

对于近十年来水来沙的减少的原因,不少人认为是中游降雨量的减少所形成的枯水枯沙系列,事实上并非如此,表 7-15 列出了黄河流域产沙最多的河龙区间10 万 km^2 内的降雨量与产水产沙量的对比,表明近十年来流域年平均降雨量接近多年平均值,汛期的平均降雨量偏少 10%~15%,而来水量减少 40%,来沙量减少 45%,说明来水来沙量的减少主要不是降雨量造成的。1996 年流域降雨量大于多处平均值,而来水来沙比平均年份偏小许多就是佐证。

表 7-15　河龙区间降雨量与产水产沙对比表

年份	黄河流域年降水量/mm	河龙区间汛期		
		降水量/mm	水量/亿 m^3	沙量/亿 t
1986	375	169.5	10.60	0.945
1987	486	252.1	10.72	2.061
1988	533	340.5	43.34	8.209
1989	435	217.6	20.22	4.190
1990	490	310.1	21.14	3.377
1991	358	178.6	11.20	2.035
1992	464	353.8	30.20	5.251
1993	370	261	14.80	2.429
1994	415	305	34.60	7.310
1995	—	378.8	25.30	6.159
年平均	436	276.6	22.20	4.197
多年平均	450	326	36.00	7.620

国家黄河水沙基金项目的研究表明,在进行降水量的还原计算后得到造成上述变化的原因主要是流域的水利水保工程的减水减沙作用,见表 7-16。在同样的降水量条件下,20 世纪 80 年代比 50 年代平均减小 100 亿 m^3 水,减沙 5 亿 t,这个数值与表 7-13 和表 7-14 反映的数值基本接近。

以流域面积 3.4 万 km^2 的无定河为例,1989 年的水保工程淤地坝的数量及淤积情况见表 7-17,说明流域水利水保工程发挥了相当的作用。

表 7-16　流域水利水保工程对减水减沙的作用(20 世纪各年代)

项目	50 年代	60 年代	70 年代	80 年代
实测平均年径流量/亿 m³	429	457	359	368
水利水保减水量/亿 m³	97	136	156	190
还原后天然年径流量/亿 m³	526	593	515	558
实测平均年输沙量/亿 t	17.804	17.045	13.601	7.996
水利水保减沙量/亿 t	2.001	2.828	4 598	7.061
还原后天然年输沙量/亿 t	19.805	19.873	18.200	15.057

表 7-17　无定河流域 1989 年淤地坝统计表

分类	座数	20 世纪各年代建坝数/年代				控制面积 /km²	库容/亿 m³	
		50	60	70	80		总量	已淤
骨干	28			5	23	163	0.53	0.16
大型	631	54	153	410	14	4394	11.95	7.9
中型	2914	253	844	1667	150	3991	9.79	7.9
小型	7947	606	3223	3583	535		25.96	2.2
合计	11520	913	4220	5665	722		24.87	18.2

2. 小浪底水库修建后的拦沙作用

小浪底水库位于黄河三角洲上游大约 900 km 处,这是黄河从山区流入华北平原的最后一座峡谷水库。该综合性的水利工程以防洪和减少泥沙在下游河床的淤积为主要目的,该库可以将上游的 97.5 亿 t 的泥沙拦在库内,整个工程 1997 年截流,1998 年开始滞洪运用,2003 年完工,水库蓄水后,泥沙将拦在库内,从水库下泄的水流将冲刷下游河道,根据初步计算,在初期的 8 年内,下游河道在中枯水年冲刷量约 2 亿～3 亿 t,并送到河口河段。在今后的运行中水库将发挥调水调沙的作用。水库排沙大部分在人造 3000 m³/s 的洪峰下泄,黄河口的来沙量接近为天然来沙量减去黄河下游河道冲淤量,使黄河口的来水来沙更加集中在几次洪峰期内。

3. 下游河道淤积及引水引沙

表 7-18 表明近十年来由于水沙变化,下游河道淤积的特点是淤积总量接近多

年平均值,即每年 3 亿 t,但是淤积的百分数却增大到占来沙的 40%(原来为 25%)。同时在下游河道内出现了泥沙调节的现象,即在枯水小沙年(如 1987 年与 1991 年),几乎 70%泥沙淤积在下游河道的主槽内,在较丰的 1993 年和 1994 年又挟带到河口段或下游河道的两岸滩地上,这种现象将是今后的正常情况。

表 7-18　1986～1994 年黄河下游冲淤成果表

时段	全年		非汛期		汛期		出利津 /亿 t
河段	全下游	高村以下	全下游	高村以下	全下游	高村以下	
1986	2.549	1.593	1.086	1.289	1.463	0.034	1.66
1987	0.882	0.36	−0.071	0.268	0.953	0.092	0.89
1988	3.055	−0.262	−0.253	0.226	3.008	−0.488	8.57
1989	0.436	1.059	−0.345	1.004	0.781	0.055	6.54
1990	1.030	0.438	−0.878	0.401	1.908	0.037	5.37
1991	0.771	0.518	−0.825	0.371	1.596	0.147	0.83
1992	4.711	0.293	−0.210	0.371	4.921	−0.078	4.87
1993	−0.104	1.024	−1.375	1.083	1.271	−0.059	6.20
1994	2.124	0.370	−1.455	0.169	3.579	0.201	9.60
合计	15.454	5.393	−4.326	5.182	19.78	0.211	44.53
平均/亿 m³	1.717	0.599	−0.481	0.576	2.198	0.023	
平均/亿 t	2.404	0.839	−0.673	0.806	3.077	0.032	4.95
高村下/全下游	35%		—		1%		

注:本表为采用断面法计算值,计算单位为亿 m³

　　另外由于水资源的紧缺,今后下游引水量增加很快,不仅是非汛期,而且在汛期也将增大引水量,在引水的同时也增加引沙量,因而将来的黄河下游河道可能增加淤积量,但对进入河口段的泥沙则是呈减少的趋势。

　　4.利津以下河段的水沙利用及河道淤积

　　利津以下至黄河口现状河长约为 120 km,也具有调节泥沙的作用。以 1994 年 10 月～1995 年 6 月为例,利津来沙量 0.5 亿 t,而利津至清 9 河段却只淤积 0.07 亿 t。另外在此时期,引水引沙量占来水来沙量的 20%～30%,也会对河口段的来沙起到调节作用,即有 30%以上的泥沙在三角洲地区陆地沉积,从而减少进入河口段的泥沙。

5.未来黄河来水来沙的变化及设计水沙条件

从以上分析表明,由于上游的用水用沙及水库的建设,今后进入河口段的来水来沙将明显地减少。对于这方面的趋势性的预测,各家的估计都是一致,但是定量估计时差异较大。为此,根据以上的认识有三种系列来进行预测流路的使用年限(表 7-19、表 7-20 和表 7-21)。

(1)实测 1985~1994 年系列(艾山站)见表 7-19。其平均水量 261.7 亿 m^3,平均来沙量为 5.86 亿 t,从下游的水文系列分析属于枯水枯沙系列,但是从流域降雨看属于今后正常平均系列。

表 7-19　1985~1994 年天然实测系列(艾山站)

年份	径流量/亿 m^3			输沙量/10^8 t		
	全年	汛期	非汛期	全年	汛期	非汛期
1985	433	249.1	183.9	8.15	6.7	1.45
1986	225	116.7	108.3	2.63	2.07	0.56
1987	153	63.9	89.1	1.47	0.98	0.49
1988	259	184.5	74.5	9.50	9.1	0.40
1989	341.8	186.5	155.3	7.50	5.87	1.63
1990	313	139.3	173.7	5.32	3.42	1.9
1991	181.7	48	133.7	3.45	0.94	2.51
1992	197.5	114	83.5	6.56	5.67	0.89
1993	246.0	137.1	108.9	5.37	4.14	1.23
1994	267.0	132.8	134.2	8.67	6.63	2.04
平均	261.7	137.2	124.5	5.86	4.55	1.31

(2)采用 1950~1965 年系列见表 7-20,这个系列从长系列水文分析看天然情况下属于丰水丰沙系列,根据小浪底水库可行性研究阶段设计的数据,根据数学模型计算推导进入河口段的数据为:艾山站平均水量 331.8 亿 m^3,来沙量 7.68 亿 t,这段时间小浪底水库正处在空库拦沙期运用,艾山以上河段处于冲刷期,所以这一系列反映上游水库拦沙运用的情况。

表 7-20　1950～1964 年小浪底初期运用系列(艾山站)

年份	径流量/亿 m³			输沙量/10⁸ t		
	全年	汛期	非汛期	全年	汛期	非汛期
1950	288.5	98.0	190.5	2.66	1.10	1.56
1951	330.1	167.4	162.7	3.59	2.29	1.30
1952	252.7	155.9	96.8	2.75	2.13	0.62
1953	253.6	115.7	137.6	4.26	3.14	1.12
1954	392.7	228.8	163.9	10.94	9.51	1.43
1955	410.8	222.6	188.2	6.36	4.48	1.88
1956	305.3	191.8	113.5	8.27	7.43	0.84
1957	199.0	91.0	108.0	2.69	1.91	0.78
1958	389.3	274.2	115.1	14.45	13.31	1.14
1959	190.5	154.1	36.4	9.96	9.75	0.21
1960	55.0	12.9	42.1	1.43	1.12	0.31
1961	422.0	203.0	219.0	10.11	8.05	2.06
1962	362.2	155.7	206.5	4.18	2.43	1.75
1963	468.5	192.1	276.4	6.44	3.93	2.51
1964	657.4	394.6	262.8	27.04	24.64	2.4
平均	331.8	177.2	154.6	7.682	6.35	1.33

(3)采用 1965～1975 年系列见表 7-21。这个系列从长系列水文分析看天然情况下属于中水丰沙系列,包括几个中水大沙年 1966 年、1967 年、1971 年、1973 年,在此期间小浪底水库经过初期运用,拦沙库容已基本行满,水库进行调水调沙运用,仍采用小浪底可行性研究阶段的设计数据推演到进入河口段的数据,为艾山站平均水量 291.1 亿 m³,来沙量 9.03 亿 t。

表 7-21　1965～1974 年小浪底淤积平衡后系列(艾山站)

年份	径流量/亿 m³			输沙量/10⁸ t		
	全年	汛期	非汛期	全年	汛期	非汛期
1965	199.6	97.1	102.5	2.34	1.69	0.65
1966	403.8	182.6	221.2	14.65	12.63	2.02
1967	632.4	373.3	259.1	21.27	18.82	2.45
1968	452.9	246.7	206.2	12.92	11.24	1.68
1969	225.1	107.9	117.2	5.72	4.95	0.77

续表

年份	径流量/亿 m³			输沙量/10⁸ t		
	全年	汛期	非汛期	全年	汛期	非汛期
1970	257.2	156.4	100.8	13.08	12.43	0.65
1971	209.1	94.3	115.7	5.35	4.5	0.85
1972	161.8	98.3	63.5	2.98	2.67	0.31
1973	197.8	103.8	94.0	8.69	8.13	0.56
1974	171.8	76.9	94.9	3.31	2.80	0.51
平均	291.8	153.7	137.4	9.03	7.99	1.04

分析计算表明:虽然三者的来水来沙量差别很大,河口的淤积量及形态也差别较大,但其对上游的影响也有所不同。

7.4.4　河口治理工程作用分析

黄河自 1855 年于河南铜瓦厢决口夺大清河注入渤海后,在三角洲上入海流路发生改道共十次,其中前九次尾闾河道均未进行整治,基本任其自然演变。清水沟流路自 1976 年 5 月改道以来,便实施了一系列的河道整治工程,同时对河口进行了疏浚,与以往流路相比,重视了工程治理的作用。

1. 河道整治的作用

清水沟流路自改道点西河口至清 7,河口河道已共修河道整治工程 8 处,坝垛 125 段,工程长度 15 km,占清 7 断面以上河道长度的 29%;新修北大堤险工 4 处,坝垛 23 段,工程长度 3.4 km,占北大堤堤防长度的 12%。这些整治工程是根据防洪的需要逐步修建起来的,其作用有如下几点。

(1)稳定流路。

受河口淤积延长摆动、改道前后流程的变化、比降的调整以及新、老滩地抗冲性差异等因素的影响,黄河尾闾河道易变,横向摆动幅度较大,对堤防的威胁比较严重。由于及时修建了控导工程,增强了河床的横向稳定性。如西河口、八连工程,若未及时修筑,任其演变,滩岸继续坍塌,就有可能夺河走流。清水沟流路自 1980 年归股并汊形成单一河道后,整治工程对控制河势、稳定流路具有积极的作用。

(2)改善河相,利于输沙。

清水沟流路改道初期,流势散乱,河道宽浅,沙洲密布,具有游荡型河道的特点,随着河道整治工程的修建,河槽的横向摆动受到限制,主流线稳定,河势归顺,逐步演变成弯曲性河道。断面形态逐渐趋于窄深状,与初期相比滩槽差增大,即河相系数减小。因此在工程治理的情况下,流路保持一个较稳定的主槽,水流顺畅,有利于泥沙的输移。

(3)利于延长流路寿命。

神仙沟、钓口河两条流路行水末期,河道均在改道点渔洼附近出现连续的"S"河湾,因未有整治工程,致使河道蜿蜒迂回,河槽阻力增大,洪水位抬高和卡冰阻水,从而促使流路改道。清水沟流路采取了一定的工程措施对尾闾河道进行了整治,使主河道单一归顺,可以一定程度改善河床演变过程,为延长流路寿命奠定了基础。

2.河口疏浚的作用

1988 年开始的黄河口(清 7 以下)疏浚试验工程主要有以下几项。

(1)截支截汊。

采用木(钢)桩、苇(秸)、草袋、尼龙袋等简易材料,先后截堵较大潮沟 30 余条,使河口水流集中入海,挟带更多的泥沙。

(2)导流工程。

清 7 以下修建导流堤工程 44 km,导流堤顶高程控制按 1990 年当地 4000 m^3/s 流量水面线为标准,其目的是约束水流,稳定河槽,提高尾闾河道的挟沙能力。

(3)疏浚。

采用往返拖淤、爆破和机械开挖等方法清理阻水障碍,减轻口门壅水滞沙的程度,形成较为通畅的入海通道,以利泥沙顺利下泄。

几年来的实践表明,通过疏浚使拦门沙的危害程度有所减弱,减少河口断面萎缩和河床淤积,保持河口有一条排洪、泄沙、排凌的较为顺畅的通道,尽可能实现洪峰期河流动力向海洋动力的直接传递,使输入深海区域泥沙数量有所增加。

7.4.5 清水沟流路使用年限模拟预测

1.河口段数学模型选择与验证

本次数学模型选用 7.2 节介绍的系列过程计算模型,即通过河口模型的计算为河道模型提供下边界条件,而河道模型为河口模型提供进口的水沙条件及淤积延伸的过程。该模型强调河口对河道的影响,预报长时期、长河段的河道冲淤变化及河口淤积发展过程及对河道的影响。

1)模型在河口段的处理

黄河河口是弱潮河口,潮差仅 1 m,潮汐水流影响的河段很短,黄河口的淤积主要是河道泥沙向海域的淤积推进。每年由河道入海的泥沙数亿 t,而潮流向河道搬运的泥沙不多,仅千万吨量级。在海流(潮流、余流、风暴潮等)的作用下将部分泥沙带入深海（12～15 m 水深）后，黄河河口的淤积形态和过程类似于湖泊型水库（图 7-20）。海流对泥沙的搬运与海岸线的状况、渤海的潮流场以及风浪的作用密切相关，使得泥沙输移变化很大。而在河口泥沙淤积计算过程中仍遵循某一流通宽度的水流输沙向前运动的过程，然后摆动铺沙，逐步向前推移。河口海流的输沙类似于水库的异重流排沙，具体处理方法是：

（1）河与海的交界作为动边界的水库处理（图 7-21）；

（2）河道一维的虚拟坝址的位置根据海流挟带的数量来拟合；

（3）用平潮位作为库水位；

（4）局部流路改道按输入新的起始断面起算。

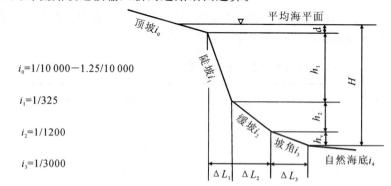

图 7-20　黄河口三角洲平均淤进情况纵剖面

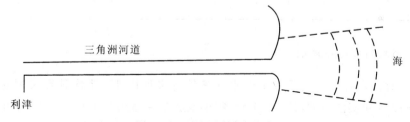

图 7-21　开边界水库概况图

2）模型验证

本次计算时间自 1976 年 6 月至 1994 年 5 月共计 18 年，验算范围为艾山以下河道及河口三角洲，起始地形采用 1976 年 5 月的实测大断面，验算内容为冲淤量及各断面主槽实际高程的变化过程。

表 7-22 给出了冲淤总量的验证结果，除利津至西河口段塌滩计算不出外，各河段无论是主槽和滩地计算值与实测值都非常相似，表明本数学模型计算结果精度较高，在冲淤总量和纵横向冲淤部位上均符合良好。

表 7-22　　1976 年 6 月至 1994 年 5 月冲淤总量验证　　　　（单位：10^8m^3）

项目	艾山—洛口			洛口—利津			利津—西河口			西河口—清 7
	主槽	滩地	全断面	主槽	滩地	全断面	主槽	滩地	全断面	
实测	0.69	0.42	1.11	0.89	0.56	1.45	0.19	−0.06	0.13	3.62
计算	0.87	0.40	1.27	0.92	0.56	1.48	0.25	0.05	0.30	3.52

　　表 7-23 给出了 1993 年汛期主要断面河底高程实测值与计算值，除清 7 断面外，各断面的计算值与实测值比较，误差均不超过 0.2 m，表明该数学模型根据河底高程的控制措施预报不同流路行水年限是可靠的。

表 7-23　　1993 年汛期主要断面河底高程实测值与计算值比较　　　　（单位：m）

站名	艾山	官庄	洛口	刘家园	杨房	道旭	利津	一号坝	西河口	清 3	清 7
计算值	38.24	33.92	27.42	23.53	18.80	14.75	11.61	8.94	7.02	5.34	3.56
实测值	38.20	33.96	27.56	23.66	18.79	14.58	11.74	8.86	6.88	5.56	4.08
差值	0.04	−0.04	−0.14	−0.13	0.01	0.17	−0.13	0.08	0.14	−0.22	−0.52

2. 预测的条件和指标

　　(1) 对进入河口地区的未来的水沙条件有多种估计。本次计算采用艾山站 1985～1994 年实测系列，1950～1965 年小浪底初期运用和 1965～1975 年小浪底后期运用利用数学模型推演到艾山站的水沙系列。三个系列的来水来沙量范围平均来沙量为 5.8 亿～9 亿 t，年均来水量 260 亿～330 亿 m^3；

　　(2) 对海洋动力输沙的作用进行了二维数学模型计算，得到了各种海岸边界条件下的不同流路和不同时期入海排沙比与输沙率的关系（图 7-22），并与清水沟流路的实测泥沙级配的分析结果进行了印证。在设计的年限内，海洋的输沙能力平均为 29.4%～58.9%（各条流路的不同汊道以及不同发展阶段均有差异），初期 25.1%～41%，末期 40.6%～58.9%。

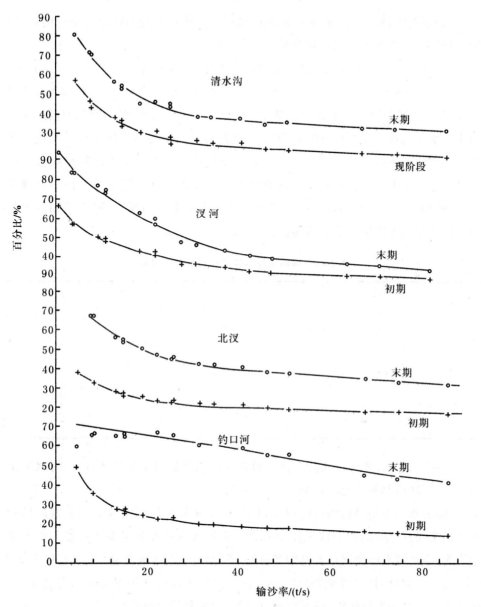

图 7-22　输入深海泥沙百分比与河口径流输沙率的关系

(3)不同流路的计算,都是在河道经过适当的工程治理的情况下进行的,计算中采用的河宽考虑了工程治理效果。

(4)本次对改道控制条件进行了多种方案计算,其中包括西河口 10 000 m³/s,7000 m³/s 和 6000 m³/s 相应水位达到 12 m 和西河口 10 000 m³/s 相应水位达到 13 m 作为控制条件。由于数学模型计算的结果为平均河底高程,因此根据历年各站实际水位流量关系及相应的平均河底高程,分析得出各站设防水位与相应平均河底高程的关系,7000 m³/s 和 6000 m³/s 流量的相应关系由水面线程序计算确定。堤防设计水位与相应的河底高程关系见表 7-24。在实际进行流路寿命预报时,根据西河口、一号坝和利津三个断面河底高程指标来确定,以避免采用一个断面河底高程作为指标而带来的偶然性。

表 7-24 堤防设计水位与相应的河底高程

断 面 \ 流量/(m³/s)	10 000	7000	6000
西河口	7.69	8.24	8.45
一号坝	9.58	10.43	10.74
利津	11.9	12.95	13.34

(5)采用 1993 年汛前实测断面资料作为计算初始河道边界条件,滨海部分采用 1992 年底所测水下地形作为计算初始条件。

(6)清水沟流路是指西河口以下、桩 3 以南和宋春沟以北约 70 km 宽海域内可以用来安排行河的各分汊流路的总称。根据海域情况和考虑到可能对黄河港的影响,今后清水沟流路可安排四条流路,即现行流路、汊河流路、北汊 1 和北汊 2(图 7-23)。此外,钓口河流路可以走二汊。因此为进行多种方案的组合比较,本次计算了清水沟现行流路、汊河流路、北汊 1 流路和钓口河流路。

3.计算成果分析

1)海流输沙排沙比的对比分析

根据二维数学模型的计算成果(图 7-22),在具体进行各流路计算时,汊河流路平均排沙比为 50.2%;现行流路为 40.8%,北汊 1 流路为 32.8%,钓口河流路为 41.5%。可见,汊河流路的平均排沙比最大,而现行流路和钓口河排沙比居中,

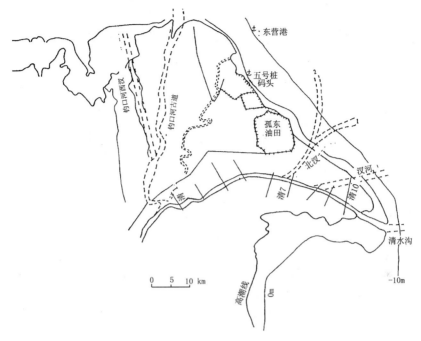

图 7-23　黄河口流路规划

北汉 1 流路的排沙比最小，这与海岸线的突出情况和当地海流强度等条件有关。由于汉河流路海域流速较大和现行流路海岸线最突出，处于较有利的位置，而北汉 1 流路稍差一些。可见目前的排沙比都在 30% 以上，均大于以往自然摆动下的排沙比数值，这也表明有计划的人工摆动比自然摆动能更好地利用渤海堆沙库容沉淀粗泥沙，使较多的细泥沙输沙入海。

　　2)行河年限

　　根据不同的水沙系列，以 1993 年汛前实测断面为起始条件，由二维数学模型提供下边界条件，分别对现行流路、汉河流路、北汉 1 和钓口河（单股）四条流路的使用年限进行了计算（表 7-25～表 7-28）。按西河口 10 000 m³/s 相应水位 12 m 作为控制条件，85～94 系列各流路的行河年限分别是现行为 6 年、汉河为 24 年、北汉 1 为 21 年、钓口河（单股）为 20 年；50～75 系列行河年限分别是现行为 18 年、汉河为 28 年、北汉 1 为 25 年、钓口河（单股）为 31 年；65～75 系列行河年限分别是现行为 13 年、汉河为 23 年、北汉 1 为 23 年、钓口河（单股）为 30 年。

表 7-25 清水沟现行流路行水年限预测

方案	水沙系列	西河口控制条件	行河年限/年	海域行河宽度/km	延伸长度/km	延伸速度/(km/a)	输沙比降/10^{-3} 西河口以下	输沙比降/10^{-3} 利津以下	艾山来沙量/10^8 t	泥沙淤积分布/10^8 t 河道	泥沙淤积分布/10^8 t 海域	海流挟沙量 沙量/10^8 t	海流挟沙量 排沙比/%
1	85~94	10 000m³/s,12m	6	24	4.2	0.70	1.28	1.15	34.9	2.8	18.4	13.7	42.7
2	50~75	10 000m³/s,12m	18	24	16.8	0.93	1.04	0.95	153.4	8.4	83.9	61.1	42.1
3	65~75	10 000m³/s,12m	13	24	15	1.15	1.05	0.94	128.6	6.6	76.1	45.9	37.6
4	85~94	7000m³/s,12m	11	24	7.8	0.71	1.13	1.07	67.4	5.0	34.9	27.5	44.1
5	50~75	7000m³/s,12m	22	24	20.7	0.94	1.06	1.00	190.5	13.3	101.5	75.7	42.7
6	65~75	7000m³/s,12m	16	24	17.9	1.12	1.07	1.02	160.3	10.6	91.4	58.3	38.9
7	85~94	6000m³/s,12m	15	24	10.5	0.70	1.13	1.05	88.4	5.9	44.9	37.6	45.6
8	50~75	6000m³/s,12m	25	24	22.9	0.91	1.09	1.03	205.5	14.3	108.5	82.7	43.3
9	65~75	6000m³/s,12m	18	24	18.6	1.03	1.07	1.01	168.6	11.4	95.8	61.4	39.1
10	85~94	10 000m³/s,13m	16	24	10.7	0.67	1.13	1.07	93.8	7.3	47.4	39.1	45.2
11	50~75	10 000m³/s,13m	28	24	29.9	1.07	1.06	0.98	243.7	16.2	133.7	93.8	41.2
12	65~75	10 000m³/s,13m	20	24	19.7	0.99	1.11	1.04	180.6	101.3	101.3	66.8	39.7

表 7-26　清水汊河流路行水年限预测

方案	水沙系列	西河口控制条件	行河年限/年	海域行河宽度/km	延伸长度/km	延伸速度/(km/a)	输沙比降/10^{-3} 西河口以下	输沙比降/10^{-3} 利津以下	艾山来沙量/10^8 t	泥沙淤积分布/10^8 t 河道	泥沙淤积分布/10^8 t 海域	海流挟沙量 沙量/10^8 t	海流挟沙量 排沙比/%
1	85~94	10 000m³/s,12m	24	22	17.6	0.73	1.24	1.12	139.8	4.2	62.8	72.8	53.7
2	50~75	10 000m³/s,12m	28	22	28.8	1.03	1.07	0.99	243.7	13.6	117.9	112.5	48.9
3	65~75	10 000m³/s,12m	23	22	26.7	1.16	1.08	1.00	218.9	11.4	107.6	99.9	48.1
4	85~94	7000m³/s,12m	30	22	19.7	0.66	1.19	1.11	176.7	8.1	72.5	96.1	57.0
5	50~75	7000m³/s,12m	34	22	33.0	0.97	1.13	1.00	292.6	18.5	135.5	138.6	50.6
6	65~75	7000m³/s,12m	32	22	32.8	1.02	1.10	0.96	287.9	16.7	137.1	134.1	49.4
7	85~94	6000m³/s,12m	32	22	21.2	0.66	1.22	1.11	187.8	8.5	78.8	100.5	56.1
8	50~75	6000m³/s,12m	35	22	33.8	0.97	1.14	1.00	295.8	19.2	136.6	140.0	50.6
9	65~75	6000m³/s,12m	33	22	35.6	1.08	1.09	0.95	309.2	18.5	146.0	144.7	49.8
10	85~94	10 000m³/s,13m	35	22	23.3	0.67	1.19	1.07	206.2	9.1	86.1	111.0	56.3
11	50~75	10 000m³/s,13m	38	22	38.5	1.01	1.07	0.96	334.0	20.9	157.5	155.6	49.7
12	65~75	10 000m³/s,13m	34	22	36.7	1.08	1.08	0.98	322.1	20.4	151.7	150.0	49.7

表 7-27　北汊 1 流路行水年限预测

方案	水沙系列	西河口控制条件	行河年限/年	海域行河宽度/km	延伸长度/km	延伸速度/(km/a)	输沙比降/10⁻³ 西河口以下	输沙比降/10⁻³ 利津以下	艾山来沙量/10⁸ t	泥沙淤积分布/10⁸ t 河道	泥沙淤积分布/10⁸ t 海域	海流挟沙量 沙量/10⁸ t	海流挟沙量 排沙比/%
1	85~94	10 000m³/s,12m	21	21.5	20.2	0.96	1.22	1.09	126.3	4.7	78.6	43.0	35.4
2	50~75	10 000m³/s,12m	25	21.5	29.6	1.18	1.11	0.99	205.4	11.0	135.0	59.4	30.6
3	65~75	10 000m³/s,12m	23	21.5	33.0	1.43	0.98	0.92	218.9	11.5	140.2	67.2	32.4
4	85~94	7000m³/s,12m	27	21.5	24.3	0.90	1.25	1.12	156.1	7.9	93.4	54.8	37.0
5	50~75	7000m³/s,12m	30	21.5	35.4	1.18	1.07	0.99	262.3	16.1	165.5	80.7	32.8
6	65~75	7000m³/s,12m	28	21.5	35.2	1.26	1.05	0.98	258.9	16.2	160.0	82.7	34.1
7	85~94	6000m³/s,12m	31	21.5	26.4	0.85	1.20	1.07	185.2	8.9	106.5	69.8	39.6
8	50~75	6000m³/s,12m	32	21.5	36.8	1.15	1.10	1.00	280.7	18.4	173.7	88.6	32.5
9	65~75	6000m³/s,12m	30	21.5	35.8	1.19	1.07	1.00	270.9	17.3	165.4	88.2	34.8
10	85~94	10 000m³/s,13m	32	21.5	26.9	0.84	1.22	1.10	187.8	9.1	108.1	70.6	39.5
11	50~75	10 000m³/s,13m	34	21.5	37.5	1.10	1.10	1.01	292.6	18.7	180.1	93.8	34.2
12	65~75	10 000m³/s,13m	33	21.5	39.9	1.21	1.05	0.99	309.2	19.1	186.7	103.4	35.6

表 7-28　钓口河流路(单股)行水年限预测

方案	水沙系列	西河口控制条件	行河年限/年	海域行河宽度/km	延伸长度/km	延伸速度/(km/a)	输沙比降/10^{-3} 西河口以下	输沙比降/10^{-3} 利津以下	艾山来沙量/10^8 t	泥沙淤积分布/10^8 t 河道	泥沙淤积分布/10^8 t 海域	海流挟沙量 沙量/10^8 t	海流挟沙量 排沙比/%
1	85~94	10 000m³/s,12m	20	24	14.4	0.72	1.27	1.09	117.8	5.1	63.1	49.6	44.0
2	50~75	10 000m³/s,12m	31	24	27.6	0.89	1.11	1.01	275.4	17.3	157.5	100.6	39.0
3	65~75	10 000m³/s,12m	30	24	25.8	0.86	1.08	1.01	270.9	16.0	148.8	106.1	41.6
4	85~94	7000m³/s,12m	40	24	26.0	0.65	1.28	1.12	235.6	10.9	121.8	102.9	45.8
5	50~75	7000m³/s,12m	38	24	32.0	0.84	1.08	0.95	334.0	21.6	185.4	127.0	40.6
6	65~75	7000m³/s,12m	34	24	32.8	0.96	1.07	0.97	322.1	20.3	182.0	119.8	39.7
7	85~94	6000m³/s,12m	41	24	26.7	0.65	1.25	1.06	244.1	11.2	127.2	105.7	45.4
8	50~75	6000m³/s,12m	39	24	33.1	0.85	1.07	0.97	346.9	23.7	192.3	130.9	40.3
9	65~75	6000m³/s,12m	38	24	34.0	0.89	1.07	0.97	349.2	23.3	189.8	136.1	41.8
10	85~94	10 000m³/s,13m	45	24	28.8	0.64	1.20	1.06	265.1	12.2	136.9	116.0	45.9
11	50~75	10 000m³/s,13m	41	24	34.5	0.84	1.05	0.97	365.7	25.9	200.1	139.7	42.5
12	65~75	10 000m³/s,13m	40	24	34.7	0.87	1.09	1.00	361.2	24.5	192.2	144.5	42.9

从同一流路不同来水来沙的行河寿命的分析看,50～75 系列或 65～75 系列,尽管来沙量较大(7.68～9.03 亿 t),但由于来水量较大(291.1～331.8 亿 m³)和小浪底水库的拦蓄及调节,河口输沙比降小,延伸长度大,比实测 85～94 系列的行河寿命要长;特别是现行流路和钓口河流路,由于初期西河口以下河长较长,溯源冲刷较弱,主要依靠水沙变化引起的沿程冲刷,现行流路 50～75 系列或 65～75 系列比 85～94 系到多行河 7～12 年,钓口河流路 50～75 系列或 65～75 系列比 85～94 系列多行河 10～11 年。而汊河流路和北汊 1 流路由于初期西河口以下河长较短,溯源冲刷比较强烈,各系列的行河年限相差不多。

1996 年夏季黄河改走汊河流路,现行流程变成了老河道。下面按汊河、现行(老河道)和北汊 1 的行河顺序计算清水沟流路的行河年限,根据水沙系列的不同有以下几种可能性:

(1)汊河(50～75 系列)行河 28 年,老河道(65～75 系列)行河 13 年和北汊 1(65～75 系列)行河 23 年,累计 64 年;

(2)汊河(50～75 系列)行河 28 年,老河道(85～94 系列)行河 6 年和北汊 1(85～94 系列)行河 21 年,累计 55 年;

(3)汊河(65～75 系列)行河 23 年,老河道(65～75 系列)行河 13 年和北汊 1(65～75 系列)行河 23 年,累计 59 年;

(4)汊河(85～94 系列)行河 24 年,老河道(85～94 系列)行河 6 年和北汊 1(85～94 系列)行河 21 年,累计 51 年。

此外,在北汊 1 上分支入原北股流路的海域称为北汊 2、在不影响黄河海港的前提下还可以行河几年。另一方面,根据二维数学模型的计算,老河道海域铺沙宽度为 24 km,汊河流路海域铺沙宽度为 22 km,北汊 1 海域铺沙宽度为 21.5 km,各流路的海域的淤积范围如图 7-24～图 7-27 所示。可见各流路的泥沙在海域的淤积范围有所重叠,那么各流路的行河年限将略有减少。

综上各方面的因素,清水沟流路从 1993 年汛前起算,还可行河 50 年左右。

3)河道向海域延伸的安全距离

在西河口 10 000 m³/s 流量相应水位 12 m 的控制条件下,河道向海域延伸究竟多远的距离,即西河口以下有多大的河长,是一个十分复杂的问题,影响的因素包括来水来沙条件,河道及海域的情况以及海流输沙能力等。本次采用数学模型进行众多方案计算表明(表 7-29),对于 50～75 和 65～75 丰水系列,其西河口以下

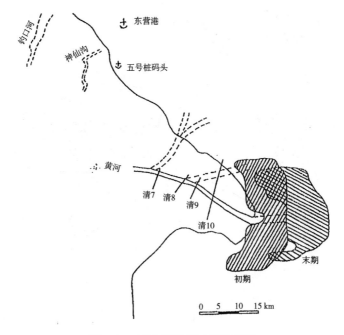

图 7-24　清水流路河口淤积范围

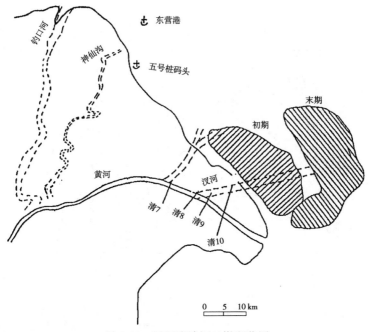

图 7-25　汊河流路河口淤积范围

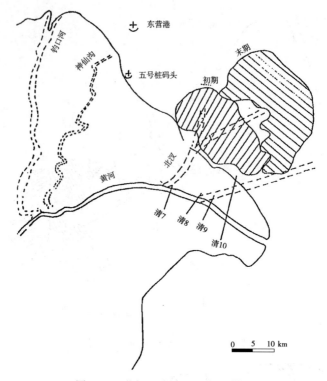

图 7-26　北汉 1 流路河口淤积范围

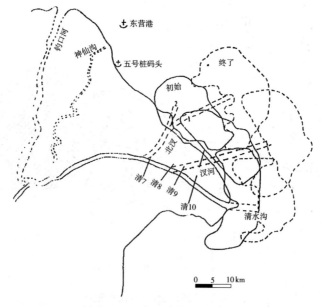

图 7-27　三条流路淤积范围对比

输沙比降在万分之 0.98 至万分之 1.1,输沙比降较缓,其西河口以下安全距离可接近 80 km;而 85～94 系列,其西河口以下输沙比降在万分之 1.25 左右,输沙比降较大,其西河口以下安全距离不到 70 km。因此多沙不一定不利,由于多沙必然是由多水带来的,多水则要求输沙比降缓,则河道向海域延伸的安全距离长。所以研究河道向海域延伸的安全距离,不能简单地用某一确定的比降直接线性地计算出,而要综合考虑各方面的因素,本数学模型反映了各因素影响的变化。

表 7-29　各流路向海域延伸的安全距离

水沙系列	流路	输沙比降/10^{-4}	西河口以下河长/km
85～94	现行	1.28	67.1
	汊河	1.24	70.4
	北汊 1	1.22	67.5
	钓口河	1.27	65.7
50～75	现行	1.04	79.7
	汊河	1.07	81.6
	北汊 1	1.11	76.9
	钓口河	1.11	78.9
65～75	现行	1.05	77.9
	汊河	1.08	79.5
	北汊 1	0.98	80.3
	钓口河	1.08	77.1

4)淤积形态

计算结果表明,丰水系列输沙入海比降在万分之一左右,而枯水系列输沙入海的比降达到万分之 1.25 左右。这种差别使得当以西河口水位作为控制水位来判断流路的使用年限时,两个系列计算的使用年限有所差别。尽管丰水系列来沙较多,但输沙比降平,向海域延伸的距离较长,海域堆积较多的泥沙,而枯水系列虽然来沙少,但要求输沙比降较陡,向海域延伸距离较短,海域堆积泥沙少。

表 7-30 给出各流路主要断面高程的变化,表明丰水系列与枯水系列的淤积形态是不同的,丰水系列对西河口的影响主要是河口向海域延伸,而枯水系列主要是自上而下的沿程淤积。

表 7-30　各流路主要断面高程变化　　　　（单位：cm）

站名		艾山	洛口	利津	一号坝	西河口
计算起始高程		38.20	27.56	11.74	8.86	6.88
水沙系列	行水年限/年					
汊河						
85～94	24	38.83	28.26	12.33	9.62	7.82
50～75	28	37.22	26.00	11.73	0.46	7.95
65～75	23	37.42	26.21	11.68	9.40	7.88
现行						
85～94	6	39.18	28.61	12.48	9.74	7.87
50～75	18	37.71	26.65	11.90	9.64	7.13
65～75	13	37.73	26.85	11.87	9.59	8.08
北汊1						
85～94	21	39.14	28.17	12.34	9.67	7.79
50～75	25	36.98	26.01	11.97	9.49	7.85
65～75	23	37.23	26.26	11.69	9.44	7.72
钓口河						
85～94	20	39.04	28.22	12.43	9.83	7.74
50～75	31	37.08	26.34	12.14	9.73	7.80
65～75	30	37.98	26.76	12.16	7.76	9.67

5）不同过洪能力对行河年限的影响

当流路在行河过程中防洪水位超过设计防洪标准时，采取分洪 3000～4000 m³/s的措施，降低渭口地区的水位。计算结果表示，对同一水文系列和同一流路可以延长行河年限 5～10 年，河长增加 3～8 km。这表明实施高位分洪或双汊行洪主付互补的规划（即主汊走 6000～7000 m³/s，付汊走 3000～4000 m³/s），可能比较符合目前的造床条件，使流路的使用年限延长。

6)西河口设防水位提高 1 m 流路的行河年限

本次还进行了西河口改道控制条件为 10 000 m³/s 相应水位为 13 m 的各条流路不同水文系列条件行河年限的计算。计算结果表明,对同一水文系列和同一流路可以延长行河年限 10 年左右。因此综合清水沟流路四汊,西河口设防水位提高 1 m 后,清水沟流路还可行河 80 年左右。

7)海平面升高的影响

根据有关研究预测(表 7-31),在未来 50 年左右,黄河三角洲附近的海平面抬高 0.5 米左右。为此专门对汊河流路海平面升高 0.5 m 的条件下进行了计算,计算结果(表 7-32)表明,不同水文系列条件下,流路的使用年限将减少 2～4 年,差别不是太大。这是由于黄河河道比降较陡,海平面抬高 0.5 m 向上影响的范围较短。

表 7-31　中国主要河口三角洲平面抬高预测　　　　　　　　　　　（单位:cm）

地区	1990～2030 年	1991～2050 年
黄河三角洲	30～35	40～55
长江三角洲	30～40	50～70
珠江三角洲	20～25	40～60

4.方案组合

根据以上计算,组合未来流路使用超过 100 年的三个方案如下。

第一方案:清水沟流路四汊(即现流路、汊河、北汊 1 和北汊 2),黄河大坝加高 1 m(即两河 1000 m³/s 的设防水位,由 12 m 提高到 13 m 高程)和维持河床不枯萎的常年疏浚。

第二方案:清水沟流路三汊(即现流路、汊河、北汊 1)与钓口河作为 3000～4000 m³/s 的分洪道,以及维持河床不枯萎的常年疏浚。

第三方案:清水沟流路三汊(即现流路、汊河、北汊 1)与钓口河流路二汊(故道与西汊)以及周期性的改河时工程疏浚开挖。

表 7-32　清水沟汊河流路行水年限预测(海平面升高 0.5m)

方案	水沙系列	西河口控制条件	行河年限/年	海域行河河宽度/km	延伸长度/km	延伸速度/(km/a)	输沙比/10⁻³ 西河口以下	输沙比/10⁻³ 利津以下	艾山来沙量/10⁸ t	泥沙淤积分布/10⁸ t 河道	泥沙淤积分布/10⁸ t 海域	海流挟沙量 沙量/10⁸ t	海流挟沙量 排沙比/%
1	85~94	10 000m³/s,12m	20	22	13.9	0.70	1.22	1.11	117.8	5.4	53.0	59.4	47.2
2	50~75	10 000m³/s,12m	26	22	24.3	0.93	1.09	0.99	207.7	13.4	99.9	94.4	58.6
3	65~75	10 000m³/s,12m	19	22	21.7	1.14	1.10	1.01	177.5	9.7	89.2	78.6	46.8
4	85~94	7000m³/s,12m	25	22	17.6	0.70	1.20	1.10	147.3	6.2	67.3	73.8	52.3
5	50~75	7000m³/s,12m	31	22	31.8	1.03	1.07	0.99	275.4	18.2	132.7	124.5	48.4
6	65~75	7000m³/s,12m	26	22	29.8	1.15	1.10	1.02	250.6	16.0	124.2	110.4	47.1
7	85~94	6000m³/s,12m	27	22	19.3	0.71	1.23	1.14	156.1	8.6	70.3	77.2	52.3
8	50~75	6000m³/s,12m	33	22	32.5	0.98	1.10	1.00	283.7	19.0	136.3	128.4	48.5
9	65~75	6000m³/s,12m	29	22	30.7	1.06	1.08	0.99	267.8	17.1	131.4	119.3	47.6
10	85~94	10 000m³/s,13m	30	22	19.9	0.66	1.18	1.10	176.7	9.3	73.6	93.8	56.0
11	50~75	10 000m³/s,13m	35	22	34.0	0.97	1.09	1.01	295.7	20.1	139.9	135.7	49.2
12	65~75	10 000m³/s,13m	30	22	31.1	1.04	1.11	1.02	270.9	17.7	132.1	121.1	47.8

第8章　流域分布式侵蚀产沙模型研究

流域侵蚀与产沙是一个复杂的系统,很早就受到国内外学者的重视并取得了大量的研究成果,并开发了多种流域的产流产沙模型。目前国内的流域水文泥沙过程模型多为集总模型(lump model),即把影响过程的各种不同的参数进行均一化处理,进而对流域水文泥沙过程的空间特性进行模拟,其模型结果不包含流域水文泥沙过程空间特性的具体信息。随着人类活动对流域侵蚀产沙过程的影响越来越大,迫切需要了解流域内不同区域下垫面变化时,河流系统水文泥沙的响应。例如,修建梯田改变了坡度和坡长,砍伐森林、坡地开垦或恢复植被改变了地表植被覆盖状况等,改变了地表径流的形成和汇集过程、水流能量的耗散方式、地表物质的抗蚀力与雨滴及径流侵蚀力的相关关系。随着现代计算机的高速发展和地理信息系统的引入,为数据的提取、储存、处理和计算提供了灵活、方便的手段,使分布式模型(distributed model)的发展成为可能,并成为当今国际文科学研究的重点和发展方向(Michael and Refsgaard,1996;Michaud and Sorooshian,1994;郭生练等,2000)。分布式模型所需数据量大,模型充分考虑到流域各个因子的时空差异性,将流域细化为多个连续的小单元,不同单元中流域因子不同,而每一个单元中的流域因子近似相同。因此,模型可以反映时空变化过程,可对流域内任一单元进行模拟和描述,从而把各个单元的模拟结果联系起来,扩展为整个流域的输出结果,同时还能兼容小区试验成果,能更恰当地模拟流域的水文泥沙的时空过程,将为优化流域不同单元水土保持措施和确定综合治理方案奠定坚实的基础。为此,本节针对物理概念明晰的 Green-Ampt 入渗方程,提出了适用于更为普遍的非恒定降雨强度情况的一套改进的计算方法,并运用 Matlab 语言开发和建立了小流域产汇流分布式模型,以模拟流域在不同人类活动下的产汇流时空过程,从而加强模型在水保措施制定中的应用及检测流域管理措施对径流过程产生的影响,并为进一步建立小流域产沙分布式模型奠定了基础。

8.1　次暴雨产沙数学模型

曹文洪和张启舜(1993)采用成因分析方法建立了次暴雨径流深、产沙量及泥沙输移比公式,并将大流域分割成若干小流域,把小流域产沙计算与河道模型相联,形成了一套较完整的次暴雨产沙数学模型。

8.1.1　径流深公式

径流深在流域侵蚀与产沙中是一个极为重要的因子,而在天然流域测验中并不能直接得出,因此有效的径流深计算具有十分重要的意义。影响径流的因素十分复杂,如降雨方面的历时、强度和空间分布的均匀性等;下垫面方面的流域大小、形状、地形地貌、地表植被等,因此进行径流估算时必须忽略某些因素,同时简化其他因素。从黄土高原的特性和上述分析出发,结合天然流域资料的可获得性(即实用性),本节在估算径流深时,主要考虑了降雨量、降雨强度和土壤前期影响雨量,其中一次降雨的土壤前期影响雨量用下式计算:

$$P_a = \sum_{i=1}^{15} K_i X_i$$

式中:P_a 为本次降雨的土壤前期影响水量,mm;K 为消退系数,黄河中游地区取 $K=0.85$;X_i 为本次降雨前 i 天的流域平均降雨量,mm。

统计和分析了黄河中游 12 个小流域 40 次暴雨径流资料(表 8-1),经过多元回归分析,建立了一次暴雨径流深公式:

$$h = -9.342 + 3.479 P_a^{0.15} + 0.19H + 0.198I \tag{8-1}$$

式中:h 为一次暴雨径流深,mm;H 为一次暴雨小流域各站平均降雨量,mm;I 为一次暴雨小流域各站平均雨强,mm/h。复相关系数 $R=0.9$,验证结果如图 8-1 所示。

表 8-1　小流域基本资料

流域	位置	面积/km²	资料时限/年	P_a/mm	H/mm	I/mm/h	h/mm
南窑沟	绥德	0.73	1954～1956	10.46～21.82	16～33.9	3.6～9.5	0.24～4.58
小石沟	绥德	0.22	1959～1961	6.52～80.94	9.5～20.5	4.5～16	0.49～7.13
试验场	绥德	1.77	1979	11.37～15.46	17.7～37.5	3.3～6.9	0.12～0.334
王家沟	榆林	0.43	1958～1959	3.45～41.60	19.2～64.7	3.3～49.7	3.36～15.98
杨湾沟	靖边	0.90	1959～1960	7.45～31.91	22.9～57.5	2.2～19.8	0.30～2.67
于家坬沟	靖边	7.16	1960～1961	4.18～23.39	3.6～55.4	1.8～10.9	0.13～0.64
高渠沟	靖边	0.07	1958～1959	7.62～12.93	18.7～88	5.7～31.1	0.57～18.92
孟家沟	神木	2.03	1959～1961	5.56～45.69	11～142.6	3.5～11.3	0.70～32.80
阳崖沟	神木	0.88	1960～1961	4.70～21.40	11.8～18.9	3.1～5.7	1.00～2.21
裴家峁	绥德	41.20	1960～1964	0.92～13.01	18.4～137	1.4～7.1	1.26～23.02
东沟	灵台	13.50	1959	3.86～17.03	9.8～34.7	2.6～44.9	0.10～2.21
甘沟	镇原	21.10	1959～1960	7.04～12.77	10.8～42.8	2.3～18.5	0.13～1.74

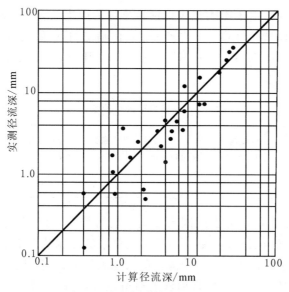

图 8-1　实测与计算径流深比较

应用式(8-1)的径流深公式可以进行黄土地区侵蚀性暴雨标准的探讨。侵蚀性暴雨是指能够引起土壤侵蚀的降雨。在黄土地区,由于黄土疏松,一旦有径流发生,必将引起土壤侵蚀,因此将能使地表产生径流的降雨作为确定侵蚀性暴雨标准的原则,即在式(8-1)中令 $h=0$。经统计,黄土地区的土壤前期影响雨量一般在 $0\sim80$ mm,平均为 15 mm 左右,在式(8-1)中取 $P_a=15$ mm,则可以得到:

$$h=-4.12+0.19H+0.198I \tag{8-2}$$

取降雨历时为 1 h,由式(8-2)可得侵蚀性降雨量为 10.6 mm。

8.1.2　小流域产沙公式

1. 产沙因子的分析

影响流域产沙的因素只能从气候、下垫面和人类活动三个方面来考虑。为确定黄土地区流域产沙因子的定量指标,分析了黄河中游近 20 个小流域的实测资料。经统计分析,选取了下列因子:①一次暴雨的径流深;②一次暴雨小流域各站平均雨强;③土壤可蚀性指标;④沟壑密度;⑤流域主沟比降;⑥水保因子。

(1)降雨侵蚀力,引起土壤水蚀的能量来源有两个,一是径流的动能,二是雨滴的动能。径流深表述了径流动能,雨强表述了雨滴动能,因此径流深和雨强的综合作用体现了降雨侵蚀力。

(2)土壤可蚀性指标。土壤作为侵蚀的对象,有其可蚀性。具体地讲,土壤可蚀性指标综合反映了影响土壤渗入率、通透性、总持水能力、分散性、溅蚀、磨蚀和搬运力的土壤特性。由于影响土壤可蚀性指标的因素众多,以及资料的缺乏,本研究在确定可蚀性指标时采用了比较法。具体确定如下,假设黄土丘陵沟壑区第Ⅰ副区的可蚀性指标 $K=1.0$,将其他类型区与之比较,经相关分析得出各类型区的可蚀性指标见表 8-2。

表 8-2　各类型区的可蚀性指标

类型区	黄土丘陵沟壑区第Ⅰ副区	黄土丘陵沟壑区第Ⅱ副区	黄土丘陵沟壑区第Ⅲ副区	黄土高原沟壑区	黄土丘陵沟壑区涧地区	黄土丘陵片沙区	黄河沿岸土石山区
K	1.0	0.83	0.71	0.8~1.0	1.19	0.95~1.0	0.4~1.0

(3)沟壑密度。我国黄土地区水土流失极为严重,由于黄土层深厚、土质疏松、粉粒含量高、抗冲蚀性弱,地面一旦出现集中的径流就会引起冲刷,形成各种类型的侵蚀沟,构成了黄土地区千沟百壑的地貌特征,沟壑密度就是表征这种地貌特征的因子。各级沟道不仅是输沙的通道,也是产沙的场所,因此选择沟壑密度作为小流域的产沙因子。

(4)流域主沟比降。流域主沟比降综合反映了流域的地貌特征,主沟比降越陡,挟沙能力越大,表征流域的侵蚀产沙越多,统计分析表明,流域的产沙量与主沟比降成正比关系。

(5)水保因子。随着工农业生产的发展,人类活动越来越成为影响流域产沙的重要方面。近年来,我国黄土地区的水土保持工作发展迅速,打淤地坝、修梯田、植树种草等措施,改变了小流域出口固有的产沙规律,因此建立流域产沙公式时,人类活动影响是不容忽视的。

本章水保因子的定量确定,是根据绥德、天水、西峰等水保试验站资料,通过相关分析得出:

$$P=1-\frac{15a_0+a_1+0.72a_2+0.35a_3+0.9a_4+0.6a_5}{1500A} \tag{8-3}$$

式中:a_0 为淤地坝可淤面积,亩[①];a_1 为水平梯田面积,亩;a_2 为隔坡梯田面积,亩;a_3 为地埂面积,亩;a_4 为林地面积,亩;a_5 为草地面积,亩;A 为流域面积,km^2。

2.小流域产沙公式的建立

在黄河中游地区,小流域基本包括毛沟,支沟和干沟。经过对小流域实测资料的统计分析,分别建立了毛沟小流域和支干沟小流域的产沙公式。

1)毛沟小流域产沙公式($A<5\ km^2$)

---

① 亩为非法定单位,1 亩≈666.7 m²,下同。

收集和整理了黄河中游 8 个毛沟小流域共 48 次暴雨洪水资料(表 8-3)。通过多元回归建立了毛沟小流域一次暴雨产沙公式:

$$M_s = 85KD_g^{0.189} J^{0.664} P^{1.504} h^{1.126} I^{0.245} \tag{8-4}$$

式中:M_s 为流域产沙模数,t/km^2;K 为土壤可蚀性指标;J 为主沟比降,‰;P 为水保因子;D_g 为沟壑密度,km/km^2;h 为一次暴雨径流深,mm;I 为一次暴雨小流域各站平均雨强,mm/h。

表 8-3　毛沟小流域基本资料

沟名	位置	流域面积/km²	资料年限/年	影响毛沟产沙因子					
				K	D_g/(km/km²)	J/%	P	h/mm	I/(mm/h)
南窑沟	绥德	0.732	1958~1961	1.0	7.78	6	0.868~0.896	0.321~7.186	2.4~30
青杨峁沟	绥德	0.382	1958~1961	1.0	7.68	3.2	0.959~0.979	1.243~20.287	2.1~26.7
三试验场	绥德	0.302	1958~1961	1.0	6.33	8.8	0.481~0.486	1.987~10.36	2.8~21
育林沟	绥德	0.137	1961~1962	1.0	3.83	19	0.369~0.572	1.685~3.763	2.9~9.6
青草沟	榆林	0.373	1959~1960	0.95~1.0	2.73	5	1.0	2.156~13.696	3.2~20.5
王家沟	榆林	0.434	1960	0.95~1.0	2.66	4.65	1.0	2.815~24.771	7.9~49.7
杨湾沟	靖边	0.9	1959~1961	1.0	3.5	8	0.803~0.966	1.331~12.722	3.6~32.6
孟家沟	神木	2.03	1960~1961	0.4~1.0	2.15	3.8	0.308~0.857	0.679~3.352	3.6~11.3

复相关系数 $R=0.95$,验证如图 8-2 所示。

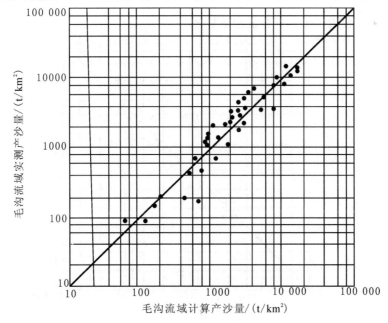

图 8-2　毛沟流域实测与计算产沙量比较

若毛沟流域缺乏沟壑密度资料,由同样的 8 个毛沟流域的 48 次暴雨洪水资料可得:

$$M_s = 118KJ^{0.645}P^{1.505}h^{1.134}I^{0.243} \quad (R=0.93) \tag{8-5}$$

2)支干沟小流域产沙公式($5\text{ km}^2 \leqslant A \leqslant 329\text{ km}^2$)

收集和整理了黄河中游 8 个支干沟小流域 42 次暴雨洪水资料(表 8-4),通过多元回归建立了支干沟小流域一次暴雨的产沙公式:

$$M_s = 361KJ^{0.1}P^{0.875}h^{0.884}I^{0.44} \tag{8-6}$$

表 8-4　支干沟小流域基本资料

沟名	位置	流域面积/km²	资料年限/年	影响支干沟产沙因素				
				K	$J/\%$	P	h/mm	$I/(\text{mm/h})$
韮园沟	绥德	70.1	1956～1977	1.0	1.15	0.091～0.792	0.288～12.834	0.4～21.4
裴家峁沟	绥德	41.2	1964	1.0	1.51	0.926	1.456～23.016	2.1～25.8
王茂沟	绥德	5.97	1964	1.0	2.7	0.495	0.547～8.317	1.9～24.7
于家圪沟	靖边	7.16	1960	1.187	3.8	0.829	0.114～0.639	1.8～10.9
吕二沟	天水	12.01	1960～1961	0.706	4	0.755	0.382～4.227	1.7～22.8
砚瓦川	西峰	329	1980	1.0	1.29	0.724	0.501～1.925	1.3～2.8
赵家川	西峰	290	1954～1956	1.0	1.3	1.0	0.696～5.151	2.5～11.3
甘沟	西峰	20.1	1960	0.831	2	0.951	0.289～1.62	2.3～18.5

复相关系数 $R=0.95$。验证结果如图 8-3 所示。

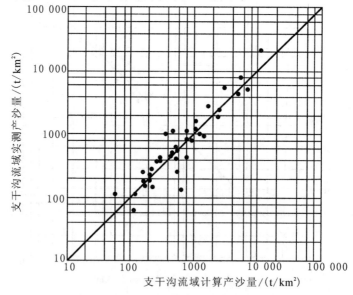

图 8-3　支干沟流域实测与计算产沙量比较

综上所述,本节建立的小流域产沙公式具有如下特点:

(1)资料易于收集,便于应用;

(2)将水保因子直接定量地纳入公式之中,可以直接预报水保效益;

(3)公式建立在黄河中游不同类型区的实测资料之上,复相关系数 $R=0.95$,在黄土地区具有一定的代表性;

(4)公式反映了小流域降雨、地形、土质、生物与工程措施对小流域产沙的综合影响。

8.1.3　次暴雨泥沙输移比

在一定时段内通过沟道或河流某一断面的实测输沙量,与该断面以上的流域总侵蚀量之比,称为泥沙输移比。泥沙输移比是联结侵蚀量和产沙量的关键要素,而影响泥沙输移比的因素比较复杂,主要有以下三种:①地貌及环境因子,如流域大小、形态及沟道特征;②侵蚀物质的粒径与土壤质地结构、植被、土地利用状况;③降水及水文因素,目前国内外关于暴雨泥沙输移比的研究仅处于初级阶段。

确定泥沙输移比,首先要确定流域的侵蚀量,国外的研究方法大多都是以USLE 或改进的 USLE 来计算分流域或网格的泥沙侵蚀量。而目前在国内,研究泥沙输移比最大的困难在于缺乏可计算流域侵蚀量的实用公式。因此,采用单元流域($A \leqslant 1 \text{ km}^2$)作为泥沙的基本产源地,而将其他各种不同流域面积的中、小流域的输沙模数与单元流域侵蚀模数之比定义为泥沙输移比。但在应用上述方法时,由以下附加的三个条件严格控制:①单元流域必须在对比的中、小流域之内,以保证侵蚀物质的类型、粒径与土壤质地结构相近;②单元流域与对比的中、小流域的植被与土地利用情况相近;③单元流域与对比的中、小流域的相应暴雨特征相近。在上述三个条件的前提下,所得到的泥沙输移比才具有可靠性。

遵从上述三个条件,由岔巴沟、韭园沟、南小河沟、赵家川和党家川等流域的实测资料,共获取 36 次暴雨洪水泥沙输移比的资料(表 8-5)。通过多元回归分析,建立了一次暴雨泥沙输移比的计算式:

$$\text{SDR} = 0.486 A^{-0.08} J^{0.078} h^{0.092} I^{0.213} \tag{8-7}$$

式中:SDR 为泥沙输移比;A 为流域面积,km^2;J 为主沟比降,%;h 为一次暴雨径流深,mm;T 为一次暴雨历时,h。

表 8-5　泥沙输移比的基本资料

测站名称	位置	资料年限/年	流域控制面/km²	主沟比降/%	暴雨径流深/mm	暴雨历时/h	泥沙输移比
蛇家沟	子洲	1966～1969	4.26	1.15	4.3～31.3	4.4～20	0.633～1.166
驼耳巷	子洲	1966	5.74	0.27	1.9～37.9	5.25～26.25	0.442～1.068
三川口	子洲	1966～1969	21	0.223	2.7～15.5	5.5～14	0.581～0.867
西庄	子洲	1966～1967	49	1.5	7.3～27.7	7.62～24	0.745～0.928
杜家岔	子洲	1966～1967	96.1	0.836	8.9～24.3	8～32	0.844～0.857
曹坪	子洲	1965～1969	187	0.757	0.2～28.4	18～41	0.271～0.928
十八亩台水库进口	西峰	1954～1959	25	0.462	0.144～1.535	6.08～38.68	0.227～1.018
王茂沟	绥德	1961	5.967	2.1	38.53	3.85	0.842
韭园沟	绥德	1959～1961	70.1	1.15	19.85～28.43	3.13～64.38	0.512～1.123
赵家川	西峰	1956	290	1.3	1.772	9.5	0.602
党家川	西峰	1956	48.8	1.54	0.387～1.785	34.75～114.08	0.951～1.013

复相关系数 $R=0.65$，实测与计算的比较如图 8-4 所示。

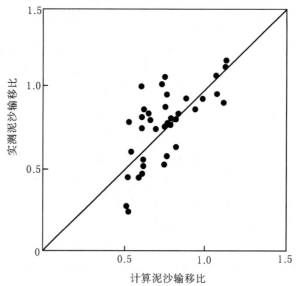

图 8-4　实测与计算泥沙输移比比较

通过对泥沙输移比的初步探讨可知，黄河中游地区的小流域一次暴雨泥沙输移比基本小于或接近于 1.0，大致集中在 0.7～1.0，36 次暴雨洪水的泥沙输移比平均为 0.8。值得特别指出的是,在 36 次暴雨中有 5 次暴雨的泥沙输移比大于 1.0,这似乎不在情理之中,但要对泥沙输移机理深刻认识,就必须进一步注意流域水系内泥沙的滞留和再移动。河网中泥沙的输移,存在着一系列间歇的"跳跃"以及相应不连续的沉积与再移动的运动过程。因此,若本次暴雨径流较大,历时较长,不仅将本次暴雨侵蚀的泥沙运送出去,同时将坡脚、沟道内的沉积泥沙进行了再输移,由此出现了泥沙输移比大于 1.0 的现象。

8.1.4　河道冲淤计算

1. 不平衡输沙公式

根据不平衡输沙方程可推得输沙率沿程变化的表达式:

$$q_{s出} = q_{s挟} + e^{-\frac{aw}{q}x}(q_{s进} - q_{s挟}) \tag{8-8}$$

式中:$q_{s进}$、$q_{s出}$、$q_{s挟}$ 分别为河段进、出口单宽输沙率和河段的单宽挟沙能力。

令 $\xi = e^{-\frac{aw}{q}x}$, $\tag{8-9}$

则 ξ 表示河段冲淤过程中泥沙的扩散和沉降程度,称为不平衡输沙系数,$0 < \xi < 1$。

淤积时
$$a = 1 + \frac{K_1}{2} \approx 1 \tag{8-10}$$

冲刷时
$$a = \frac{\pi^2}{K_1} + \frac{K_1}{4} \approx \frac{\pi^2}{K_1} = \frac{K_{u*}\pi^2}{6\omega} \tag{8-11}$$

2. 挟沙能力公式

根据浑水水流的能量方程可以导出水流挟沙能力 q_s 与水流功率(以 $\tau u = \gamma' q J$ 表示)成正比,即

$$q_s = \varphi(\tau u) = f(\gamma' q J) \tag{8-12}$$

式中:τ 为河床平均切应力;u 为断面平均流速;q 为单宽流量;J 为比降;γ' 为浑水重率。

按上述因子根据实测资料点绘关系(张启舜,张振秋,1982)如图 8-5、图 8-6 所示,其表达式为

淤积
$$q_s = K_1 S^{K_6} (\gamma' q J)^{K_7} \tag{8-13}$$

冲刷
$$q_s = K_2 (\gamma' q J)^{K_8} \tag{8-14}$$

图 8-5 和图 8-6 表明挟沙力有两个特点:其一是挟沙力存在双值,即同一水流条件下淤积挟沙力(由超饱和状态经过淤积达到平衡的挟沙能力)与冲刷挟沙力(由次饱和状态经过冲刷后达到平衡的挟沙能力)是两个不同的数值;其二是淤积挟沙力与含沙量成正比,这是由于浑水对泥沙沉速和对黏性及流变特性的影响而

造成挟沙能力的增大,这已被大量的室内和野外测验资料所证明。

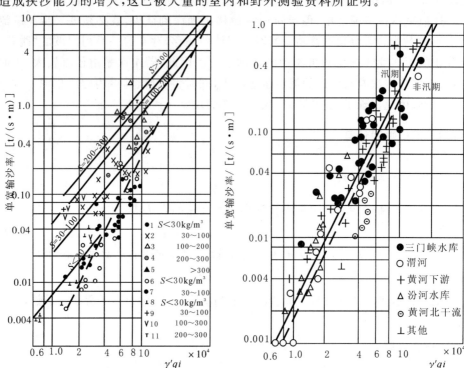

图 8-5　淤积输沙率关系图　　　　图 8-6　冲刷输沙率关系图

3.河相关系的调整

根据水流连续方程和运动方程,可以推导如下河相关系表达式:

$$B=a\frac{Q^b}{J^c} \tag{8-15}$$

式中:B 为平均造床宽度;Q 为造床流量;J 为造床期平均比降;a、b、c 为系指数。

8.1.5　流域产沙的数学模型

物理模式的主要依据:降雨因子、土壤因子、坡面因子、沟壑因子和人类活动因子(包括植被因子)是影响小流域产沙量最主要的因子;河道冲淤的依据是不平衡输沙原理。式(8-2)、式(8-4)、式(8-6)～式(8-8)、式(8-13)～式(8-15)是本数学模型最基本的计算公式。

首先进行各小流域产沙计算,干流河道由上游往下游计算,即由沿程水沙条件的变化引起从上游往下游演进的泥沙冲淤计算,遇到小流域主沟入汇则加入小流域的水沙,这样整个大流域系统的计算就衔接起来。在流域面积 $A<5$ km^2 的小流域,利用式(8-4)或式(8-5)计算;流域面积 5 km$^2 \leqslant A \leqslant 329$ km^2 的小流域,利

用式(8-6)计算;流域面积 $A > 5$ km²,但小流域内没有明显的沟道,大部分经面蚀后水沙直接汇入主流,此部分计算采用选择单元小流域利用式(8-4)或式(8-5)计算单元小流域产沙,然后利用式(8-7)计算小流域输移比,最后计算出小流域的产沙。

尽管建立产沙数学模型的方法很多,但无论采取何种方法建立的数学模型,最终应用于实际之前,先应在实验流域或代表流域上进行验算推求参数,正确率定模型。

本节建立的产沙数学模型在岔巴沟实验流域上率定,岔巴沟位于陕西省子洲县,流域面积 205 km²,曹坪测站以上 187 km²,由于资料丰富全面,利于模型的率定。岔巴沟流域共设雨量站 45 处,采用均匀布设,干支流水文站 9 处,将流域分割成 11 个小流域,流域的测站布设及分割如图 8-7 所示。主沟比降和水保因子 P 由实测资料确定。由于雨量站均匀布设,则各小流域的平均雨量为 $\overline{H_i} = \dfrac{\sum\limits_{j-1}^{n} H_{ij}}{n}$,平均雨强 $\overline{I_i} = \dfrac{\sum\limits_{j-1}^{n} I_{ij}}{n}$ (i 代表第 i 个小流域,j 为第 i 个小流域内的第 j 个雨量站,n 为第 i 个小流域内的雨量站个数)。模型共率定了 1965~1967 年 10 次暴雨洪水资料,率定结果如表 8-6、图 8-8 和图 8-9 所示,率定的参数见表 8-7。

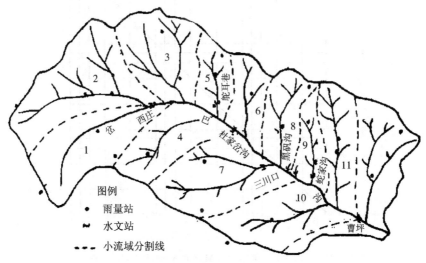

图 8-7　岔巴沟流域测站布设及小流域划分示意图

表 8-6　模型率定成果表

暴雨日期	产水量/$10^4 m^2$			产沙量/10^4 t		
	实测	计算	误差/%	实测	计算	误差/%
19650421	3.89	2.23	−42.7	0.226	0.162	−28.3
19650427	7.405	5.897	−20.4	0.644	0.805	+25.0
19650801	30.586	35.964	+17.6	17.8	18.009	+1.2
19650804	25.207	24.3	−3.6	12.6	10.368	−17.7
19650809	10.454	9.936	−5.0	6.21	4.792	−22.8
19660717	674.31	834.07	+23.7	523.0	584.1	+11.7
19660815	531.02	589.98	+11.1	412.0	373.0	−9.5
19660828	160.03	214.82	+34.2	119.0	118.698	−0.25
19670717	100.5	126.5	+25.9	78.7	97.08	+23.4
19670826	156.63	173.76	+10.9	120.0	138.23	+15.2

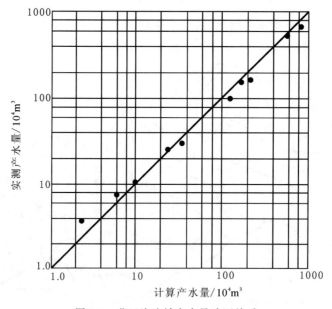

图 8-8　岔巴沟流域产水量验证关系

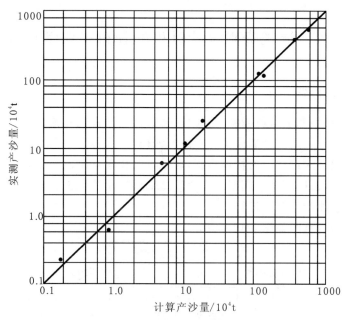

图 8-9　岔巴沟流域产沙量验证关系

表 8-7　模型率定参数表

K_1	K_2	K_6	K_7	K_8	b	C
8500	19 000	0.8	1.2	2.0	0.4	0.27

　　为了将建立的数学模型在较大流域上应用,进行了十里河流域一次暴雨的产沙计算(采用率定参数),十里河是永定河的第三级支流,控制测站观音堂以上流域面积 1185 km²,该流域属典型的黄土缓坡丘陵区。计算了十里河流域 1968 年 7 月 16 日暴雨的产水产沙量,计算值与实测值的比较见表 8-8。

表 8-8　十里河流域验算成果表

流域出口 流量/(m³/s)	实测	88.31	流域出口输 沙率/(t/s)	实测	16.55
	计算	67.10		计算	18.54
	误差/%	−24.0		误差/%	+12.0
流域出口 流量/10⁴m³	实测	602.31	流域出口沙量 /10⁴t	实测	56.65
	计算	229.70		计算	63.48
	误差/%	−24.0		误差/%	+12.0

8.2　流域降雨水沙过程的分布式模型构建

8.2.1　分布式模型结构

曹文洪、祁伟和王秀英(2001,2004,2008)自主开发的小流域侵蚀产沙分布式模型在结构上分为降雨径流模块和侵蚀产沙模块,通过分别研究相应模块在产汇流过程和侵蚀产沙过程中的物理机制,建立具有物理基础的降雨径流子模型和侵蚀产沙子模型,通过两个子模型的联合计算来模拟小流域上任意单元及流域出口的产汇流和侵蚀产沙时空过程。

模型结构示意图如图 8-10 所示。

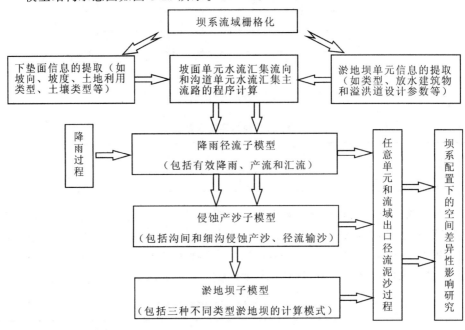

图 8-10　模型结构示意图

8.2.2　小流域网格的划分

为反映流域内地形地貌、土壤、植被和人类活动造成的下垫面变化等在空间分布的差异性,将流域网格化为多个连续的小单元。网格单元的划分原则是要使流域边界和河段能被网格所近似,同时,在每一个网格单元内要求其人类活动和下垫面要素(如土地利用、植被类型、土壤类型等)基本均衡。所以,为充分反映出流域的空间特性,单元格应足够小,但这将会限制模型在较大流域上的使用。从实用的观点看,当流域面积小于 10^4 hm² 时,单个网格所代表的面积可取在 1～4 hm,其原则是一个单元的参数变化对流域整体行为的影响可忽略。

网格划分之后,每一网格单元上的土地利用、坡度、坡向、植被类型、土壤类型、植被覆盖度等信息都以相应的代码存入数据文件。地理信息系统(GIS)和遥感技术(RS)的应用可大大降低人工处理的时间和成本。

8.2.3　小流域"沟坡分离"

坡面是土壤侵蚀发生的策源地,其对侵蚀产沙和泥沙汇集过程的影响相对较为直接。对坡面侵蚀进行模拟是流域模拟的基础,因此很多研究者在土壤侵蚀模型中并不严格划分沟道和坡面,同时把坡面侵蚀研究成果直接延伸拓展到小流域尺度上,虽然在一定程度上推进了小流域尤其是分布式物理过程模型的研究进程,起到了积极作用,但是由于沟道和坡面在水文和侵蚀产沙物理过程中存在着很大差异,如沟道水流动力强,其侵蚀和输沙能力一般是坡面的十几倍到几十倍,完全用坡面水流泥沙过程来代替沟道的过程其误差可能会相当大,因此"沟坡不分"和"以坡代沟"所带来的弊端也是显而易见的。针对实际的流域侵蚀产沙物理过程进行小流域沟道和坡面的区分,即"沟坡分离"是十分必要的。

"沟坡分离"关键首要的是确定"沟"(即沟道,流域的水流汇集主流路),而确定沟道的关键则是指定临界源区面积。临界源区面积太大,会导致沟道太短并稀疏,支流少;临界源区面积太小,又会导致沟道太密集。

图 8-11 所示是典型沟道组成示意图。通常在研究沟道的侵蚀发育过程中会发现:沟头(图 8-11 中 a 点位置)往往正对着一面坡,即是这条沟道的源区,随着降雨侵蚀过程的不断发生,源区的水流泥沙顺着坡面不断流失进入沟道,沟头位置则不断向源区内发育和延伸;而沟道两侧的左坡和右坡在降雨侵蚀作用下使沟道不断下切和展宽。

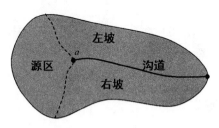

图 8-11　沟道组成示意图

沟道是水流汇集和水沙输移的主要通道,其径流比较集中且水深在量级上比坡面要大。通过确定临界源区面积并经过递归计算可确定出流域沟道,进而流域内其余部分即为流域的坡面。这样"沟坡分离"后,可相应地对沟道和坡面采用不同的降雨径流和侵蚀产沙计算模式。

8.2.4 水流汇集网络的生成

在流域栅格化之后,如何确定网格单元的水流汇集流向以及整个流域中的水流汇集主流路,即生成流域中水流汇集网络图,是模型计算中要解决的一个十分关键的技术问题。

1)水流汇集流向

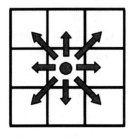

对于网格单元的水流汇集流向采用八方向法来确定。其原理是:在流域栅格化后,每个当前网格单元上的地表径流必定流入与其相邻的周边八个网格单元中的任意一个单元,那么相邻的八个单元就代表当前单元水流汇集的八个可能流向(图 8-12);再依据读取的当前网格单元上的最大坡向信息数据,就能从八个可能流向中唯一确定当前单元的水流汇集流向。除流域出口网格单元外,边界网格单元的水流汇集流向一般应确定为朝向流域内的方向;另外如

图 8-12 水流汇集流向

果网格单元的坡向水平,如水平梯地(田)等土地利用方式的网格单元,它们的水流汇集流向应为垂直于等高线并沿高程下降的方向。

2)水流汇集主流路

整个流域中的水流汇集主流路的确定,则从任意边界网格单元起算(除流域出口网格单元外),根据当前网格单元和沿程所流经各网格单元水流汇集流向的指引,在流经的所有网格单元上传递并累加一个汇流数,传递计算过程直到算至流域出口网格单元(或者流回自身网格单元)时停止;接着依此过程计算另外的网格单元,直至将除流域出口网格单元外的所有网格单元都计算完毕;最后根据指定的临界源区面积,确定出汇流数大于等于临界源区面积的网格单元为沟道,其他的网格单元则为坡面,而那些根据水流汇集流向所形成拓扑关系的沟道单元即组成水流汇集主流路。

根据以上原理,采用 Matlab 高级计算机语言编写程序,计算机能自动生成基于网格的水流汇集网络图,使小流域各网格单元间成为一个有机联系的系统。所生成的水流汇集网络图是模型核心计算模块进行汇流和输沙计算的基础。

8.2.5 降雨径流子模型

1. 有效降雨

有效降雨在定义上等于实际降雨扣除降雨损失所剩下的部分,在表现形式上为形成地表径流的那一部分降雨。降雨损失一般包括蒸发蒸腾、植物截留、填洼、土壤入渗等方式,因此有效降雨强度 I_e 的计算应由流域上的实际降雨强度 I 以及

蒸发蒸腾、植物截留、填洼、土壤入渗等降雨损失所决定。

在黄土高原沟壑区,降雨产流方式以超渗产流为主,即当流域降雨强度超过土壤入渗能力时,便产生径流。一般情况下每次降雨都历时不长,降雨损失也主要为植物截留和土壤入渗两种方式,蒸发蒸腾和填洼损失量一般都很小,可以近似忽略。本模型有效降雨计算中主要考虑植物截留和土壤入渗这两种降雨损失过程。即

$$I_e = I - J_t - f \qquad (8\text{-}16)$$

式中:I_e 为有效降雨强度;I 为天然降雨强度;J_t 为降雨过程中任意时刻的植物截留强度,f 为土壤入渗率。

2. 植物截留

这里采用 Horton 的渗透方程来描述植物截留损失的物理过程。

$$J_t = J_c + (J_0 - J_c) e^{-\alpha t} \qquad (8\text{-}17)$$

式中:J_t 为降雨过程中任意时刻的植物截留强度,mm/h;J_c 为植物林冠稳定截留强度,mm/h;J_0 为植物林冠初始截留强度,mm/h;α 为植物林冠特性系数,%,取值与降雨强度和植物种类(林分)有关;t 为降雨历时,h。

研究表明:初始截留强度 J_0 与降雨强度 I 和郁闭度 A 直接相关,且有 $J_0 = AI$;而稳定截留强度 J_c 与降雨强度 I 和林冠特性系数 α 有关,可由试验观测结果计算得到。

3. 土壤入渗

超渗产流意味着只有当有效降雨强度超过土壤入渗能力时,地表才能形成径流。超渗产流模式示意图如图 8-13 所示。

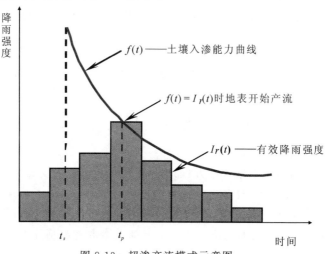

图 8-13　超渗产流模式示意图

而土壤入渗能力则采用物理概念明晰的 Green-Ampt 方程来计算：

$$f = \frac{\mathrm{d}F}{\mathrm{d}t} = K\,[1 + (\theta_s - \theta_i)S_F/F] \tag{8-18}$$

$$F = Kt + S_F(\theta_s - \theta_i)\ln\left(1 + \frac{F}{S_F(\theta_s - \theta_i)}\right) \tag{8-19}$$

式中：f 为土壤下渗能力；F 为土壤累积入渗量；K 为土壤饱和导水率；t 为时间；S_F 为土壤湿润锋面处土壤水吸力；θ_s 为土壤饱和含水率；θ_i 为土壤初始含水率。

土壤入渗过程模拟的关键是确定积水开始时刻 t_p。由 Green-Ampt 公式可知，土壤下渗能力 f 是随累积入渗量 F 的增加而减小的，当土壤下渗能力 f 逐渐下降到等于实际降雨强度 I，即 $f = I$ 时，此时地表开始产生径流，定义这个时刻为积水开始时刻 t_p，此时的累积入渗量为 F_p。

1）恒定降雨强度情况

在降雨强度 I 恒定的情况下，可直接运用 Green-Ampt 土壤入渗方程计算。

在积水开始 t_p 时刻，由于 $f = I$ 关系成立，因此由公式（8-19）可以求出：

$$F_p = \frac{(\theta_s - \theta_i)S_F}{\dfrac{I}{K} - 1}, I > K \tag{8-20}$$

则积水时刻

$$t_p = \frac{F_p}{I} = \frac{KS_F(\theta_s - \theta_i)}{I(I - K)} \tag{8-21}$$

因此，下渗过程可表示为

$$f = I, t \leqslant t_p \tag{8-22}$$

$$f = K\,[1 + (\theta_s - \theta_i)S_F/F]\,, t > t_p \tag{8-23}$$

式中的 F 为积水开始 t_p 时刻之后的累积入渗量，由于不是从 $t = 0$ 开始积水，根据 Mein 和 Larson 的研究，F 的计算须采用如下修正后的公式，用牛顿迭代法求解：

$$F = K\,[t - (t_p - t_s)] + S_F(\theta_s - \theta_i)\ln\left[1 + \frac{F}{S_F(\theta_s - \theta_i)}\right], t > t_p \tag{8-24}$$

t_s 表示假设由 $t = 0$ 就开始积水到累积入渗量 $F = F_p$ 时所需时间，可计算如下：

$$Kt_s = F_p - S_F(\theta_s - \theta_i)\ln\left[1 + \frac{F_p}{S_F(\theta_s - \theta_i)}\right] \tag{8-25}$$

2）非恒定降雨强度情况

由于 Green-Ampt 土壤入渗方程只适用于恒定降雨强度的情况，然而在天然实际情况下，降雨强度一般多为非恒定降雨强度的情况，为了能适用更为普遍的非恒定降雨强度下土壤入渗能力的计算，运用预测校正法对 Green-Ampt 方程的迭代计算进行改进，以拓展 Green-Ampt 土壤入渗方程的适用范畴。具体改进方法如下。

将非恒定降雨强度下的降雨过程分解成由若干个降雨强度恒定的 Δt 时段组成，Δt 也就是分布式模型中的时间步长。

A. 在 $n=1$ 时（即第一个 Δt 时段内）

由于在 Δt 时段内，降雨强度 I 恒定，因此可按恒定降雨强度情况来计算。

首先预测在第一个 Δt 时段内还未开始积水或处于积水开始临界，则应有 $f=I$ 关系成立，所以

$$F_p = \frac{(\theta_s - \theta_i)S_F}{\dfrac{I(1)}{K} - 1}, I(1) > K \tag{8-26}$$

如果 $t_p = \dfrac{F_p}{I} = \dfrac{KS_F(\theta_s - \theta_i)}{I(1)[I(1) - K]} < t$，则说明地表已开始积水，预测不成立，应校正有

$$F(1) = K\Delta t + S_F(\theta_s - \theta_i)\ln\left(1 + \frac{F(1)}{S_F(\theta_s - \theta_i)}\right) \tag{8-27}$$

$$f = K[1 + (\theta_s - \theta_i)S_F/F(1)] \tag{8-28}$$

如果 $t_p \geqslant t$，则预测成立，有

$$f = I(1), F(1) = I(1)\Delta t \tag{8-29}$$

B. 在 n 时刻（$n>1$）

同样首先预测在此时段内还未开始积水或处于积水开始临界，则应有 $f=I$ 关系成立，所以有 $F(n) = F(n-1) + I(n)\Delta t$。

假如 $t_p = F(n)/I(n) < t$，则说明地表已经积水，预测不成立，应校正有

$$F = K[t - (t_p - t_s)] + S_F(\theta_s - \theta_i)\ln\left[1 + \frac{F}{S_F(\theta_s - \theta_i)}\right] \tag{8-30}$$

$$f = K[1 + (\theta_s - \theta_i)S_F/F] \tag{8-31}$$

$$F(n) = F(n-1) + f\Delta t \tag{8-32}$$

式(8-30)中 t_s 表示假设由 $t=0$ 就开始地表积水到 $F=F_p$ 时所需的时间，按式(8-20)计算。

假如 $t_p = F(n)/I(n) \geqslant t$，则预测成立，有

$$f = I(n) \tag{8-33}$$

$$F(n) = F(n-1) + I(n)\Delta t \tag{8-34}$$

式中：$F(n)$ 为 n 时刻的累积入渗量；其他变量含义同上。

需要说明的是，为了保证计算的精度，时间步长 Δt 不能取得太大（最好不超过 100s），不然会因为时间间隔太大而影响计算的精度，并引起较大的误差。

4. 地表径流

模型中每个网格单元的地表径流计算，采用水量连续平衡方程，表示为

$$\frac{\mathrm{d}W}{\mathrm{d}t} = W_\mathrm{i} - W_\mathrm{o}$$ (8-35)

式中：W 为单元中所滞留的水量；t 为时间；W_i 为进入单元格的水量；W_o 为流出单元格的水量。

而在 Δt 时间内单元格所滞留的水量（以体积计，下同）又可进一步表示为

$$\frac{\mathrm{d}W}{\mathrm{d}t} = [A(i,t) - A(i,t-\Delta t)] \Delta x$$ (8-36)

式中：$A(i, t)$ 和 $A(i,t-\Delta t)$ 分别为 t 时刻以及 $t-\Delta t$ 时刻垂直于径流方向的过水断面面积；Δx 为网格空间步长（正方形网格）；Δt 为模型时间步长。

进入单元格的水量 W_i 包括有效降雨量和从相邻单元汇入当前单元的水量之和，可表示为

$$W_\mathrm{i} = I_e(i,t) \Delta t \Delta x^2 + \sum_{u \leqslant 8} Q(u,t-\Delta t) \Delta t$$ (8-37)

式中：$I_e(i, t)$ 为当前时刻有效降雨强度；$Q(u, t-\Delta t)$ 为 $t-\Delta t$ 时刻相邻单元汇入当前单元的流量；u 为相邻八个网格单元中汇入当前单元的那些网格单元。

流出单元格的水量 W_o 即为进入下一相邻单元格的水量，可表示为

$$W_\mathrm{o} = Q(i,t) \Delta t$$ (8-38)

式中：$Q(i, t)$ 为当前时刻流出单元格的流量。

由于在本章中实行了流域的"沟坡分离"，其中把流域的水流汇集主流路单元定义为沟道，其余单元定义为坡面。所以，地表径流计算过程也相应地分为如下的坡面径流计算和沟道径流计算两部分。

1）坡面径流计算

在坡面单元的地表径流计算中，由于坡面径流深度较小，并常在整个网格单元上漫流，因此把垂直于径流方向的坡面水流断面面积 A 概化成以网格空间步长为边长的矩形断面，坡面径流示意图如图 8-14 所示。

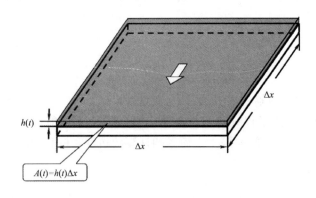

图 8-14　坡面径流示意图

此时坡面径流深度 h 可采用下式计算：

$$h = A/\Delta x \tag{8-39}$$

式中：A 代表垂直于径流方向的矩形过水断面面积，Δx 为网格空间步长（正方形网格）。

坡面单元流速 v 采用谢才（Chezy）公式计算，

$$v = \frac{1}{n} h^{\frac{2}{3}} S_0^{1/2} \tag{8-40}$$

式中：n 为曼宁糙率系数，根据流域下垫面因子和土地利用类型的不同而选取相应的值，具体参考 Huggins 等的成果；S_0 为网格单元地表坡度比降；h 为径流深度。

2）沟道径流计算

在沟道单元的地表径流计算中，由于沟道是水流汇集和水沙输移的主要通道，其径流深度较大，并且沟道过水往往只占整个网格单元的一部分，相应的沟道径流示意图如图 8-15 所示。

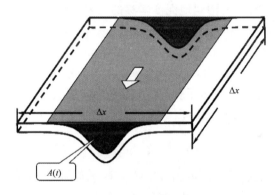

图 8-15　沟道径流示意图

由于水流并不在整个网格单元上漫流，因此沟道过水断面面积 A 并不能像坡面那样概化成分布于整个网格单元边长的矩形断面，而必须根据沟道的水位-流量（即 h-Q）关系，运用谢才公式 $Q = \frac{A}{n} h^{\frac{2}{3}} S_0^{1/2}$ 来确定沟道上各级实测流量 Q 所对应的过水面积 A 的值，即 A-Q 对应曲线，再与水量连续平衡方程（8-37）～式（8-40）相结合，采用牛顿迭代法求解出 $A(i, t)$，并通过谢才公式求得 h 和 v。

模型中整个流域的地表径流计算原理为：程序自动判断当前网格单元是坡面网格单元还是沟道网格单元，并自动调用相应的地表径流计算公式计算出当前网格单元的地表径流，然后通过程序所生成的水流汇集网络图，并运用水量连续平衡方程，将流域中的各个网格单元联系起来进行水流汇集计算，即可确定小流域任意网格单元在时间和空间分布上的产汇流过程。此时坡面径流深度 h 可采用式（8-39）计算，坡面单元流速 v 采用谢才公式（8-40）计算。

8.2.6　侵蚀产沙子模型

土壤侵蚀与流域产沙是流域系统中两个既密切联系又有一定区别的物理过程。由于侵蚀物质在水力输移过程中不可避免地有沉积发生,因此在有限的某一时段内,并不是全部的流域产沙量都能汇集到集水区的出口断面。汇集到集水区某一断面或流域出口断面的侵蚀量,称为输沙量。一般情况下,输沙量只是流域产沙量的一部分。本模型模拟流域地表水力侵蚀的两类形态,即沟间侵蚀产沙和细沟侵蚀产沙。

1.沟间侵蚀产沙

沟间侵蚀产沙一般是由薄层片状水流冲刷和降雨击溅侵蚀坡面或细沟之间而导致的产沙过程。当实际降雨满足植物截留、土壤入渗等损失后,首先在坡顶段形成薄层或片状水流,并向坡下方汇集,薄层(片状)水流水深一般很小,多呈薄层状或片状在地表漫流,是沟间地泥沙输移的主要动力。

本模型采用 Foster 和 Meyer 提出的公式来计算沟间侵蚀产沙能力:

$$D_1 = \xi_1 \cdot C_0 \cdot K_0 \cdot I_e^2 \cdot [2.96\sin\theta^{0.79} + 0.56] \tag{8-41}$$

式中:D_1 为沟间侵蚀产沙能力,$kg/m^2 \cdot s$;ξ_1 为沟间侵蚀产沙系数;C_0、K_0 分别为土壤侵蚀力因子和植被管理因子,具体取值采用土壤流失通用方程(USLE)中的相应值;I_e 为有效降雨强度,m/s;θ 为单元地表坡度。

2.细沟侵蚀产沙

当薄层片状水流进一步汇集和流量的不断增大,加上坡面地貌条件的不均匀性,片状的水流状态难以完全保持,部分水流会自行以股状形式汇集,并形成侵蚀细沟,即细沟流。由细沟流冲刷侵蚀所导致的产沙过程称为细沟侵蚀产沙。

相比较而言,细沟流的动能远较片流为大,因此细沟流形成的细沟侵蚀比片流所形成的沟间侵蚀也要严重得多。根据黄土地区径流试验小区的观测,同一时段内单位面积上的细沟侵蚀产沙量比沟间侵蚀产沙量可大 7 倍之多。因此,细沟侵蚀产沙在整个流域产沙过程中占有重要地位。

虽然细沟侵蚀占有很重要的地位,但并不是说只要有沟间侵蚀发生,就一定有细沟侵蚀出现。发生细沟侵蚀是要有一定条件的,只有当沟间径流的动能达到一定值,使水流挟沙能力大于沟间侵蚀产沙能力(即沟间径流输沙不饱和)时才可能出现细沟侵蚀。

本模型中细沟侵蚀产沙能力同样采用 Foster 和 Meyer 提出的公式进行计算:

$$D_r = \xi_r \cdot C_0 \cdot K_0 \cdot \tau^{1.5} \tag{8-42}$$

式中:D_r 为细沟侵蚀产沙能力,$kg/m^2 \cdot s$;ξ_r 为细沟侵蚀产沙系数;τ 为地表径流剪切力,N/m^2;且 $\tau=\gamma \cdot h \cdot \sin\theta$;$\gamma$ 为水的容重;h 为地表径流水深;其他符号含义同上。

3. 地表径流输沙

地表径流输沙只占流域侵蚀产沙的一部分,另一部分流域产沙往往因为地表径流输沙能力饱和而沉积下来,不能被地表径流输移到流域出口。

本模型中地表径流输沙能力计算公式采用曹文洪通过黄土高原地区部分小流域大量地表径流输沙实测资料拟合的经验关系式,可表达为

$$g_s(t)=80I_r(t)+0.00228\left[\rho' \cdot q(t) \cdot S_0\right]^{1.2} \tag{8-43}$$

式中:$g_s(t)$ 为地表径流单宽输沙率,$g/(m \cdot s)$;$I_r(t)$ 为有效降雨强度,mm/min;ρ' 为浑水密度,g/L;$q(t)$ 为地表径流单宽流量,$L/(m \cdot s)$;S_0 为以弧度计的坡度。

本模型中地表径流输沙计算流程如图 8-16 所示,其计算原理为:小流域在降雨径流作用下发生沟间侵蚀产沙时,若单元内的沟间侵蚀产沙能力大于地表径流输沙能力,则通常不发生细沟侵蚀,且单元内有泥沙淤积,此时小流域实际输沙量等于地表径流输沙能力。反之,若沟间侵蚀产沙能力小于地表径流输沙能力,则通常会发生细沟侵蚀,此时又分为两种情况:若地表径流输沙能力大于沟间侵蚀产沙能力与细沟侵蚀产沙能力之和,则实际输沙量等于沟间侵蚀产沙能力与细沟侵蚀产沙能力之和,单元内无泥沙淤积;若地表径流输沙能力小于沟间侵蚀产沙能力与细沟侵蚀产沙能力之和,则实际输沙量等于地表径流输沙能力,单元内有泥沙淤积。

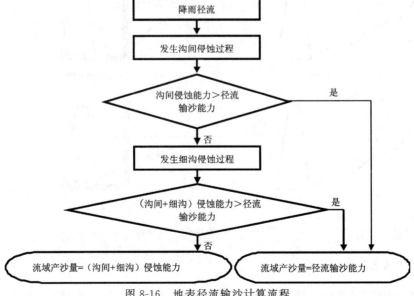

图 8-16　地表径流输沙计算流程

8.2.7　基于淤地坝嵌入的侵蚀产沙子模型

淤地坝是淤地坝枢纽工程的习惯称呼,是挡水建筑物、放水建筑物、泄洪建筑物的总称。淤地坝工程建筑物中坝体、溢洪道、放水建筑物俗称淤地坝结构的"三大件"。在实际中,淤地坝建筑物组成有"三大件"(坝体、溢洪道、放水建筑物),也有"两大件"(坝体和放水建筑物),甚至"一大件"(仅有坝体)。以下为不同建筑物组成的淤地坝产流产沙的计算模式。

1."一大件"淤地坝模式

"一大件"结构的淤地坝是指仅有坝体本身的淤地坝,俗称"闷葫芦坝"[图 8-17(a)]。此种结构的淤地坝对坝控流域面积的径流泥沙全拦全蓄,安全性差,但工程投资较小,一般适用于小荒沟或小支毛沟且无长流水的沟头治理上。此类淤地坝数量一般占流域内总淤地坝数量的比例最大。据对陕北地区淤地坝现状的调查结果,"一大件"的淤地坝就有 26 233 座,占淤地坝总数的 82.5%。

当坝控流域内因降雨产生径流泥沙时,由于"一大件"结构的淤地坝将来水来沙全拦全蓄,因此对于淤地坝节点网格单元来说其排水量和排沙量均为零,其产流产沙模式可表达为

$$Q=0, G_s=0$$

式中:Q 为淤地坝单元的径流流量;G_s 为淤地坝单元的输沙率。

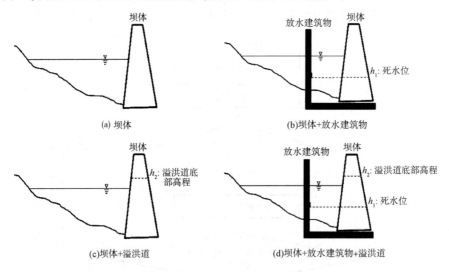

(a) 坝体　　　　　　　(b)坝体+放水建筑物

(c)坝体+溢洪道　　　　　(d)坝体+放水建筑物+溢洪道

图 8-17　淤地坝结构示意图

2."两大件"淤地坝模式

"两大件"结构的淤地坝是指具有坝体加上放水建筑物结构(或坝体加上溢洪

道结构)的淤地坝,此种结构的淤地坝对坝控流域面积的径流以滞蓄为主,对泥沙以拦淤为主。它具有较大的库容保证了其安全性,但工程投资较大,上游淹没损失也较多。据对陕北地区淤地坝现状的调查结果,"两大件"的淤地坝有 5068 座,占总数的 15.9%。

1)坝体＋放水建筑物结构

坝体＋放水建筑物配置组成的"两大件"结构的淤地坝最为常见[图 8-17(b)]。坝控流域内因降雨产生径流泥沙时,当坝上游洪水位低于放水建筑物(一般为涵道、竖井或卧管)的底孔高程(即淤地坝的死水位)时,其来水来沙被全拦全蓄;当洪水位高于放水建筑物的底孔高程时,其来水经由放水建筑物排至下游,而泥沙则沉积在坝内。

因此其产流产沙模式可表达为:①如果 $h \leqslant h_1$(水位在放水建筑物底孔高程 h_1 以下)

$$Q = 0, G_s = 0$$

②如果 $h > h_1$(水位在放水建筑物底孔高程 h_1 以上)

$$Q = Q_放, G_s = 0$$

式中:Q 为淤地坝单元的径流流量;$Q_放$ 为放水建筑物的排水流量;G_s 为淤地坝单元的输沙率。

2)坝体＋溢洪道结构

坝体＋溢洪道配置组成的"两大件"结构的淤地坝示意图如图 8-17(c)所示。

坝控流域内因降雨产生径流泥沙时,当坝上游洪水位低于溢洪道的底部高程时,其来水来沙被全拦全蓄;当洪水位高于溢洪道的底部高程时,其来水来沙经由溢洪道排至下游。

因此其产流产沙模式可表达为:①如果 $h \leqslant h_2$(水位在溢洪道底部高程 h_2 以下)

$$Q = 0, G_s = 0$$

②如果 $h > h_2$(水位在溢洪道底部高程 h_2 以上)

$$Q = Q_溢, G_s = G_{s溢}$$

式中:Q 为淤地坝单元的径流流量;$Q_溢$ 为溢洪道的排水流量;G_s 为淤地坝单元的输沙率;$G_{s溢}$ 为通过溢洪道的水流含沙量。

3."三大件"淤地坝模式

"三大件"结构的淤地坝是指具有坝体、放水建筑物和溢洪道的淤地坝,此种结构的淤地坝多为流域内的骨干坝,其作用是"上拦下保",即拦截上游洪水,保护中小型淤地坝安全运行,提高小流域沟道坝系工程防洪标准。此种淤地坝安全性高,但工程投资大,数量一般占流域内总淤地坝数量的比例最小。

坝体＋放水建筑物＋溢洪道配置组成的"三大件"结构齐全的淤地坝示意图如图 8-17(d)所示。坝控流域内因降雨产生径流泥沙时,当坝上游洪水位低于放水建筑物的底孔高程(死水位)时,其来水来沙被全拦全蓄;当洪水位介于放水建筑物的底孔高程(死水位)和溢洪道的底部高程时,其来水经由放水建筑物排至下游,而泥沙沉积坝内;当洪水位高于溢洪道的底部高程时,其来水经由放水建筑物和溢洪道一起排至下游,来沙则仅经由溢洪道排至下游。

因此其产流产沙模式可表达为:①如果 $h \leqslant h_1$(水位在放水建筑物底孔高程 h_1 以下)

$$Q=0,G_s=0$$

②$h_1 < h \leqslant h_2$(水位在放水建筑物底孔高程 h_1 和溢洪道底部高程 h_2 之间)

$$Q=Q_{放},G_s=0$$

③如果 $h > h_2$(水位在溢洪道底部高程 h_2 以上)

$$Q=Q_{放}+Q_{溢},G_s=G_{s溢}$$

式中:Q 为淤地坝单元的径流量;$Q_{溢}$ 为溢洪道的排水流量;G_s 为淤地坝单元的输沙率;$G_{s溢}$ 为通过溢洪道的水流含沙量。

8.3　模型的率定和验证

选取典型小流域陕西省镇巴县黑草河流域进行验证。黑草河流域面积 24.85 km²,地貌属土石山区;流域内土壤以黄褐土和紫色砂壤土为主,粒径较细,疏松通透;该地区年内降雨分布不均,主要集中于 5~9 月,且降雨多以暴雨的形式出现,导致因场次暴雨产生的水土流失较为严重。流域内在主沟道上建有大田包水文站,其控制面积为 23.7 km²,黑草河小流域示意图如图 8-18 所示。

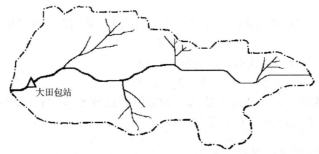

图 8-18　试验小流域沟系图

在模型中,按 200 m×200 m 划分网格,将黑草河小流域栅格化为 593 个正方形网格单元,每一网格单元的面积为 4 hm²。黑草河小流域的土地利用、坡度、坡向、植被类型、土壤类型、植被覆盖度等信息,通过流域地形等高线图、土地利用类型图、植被分布图和其他实地量测数据资料整理得到。图 8-19 为黑草河小流域土地利用类型分布图。

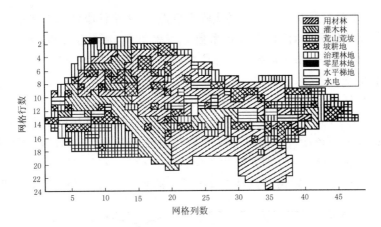

图 8-19　流域土地利用类型分布图

由模型程序计算出的黑草河小流域水流汇集主流路如图 8-20 所示,其中指定的临界源区面积为 0.4 km²,即汇流数为 10。流域出口单元为第 13 行第 1 列的单元格。

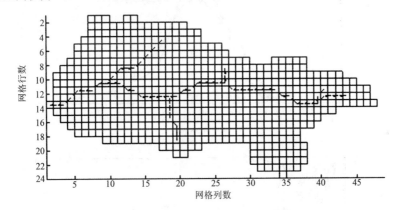

图 8-20　试验河小流域水流汇集主流路

8.3.1　模型的率定

模型的率定选取了黑草河小流域两次降雨产沙过程,模型计算的时间步长为 $\Delta t = 60 \text{s}$。

1)前期降雨量的影响

在黄土高原沟壑区,前期降雨状况对所模拟某一场次降雨径流的土壤初始含水率影响较大,一般应对土壤初始含水率 θ_i 的取值作相应地修正。采用王治华等确定的前期降雨量的校正系数 C_s,对土壤初始含水率 θ_i 进行修正。

$$C_s = \begin{cases} 2.2956 & \text{(前期多雨量降雨)} \\ 1/4.4584 & \text{(前期久无雨降雨)} \\ 1 & \text{(其他降雨)} \end{cases}$$

　　对于 1984 年 9 月 6 日的这一场次降雨事件,由黑草河小流域降水量摘录表可以查得前期有连续降雨,因此取校正系数 $C_s=2.2956$,而对于 1985 年 5 月 11 日的这一场次降雨事件,由于前期久无雨干燥,取校正系数 $C_s=1/4.4584$。

　　2)参数的率定

　　模型中根据土壤测定资料确定土壤饱和导水率 $K=1.19\times10^{-6}$ m/s,土壤饱和含水率 $\theta_s=0.518$,湿润锋面处土壤水吸力 $S_F=0.02$ m,并用以上大田包站两个场次的实测降雨和产沙资料分别率定土壤初始含水率 $\theta_i=0.216$;沟间侵蚀产沙参数 $\xi_1 \cdot C_0 \cdot K_0=0.0005$、细沟侵蚀产沙参数 $\xi_r \cdot C_0 \cdot K_0=2.28$,结果如图 8-21 和图 8-22 所示,可见率定的参数基本反映了小流域产汇流、侵蚀产沙的物理过程。

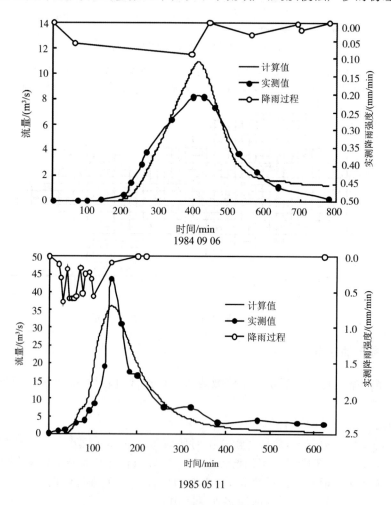

图 8-21　实测与计算流量过程的率定

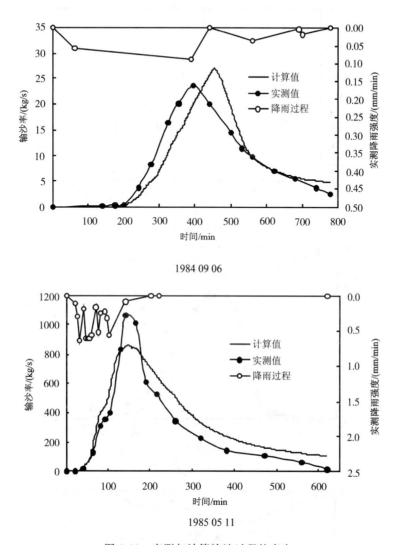

1984 09 06

1985 05 11

图 8-22　实测与计算输沙过程的率定

8.3.2　模型的验证

模型参数率定之后,采用 1985 年 9 月 15 日黑草河小流域的实测降雨径流和产沙过程(前期有降雨,但降雨量较小,取 $C_s = 1$)对模型进行了验证计算。

1985 年 9 月 15 日黑草河小流域的实测降雨过程如图 8-23 所示,图 2-24 和图 2-25 分别为大田包站流量过程和输沙率过程的实测值与计算值验证对比曲线。

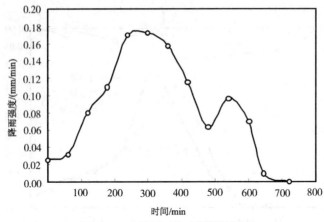

图 8-23　小流域一次实测降雨过程

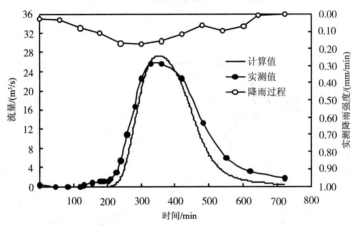

图 8-24　流量过程验证

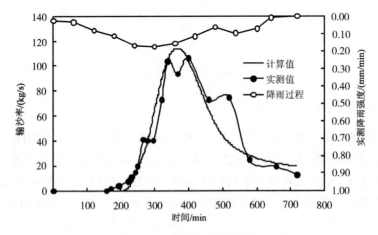

图 8-25　输沙率过程的验证

在此次降雨(1985 年 9 月 15 日)过程中,实测流域出口总径流量为 34.35 万 m³,计算的流域出口总径流量为 31.16 万 m³,径流量误差为 9.3%;实测流域出口总输沙量为 1493.6 t,计算的流域出口总输沙量为 1550.4 t,输沙量误差为 3.8%。验证计算结果表明模型计算值与流域实测值基本符合,说明所建立的模型在模拟和复演场次降雨事件的地表径流过程和侵蚀产沙过程中具有较好的准确性和可靠性。

不仅如此,从图 8-26 中可以看出,模型还能模拟并输出流域内任意网格单元的径流和输沙过程,这在传统的集总式模型中是办不到的。正是分布式侵蚀产沙模型的这一优势,使人们可以检测不同水保措施对小流域径流输沙产生的响应,并为配置流域内水土保持措施和优化流域管理,提供技术支撑和科学依据。

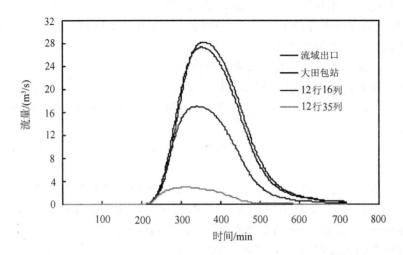

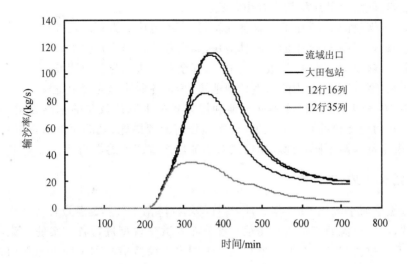

图 8-26　计算流量及输沙率过程线

8.4　基于分布式模型的水土保持措施减水减沙效益评价

8.4.1　减水减沙方案设计

　　黑草河流域内共有八种土地利用类型,各种土地利用类型的面积和所占流域的比例分别为:用材林面积为 892 hm²,占 37.6%;灌木林面积为 424 hm²,占 17.9%;荒山荒坡面积为 192 hm²,占 8.1%;坡耕地面积为 344 hm²,占 14.5%;治理林地面积为 356 hm²,占 15%;零星林地面积为 4 hm²,占 0.2%;水平梯地面积为 8 hm²,占 0.3%;水田面积为 152 hm²,占 6.4%。

　　为定量检测和分离评价不同水土保持措施以及不同土地利用方式的减水减沙效益,特设计以下两组共八个方案。

　　(1)评价不同水土保持措施的减水减沙效益。

　　方案一:保持图 8-19 所示的配置现状不变;

　　方案二:(水土保持工程措施之一)调整坡耕地地块使为水平梯地(坡改梯),其他各地块不变;

　　方案三:(水土保持生物措施之一)改造荒山荒坡为治理林地(植树造林),其他各地块不变;

　　其中,方案一为定量检测不同水土保持措施减水减沙效益的基准方案,方案二和方案三的设计目的是以方案一为对比基准,定量检测水土保持工程措施(方案二)与生物措施(方案三)分别对小流域产流产沙的影响。

　　(2)评价不同土地利用方式的减水减沙效益。

　　方案四:假定全部地块均为荒山荒坡;

　　方案五:恢复图 8-19 中的用材林地块,其余各地块仍为荒山荒坡;

　　方案六:恢复图 8-19 中的灌木林地块,其余各地块仍为荒山荒坡;

　　方案七:恢复图 8-19 中的坡耕地地块,其余各地块仍为荒山荒坡;

　　方案八:恢复图 8-19 中的治理林地地块,其余各地块仍为荒山荒坡;

　　其中,方案四为定量检测不同土地利用方式减水减沙效益的基准方案,方案五至方案八的设计目的是以方案四(未实施任何治理措施,全部为荒山荒坡)为对比基准,来定量检测不同土地利用方式对小流域产流产沙的影响。

8.4.2　减水减沙效益评价

　　选取黑草河小流域 1985 年 9 月 15 日的场次降雨事件作为各设计方案计算的降雨条件,采用小流域产汇流和侵蚀产沙分布式数学模型进行各方案的产流产沙计算,模型参数值与验证时所取值相同。不同水土保持措施和不同土地利用方式下大田包站径流量和输沙量的计算结果见表 8-9 和表 8-10。

表 8-9　不同水土保持措施下径流量和输沙量计算结果

方案号	改变面积/hm²	计算总径流量/10³ m³	计算总输沙量/t
1	基准	311.6	1550.4
2	344	262.4	1342.3
3	192	307.6	1525.5

表 8-10　不同土地利用方式下径流量和输沙量计算结果

方案号	改变面积/hm²	计算总径流量/10³ m³	计算总输沙量/t
4	基准	387.5	2111.6
5	892	341.8	1684.2
6	424	371.7	2076.2
7	344	389.3	2118.6
8	356	380.0	2065.3

8.4.3 减水效益分析

各个方案的减水效益计算公式为

$$D_r = \frac{\Delta R}{\Delta A} = \frac{R_r - R_c}{\Delta A} \tag{8-44}$$

式中：D_r 为当前方案的减水效益；ΔR 为当前方案的减水量；R_r 为基准方案的总径流量；R_c 为当前方案的总径流量；ΔA 为改变水土保持措施或土地利用方式的地块的面积。

1）不同水土保持措施的减水效益

（1）方案二将坡耕地改为水平梯田的面积为 344 hm²，减水量为 49 200 m³，因此这种工程措施的减水效益为 143 m³/ hm²。

（2）方案三将荒山荒坡改为治理林地的面积为 192 hm²，减水量为 4000 m³，因此这种生物措施的减水效益为 21 m³/ hm²。

2）不同土地利用方式的减水效益

不同土地利用方式的减水效益计算结果见表 8-11。

表 8-11　不同土地利用方式减水效益计算结果

方案号	4	5	6	7	8
$R_c/10^3 \text{m}^3$	387.5	341.8	371.7	389.3	380.0
$\Delta R/10^3 \text{m}^3$	—	45.7	15.8	−1.8	7.5
$\Delta A/\text{hm}^2$	—	892	424	344	356
$M_r/(\text{m}^3/\text{hm}^2)$	163	112	126	168	142
$D_r/(\text{m}^3/\text{hm}^2)$	—	51	37	−5	21

从表8-11可以看出：

在方案四（基准方案）中假定流域内全部为荒山荒坡，其计算总径流量为387 500 m³，而整个流域面积为 2372 hm²，因此荒山荒坡地块的产流模数为163 m³/hm²。

（1）方案五的土地利用方式从荒山荒坡变为用材林的面积为 892 hm²，产流模数为 112 m³/hm²，减水量为 45 700 m³，减水效益为 51 m³/hm²。

（2）方案六的土地利用方式从荒山荒坡变为灌木林的面积为 424 hm²，产流模数为 126 m³/hm²，减水量为 15 800 m³，减水效益为 37 m³/hm²。

（3）方案七的土地利用方式从荒山荒坡变为坡耕地的面积为 344 hm²，产流模数为 168 m³/hm²，减水量为－1800 m³，减水效益为－5 m³/hm²。

（4）方案八的土地利用方式从荒山荒坡变为治理林地的面积为 356 hm²，产流模数为 142 m³/hm²，减水量为 7500 m³，减水效益为 21 m³/hm²。

不同土地利用方式的减水效益和产流模数柱状图如图 8-27 所示。

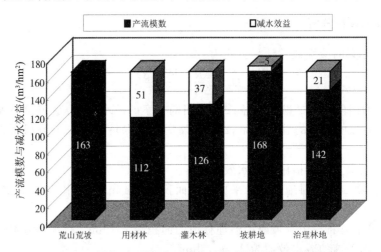

图 8-27 不同土地利用方式的产流模数和减水效益柱状图

比较以上各方案的减水效益可以得出：水土保持工程措施（坡耕地整平为水平梯地）的减水效益（143 m³/hm²）大于水土保持生物措施（荒山荒坡改造为治理林地）的减水效益（21 m³/hm²）；而定量分离的各种不同土地利用方式的减水效益大小排列顺序为：用材林（51 m³/hm²）＞灌木林（37 m³/hm²）＞治理林地（21 m³/hm²）＞荒山荒坡（对比基准）＞坡耕地（－5 m³/hm²）。

以上分离比较的结果表明：①工程措施一般比生物措施见效快；②由于治理林地尚未形成完整的枯枝落叶层，因而减水效益较之天然用材林和灌木林为小；③未经治理的荒山荒坡径流流失固然严重，但若在其上开垦坡耕地则会进一步加剧径流的流失。

8.4.4　减沙效益分析

各个方案的减沙效益计算公式为：

$$D_s = \frac{\Delta S}{\Delta A} = \frac{S_r - S_c}{\Delta A} \tag{8-45}$$

其中：D_s 为当前方案的减沙效益；ΔS 为当前方案的减沙量；S_r 为基准方案的总输沙量；S_c 为当前方案的总输沙量；ΔA 为改变水土保持措施或土地利用方式的地块的面积。

1）不同水土保持措施的减沙效益

（1）方案二将坡耕地改为水平梯地的面积为 344 hm²，减沙量为 208.1 t，因此这种工程措施的减沙效益为 0.60 t/hm²。

（2）方案三将荒山荒坡改为治理林地的面积为 192 hm²，减沙量为 24.9 t，因此这种生物措施的减沙效益为 0.13 t/hm²。

2）不同土地利用方式的减沙效益：

不同土地利用方式的减水效益计算结果见表 8-12。

表 8-12　不同土地利用方式减沙效益计算结果

方案号	4	5	6	7	8
S_c/t	2111.6	1684.2	2076.2	2118.6	2065.3
$\Delta S/t$	—	427.4	35.4	−7.0	46.3
$\Delta A/hm^2$	—	892	424	344	356
$M_s/(t/hm^2)$	0.89	0.41	0.81	0.91	0.76
$D_s/(t/hm^2)$	—	0.48	0.08	−0.02	0.13

从表 8-12 可以看出：

在方案四（基准方案）中假定流域内全部为荒山荒坡，其计算总输沙量为 2111.6 t，而整个流域面积为 2372 hm²，因此荒山荒坡地块的产沙模数为 0.89 t/hm²。

（1）方案五的土地利用方式从荒山荒坡变为用材林的面积为 892 hm²，产沙模数为 0.41 t/hm²，减沙量为 427.4 t，减沙效益为 0.48 t/hm²。

（2）方案六的土地利用方式从荒山荒坡变为灌木林的面积为 424 hm²，产沙模数为 0.81 t/hm²，减沙量为 35.4 t，减沙效益为 0.08 t/hm²。

（3）方案七的土地利用方式从荒山荒坡变为坡耕地的面积为 344 hm²，产沙模数为 0.91 t/hm²，减沙量为 −7.0 t，减沙效益为 −0.02 t/hm²。

（4）方案八的土地利用方式从荒山荒坡变为治理林地的面积为 356 hm²，产沙模数为 0.76 t/hm²,减沙量为 46.3 t,减沙效益为 0.13 t/hm²。

不同土地利用方式的减沙效益和产沙模数柱状图如图 8-28 所示。

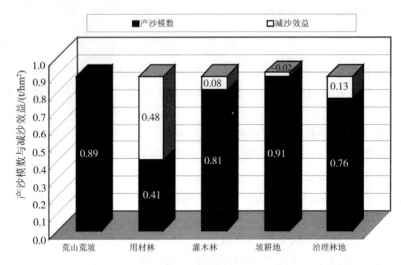

图 8-28　不同土地利用方式的产沙模数和减沙效益柱状图

同样,对以上各方案的减沙效益进行比较可以得出:水土保持工程措施(坡耕地整平为水平梯地)的减沙效益(0.60 t/hm²)大于水土保持生物措施(荒山荒坡改造为治理林地)的减沙效益(0.13 t/hm²);而定量分离的各种不同土地利用方式的减沙效益大小排列顺序为:用材林(0.48 t/hm²)>治理林地(0.13 t/hm²)>灌木林(0.08 t/hm²)>荒山荒坡(对比基准)>坡耕地(−0.02 t/hm²)。

以上分离比较的结果表明:①在减沙效益方面,与生物措施相比,工程措施仍然具有见效快和更直接的特点;②值得注意的是,不同土地利用方式的减沙效益排列顺序与减水效益的排列顺序并不完全相同,在减水效益比较中治理林地的减水效益逊于灌木林,而在减沙效益比较中则优于灌木林;③荒山荒坡上开垦坡耕地同样也会加剧土壤的流失。

8.4.5　流域配置措施优化

小流域的水土保持措施配置需要因地制宜,在实现减水减沙效益的同时,一般也应考虑该地区生产实际情况和当地人民的生活需求等各种其他因素,兼顾社会效益、经济效益和生态效益。

本书的研究以水土保持措施的减水减沙效益为目标,依据以上分离比较的评价结果,拟对黑草河小流域水土保持措施配置进行优化设计,所得到的配置方案可作为小流域进一步治理决策时的参考并提供一定的科学依据。

水土保持措施优化配置是在黑草河小流域 1985 年治理情况的基础上进行

的。黑草河小流域水土保持措施优化配置的原则为：

(1)保持现有小流域治理格局基本不变,不提倡对多个地块的原有土地利用方式或水保措施进行改变,避免无谓地增加治理成本;

(2)由于水土保持工程措施的减水减沙效益比水土保持生物措施更直接,见效更快,因此在流域水土保持措施配置规划中应有一定数量的工程措施;

(3)对少数减水减沙效益差的地块可因地制宜改为其他合适的减水减沙效益相对较好的土地利用方式或水土保持措施,但要兼顾社会效益、经济效益和生态效益的统一。

依据以上原则,黑草河小流域现有水土保持措施配置方案可进一步做以下优化:将坡耕地整平为水平梯田;同时将荒山荒坡和零星林地的土地利用方式改为减水减沙效益较好的治理林地;其他地块维持现状不变。

经过优化之后的黑草河小流域各种土地利用类型所占比例分别为:用材林面积为 892 hm², 占 37.6%;灌木林面积为 424 hm², 占 17.9%;治理林地面积为 552 hm², 占 23.3%;水平梯田面积为 352 hm², 占 14.8%;水田面积为 152 hm², 占 6.4%。

仍然采用 1985 年 9 月 15 日的降雨过程,在以上优化配置方案下,所计算的大田包站径流量为 257 700 m³, 输沙量为 1316.9 t, 而采用相同的降雨过程在治理现状方案(1985 年)下计算的黑草河小流域大田包站径流量为 311 600 m³, 输沙量为 1550.4 t。在此次降雨事件过程中,优化配置方案比治理现状方案减少径流量 53 900 m³, 减水 17.3 %;减少输沙量 233.5 t, 减沙 15.1 %。另外计算了黑草河小流域在未经治理(全部地块假设为荒山荒坡,同方案四)情况下的大田包站径流量为 387 500 m³, 输沙量为 2111.6 t。未经治理方案比治理现状方案增加径流量 75 900 m³, 增加的径流量占治理现状方案下计算径流量的 24.4 %;增加输沙量 561.2 t, 增加的输沙量占治理现状方案下计算输沙量的 36.2 %。计算结果列于表 8-13。

表 8-13　三种方案下径流输沙的计算与比较

方案名	径流量 /10³m³	减水量 /10³m³	减水 百分比/%	输沙量 /t	减沙量 /t	减沙 百分比/%
治理现状	311.6	—	—	1550.4	—	—
优化配置	257.7	53.9	17.3	1316.9	233.5	15.1
未经治理	387.5	−75.9	−24.4	2111.6	−561.2	−36.2

未经治理、治理现状和优化配置三种方案下所计算的流量和输沙量过程如图 8-29 和图 8-30 所示。从图中几个方案之间的比较还可看出,各方案下小流域开始产流产沙的时刻以及出现洪峰、沙峰的时刻各不相同,其中未经治理方案下的产

汇流速度最快,其流量和输沙率的峰值也最大;治理现状方案次之;而优化配置方案的产汇流速度最慢,流量和输沙率的峰值也最小。出现以上现象的原因是小流域在经过治理或优化配置的过程中采用了减水减沙效益好的水土保持措施和土地利用方式,从而改变了地表的糙率、坡度减缓和增加了植被覆盖度等下垫面条件,导致汇流路径变长、径流流速变小,进而达到控制水土流失的目的。

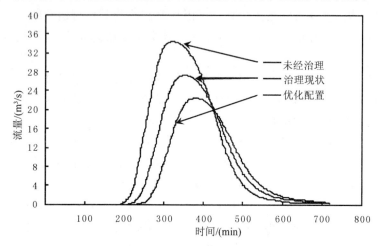

图 8-29　各方案下流量计算过程

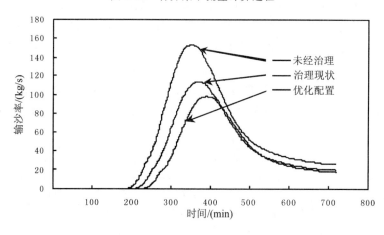

图 8-30　各方案下输沙率计算过程

8.5　典型坝系流域侵蚀产沙模拟

为了应用所建立的坝系流域侵蚀产沙分布式模型,选取了黄土高原沟壑区具有典型性的坝系流域——马家沟小流域。马家沟小流域位于陕西省延安市安塞县境内,距安塞县城约 1 km,位于延河流域中下游,是延河的一级支流。马家沟流域面积 77.5 km²,属黄土丘陵沟壑区第二副区。流域内土壤组成主要是黄绵土,约占流域内耕地土壤组成的 80%。流域内地貌组成主要为峁、梁、坡和沟,以梁为主,一般梁峁顶部坡度在 5°~15°,而沟坡坡度在 45°~60°。马家沟小流域沟道分布呈"Y"形,平均沟壑密度为 3.2 km/km²,主沟道约长 17.5 km,沟道平均比降为6.5‰;流域内沟道断面形状多呈"U"形,沟底平均宽度约为 13 m。流域内多年平均降水量为 522.2 mm,且年际变化大,年内分配不均,汛期 5~9 月占全年降水量的 85.5%。流域土壤侵蚀严重,多年平均土壤侵蚀模数高达 12 000 t/(km²·a),汛期 5~9 月产沙量占全年产沙量的 85% 以上。流域内植被稀少,主要以乔木林和灌木林为主,乔木主要是刺槐、山杨、山杏和枣树,灌木主要为柠条和沙棘。

马家沟流域为延安水土保持沟壑治理重点示范流域。自 20 世纪 70 年代末80 年代初就已经在水土流失严重的沟系布置了土坝,2005 年开始在全流域布置坝系;通过修复老坝和建设新坝,截止到 2007 年整个流域淤地坝坝系已基本形成,整个坝系共布设淤地坝 64 座(截止到 2007 年已建 51 座,规划拟建 13 座),其中"三大件"淤地坝 14 座(其中已建 9 座,规划 5 座),"两大件"淤地坝 45 座(其中已建 37 座,规划 8 座),"一大件"淤地坝 5 座。马家沟淤地坝坝系配置图如图 8-31所示,坝系各淤地坝的情况统计见表 8-14。

图 8-31 马家沟流域淤地坝坝系配置图

表 8-14　马家沟淤地坝坝系情况统计

坝型	编号	名称	控制面积 /km²	坝高 /m	总库容 /10⁴m³	结构	状态
三大件	1	曹庄	10.0	12.0	40.0	土坝＋涵卧＋溢洪道	已建
	2	黄草湾	8.2	11.5	31.2	土坝＋涵卧＋溢洪道	已建
	3	张茆	7.4	23.5	24.5	土坝＋涵卧＋溢洪道	已建
	4	红柳渠	10.6	27.5	41.0	土坝＋涵卧＋溢洪道	已建
	5	汤河	6.9	10.0	17.2	土坝＋涵卧＋溢洪道	已建
	6	洞则沟	5.6	24.0	32.8	土坝＋涵卧＋溢洪道	已建
	7	中峁沟1#	6.8	30.0	102.1	土坝＋涵卧＋溢洪道	已建
	8	大狼牙峁	3.0	10.0	14.6	土坝＋涵卧＋溢洪道	已建
	9	梁家湾1#	5.2	20.5	149.6	土坝＋涵卧＋溢洪道	已建
	10	顾塌2#	4.3	27.5	123.4	土坝＋涵卧＋溢洪道	规划
	11	杜庄	9.0	11.0	30.0	土坝＋涵卧＋溢洪道	规划
	12	任塌	7.9	41.0	227.0	土坝＋涵卧＋溢洪道	规划
	13	白家营	7.2	13.0	32.3	土坝＋涵卧＋溢洪道	规划
	14	柳沟坪	5.1	29.0	105.6	土坝＋涵卧＋溢洪道	规划
两大件	1	背沟	3.8	10.5	2.1	土坝＋溢洪道	已建
	2	补子沟	0.7	18.5	9.6	土坝＋溢洪道	已建
	3	曹新庄	1.6	8.5	5.5	土坝＋涵卧	已建
	4	曹庄洞沟1#	0.4	9.5	2.1	土坝＋涵卧	已建
	5	曹庄崖窑沟1#	2.0	20.5	22.9	土坝＋涵卧	已建
	6	磁窑沟1#	0.2	5.0	3.0	土坝＋溢洪道	已建
	7	磁窑沟2#	1.2	19.0	19.2	土坝＋涵卧	已建
	8	大平沟1#	0.7	18.5	10.5	土坝＋涵卧	已建
	9	东沟坝	1.8	16.0	14.3	土坝＋涵卧	已建
	10	东山坝	1.1	10.5	3.5	土坝＋溢洪道	已建
	11	杜家沟1#	1.1	19.0	16.7	土坝＋涵卧	已建
	12	顾塌1#	1.2	22.0	10.3	土坝＋溢洪道	已建

续表

坝型	编号	名称	控制面积 /km²	坝高 /m	总库容 /10⁴m³	结构	状态
	13	观音庙塔 1#	0.8	19.0	13.3	土坝+溢洪道	已建
	14	后柳沟 1#	4.9	16.0	13.4	土坝+涵卧	已建
	15	后柳沟 2#	10.8	19.0	17.1	土坝+涵卧	已建
	16	梁家湾 2#	0.5	12.8	2.4	土坝+溢洪道	已建
	17	柳湾 1#	1.4	11.0	22.6	土坝+涵卧	已建
	18	柳湾 2#	1.1	14.0	17.9	土坝+涵卧	已建
	19	柳湾 3#	0.6	12.0	3.3	土坝+溢洪道	已建
	20	龙嘴沟 1#	5.1	18.0	26.9	土坝+涵卧	已建
	21	卢渠公路 1#	0.1	5.0	0.9	土坝+溢洪道	已建
	22	卢渠公路 2#	1.9	16.0	29.7	土坝+涵卧	已建
	23	马河湾	0.4	9.5	2.1	土坝+溢洪道	已建
	24	桥则沟 1#	0.6	18.0	2.8	土坝+溢洪道	已建
两大件	25	桥则沟 2#	1.9	19.0	29.9	土坝+涵卧	已建
	26	桥则沟 3#	0.6	11.3	3.4	土坝+溢洪道	已建
	27	任塌崖窑沟 1#	0.2	11.0	2.0	土坝+涵卧	已建
	28	任塌赵圪烂沟	0.6	9.0	3.3	土坝+涵卧	已建
	29	任塌正沟 1#	0.1	15.0	10.0	土坝+溢洪道	已建
	30	任塌庄沟	2.2	21.5	33.0	土坝+涵卧	已建
	31	四咀沟	4.3	9.5	2.6	土坝+溢洪道	已建
	32	下崖窑	0.5	9.8	3.7	土坝+溢洪道	已建
	33	阎桥 1#	1.1	23.0	22.6	土坝+涵卧	已建
	34	枣龙嘴沟	0.6	19.0	10.2	土坝+涵卧	已建
	35	张家畔沟	0.9	16.5	14.1	土坝+涵卧	已建
	36	中崾沟 2#	2.2	16.0	14.8	土坝+溢洪道	已建
	37	中崾沟 3#	0.4	10.5	2.2	土坝+溢洪道	已建
	38	曹庄洞沟 2#	0.8	10.5	1.3	土坝+涵卧	规划
	39	曹庄狼岔 1#	1.0	27.5	15.6	土坝+涵卧	规划

坝型	编号	名称	控制面积 /km²	坝高 /m	总库容 /10⁴m³	结构	状态
两大件	40	曹庄崖窑沟 2#	0.2	9.0	1.0	土坝＋涵卧	规划
	41	洞则沟庄前	0.6	11.3	3.4	土坝＋溢洪道	规划
	42	梁家湾 3#	0.5	12.8	2.4	土坝＋涵卧	规划
	43	梁家湾 4#	0.5	12.8	2.4	土坝＋涵卧	规划
	44	南沟 1#	0.8	16.0	13.4	土坝＋涵卧	规划
	45	任塌脑畔沟	0.6	9.0	3.3	土坝＋涵卧	规划
一大件	1	白杨树沟	0.2	15.0	10.2	土坝	已建
	2	大山梁	0.3	11.5	1.5	土坝	已建
	3	任塌正沟 2#	1.2	22.0	19.6	土坝	已建
	4	崖窑旮旯 1#	0.2	6.5	0.8	土坝	已建
	5	张家畔九沟	0.2	13.0	2.0	土坝	已建

以马家沟小流域 1∶10 000 比例尺的纸质地形图为数据源,首先对流域地形图实施了数字矢量化,并采用 ArcGIS 软件进行了流域地理信息的处理,生成的马家沟小流域地形图如图 8-32 所示。

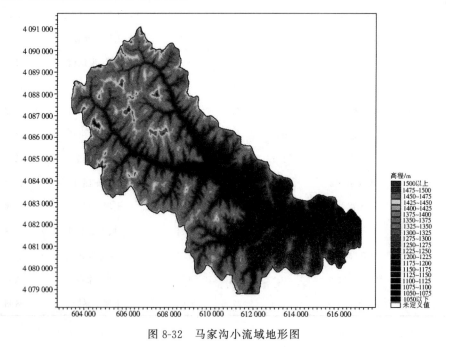

图 8-32　马家沟小流域地形图

为了建立分布式模型,首先需将流域进行栅格化。在 GIS 的基础上,仍按每个网格 200 m×200 m 的大小来进行流域的栅格划分,并插值计算每个网格形心处的地形高程,由此提取的马家沟小流域的 DEM(数字高程模型)如图 8-33 所示。

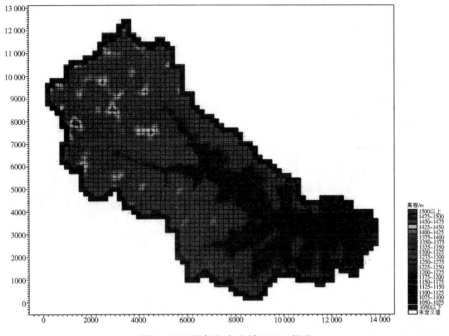

图 8-33　马家沟小流域 DEM 提取

在提取的马家沟小流域 DEM 的基础上,通过每个网格的高程与相邻各网格高程的几何关系,采用八方向法,可得到每个网格的(最陡)坡向属性,由 GIS 提取的马家沟小流域的坡向图,同时通过计算得到每个网格的最陡坡向对应的坡度属性,由此提取的马家沟小流域的坡度图。

8.5.1　流域"沟坡分离"

"沟坡分离"的关键首要的是确定"沟道"(即流域的水流汇集主流路),而确定沟道的关键则是指定临界源区的面积。临界源区面积太大,会导致沟道太短并稀疏,支流少;临界源区面积太小,又会导致沟道太密集。

一旦指定临界源区面积后,研究即可根据每个网格的坡向属性所组成的拓扑关系,采用自主开发的模型程序,运用递归算法,计算出每个网格的汇流数(水流汇入的网格个数),并将那些汇流数大于或等于临界源区面积的网格确定为"沟道",其余的网格确定为"坡面",从而实现"沟坡分离"。

图 8-34 分别是指定临界源区面积为 2 km²(汇流数=50)、1 km²(汇流数=25)、0.4 km²(汇流数=10)和 0.2 km²(汇流数=5)所生成的马家沟沟道网络图,

从图中可见,临界源区面积指定得越大,沟道越短、支流越少、网络也越稀疏。源区面积指定得太大会导致沟道失真,将原本是主沟道的单元变为坡面单元,但临界源区面积也并非指定得越小越好,指定得越小,沟道越长、支流越多、网络也越密集,同样也会导致沟道失真。本节以下的计算均指定马家沟小流域临界源区面积为 $1\,\text{km}^2$（汇流数＝25）。

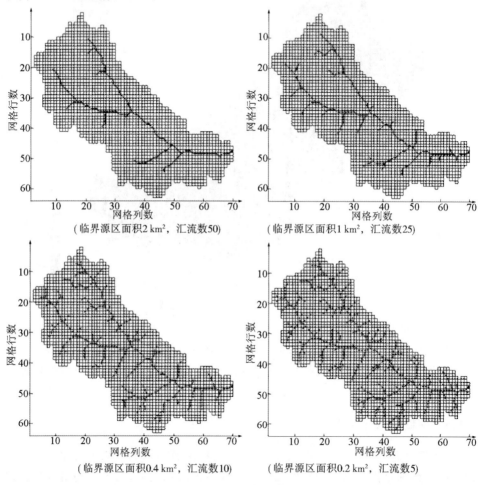

（临界源区面积2 km², 汇流数50）　　　　　（临界源区面积1 km², 汇流数25）

（临界源区面积0.4 km², 汇流数10）　　　　（临界源区面积0.2 km², 汇流数5）

图 8-34　沟道网络图

8.5.2　输入条件确定

由于马家沟流域未建沟口水文站（把口站）,通过实地考察和分析,得到沟口的水深与流量关系（$H\text{-}Q$）如图 8-35 所示。

另外,由于各淤地坝的放水建筑物和溢洪道的具体设计参数不尽相同,对此进行以下设定:①"两大件"淤地坝中,对于"坝体＋放水建筑物"结构,假定其放水

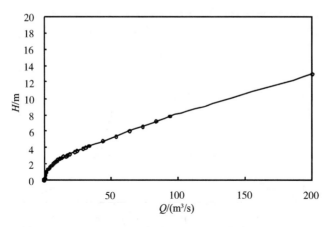

图 8-35　水深与流量关系曲线

建筑物的设计死水位(底孔高程以下)所对应的水深均为 1.0 m,其对应的设计最大放水流量均为 1 m³/s;对于"坝体＋溢洪道"结构,假定其溢洪道的设计底部高程所对应的水深均为 1.5 m,其对应的设计最大溢洪流量均为 2 m³/s;②"三大件"淤地坝中,假定其放水建筑物的设计死水位所对应的水深均为 2.0 m,其对应的设计最大放水流量均为 10 m³/s,同时溢洪道的设计底部高程所对应的水深假定均为 3 m,其对应的设计最大溢洪流量均为 40 m³/s。

8.5.3　模型参数确定

模型中其他参数与前面黑草河小流域率定和采用的参数一致,即土壤饱和导水率 $K=1.19×10^{-6}$ m/s、土壤饱和含水率 $\theta_s=0.518$、湿润锋面处土壤水吸力 $S_F=0.02$ m、土壤初始含水率 $\theta_i=0.216$、沟间侵蚀产沙参数 $\xi_I·C_0·K_0=0.0005$、细沟侵蚀产沙参数 $\xi_r·C_0·K_0=2.28$;模型中计算时间步长取 $\Delta t=30s$。

8.5.4　产流产沙模拟

马家沟流域 2006 年 9 月 4 日场次降雨过程采用中国气象局安塞县气象站的自记降水量记录,其降雨过程如图 8-36 所示。

1)前期降雨量的影响

对于 2006 年 9 月 4 日的这一场次降雨过程,查询其前期的安塞县气象站的自记降水量记录可知,2006 年 9 月 1 日有降水,但总降水量较小,为 1.7 mm,因此对于本节采用的 2006 年 9 月 4 日的这一场次降雨过程,既不是前期多雨量的情况,也不是前期久无雨的情况,因此取它的前期降雨量的校正系数 $C_s=1$。

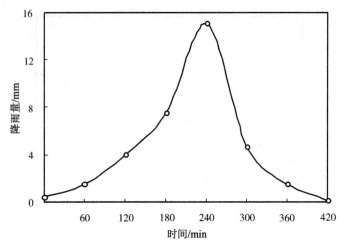

图 8-36　马家沟小流域实测降水过程

2)未建坝系条件下流域产流产沙计算

在以上的降雨条件和参数取值情况下,由本节自主开发的坝系流域侵蚀产沙分布式模型计算的马家沟小流域未建坝系条件下流域出口的流量过程(产流)如图 8-37 所示,计算的流域出口的输沙率过程(产沙)如图 8-38 所示。从图中可以看出,未建坝系条件下,马家沟的流域出口约在降雨 120 min 后开始产流和产沙,约在降雨 300 min 后达到产流和产沙的峰值,并且随后很快衰减,至降雨结束时刻产流产沙均衰减到峰值的 1/10 以下。

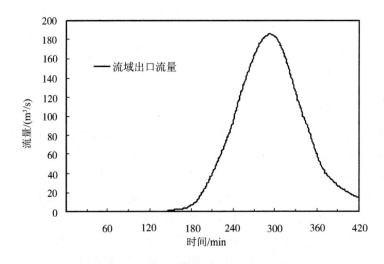

图 8-37　未建坝系条件下流域出口流量过程

另外,在产沙过程图 8-38 中,约在降雨 200 min 的时刻,流域出口的输沙率曲线出现了一个突变的起伏,分析其原因,为流域输沙由饱和输沙转变为不饱和输沙的时间分界点。在此时刻之前,由于侵蚀量大于径流输沙量,所以产沙量就等于径流输沙量,单元内有多余侵蚀下来的泥沙沉积,但随着单元内流量的逐渐增大,径流输沙量渐渐大于侵蚀量,单元内的泥沙沉积渐渐变少,终于在图中的突变时刻,单元内没有泥沙的沉积,此时径流输沙能力很大但没有那么多侵蚀的泥沙供输移,所以此时产沙量等于侵蚀量,径流输沙也自此变为不饱和输沙过程,因此出现了图中输沙率曲线出现突变的现象。

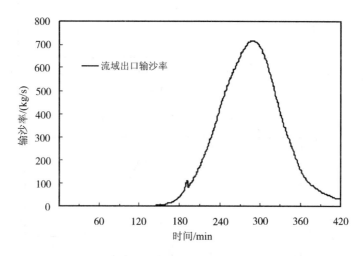

图 8-38　未建坝系条件下流域出口输沙率过程

3)现状坝系条件下流域产流产沙计算

由坝系流域侵蚀产沙分布式模型计算的马家沟小流域现状坝系条件下流域出口的流量过程(产流)如图 8-39 所示,计算的流域出口的输沙率过程(产沙)如图 8-40 所示。从图中可以看出,现状坝系条件下,马家沟的流域出口同样约在降雨 120 min 后开始产流和产沙,但与未建坝系结果不同的是,约在降雨 240 min 后就达到产流和产沙的峰值(产流和产沙的峰值均约为未建坝系结果的 1/3),并且随后产流产沙过程慢慢衰退,至降雨结束时刻产流仍有峰值的 90%,产沙仍有峰值的 50%。这充分体现了流域内坝系的调峰和拦蓄作用对流域出口产流产沙的影响。

另外,在现状坝系条件下产沙过程图 8-40 中,同样约在降雨 200 min 的时刻,流域出口的输沙率曲线出现了一个突变的起伏,其原因在前面已分析过,即流域输沙由饱和输沙转变为不饱和输沙的时间分界点。在此时刻之前,产沙量等于径流输沙量,单元内有泥沙沉积;在此时刻之后,产沙量等于侵蚀量,单元内没有泥沙沉积。

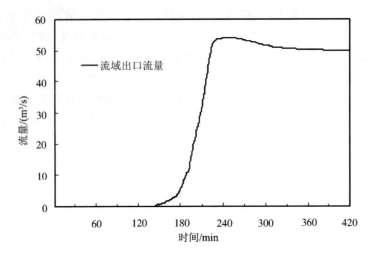

图 8-39   现状坝系条件下流域出口流量过程

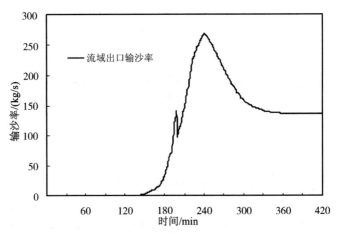

图 8-40   现状坝系条件下流域出口输沙率过程

4) 规划坝系条件下流域产流产沙计算

由坝系流域侵蚀产沙分布式模型计算的马家沟小流域规划坝系条件下流域出口的流量过程(产流)如图 8-41 所示,计算的流域出口的输沙率过程(产沙)如图 8-42 所示。从图中可以看出,规划坝系条件下,马家沟的流域出口同样约在降雨 120 min 后开始产流和产沙,并且与现状坝系结果极其相似的是,同样约在降雨 240 min 后就达到产流和产沙的峰值(产流和产沙的峰值同样约为未建坝系结果的 1/3),随后产流产沙过程慢慢衰退,至降雨结束时刻产流仍有峰值的 90%,产沙仍有峰值的 50%;而且,与现状坝系结果相比,规划坝系流域出口的输沙率曲线同样出现了一个突变的起伏。以上的计算结果表明,规划坝系条件与现状坝系条件相比较,其对马家沟坝系流域的出口单元的产流产沙的影响并不大。

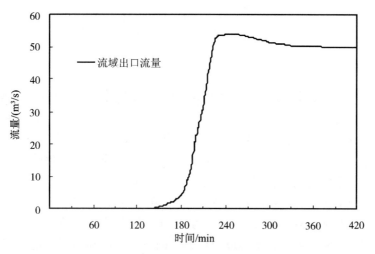

图 8-41　规划坝系条件下流域出口流量过程

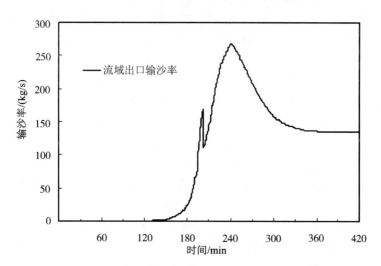

图 8-42　规划坝系条件下流域出口输沙率过程

第9章 基于SWAT模型的流域侵蚀产沙过程模拟

新中国成立以来,黄土区营造了大面积防护林,由于对林地水分环境容量研究不够,在造林后期出现了土壤干化现象,而且河川径流减少现象也十分突出,使以水土保持为主体措施的生态治理在水资源可持续利用中受到质疑。此外,黄土高原目前实施退耕还林还草的政策,对于黄河流域的水文情势(包括水沙过程)以及下游水生生态系统具有何种影响,已引起国际社会的普遍关注。水文模型,尤其是分布式水文模型可以实现模拟和预测不同时空尺度和不同土地利用/覆被条件对径流、蒸散发、土壤水分、土壤侵蚀、沉积物传输的影响。因此,生态水文过程模拟研究可以为黄土区突出的环境问题的缓解提供科学的参考和决策依据。

武思宏(2007)以黄土丘陵沟壑区典型嵌套流域为研究对象,基于山西吉县蔡家川嵌套流域长期定位观测水文资料和典型时段的航片资料,以生态水文学、景观生态学等科学理论为指导,将GIS和RS技术与SWAT生态水文模型相结合,分别模拟蔡家川嵌套流域中主沟道及6个小流域的水文过程,以此为依据分析嵌套流域的径流、输沙过程特点及响应机制,以及不同土地利用/覆被结构和不同降雨水平年条件下,嵌套流域的水文过程。揭示时空尺度变化特征及不同土地利用/覆被结构对嵌套流域水文过程。

SWAT模型在国内外的主要应用区域是湿润地区,这与本研究区的气候特征差别较大。山西吉县蔡家川流域为亚湿润地区,多年平均年降水量为575.9 mm,降水主要集中在6、7、8三个月,约占全年降水量的80.6%,而且常以突发性、短历时的大雨或暴雨形式降落。降水特征及气候条件使得该地区的水文循环过程和产汇流特征也与湿润地区不同。本书的研究首次在黄土区采用SWAT2005版最新提供的LH-OAT灵敏度分析模块和SCE-UA自动校准模块,快速准确的率定了模型所需重要参数,使模型在黄土区径流产沙的模拟具有较好的适用性。且本研究首次将SWAT模型应用于晋西黄土丘陵沟壑区的典型嵌套流域,这将有助于对黄土丘陵沟壑区的典型嵌套流域水文过程的时空分布及其影响机制的理解,并对SWAT模型的推广具有一定的意义。

9.1　嵌套流域降雨、地形地貌和土地利用特征分析

9.1.1　嵌套流域概况

研究区蔡家川嵌套流域属山西吉县森林生态系统国家野外科学观测研究站，位于山西省黄土高原西南部的吉县境内，吉县地处山西省西南部、黄河中游、吕梁山南端，位于北纬 35°53′10″～36°21′02″、东经 110°27′30″～111°07′20″。北与大宁县接壤，南与乡宁毗邻。西邻黄河，与陕西宜川县相望，东与临汾、蒲县交界。东西长 62 km，南北宽 48 km，总面积 1777.26 km²。蔡家川流域地理坐标位为北纬 36°14′～36°18′与东经 110°40′～110°48′。该嵌套流域主沟道为义亭河的一级支流，义亭河为黄河一级支流的昕水河支流，流域大体上为由西向东走向，流域长约 12.15 km，流域面积 38 km²，流域平均海拔 1172 m。蔡家川流域主沟道及其部分支沟具有常流水。为典型的黄土残塬、梁峁侵蚀地形。嵌套流域具体情况如图 9-1 和表 9-1 所示。

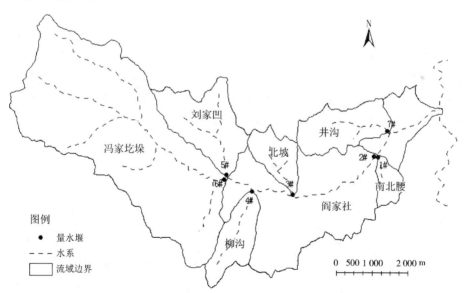

图 9-1　蔡家川嵌套流域主沟及其支沟分布和量水堰布设图

表 9-1　蔡家川嵌套流域主沟及其支沟的地形地貌特征

量水堰编号	小流域名称	小流域面积 /km²	流域长度 /km	流域宽度 /km	形状系数	河网密度	河流比降
1#	南北腰小流域	0.71	1.38	0.54	0.393	1.81	0.087
2#	蔡家川主沟	34.23	14.50	1.25	0.163	1.53	0.019
3#	北坡小流域	1.50	2.18	0.72	0.330	3.00	0.121
4#	柳沟小流域	1.93	3.00	0.68	0.228	4.10	0.084
5#	刘家凹小流域	3.62	3.30	1.10	0.332	0.91	0.089
6#	冯家圪垯小流域	18.57	7.25	2.67	0.368	25.90	0.071
7#	井沟小流域	2.63	2.88	0.91	0.317	1.09	0.122

9.1.2　研究区降雨特征分析

1.研究区降水量年际分布

蔡家川流域多年平均降水量 579.5 mm。降水量年际变化较大,最多可达 828.9 mm(1956 年),最少为 277.7 mm(1997 年)。图 9-2 给出了蔡家川嵌套流域各年降水量变化值。从图 9-2 中看到,研究期 1985~2005 年的 21 年内,流域降水的年际变化较大,其中除 1988 年、1993 年和 2003 年降水偏多外,多数属降水偏少年份,1997 年降水量为有记录的最少年份,2003 年降水量是研究期内降水最多年份。流域的年降水量较多年平均降水量呈减少趋势。

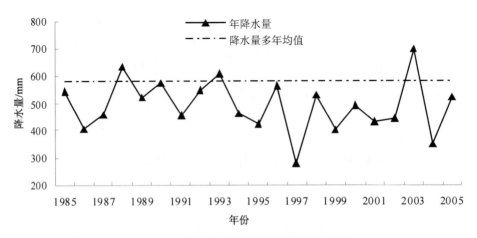

图 9-2　蔡家川流域降水年际变化曲线图

　　为研究流域降水年际变化规律,对蔡家川流域 1985～2005 年的降水进行频率统计。图 9-3 为蔡家川流域降水频率分布曲线图,其中得到降水频率为 10%、50%、90% 的枯、平、丰水年降水量统计(表 9-2)。

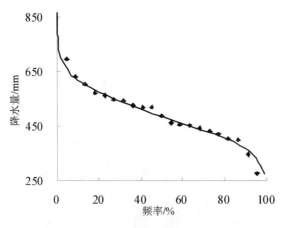

图 9-3　蔡家川流域年降水量频率分布

表 9-2　不同降水年份平均降雨量(mm)和出现次数

流域	统计年限	枯水年	平水年	丰水年
蔡家川	1985～2005 年	$P=368.6(n=4)$	$P=486.6(n=14)$	$P=619.3(n=3)$

　　通过蔡家川流域年降水量频率分析,以 1985～2005 年 21 年间的降水量为依据进行丰水年、平水年、枯水年三种类型划分。在 1985～2005 年,降水频率在 20%～80% 范围内发生的降水次数为 14 次,占研究时段的 66.7%。降水频率在小于 20% 或大于 80% 范围内,发生的次数分别为 3 次和 4 次,各占研究时段的 14.3% 和 19.0%。降水频率在 20% 以内的有 1988 年的 631.5 mm、1993 年的 605.2 mm、2003 年的 697 mm,这三年属丰水年。降水频率在 80% 以上的年份有 1986 年的 404.4 mm、1997 年的 277.7 mm、1999 年的 402.3 mm、2004 年的 350 mm,这四年属枯水年。其余的 14 年降水量在 575.1～404.7 mm,均属平水年。

　　对比前十年即 1985～1994 年与后十年即 1996～2005 年总降水量,可以清楚地发现前十年间的总降水量为 5196.9 mm,而后十年间的总降水量仅为 4701 mm,减少了 495.9 mm,相对减少率为 10.5%。从降水量类型划分情况来看,前十年间仅有一年为枯水年,其余均为平水年和丰水年;而后十年间有三年出现枯水年,其中 1997 年为有记录以来降水最少的年份,且丰水年仅有一年。以此可以看出,在过去的十年间(1996～2005 年),蔡家川流域的降水量有减少的趋势。此外,极端气候的发生概率也在增加。

2. 研究区降水量年内分布

蔡家川流域降水量年内分布也不均匀,图 9-4 为 1985～2005 年 21 年间的各月降水量平均值分布图。

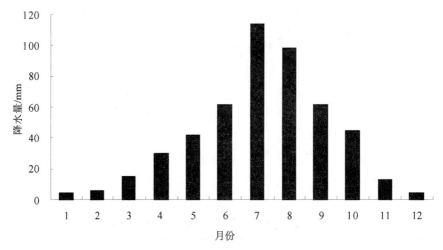

图 9-4　蔡家川流域多年平均各月降水量

从图 9-4 中可以清楚地看出,该流域的降水主要集中在 4～10 月,月平均降水量为 120 mm,占研究时段(1985～2005 年)平均年降水量的 91.7%,其中 6～9 月降雨量占全年降水量的 70% 左右,冬季(12 月～次年 2 月)降水量平均为 15.1 mm,占全年降水量的 3.1%。此外,3～10 月各月相对变率为 -14%～97%,反映了当地一年中各月降水量悬殊。

降水强度变化较大,一日最大降水 276 mm(2003 年 8 月 25 日),10 min 最大雨量 27.0 mm(1979 年 7 月 24 日 1 点 55 分至 2 点 05 分)。由于降水不匀,特别是年际降水变化较大,有时短期降水过多,引起洪灾;有时连续无雨月过长,造成间断性干旱。

3. 研究时间段内降水概况

本研究 SWAT 模型模拟校准和验证的时段为 2002～2005 年,包括了枯水年、平水年和丰水年三种类型。生长季降水概况见表 9-3。

表 9-3　研究时段内降水概况

年份	年降水量/mm	生长季(4～10月)		雨季(7～9月)	
		降水量/mm	比例/%	降水量/mm	比例/%
多年平均	579.5	521.4	90.5	346	59.7
2002	443.2	404.9	91.4	221.6	50.0
2003	697.0	649.3	93.2	429.2	61.6
2004	350.0	295.5	84.4	181.5	51.9
2005	520.4	505.9	97.2	329.9	63.4

2004 年生长季降水量为 295.5 mm，属枯水年；2003 年生长季降水量为 649.3 mm，属丰水年，且是 21 年中同期降水量的最大值，所以 2003 年同时可视为极端丰水年。2002 年、2005 年生长季降水量分别为 404.9 mm 和 505.9 mm，均属平水年。除 2004 年外，生长季的降水量占同期全年的比例的 90% 以上，而 4 年中雨季的降水量占同期全年的比例的 50% 以上，短历时大暴雨多发生在 7 月、8 月，常发生于傍晚或夜间，它是产生土壤侵蚀的主要动力。

9.1.3　研究区地形地貌特征分析

1. 流域地貌形态特征的分形量化

流域地貌形态特征的表示方式为等高线图。蔡家川嵌套流域地貌形态特征的等高线图是在原地形图的基础上，经过扫描、影像分割、二值化、细化和矢量化等一系列图像处理而得到的二值等高线图和矢量格式等高线数据，比例尺为 1：10 000，等高距为 5 m。

流域地貌形态分形维数的测定方法是基于分形维数测定的基本原理和方法，结合以等高线表征流域地貌形态特征的具体特点，采用盒维数法计算确定的。为了充分反映表征流域地貌形态特征的等高线的复杂程度和疏密状况，精确测定流域地貌形态特征分形维数，针对盒维数法所计算出各维数的基本特点，提出了流域地貌形态特征信息维数的测定模型(崔灵周等，2004)，即

$$D_i = \lim_{r \to 0} \frac{\lg \sum_{m=1}^{N} (1/m) P(m,r)}{\lg r} \qquad (9\text{-}1)$$

式中：D_i 为流域地貌形态特征的信息维数；r 为盒子的长度；N 为一个盒子中最大可能的非零分形集元素(等高线)数目；$P(m,r)$ 为有 m 个非零分形集元素(等高线)的盒子所出现的概率。$P(m,r)$ 的计算公式为

$$P(m,r) = N_m(r)/N(r) \qquad (9\text{-}2)$$

式中：$N_m(r)$ 为含有 m 个非零分形集元素（等高线）的盒子数目；$N(r)$ 为盒子总数。

蔡家川流域地貌形态特征分形维数测定的具体步骤是：

(1)选择盒子的尺度规格。本次研究采用的盒子尺度规格长度（实际距离）r 分别为 10 m、15 m、20 m、25 m、30 m、35 m、40 m、45 m、50 m、60 m、80 m、100 m、120 m、150 m，共计 14 种；

(2)用这些不同尺度规格的盒子依次去测度流域地貌形态的等高线图，统计出流域范围内各尺度规格盒子的非空分形集元素（等高线）的盒子总数 $N(r)$ 及含有 m 个非零分形集元素（等高线数目）的盒子数目 $N_m(r)$；

(3)利用式(9-1)和式(9-2)分别计算出 $P(m,r)$、$\lg \sum_{m=1}^{N}(1/m)P(m,r)$ 和 $\lg r$，对 $\lg \sum_{m=1}^{N}(1/m)P(m,r)$ 取负值得到 $\lg s$，以 $\lg s$ 为横坐标，以 $\lg r$ 为纵坐标，利用最小二乘法可拟合出一条直线，即

$$\lg s = D\lg r - K \tag{9-3}$$

(4)根据所拟合出的直线确定出无标度区（即所拟合直线相关程度最高的尺度范围），在无标度区范围内的直线斜率即为地貌形态特征分形维数 D_i。

2.蔡家川流域地貌形态特征分形维数计算与分析

本书的研究对蔡家川嵌套流域 7 个量水堰所控制的流域分别进行了地貌形态特征的分形维数计算，见表 9-4。

表 9-4 蔡家川嵌套流域地貌信息维数 D_i 统计表

流域名称	面积/km²	无标度区/m	相关系数 R^2	回归曲线	分形维数 D_i
1#南北腰	0.7097	10～80	0.9980	$y = 1.1478x + 2.0181$	1.1478
2#蔡家川	34.2330	10～120	0.9981	$y = 1.3150x + 1.8924$	1.3150
3#北坡	1.5029	10～100	0.9986	$y = 1.1569x + 2.0028$	1.1569
4#柳沟	1.9327	10～100	0.9975	$y = 1.2174x + 1.9797$	1.2174
5#刘家凹	3.6173	10～100	0.9972	$y = 1.2726x + 2.0115$	1.2726
6#冯家圪垛	18.565	10～120	0.9979	$y = 1.2939x + 1.858$	1.2939
7#井沟	2.6250	10～100	0.9968	$y = 1.2476x + 1.9327$	1.2476

从表 9-4 中可以看出，1#南北腰、3#北坡、4#柳沟、5#刘家凹、7#井沟小流域的无标度区范围相同，均为 10～100 m，即采用实际长度为 10 m、15 m、20 m、25 m、30 m、35 m、40 m、45 m、50 m、60 m、80 m 共计 11 种不同尺度盒子对其等高线图层进行扫描；而流域面积较大的 2#蔡家川、6#冯家圪垛小流域无标度区范围均为 10～100 m，即采用实际长度为 10 m、15 m、20 m、25 m、30 m、35 m、40 m、

45 m、50 m、60 m、80 m、100 m、120 m、150 m 共计 14 种不同尺度盒子对其等高线图层进行扫描。无标度区随不同流域而具有较大差别,流域面积越大,无标度区也相对较大,反之则明显偏小;当流域面积相近时,如 3♯北坡、4♯柳沟小流域,无标度区变化受其影响作用有所减弱。在无标度区范围内,7 个流域各自的盒子信息量和盒子尺度 r 的最小二乘法拟合的直线的相关系数 R^2 均在 0.996 以上,最高可达 0.9986。表明 7 个流域的地貌形态在各自的无标度区内均表现出较好的分形特征,地貌分形维数 D_i 准确反映了相应流域地貌形态的分形特性。

将 7 个小流域的地貌信息维数 D_i 与对应的流域面积进行回归分析,可以看到蔡家川 7 个小流域的地貌形态信息维数 D_i 随流域面积呈现明显的增长趋势,可用对数关系具体描述,即 $y = 0.0441\ln(x) + 1.1652$,相关系数 $R^2 = 0.9435$,相关性显著。地貌信息维数 D_i 的增长幅度与流域面积大小有较大差异,其中 0～10 km^2 范围内的增长幅度最大,大于 10 km^2 的增长幅度显著减弱,如图 9-5 所示。

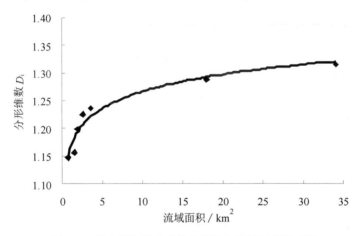

图 9-5　蔡家川流域地貌信息维数与流域面积关系图

3. 蔡家川嵌套流域地形地貌相似性分类

流域地形地貌是降水形成径流汇集的水力条件的提供者,高差、沟道形态及地表粗糙度等强烈影响着水流特性,水系形状、沟网组成特征等影响着流域的降雨产汇流规律,因而随着流域地形的变化,流域的水文特征也在发生着变化。总之,流域地形控制着流域内水流的基本特性和产汇流的总体规律,在流域侵蚀产沙中起着重要的作用。因此,流域水文过程不仅受流域土地利用格局和土壤类型的影响,流域的地形地貌特征也是重要的影响因素之一。所以,运用聚类分析的方法对流域地形地貌条件进行相似性划分,可以剔除流域地形地貌的影响作用,以便在流域地形地貌条件相似的情况下,模拟和探讨不同土地利用条件下的流域生态水文过程。

　　表 9-5、表 9-6 和图 9-6 为应用 SPSS 软件,选取流域分形信息维数、流域面积、流域长度、流域宽度、流域形状系数、河道比降、河网密度 7 个聚类指标对蔡家川 7 个小流域进行系统聚类的结果。

表 9-5　邻近矩阵

流域	矩阵文件输入						
	南北腰	北坡	柳沟	井沟	刘家凹	冯家圪垛	蔡家川主沟
1♯南北腰	0.000	1.650	3.068	2.566	3.642	30.629	36.006
3♯北坡	1.650	0.000	1.442	2.331	3.200	29.070	35.005
4♯柳沟	3.068	1.442	0.000	3.101	3.645	27.819	34.385
7♯井沟	2.566	2.331	3.101	0.000	1.108	29.863	33.679
5♯刘家凹	3.642	3.200	3.645	1.108	0.000	29.428	32.604
6♯冯家圪垛	30.629	29.070	27.819	29.863	29.428	0.000	29.898
2♯蔡家川主沟	36.006	35.005	34.385	33.679	32.604	29.898	0.000

表 9-6　凝聚顺序表

阶段序号	群组合		系数	阶段群首次出现		下一阶段
	群 1	群 2		群 1	群 2	
1	4	5	1.108	0	0	4
2	2	3	1.442	0	0	3
3	1	2	1.650	0	2	4
4	1	4	2.331	3	1	5
5	1	6	27.819	4	0	6
6	1	7	29.898	5	0	0

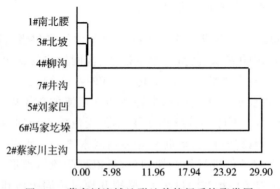

图 9-6　蔡家川流域地形地貌特征系统聚类图

　　通过系统聚类分析,可以得出:5♯刘家凹和 7♯井沟流域为一类,类距离为
1.108;3♯北坡、4♯柳沟流域为一类,类距离为 1.442,该类与 1♯南北腰流域归并
为一类,类距离为 1.650;随后又与 5♯刘家凹和 7♯井沟流域的那一类合并为一
类,类距离为 2.331;再与 6♯冯家圪垯合为一类,类距离为 27.819;最终于 2♯蔡
家川主沟合为一类,类距离为 29.898。

　　由此可知,5♯刘家凹与 7♯井沟流域,1♯南北腰、3♯北坡与 4♯柳沟流域在
地形地貌特征条件方面最具相似性。利用地形地貌特征条件相似的流域进行流
域生态水文过程对比分析,可在剔除地形地貌对流域生态水文过程的影响的条件
下,进一步讨论分析流域不同土地利用对流域生态水文过程的影响。

9.1.4　研究区土地利用特征分析

　　蔡家川流域土地利用数据主要基于 2003 年 7～8 月对蔡家川流域森林植被及
土地利用状况的前期野外调查数据对 Quick Bird 卫星影像的判读解译得到的。

　　2003 年夏季开展的蔡家川流域森林植被及土地利用状况的前期野外调查,主
要采用传统调查方法(线路踏查、样地调查等),结合 GPS 接收机,完成流域界内标
准地测设及地类调查,野外调查采取以线路调查为主,点面相结合的办法进行。
线路选设的原则是:根据地形图和交通条件选设调查线路,线路应穿越研究区不
同的地形地貌和土地利用状况。

　　通过订购目前全球最高分辨率商业卫星 Quick Bird 于 2003 年 10 月 21 日在
该流域获取的影像(其空间分辨率全色波段影像的达到了 0.61 m,多光谱波段为
2.44 m),运用人机交互判读方法,室内进行野外调查地类图斑校核,于 2004 年 5
月和 2004 年 10～11 月返回现地进行抽样检查验证。最终得到了蔡家川流域完整
全面的土地利用数据。蔡家川流域及各支沟流域的土地利用现状如图 9-7 所示。

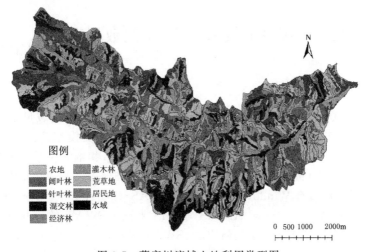

图 9-7　蔡家川流域土地利用类型图

1#量水堰控制的南北腰流域基本土地利用格局为农业用地和牧业用地流域。3#、4#、5#、6#和7#5个量水堰分别控制的北坡、柳沟、刘家凹、冯家圪垛、井沟5个流域的土地利用格局为不同林分类型配置的森林植被流域。

1#量水堰控制的南北腰流域的土地利用格局基本为农田和荒草地,且以农田为主,其中农田位于梁峁顶及坡上部,梁峁坡的中下部及侵蚀沟均为荒山草坡。

3#量水堰控制的北坡流域是以人工林为主的农林复合配置流域,人工林位于坡度>15°的坡梁峁坡及部分坡度<35°的沟坡,林分类型包括刺槐+油松、刺槐+侧柏等混交林和刺槐、侧柏、油松等纯林,水平沟整地。该流域中灌木林以沙棘为主,主要分布于梁峁顶部和部分坡度陡峭的侵蚀沟坡和沟底。次生林以丁香、虎榛子、山杨等为主,分布于较陡的坡面和侵蚀沟。果园以苹果为主,以水平梯田果农间作或隔坡水平沟(水平沟栽植苹果)果农复合配置为主,农田为水平梯田,果园及农田分布于坡度<15°的梁峁坡。

4#量水堰控制的柳沟流域为封山育林形成的全林流域,已封育成林的天然次生乔木林及灌木林以侧柏、山杨、桦树、丁香、虎榛子等为主,人工林所占比例很小,以油松、侧柏为主,鱼鳞坑整地,整地质量较差,主要分布于侵蚀沟。

5#量水堰控制的刘家凹流域以次生林及人工林为主,天然次生乔木林以杨桦为主,天然次生灌木林以沙棘、丁香、虎榛子等为主,主要分布该流域上游及侵蚀沟中。人工林以刺槐及刺槐与油松、侧柏形成的混交林为主,主要分布于梁峁坡。果园及农田多为隔坡水平沟复合经营配置,以杏林为主。

6#量水堰控制的冯家圪垛流域为蔡家川流域的上游,以天然次生乔木林及灌木林和人工林组成的森林流域,林分树种组成与刘家凹流域相似。

7#量水堰控制的井沟流域的土地利用格局基本以人工林和灌木为主,人工林位于该流域上游,为刺槐与油松混交林,水平阶整地,侵蚀沟及梁峁坡下部均为荒草坡。

9.2　SWAT模型简介、空间数据库构建

9.2.1　SWAT模型的结构

SWAT是美国农业部(USDA)农业研究局(ARS)开发的流域尺度模型。从结构上看,SWAT属于典型的具有物理基础的分布式水文模型。SWAT是一个开放、发展的水文模型,它一直在接受检验而不断完善,相继开发了SWAT94.2、SWAT96.2、SWAT98.1、SWAT99.1、SWAT99.2、SWAT2000、SWAT2003、SWAT2005等版本,有Windows界面,也有GRASS(geographical resource analysis support system)、Arcview、ArcGIS等GIS界面。SWAT的应用越来越多,SWAT工作组和流域水文模型的研究者、SWAT模型用户于2001年在德国吉森(Giessen)召开了第一次SWAT国际研讨会,2003年7月在意大利巴里(Bari)召

开了第二次 SWAT 国际研讨会,2005 年 7 月在瑞士苏黎世(Zurich)召开了第三次 SWAT 国际研讨会,主要讨论流域水文模型发展方向、SWAT 的应用及与其他模型的比较、SWAT 的自动校准、SWAT 的开发和未来等。

　　SWAT 将研究流域分成若干个单元。在每个结构单元上建立水文物理概念模型,进行坡面产汇流计算,并通过汇流网络将单元流域连接起来。图 9-8 为 SWAT 模型结构示意图。

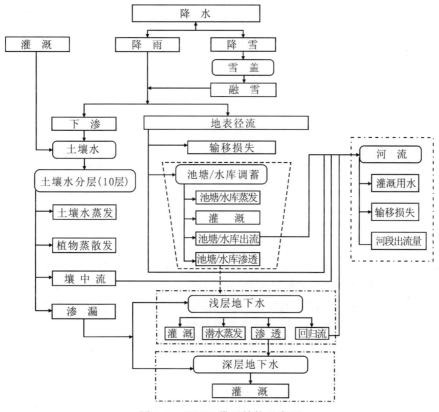

图 9-8　SWAT 模型结构示意图

　　SWAT 对水、泥沙和化学物质的模拟,主要通过水文过程模型、土壤侵蚀模型和污染负荷模型等三类子模型完成。

　　蔡家川嵌套流域生态水文过程的模拟研究仅涉及对径流和泥沙的模拟,因此这里仅介绍水文过程模型、土壤侵蚀模型两个子模型模拟原理。

1. 水文过程模型

SWAT 模型的水量平衡方程为

$$SW_t = SW_o + \sum_{i=1}^{t} (R_{day} - Q_{surf} - E_a - W_{seep} - Q_{gw}) \tag{9-4}$$

式中:SW_t 为土壤最终含水量,mm;SW_0 为土壤前期含水量,mm;t 为时间步长,d;R_{day} 为第 i 天降雨量,mm;Q_{surf} 为第 i 天的地表径流,mm;E_a 为第 i 天的蒸发量,mm;W_{seep} 为第 i 天存在于土壤剖面地层的渗透量和侧流量,mm;Q_{gw} 为第 i 天地下水含量,mm。

1)地表径流

(1)产流计算。SWAT 产流计算包括 SCS 和 Green-Ampt 模型。其中 SCS 径流曲线数法使用较多,该模型有三个基本假定:存在土壤最大蓄水容量 S;实际蓄水量 F 与最大蓄水容量 S 之间的比值等于径流量 Q 与降雨量 P 和初损 I_a 差值之比值;I_a 和 S 之间为线性关系。其降雨-径流关系表达式如下:

$$\frac{F}{S} = \frac{Q}{P - I_a} \tag{9-5}$$

降雨-径流关系表达式如下:

$$I_a = aS \tag{9-6}$$

式中:a 为常数,在 SCS 模型中一般取为 0.2。

根据水量平衡,可得

$$F = P - I_a - Q \tag{9-7}$$

式中:

$$Q = (P - I_a)^2 / (P - I_a + S) \tag{9-8}$$

$$S = 25\,400/CN - 254 \tag{9-9}$$

式中:CN 值可针对不同的土壤类型、土地利用和植被覆盖的组合查表获得,CN 值是无量纲的反映降雨前期流域特征的一个综合参数,将前期土壤湿度(antecedent moisture condition,AMC)、坡度、土地利用方式和土壤类型状况等因素综合在一起。图 9-9 为 SCS 模型中的降雨径流关系曲线。

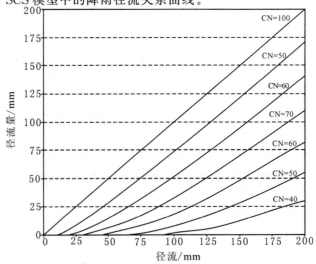

图 9-9　SCS 模型中的降雨径流关系曲线

（2）汇流计算。SWAT 模型针对 HRU(hydrologcial response unit)计算汇流时间,包括河道汇流和坡面汇流时间。河道汇流时间用式(9-10)计算:

$$ct = \frac{0.62 \times L \times n^{0.75}}{A^{0.125} \times cs^{0.375}} \tag{9-10}$$

式中:ct 为河道汇流时间,h;L 为河道长度,km;n 为河道曼宁系数;A 为 HRU 面积,km²;cs 为河道坡度,m/m。坡面汇流时间用式(9-11)计算:

$$ot = \frac{0.0556(sl \times n)^{0.6}}{s^{0.3}} \tag{9-11}$$

式中:ot 为坡面汇流时间,h;sl 为亚流域平均坡长,m;n 为 HRU 坡面曼宁系数;s 为坡面坡度,m/m。

2)蒸散发

蒸散发包括冠层截留水蒸发、蒸腾和升华及土壤水的蒸发。蒸散发是水分转移出流域的主要途径,在许多江河流域及除南极洲以外的大陆,蒸发量都大于径流量。准确地评价蒸散发量是估算水资源量的关键,也是研究气候和土地覆被变化对河川径流影响的关键问题。

（1）潜在蒸散发。模型提供了 Penman-Monteith、Priestley-Taylor 和 Hargreaves 等三种计算潜在蒸散发能力的方法,另外还可以使用实测资料或已经计算好的逐日潜在蒸散发资料。本章选用 Penman-Monteith 方法计算流域的潜在蒸发。

Penman-Monteith 公式,需要输入的资料为辐射、气温、风速和相对湿度。

$$ET_0 = \frac{\Delta(R_n - G) + 86.7\rho D/ra}{L(\Delta + \gamma)} \tag{9-12}$$

式中:ET_0 为蒸散发能力,mm;Δ 为饱和水汽压斜率,kPa/℃;R_n 为净辐射量,MJ/m²;G 为土壤热通量,MJ/m²;ρ 为空气密度,g/m³;D 为饱和水汽压差,kPa;ra 为边界层阻力,s/m;L 为汽化潜热,MJ/kg;γ 为湿度计常数。

空气密度 ρ 的计算:

$$\rho = \frac{0.01276 \times PB}{1 + 0.0367 \times T} \tag{9-13}$$

式中:T 为气温,℃;PB 为大气压力,kPa。

$$PB = 101 - 0.0155 ELEV + 5.44 \times 10^{-7} ELEV^2$$

式中:ELEV 为计算点高程,m。

边界层阻力 ra 的计算:

$$ra = \frac{6.25\left(\ln\dfrac{10 - zd}{zo}\right)^2}{V} \tag{9-14}$$

式中:zd 为零平面位移高程,m;$zd = 0.702H^{0.979}$,其中 H 为冠层高度,m;zo 为蒸

散面粗糙长度，m，zo＝0.131$H^{0.997}$；V 为日均风速，m/s。

(2)实际蒸散发。在潜在蒸散发的基础上计算实际蒸散发。在 SWAT 模型中，首先从植被冠层截留的蒸发开始计算，然后计算最大蒸腾量、最大升华量和最大土壤水分蒸发量，最后计算实际的升华量和土壤水分蒸发量。

冠层截留蒸发。模型在计算实际蒸发时假定尽可能蒸发冠层截留的水分，如果潜在蒸发 E_o 量小于冠层截留的自由水量 E_{INT}，则

$$E_a = E_{can} = E_o \tag{9-15}$$

$$E_{INT(f)} = E_{INT(i)} - E_{can} \tag{9-16}$$

式中：E_a 为某日流域的实际蒸发量，mm；E_{can} 为某日冠层自由水蒸发量，mm；E_o 为某日的潜在蒸发量，mm；$E_{INT(i)}$ 为某日植被冠层自由水初始含量，mm；$E_{INT(f)}$ 为某日植被冠层自由水终止含量，mm。如果潜在蒸发 E_o 大于冠层截留的自由水含量 E_{INT}，则：

$$E_{INT(i)} = E_{can} \qquad E_{INT(f)} = 0 \tag{9-17}$$

当植被冠层截留的自由水被全部蒸发掉，继续蒸发所需要的水分就要从植被和土壤中得到。

植物蒸腾。假设植被生长在一个理想的条件下，植物蒸腾可用以下表达式计算：

$$E_t = \frac{E'_o \times LAI}{3.0} \qquad 0 \leqslant LAI \leqslant 3.0 \tag{9-18}$$

$$E_t = E'_o \qquad LAI > 3.0 \tag{9-19}$$

式中：E_t 为某日最大蒸腾量，mm；E'_o 为植被冠层自由水蒸发调整后的潜在蒸发，mm；LAI 为叶面积指数。由此计算出的蒸腾量可能比实际蒸腾量要大一些。

土壤水分蒸发。在计算土壤水分蒸发时，首先区分出不同深度土壤层需要的蒸发量，土壤深度层次的划分决定土壤允许的最大蒸发量，可由式(9-20)计算：

$$E_{soil,z} = E''_s \times \frac{z}{z + \exp(2.347 - 0.00713z)} \tag{9-20}$$

式中：$E_{soil,z}$ 为 z 深度处蒸发需要的水量，mm；z 为地表以下土壤的深度，mm；E''_s 为最大可能土壤水蒸发量。表达式中的系数是为了满足 50％的蒸发所需水分来自土壤表层 10 mm，以及 95％的蒸发所需的水分来自 0～100 mm 土壤深度范围内。

土壤水分蒸发所需要的水量是由土壤上层蒸发需水量与土壤下层蒸发需水量决定的：

$$E_{soil,ly} = E_{soil,zl} - E_{soil,zu} \tag{9-21}$$

式中：$E_{soil,ly}$ 为 ly 层的蒸发需水量，mm；$E_{soil,zl}$ 为土壤下层的蒸发需水量，mm；$E_{soil,zu}$ 为土壤上层的蒸发需水量，mm。

　　上述表明,土壤深度的划分假设 50％的蒸发需水量由 0～10 mm 内土壤上层的含水量提供,因此 100 mm 的蒸发需水量中 50 mm 都要由 10 mm 的上层土壤提供,显然上层土壤无法满足需要,所以 SWAT 模型建立了一个系数来调整土壤层深度的划分,以满足蒸发需水量,调整后的公式可以表示为

$$E_{\text{soil,ly}} = E_{\text{soil,zl}} - E_{\text{soil,zu}} \times \text{esco} \tag{9-22}$$

式中:esco 为土壤蒸发调节系数,该系数是 SWAT 模型为调整土壤因毛细作用和土壤裂隙等因素对不同土层蒸发量的影响而提出的,对于不同的 esco 值对应着相应的土壤层划分深度,如图 9-10 所示。

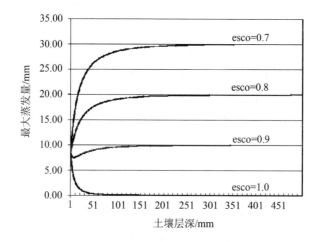

图 9-10　土壤层深度变化下的最大蒸发量

　　随着 esco 值的减小,模型能够从更深层的土壤获得水分供给蒸发。当土壤层含水量低于田间持水量时,蒸发需水量也相应减少,蒸发需水量可由式(9-23)求得

$$E'_{\text{soil,ly}} = E_{\text{soil,ly}} \times \text{esp} \left[\frac{2.5 (\text{SW}_{\text{ly}} - \text{FC}_{\text{ly}})}{\text{FC}_{\text{ly}} - \text{WP}_{\text{ly}}} \right] \qquad \text{SW}_{\text{ly}} < \text{FC}_{\text{ly}} \tag{9-23}$$

$$E'_{\text{soil,ly}} = E_{\text{soil,ly}} \qquad \text{SW}_{\text{ly}} \geqslant \text{FC}_{\text{ly}} \tag{9-24}$$

式中:$E'_{\text{soil,ly}}$ 为调整后的土壤 ly 层蒸发需水量,mm;SW_{ly} 为土壤 ly 层含水量,mm;FC_{ly} 为土壤 ly 层的田间持水量,mm;WP_{ly} 为土壤 ly 层的凋萎含水量,mm。

　　(3)土壤水。土壤水可以被植物吸收或蒸腾而损耗,可以渗漏到土壤底层最终补给地下水,也可以在地下形成径流,即壤中流。由于本章主要考虑径流量的多少,因此对壤中流的计算简要概括。模型采用动力储水方法计算壤中流。相对饱和区厚度 H_o 计算公式为

$$H_o = \frac{2\text{SW}_{\text{ly,excess}}}{1000 \times \phi_d \times L_{\text{hill}}} \tag{9-25}$$

式中:$\text{SW}_{\text{ly,excess}}$ 为土壤饱和区内可流出的水量,mm;L_{hill} 为山坡坡长,m;ϕ_d 为土壤

有效孔隙度,表示土壤层总空隙度 ϕ_{soil} 与土壤层水含量达到田间持水量的空隙度 ϕ_{fc} 之差。

$$\varphi_d = \varphi_{\text{soil}} - \varphi_{\text{fc}} \tag{9-26}$$

山坡出口断面的净水量为

$$Q_{\text{lat}} = 24 \times H_o \times v_{\text{lat}} \tag{9-27}$$

式中:v_{lat} 为出口断面处的流速,mm/h,表达式为

$$v_{\text{lat}} = K_{\text{sat}} \times \text{slp} \tag{9-28}$$

式中:K_{sat} 为土壤饱和导水率,mm/h;slp 坡度,m/m。因此,模型中壤中流最终计算公式为

$$Q_{\text{lat}} = 0.024 \times \left(\frac{2\text{SW}_{\text{ly,excess}} \times K_{\text{sat}} \times \text{slp}}{\phi_d \times L_{\text{hill}}} \right) \tag{9-29}$$

(4)地下水。模型采用下列表达式计算流域地下水:

$$Q_{\text{gw},i} = Q_{\text{gw},i-1} \times \exp(-\alpha_{\text{gw}} \times \Delta t) + W_{\text{rchrg}} \times [1 - \exp(-\alpha_{\text{gw}} \times \Delta t)] \tag{9-30}$$

式中:$Q_{\text{gw},i}$ 为第 i 天进入河道的地下水补给量,mm;$Q_{\text{gw},i-1}$ 为第 $i-1$ 天进入河道的地下水补给量,mm;Δt 为时间步长,天;W_{rchrg} 为第 i 天蓄水层的补给流量,mm;α_{gw} 为基流的退水系数。

其中,补给流量由式(9-31)计算:

$$W_{\text{rchrg},i} = [1 - \exp(-1/\delta_{\text{gw}})] \cdot W_{\text{seep}} + \exp(-1/\delta_{\text{gw}}) \cdot W_{\text{rchrg},i-1} \tag{9-31}$$

式中:$W_{\text{rchrg},i}$ 为第 i 天蓄水层补给量,mm;δ_{gw} 为补给滞后时间,天;W_{seep} 为第 i 天通过土壤剖面底部进入地下含水层的水分通量,mm。

2. 土壤侵蚀模型

SWAT 模型中的土壤侵蚀过程是用修正的通用土壤流失方程(modified universal soil loss equation,MUSLE)来模拟计算的。

$$Y = 11.8(Q \times \text{pr})^{0.56} \times K_{\text{USLE}} \times C_{\text{USLE}} \times P_{\text{USLE}} \times \text{LS}_{\text{USLE}} \tag{9-32}$$

式中:Y 为子流域的产沙量,t;Q 为子流域的地表径流量,m³;pr 为子流域的洪峰流速,m³/s;K_{USLE} 为土壤侵蚀因子;C_{USLE} 为植被覆盖和管理因子;P_{USLE} 为保持措施因子;LS_{USLE} 为地形因子。

1)土壤侵蚀因子 K_{USLE}

当其他影响侵蚀的因子不变时,K_{USLE} 因子反映不同类型土壤抵抗侵蚀力的高低。它与土壤物理性质,如机械组成、有机质含量、土壤结构、土壤渗透性等有关。当土壤颗粒粗、渗透性大时,K_{USLE} 值就低,反之则高;一般情况下 K_{USLE} 值的变幅为 0.02~0.75。

2)植被覆盖和管理因子 C_{USLE}

植被覆盖和管理因子 C_{USLE} 表示植物覆盖和作物栽培措施对防止土壤侵蚀的综合效益,其含义是在地形、土壤、降水条件相同的情况下,种植作物或林草地的土地与连续休闲地土壤流失量的比值,最大取值为 1.0。由于植被覆盖受植物生长期的影响,SWAT 模型通过下面的方程调整植被覆盖和管理因子 C_{USLE}:

$$C_{\text{USLE}} = \exp\left[(\ln 0.8 - \ln C_{\text{USLE,min}}) \times \exp(-0.00115 \times \text{rsd}_{\text{surf}}) + \ln C_{\text{USLE,min}}\right]$$

(9-33)

式中:$C_{\text{USLE,min}}$ 为最小植被覆盖和管理因子值;rsd_{surf} 为地表植物残留量,kg/hm^2。

最小 $C_{\text{USLE,min}}$ 可以由已知年平均 $C_{\text{USLE,aa}}$ 值,通过以方程(9-34)计算:

$$C_{\text{USLE,min}} = 1.463\ln(C_{\text{USLE,aa}}) + 0.1034$$

(9-34)

3)保持措施因子 P_{USLE}

水土保持措施因子是采取水保措施后,土壤流失量与顺坡种植时的土壤流失量的比值。通常,包含于这一因子中的控制措施有:等高耕作、等高带状种植、修梯田。等高耕作对于中低强度的降水侵蚀具有保护水土流失的作用,但对于高强度的降水保护作用则很小,等高耕作对坡度为 3%~8% 的土地非常有效。

4)地形因子 LS_{USLE}

地形因子 LS_{USLE} 的计算公式如下:

$$\text{LS}_{\text{USLE}} = \left(\frac{L_{\text{hill}}}{22.1}\right)^m \times (65.41\sin^2 a_{\text{hill}} + 4.56\sin a_{\text{hill}} + 0.065)$$

(9-35)

式中:L_{hill} 为坡长;m 为坡长指数;a_{hill} 为坡度(°)。

坡长指数 m 的计算公式如下:

$$m = 0.6[1 - \exp(-35.835\text{slp})]$$

(9-36)

式中:slp 为 HRU 的坡度,$\text{slp} = \tan a_{\text{hill}}$。

9.2.2　研究流域原始空间数据库的建立

1. DEM 的生成

为适应模拟对输入资料的需求,应使所有的空间数据具有相同的地理坐标和投影。同时,SWAT 水文模型要求输入的模型数据为 Albers 等积投影,保证地理数据的面积不变。因此本章选择 Albers 等面积圆锥投影进行空间数据处理。将不同的空间数据,特别是来源不同的空间数据,经过投影变换,使之统一在同一坐标系中,为空间数据叠加分析和模拟计算提供基础。本章将所有涉及的空间数据都转换为 Albers 等面积圆锥投影,其参数见表 9-7。

表 9-7　研究流域投影参数表

第一标准纬线	第二标准纬线	参考纬线	中央经线	椭球体	单位
36.241 320	36.307 527	36.274 423	110.730 075	Krasovsky	m

　　根据蔡家川嵌套流域 1 : 10 000 地形图,经过数字化的处理得到该流域的 DEM 图(图 9-11)、坡度图(图 9-12)和坡向图(图 9-13)。SWAT 模型所需的蔡家川嵌套流域数据的分辨率统一采用 5 m×5 m。

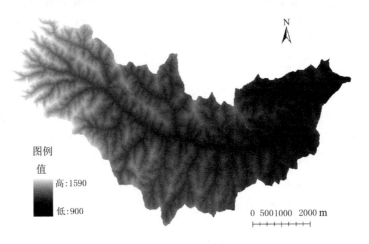

图 9-11　蔡家川流域 DEM 图

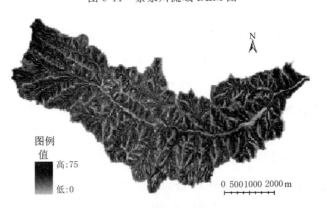

图 9-12　蔡家川流域坡度图

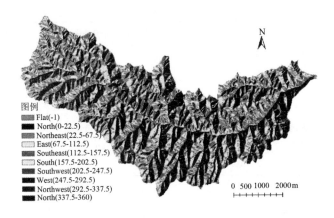

图 9-13　蔡家川流域坡向图

2. 土地利用数据处理

土地利用数据基于 2001 年的 Quick Bird 遥感影像资料和实地野外踏查资料, 勾绘而成。在 GIS 支持下, 得到蔡家川流域土地利用图(图 9-14), 并且根据模型运行的需要, 将各土地利用类型进行了重新编码(表 9-8), 最后转换成 Grid 格式。

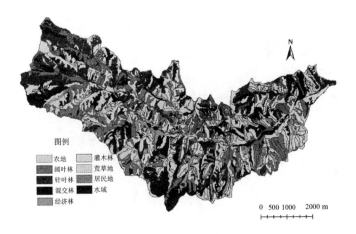

图 9-14　蔡家川流域土地利用类型图

表 9-8　研究流域土壤类型分类表

编码	中文类型	英文类型	面积/hm²	占总面积/%
1	农地	AGRR	265.62	6.76
2	阔叶林	FRSD	769.82	19.58

续表

编码	中文类型	英文类型	面积/hm²	占总面积/%
3	针叶林	FRSE	540.79	13.75
4	针阔混交林	FRST	648.90	16.50
5	经济林	ORCD	125.01	3.18
6	灌木林	RNGB	788.56	20.06
7	荒草地	RNGE	751.65	19.12
8	居民地	URLD	30.75	0.78
9	水域	WATR	10.53	0.27

3. 土壤数据处理

土壤数据基于山西省土壤普查办公室编制的《山西土壤》以及野外采样分析得出。在 GIS 支持下,得到蔡家川流域土壤图(图 9-15),并且根据模型运行的需要,将各土壤类型进行了重新编码,最后转换成 Grid 格式。模型所需要的土壤物理、化学属性参数值由野外采样,室内分析得到,同时参考《中国土壤》和《山西土壤》提供的相关数据。图 9-15 中,CGT 代表粗骨土,HNT 代表红黏土,HTXT 代表褐土性土,LRHT 代表淋溶褐土。四种土壤的理化属性详见 9.2.3 节。

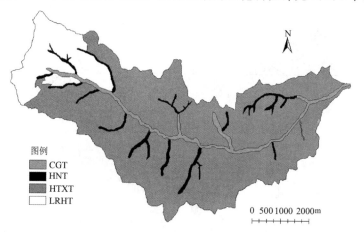

图 9-15　蔡家川流域土地利用类型图

9.2.3　研究流域空间属性数据库的建立

SWAT 使用五个数据库来存储有关植被生长、土地利用、耕作、肥料组分和农药的信息,并对这五个数据库以及自定义土壤类型和气象站参数的附加数据库进行编辑和修改。本研究涉及前四个数据库的构建。

1. 土地利用属性数据库

模型中有关土地利用和植被覆盖的数据通过 DBF 文件进行存储和计算,根据土地利用输入文件,建立研究区土地利用输入参数表(表 9-9、表 9-10)。

表 9-9　模型土地利用和植被覆盖属性表

变量	模型定义
ICNUM	土地覆盖/植被代码
CPNM	一个由 4 个字母组成的代表土地覆盖/植被名称的代码
IDC	土地覆盖/植被分级
DESCRIPTION	土地覆盖/植被的全称,它不被模型使用而是用于帮助使用者区分植物种类
BIO_E	辐射利用效率或生物能比(kg/hm² 或者 kJ/m²)
HVSTI	最佳生长条件的收获指数
BLAI	最大可能叶面积指数
FRGRW1	植物生长季节的比例或在叶面积发展曲线上与第一点相对应的潜在的总热
LAIMX1	在最佳叶面积发展曲线上与第一点相对应的最大叶面积指数
FRGRW2	植物生长季节的比例或在叶面积发展曲线上与第二点相对应的潜在的总热
LAIMX2	在最佳叶面积发展曲线上与第二点相对应的最大叶面积指数
DLAI	当叶面积减少时,植物生长季节的比例
CHTMX	最大树冠高度,是一个直接的测量结果,生长不受限制的植被的树冠高度
RDMX	最大根深
T_OPT	植物生长的最佳温度。对一个物种来说,植物生长的最佳基温是稳定的
T_BASE	植物生长的最低温度
CNYLD	产量中的氮的正常比例
CPYLD	产量中的磷的正常比例
BN(1)	氮吸收系数 1♯
BN(2)	氮吸收系数 2♯
BN(3)	氮吸收系数 3♯
WSYE	收获指标的较低限度(kg/hm²),这个值介于 0 和 HVSTI 之间
USLE_C	USLE 方程中土地覆盖因子 C 的最小值
GSI	在高太阳辐射和低水汽压差下最大的气孔导率
FRGMAX	在气孔导率曲线上对应于第二点的部分的水汽压差
WAVP	在增加水汽压差时平均辐射使用效率的降低率
CO2HI	对应于辐射使用效率曲线的第二点,已提高的大气二氧化碳浓度
BIOEHI	对应于辐射使用效率曲线的第二点单位体积内生物能量的比率
RSDCO_PL	植物残渣分解系数

表 9-10　土地利用/植被覆盖数据库输入参数表

变量	土地利用类型								
	耕地	阔叶林	针叶林	针阔混交林	经济林	灌木林	荒草地	居民地	水域
CPNM	AGRR	FRSD	FRSE	FRST	ORCD	RNGB	RNGE	URBA	WATR
BIO_E	37.25	15.00	15.00	15.00	16.00	34.00	29.00	31.00	0.00
HVSTI	0.50	0.76	0.76	0.76	0.10	0.90	0.67	0.90	0.00
BLAI	3.00	5.00	4.20	4.80	5.00	2.00	3.62	4.00	0.00
FRGRW1	0.15	0.06	0.15	0.05	0.10	0.05	0.15	0.05	0.00
LAIMA1	0.05	0.05	0.70	0.05	0.15	0.10	0.07	0.49	0.00
FRGRW2	0.50	0.40	0.25	0.40	0.50	0.25	0.47	0.95	0.00
LAIMA2	0.95	0.95	0.99	0.95	0.75	0.70	0.91	0.70	0.00
DLAI	0.70	0.99	0.99	0.99	0.99	0.35	0.74	0.62	0.00
CHTMAX	2.5	5.82	10.00	6.00	3.50	1.00	1.61	1.20	0.00
RDMX	2.00	3.50	3.24	3.50	2.00	2.00	1.90	1.90	0.00
T_OPT	30.00	30.00	30.00	30.00	20.00	25.00	23.60	20.00	0.00
T_BASE	11.00	10.00	0.00	10.00	7.00	12.00	8.03	7.20	0.00
CNYLD	0.0200	0.0015	0.0015	0.0015	0.0019	0.0150	0.0200	0.0200	0.0000
CPYLD	0.0045	0.0003	0.0003	0.0003	0.0004	0.0022	0.0020	0.0020	0.0000
BN(1)	0.0470	0.0060	0.0060	0.0060	0.0060	0.0200	0.0400	0.0400	0.0000
BN(2)	0.0177	0.0020	0.0020	0.0020	0.0020	0.0120	0.0200	0.0200	0.0000
BN(3)	0.0138	0.0015	0.0015	0.0015	0.0015	0.0050	0.0100	0.0100	0.0000
WSYE	0.300	0.010	0.600	0.010	0.050	0.900	0.500	0.500	0.000
USLE_C	0.200	0.001	0.001	0.001	0.001	0.003	0.080	0.070	0.000
GSI	0.007	0.002	0.002	0.002	0.007	0.005	0.010	0.010	0.000
FRGMAX	0.750	0.750	0.750	0.750	0.750	0.750	0.740	0.740	0.000
WAVP	7.200	8.000	8.000	8.000	3.000	10.000	7.92	7.50	0.00
CO2HI	660.0	660.0	660.0	660.0	660.0	660.0	653.7	655.0	0.0
BIOEHI	42.00	16.00	16.00	16.00	20.00	39.00	36.00	32.00	0.00
RSDCO_PL	0.050	0.050	0.050	0.050	0.050	0.050	0.050	0.050	0.000

2. 土壤属性数据库

SWAT 用到的土壤数据主要包括两大类:物理属性数据和化学属性数据。土壤的物理属性决定土壤剖面中水和气的运动状况,并对水文相应单元 HRU 中的水循环起着重要作用。物理属性主要包括土层厚度、密度、有机碳、有效可利用水量和土壤饱和水力传导度等。土壤的化学属性主要表征土壤中氮、磷的初始浓度。

美国国家自然资源保护局(NRCS)根据土壤的渗透属性,将土壤分为四类。1996 年,NRCS 土壤调查小组将在相同的降雨和地表条件下、具有相似的产流能力的土壤归为一个水文组。影响土壤产流能力的属性是指那些影响土壤在完全湿润并且不冻的条件下的最小下渗率属性,主要包括季节性土壤含水量、土壤饱和水力传导率和土壤下渗速率。土壤的水文学分组定义见表 9-11。

表 9-11　SCS 模型中土壤水文组

土壤分类	土壤水文性质	最小下渗率 /(mm/h)
A	在完全湿润的条件下具有较高渗透率的土壤。这类土壤主要由沙砾石组成,能很好地排水,导水能力强(产流低),如厚层沙、厚层黄土、团粒化粉沙土	7.26~11.34
B	在完全湿润的条件下具有中等渗透率的土壤。这类土壤排水、导水能力和结构都属于中等,如薄层黄土、沙壤土	3.81~7.26
C	在完全湿润的条件下具有较低渗透率的土壤。这类土壤大多有一个阻碍水流向下运动的层,下渗率和导水能力较低,如黏壤土、薄层沙壤土、有机质含量低的土壤、黏质含量高的土壤	1.27~3.81
D	在完全湿润的条件下具有很低渗透率的土壤。这类土壤主要由黏土组成,有很高的涨水能力,大多有一个永久的水位线,黏土层接近地表,其深层土几乎不影响产流,具有很低的导水能力,如吸水后显著膨胀的土壤、塑性的黏土、某些盐渍土	0~1.27

模型中涉及的土壤物理化学属性参数较多,根据我国土壤分类系统和研究区域土壤类型的具体情况,参考相关材料,确定模型中土壤参数值。模型所需要的土壤参数数据主要通过野外采样,由北京林业大学土壤实验室化验分析得到,同时参阅《中国土壤》和《山西土壤》进行补充确定。所需具体参数表见表 9-12,蔡家

川流域内土壤基本属性如图 9-16 所示。

表 9-12　模型土壤物理化学属性表

变量	模型定义	变量	模型定义
SNAM	土壤名称	HYDGRP	土壤水分学分组（A、B、C 或 D）
NLAYERS	土壤分层的数目	SOL_ZMX	土壤坡面最大根系深度（mm）
TEXTURE	土壤层的结构	ANION_EXCL	阴离子交换孔隙度，模型默认值为 0.5
SOL_CBN	有机碳含量	SOL_Z	土壤表层到土壤底层的深度（mm）
SOL_ALB	地表反射率（湿）	SOL_BD	土壤湿密度（Mg/m³ 或 g/m³）
SOL_N	土壤中氮的起始浓度（mg/kg）	SOL_CRK	土壤最大可压缩量，以所占总土壤体积的分数表示
SOL_P	土壤中磷的起始浓度（mg/kg）	CLAY	黏土（%），直径＜0.002 mm 的土壤颗粒组成
SOL_K	饱和水力传导系数（mm/h）	SILT	壤土（%），直径在 0.002～0.05 mm 的土壤颗粒组成
USLE_K	USLE 方程中土壤可蚀性因子	SAND	砂土（%），直径在 0.05～2.0 mm 的土壤颗粒组成
SOL_AWC	土层可利用的有效水（mm/mm）	ROCK	砾石（%），直径＞2.0 mm 的土壤颗粒组成
SOL_EC	电导率（dS/m）		

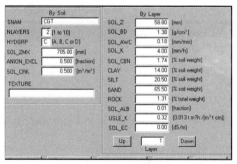

粗骨土土壤参数库

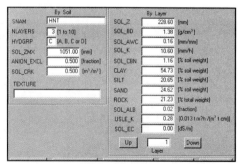

红黏土土壤参数库

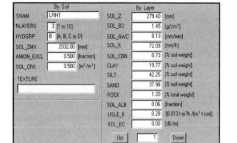

淋溶褐土土壤参数库

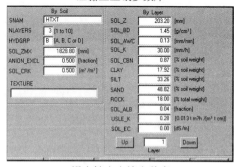

褐土性土土壤参数库

图 9-16　蔡家川流域 SWAT　土壤数据库

3.气象资料数据库

SWAT 定义一个"天气发生器","天气发生器"要求输入多年逐月气象资料,当流域内某些数据难于获得,该"天气发生器"根据事先提供的多年月平均资料来模拟逐日的气象资料,月平均太阳辐射量($kJ/m^2 \cdot d$)、月平均风速(m/s)以及最大半小时。因此该数据库要求的参数比较多,约 160 个。"天气生成器"各参数计算公式见表 9-13。表9-14 为蔡家川流域研究时段内(2002～2005 年)月降水特征参数统计表。图 9-17 蔡家川流域月降水特征参数年际对比图。

表 9-13　"天气生成器"各参数计算公式

参数	英文名称	计算公式
月平均最高气温/℃	TMPMX	$\mu mx_{mon} = \sum\limits_{d=1}^{N} T_{mx,mon}/N$
月平均最低气温/℃	TMPMN	$\mu mn_{mon} = \sum\limits_{d=1}^{N} T_{mn,mon}/N$
最高气温标准偏差	TMPSTDMX	$\sigma mx_{mom} = \sqrt{\sum\limits_{d=1}^{N} (T_{mx,mon} - \mu mx_{mon})^2/(N-1)}$

参数	英文名称	计算公式
最低气温标准偏差	TMPSTDMN	$\sigma mn_{mom} = \sqrt{\sum\limits_{d=1}^{N} (T_{mn,mon} - \mu mn_{mon})^2 / (N-1)}$
月平均降雨量/mm	PCPMM	$\overline{R}_{mon} = \sum\limits_{d=1}^{N} R_{day,mon} / yrs$
降雨量标准偏差	PCPSTD	$\sigma_{mom} = \sqrt{\sum\limits_{d=1}^{N} (R_{day,mon} - \overline{R}_{mon})^2 / (N-1)}$
降雨的偏度系数	PCPSKW	$g_{mon} = N \sum\limits_{d=1}^{N} (R_{day,mon} - \overline{R}_{mon})^3 / (N-1)(n-2)(\sigma_{mon})^3$
月内干日日数	PR_W1	$P_i(W/D) = (days_{W/D,i} / days_{dry,i})$
月内湿日日数	PR_W2	$P_i(W/W) = (days_{W/W,i} / days_{wet,i})$
平均降雨天数/d	PCPD	$\overline{d}_{wet,i} = day_{wet,i} / yrs$
月均最大半小时 降水量/mm	RAINHHMX	$R_{0.5sm(mon)} = \dfrac{R_{0.5x(mon-1)} + R_{0.5x(mon)} + R_{0.5x(mon+1)}}{3}$
月均太阳辐射量	SOLARAV	$\mu rad_{mon} = \sum\limits_{d=1}^{N} H_{day,mon} / N$
露点温度/℃	DEWPT	$\mu dew_{mon} = \sum\limits_{d=1}^{N} T_{dew,mon} / N$
月均风速/(m/s)	WINDAV	$\mu wnd_{mon} = \sum\limits_{d=1}^{N} T_{wnd,mon} / N$

表 9-14　研究时段内月降水特征参数统计表

年份	月份	降水总量/mm	降水量标准差	降雨偏度系数	月内干日天数	月内湿日天数	降雨天数/d	最大半小时降水/mm
2002	1	6.7	0.83	3.80	0.03	0.03	2.00	0.15
	2	1.7	0.24	4.36	0.07	0.00	2.00	0.05
	3	12	1.22	3.49	0.06	0.10	5.00	0.25
	4	22.8	1.71	2.22	0.13	0.13	8.00	0.28
	5	62.2	4.04	2.63	0.16	0.35	18.00	0.52
	6	50	4.12	3.66	0.17	0.17	10.00	1.82
	7	57.1	4.25	2.31	0.13	0.16	9.00	5.50
	8	52.4	3.59	2.82	0.16	0.23	12.00	3.60
	9	112.1	8.89	2.50	0.13	0.13	8.00	12.00
	10	48.3	5.01	3.62	0.16	0.10	8.00	2.55
	11	0	0.00	0.00	0.00	0.00	0.00	0.00
	12	17.9	1.91	4.80	0.06	0.19	8.00	0.55
	均值	36.93	2.98	3.02	0.11	0.13	7.50	2.27
2003	1	5.2	0.68	5.17	0.06	0.06	4.00	0.20
	2	4.5	0.45	3.17	0.11	0.07	5.00	0.10
	3	14.3	1.40	4.38	0.06	0.16	7.00	0.52
	4	42.3	2.92	2.31	0.16	0.10	8.00	0.69
	5	29.8	4.16	5.39	0.10	0.10	6.00	1.20
	6	66	6.60	4.39	0.10	0.23	10.00	3.10
	7	77.3	5.64	2.67	0.16	0.23	12.00	2.30
	8	228.5	17.63	3.86	0.16	0.23	12.00	18.80
	9	123.4	6.94	1.76	0.20	0.27	14.00	2.50
	10	82	7.13	3.89	0.10	0.16	8.00	1.80
	11	23	1.65	3.42	0.20	0.10	10.00	0.56
	12	0.7	0.12	5.57	0.03	0.00	1.00	0.03
	均值	58.08	4.61	3.83	0.12	0.14	8.08	2.65

年份	月份	降水总量/mm	降水量标准差	降雨偏度系数	月内干日天数	月内湿日天数	降雨天数/d	最大半小时降水/mm
	1	6.8	0.70	3.62	0.06	0.06	4.00	0.18
	2	13.3	2.43	5.39	0.03	0.00	1.00	0.61
	3	6.1	0.80	5.23	0.13	0.06	6.00	0.20
	4	10.1	1.67	5.42	0.03	0.03	2.00	0.43
	5	27.7	2.93	4.79	0.16	0.13	9.00	4.40
	6	50.1	3.83	3.39	0.17	0.16	10.00	3.10
2004	7	98	7.90	4.33	0.10	0.52	19.00	14.20
	8	29	2.09	2.77	0.16	0.16	11.00	2.60
	9	54.5	3.76	2.46	0.17	0.17	10.00	6.23
	10	26.1	2.29	2.71	0.10	0.03	4.00	0.45
	11	11	1.19	3.79	0.07	0.07	4.00	0.37
	12	17.3	1.39	2.72	0.13	0.13	8.00	0.51
	均值	29.17	2.58	3.89	0.11	0.13	7.33	2.77
	1	0	0.00	0.00	0.00	0.00	0.00	0.00
	2	4.4	0.34	2.49	0.11	0.14	7.00	0.18
	3	4.9	0.85	5.56	0.06	0.00	2.00	0.17
	4	16.4	1.90	4.16	0.07	0.03	3.00	1.90
	5	49.1	2.88	1.98	0.19	0.13	10.00	1.80
	6	61.1	5.09	2.48	0.17	0.07	7.00	3.60
2005	7	39.6	3.69	4.19	0.19	0.10	9.00	4.83
	8	129	12.84	4.51	0.26	0.13	12.00	15.60
	9	161.3	13.50	3.40	0.10	0.20	9.00	8.72
	10	49.4	3.38	2.86	0.16	0.19	11.00	2.69
	11	2.2	0.39	5.48	0.03	0.00	1.00	0.11
	12	3	0.42	4.96	0.03	0.03	2.00	0.10
	均值	43.37	3.77	3.51	0.11	0.09	6.08	3.31

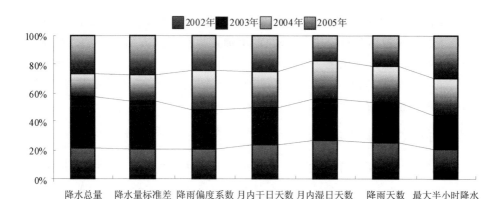

图 9-17　蔡家川流域月降水特征参数年际对比图

结合表 9-14 和图 9-17 分析可知,研究时段内,2002 年和 2005 年为平水年,2003 年为丰水年,2004 年为枯水年。从蔡家川流域月降水特征参数年际对比图可清楚地看出,2003 年丰水年月均降水总量、降水量标准差、月内干日天数、月内湿日天数和降雨天数的数值较其余年份均为最大,但最大半小时降水量均值仅高于 2002 年,比 2004 年和 2005 年均低,但 2003 年 8 月最大半小时降水量值为 18.8 mm,为研究时段内最大值,说明除 2003 年 8 月出现大暴雨次数多、雨量大以外,从全年平均值来看 2003 年的其他各月的最大半小时降水量较 2004 年和 2005 年的均低。2004 年为枯水年,年降水量仅为 350 mm,但是生长季(4~10 月)的最大半小时降水量均值 4.49 mm 仅次于 2005 年的 5.59 mm,说明 2004 年生长季时段内降水多为短历时暴雨。

9.3　SWAT 模型参数检验、率定及模拟结果评价

9.3.1　模型参数敏感度分析

复杂的水文模型往往需要通过引入大量的参数来描述。然而,参数的获取通常存在空间变异性、量测误差等问题,致使模拟值与观测值之间吻合程度不高。模型参数灵敏度分析正是基于上述情况而提出的。它的目的在于分析判断哪些输入参数值的变动性对输出结果的变异程度影响更重要,从而提高模型的可用性。随着 SWAT 模型应用的深入,很多研究者已经注意到模型参数灵敏度的问题,并尝试对其进行了分析(朱利和张万昌,2005;Huisman et al.,2004;Romanowicz et al.,2005;Holvoet et al.,2005;Muleta and Nicklow,2005)。研究结果表明虽均达到了提高模型可用性的目的,但是模型参数的选取往往依赖于经验

缺乏科学依据,并没有形成一套完整的灵敏度分析方法。在 SWAT2005 模型版本中新增添了灵敏度分析模块,该模块的增加正弥补了这方面的不足。本研究就是应用该模块以蔡家川流域 2♯量水堰所控制的流域为对象,对模拟该流域的参数进行灵敏度分析,辨析出影响该流域产流产沙模拟结果精度的主要参数因子,达到提高模型模拟的精度的目的。

1. LH-OAT 灵敏度分析方法

SWAT2005 中采用的是 LH-OAT 灵敏度分析方法。LH-OAT 方法是由 Morris 于 1991 年提出的,结合了 LH（latin hypercube）抽样法和 OAT（one-factor-at-a-time）敏感度分析的一种新的方法,同时兼备 LH 抽样法和 OAT 敏感度分析法的优点。

LH 抽样法是 Mckay 等提出来的,它不同于蒙特卡罗（Monte Carlo）抽样法,事实上可以把它看作为某种意义上的分层抽样（stratified sampling）。抽样方法如下:首先,将每个参数分布空间等分成 m 个,且每个值域范围出现的可能性都为 $1/m$。其次,生成参数的随机值,并确保任一值域范围仅抽样一次（图 9-18）。最后,参数随机组合,模型运行 m 次,其结果进行多元线性回归分析（Christiaens and Feyen,2002）。LH 抽样法的主要缺点是:①多元回归分析的前提假设为线性变化。②输出结果的变化并不总能明确地归因于某一特定输入参数值的变化,这是因为所有的参数变动是协同的。

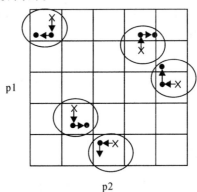

图 9-18　LH-OAT 抽样法示意图——以 2 个参数为例
X 代表 LH 抽样的最初参数;·代表 OAT 灵敏度分析的两个点

OAT 灵敏度分析方法:模型运行 $n+1$ 次以获取 n 个参数中某一特定参数的灵敏度,其优点在于模型每运行一次仅一个参数值存在变化。因此,该方法可以清楚地将输出结果的变化明确地归因于某一特定输入参数值的变化。OAT 灵敏度分析的缺点是某一特定输入参数值的变化引起的输出结果的灵敏度大小依赖于模型其他参数值的选取（可视为局部灵敏度值）。LH 抽样法和 OAT 敏感度分析法的结合能够有效地克服这一缺点。表 9-15 是灵敏度取值表。

表 9-15　敏感度取值表

分类	因子值	敏感度
Ⅰ	<0.05	低
Ⅱ	0.05~0.2	中
Ⅲ	0.2~1.0	高
Ⅳ	>1.0	很高

LH-OAT 灵敏度分析方法是指对每一抽样点(LH 抽样法)进行 OAT 灵敏度分析(图 9-18),灵敏度最终值是各局部灵敏度之和的平均值。该方法有机的融合了 LH 抽样法和 OAT 敏感度分析法各自的优点。通过该方法可有效地获取影响模型结果的主要参数因子,极大地提高了模型的可用性。

表 9-16 为 SWAT2005 模型可用于灵敏度计算的模型参数。

表 9-16　参数定义表

变量	定义	变量	定义
ALPHA_BF	基流 α 系数	ESCO	土壤蒸发补偿系数
GW_DELAY	地下水滞后系数	EPCO	植物蒸腾补偿系数
GW_REVAP	地下水再蒸发系数	SPCON	泥沙输移线性系数
RCHRG_DP	深蓄水层渗透系数	SPEXP	泥沙输移指数系数
REVAPMN	浅层地下水再蒸发系数	SURLAG	地表径流滞后时间
QWQMN	浅层地下水径流系数	SMFMX	6 月 21 日雪融系数
CANMX	最大冠层蓄水量	SMFMN	12 月 21 日雪融系数
GWNO3	地下水中硝酸盐含量	SFTMP	降雪气温
CN2	SCS 径流曲线系数	SMTMP	雪融最低气温
SOL_K	饱和水导电率	TIMP	结冰气温滞后系数
SOL_Z	土壤深度	NPERCO	氮下渗系数
SOL_AWC	土壤可利用水量	PPERCO	磷下渗系数
SOL_LABP	土壤初始易变磷含量	PHOSKD	土壤磷分离系数
SOL_ORGN	土壤初始有机氮含量	CH_EROD	河道可侵蚀系数
SOL_ORGP	土壤初始有机磷含量	CH_N	主河道曼宁系数值
SOL_NO3	土壤初始硝酸盐含量	TLAPS	气温下降率
SOL_ALB	潮湿土壤反照率	CH_COV	河道覆盖系数
SLOPE	平均坡度	CH_K2	河道有效水导电率
SLSUBBSN	平均坡长	USLE_C	USLE 中植物覆盖度因子最小值
BIOMIX	生物混合效率系数	BLAI	最大潜在叶面积指数
USLE_P	USLE 中水土保持措施因子		

2.模型参数灵敏度分析结果

本书的研究模型参数灵敏度分析的研究区域是蔡家川嵌套流域 2♯量水堰控制的小流域。应用模型提供的 LH-OAT 灵敏度分析方法,对影响径流和泥沙模拟结果的参数因子(表 9-16)进行灵敏度分析,辨析出影响模拟精度的 20 个重要参数的敏感度值,据此分析结果进一步调整模型参数的取值,最终使模型的模拟值与实测值更加吻合。具体步骤如图 9-19 所示。

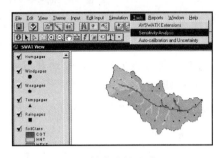

(a) 灵敏度分析界面

(b)选择要分析的模拟流域

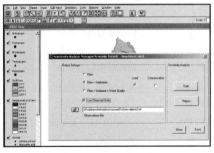

(c)选择灵敏度分析内容

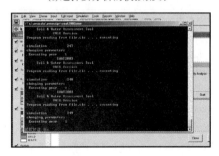

(d) 灵敏度分析中间过程

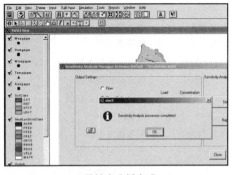

(e) 灵敏度分析完成

(f)灵敏度分析结果报告

图 9-19　模型参数灵敏度分析步骤

表 9-17　20 个重要参数灵敏度值

参数	径流			泥沙		
	重要性	灵敏度值	灵敏度等级	重要性	灵敏度值	灵敏度等级
SMFMX	13	0.000 618	I	—	—	—
SMFMN	16	0.000 156	I	—	—	—
ALPHA_BF	6	0.009 460	I	13	0.007 970	I
ESCO	5	0.048 000	I	6	0.475 000	III
SLOPE	—	—	—	3	0.962 000	III
CH_K2	7	0.005 340	I	12	0.010 300	I
CN2	1	0.520 000	III	2	4.440 000	IV
SOL_AWC	3	0.210 000	III	8	0.193 000	II
SURLAG	10	0.001 580	I	14	0.005 180	I
SMTMP	9	0.001 680	I	—	—	—
TIMP	14	0.000 458	I	—	—	—
CANMX	4	0.132 000	II	9	0.072 800	II
SOL_K	11	0.001 040	I	16	0.000 845	I
SOL_Z	2	0.241 000	III	5	0.476 000	III
SOL_ALB	8	0.003 630	I	10	0.037 100	I
EPCO	15	0.000 417	I	11	0.017 100	I
CH_N	12	0.000 794	I	15	0.002 000	I
SPCON	—	—	—	1	6.090 000	IV
SPEXP	—	—	—	7	0.474 000	III
USLE_P	—	—	—	4	0.537 000	III

　　通过灵敏度分析,得到分别对径流和泥沙模拟结果有重大影响的 20 个重要参数的灵敏度值及对应的灵敏度等级,见表 9-17。

　　由表 9-17 纵向分析看出:①对径流来讲,SCS 径流曲线系数(CN2)、土壤可利用水量(SOL_AWC)、土壤深度(SOL_Z)的影响是显著的,是最敏感因子,按灵敏度等级划分原则定为 III 级,即对径流的输出结果影响程度高,其中土壤可利用水量与径流量呈负相关关系;最大冠层蓄水量(CANMX)为 II 级,对径流的输出结果影响程度中等,其余因子的影响轻微或没有影响。②对泥沙来说,泥沙输移线性系数(SPCON)、SCS 径流曲线系数(CN2)的影响是最显著的,按灵敏度等级划分原则定为 IV 级,即对泥沙的输出结果影响程度很高;土壤蒸发补偿系数(ESCO)、平均坡度(SLOPE)、土壤深度(SOL_Z)、泥沙输移指数系数(SPEXP)、USLE 中水土保持措施因子(USLE_P)为Ⅲ级,即对泥沙的输出结果影响程度高;土壤可利用水量(SOL_AWC)、最大冠层蓄水量(CANMX)为Ⅱ级,对泥沙的输出结果影响程度中等,其中土壤可利用水量与泥沙量呈负相关关系;其余因子的影响轻微或没有影响。

由表 9-17 横向分析看出:① SCS 径流曲线系数(CN2)对径流泥沙的影响是显著的,是最敏感的因子;②土壤深度(SOL_Z)对径流泥沙的影响显著;③土壤可利用水量(SOL_AWC)对径流泥沙也有一定影响,且均呈负相关关系;④泥沙输移线性系数(SPCON)、平均坡度(SLOPE)、泥沙输移指数系数(SPEXP)、USLE 中水土保持措施因子(USLE_P)这四个因子仅对泥沙影响显著,对径流没有影响;⑤ 6 月 21 日雪融系数(SMFMX)、12 月 21 日雪融系数(SMFMN)、雪融最低气温(SMTMP)、结冰气温滞后系数(TIMP)仅对径流有轻微影响,对泥沙没有影响。

9.3.2　模型参数的率定

SWAT 输入参数大多具有物理意义,没有标准的优化步骤以适合所有的资料。一些没有基于物理过程定义的参数,如 SCS 径流曲线系数和通用水土流失方程中的土地覆被和管理因子可以用来调整,以得到较好的模拟结果。本书的研究采用 SWAT2005 提供的自动校准模块,对模型参数进行率定。

1. SCE-UA 自动校准分析方法

SWAT2005 中的参数自动校准是基于美国亚利桑那州立大学研发的一种 shuffled complex evolution 数学算法(SCE-UA)。

SCE-UA 被广泛地运用在水文模型的参数校准和其他方面,如土壤侵蚀、地下水、遥感和地表模型中。该方法通常被认为是最有效和高效率的方法。SCE-UA 方法可以有效克服水文模型参数优选中常常表现出的高维、多峰值、非线性、不连续和非凸性问题。SCE-UA 已经被成功地运用在 SWAT 模型中的水文因子以及水质因子等的校准(Eckhardt and Arnold,2001;van Griensven et al.,2002)。

自动校准的结果的准确性取决于目标函数的选择。SWAT2003 中提供了两种方法,第一种方法是求差值的平方和,表达式为

$$SSQ = \sum_{i=1,n} (X_{i,measured} - X_{i,simulated})^2 \qquad (9-37)$$

式中:n 为成对的观测值 $X_{measured}$ 和模拟值 $X_{simulated}$ 的数目;SSQ 为最优化的选择。但是,该方法主要是让目标函数与最大值相匹配却忽略了与最小值的匹配。SWAT2003 提供的第二种方法是求给定变化范围后的观测值和模拟值的平方和:

$$SSQR = \sum_{j=1,n} (X_{j,measured} - X_{j,simulated})^2 \qquad (9-38)$$

式中:j 为给定的范围。SSQR 方法的目标是使观测值和模拟值在时间序列上的

频率分布相匹配。与 SSQ 方法相比较,该方法更适合校准水质方面的参数。

2.模型自动校准分析结果

本书的研究模型参数自动校准分析的研究区域是蔡家川嵌套流域 2♯ 量水堰控制的小流域。应用模型提供的 SCE-UA 自动校准分析方法,率定模型部分重要参数的取值(表 9-18)。具体步骤如图 9-20 所示。

表 9-18　模型参数率定值

参数	模拟过程	值域/变化范围	参数最终值
SCS 径流曲线系数 CN2	径流	± 8	$+4$
土壤可利用水量 SOL_AWC	径流	$0\sim1.00$	0.39
土壤蒸发补偿系数 ESCO	径流	$0\sim1.00$	0.18
浅层地下水再蒸发系数 REVAPMN	径流	$0\sim1.00$	0.10
泥沙输移线性系数 SPCON	泥沙	$0.0010\sim0.0100$	0.0082
泥沙输移指数系数 SPEXP	泥沙	$1.00\sim1.50$	1.41
平均坡度 SLOPE	泥沙	$0.00\sim0.06$	0.02

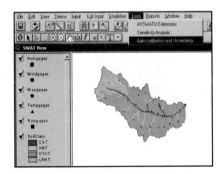

(a) 自动校准分析界面

(b)选择要分析的模拟流域

(c)选择自动校准分析内容　　　　　　　(d) 自动校准分析选项

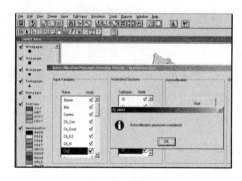
(e) 自动校准分析完成

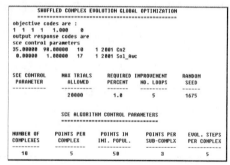
(f) 自动校准分析结果报告

图 9-20　模型参数自动校准分析步骤

9.3.3　模拟结果评价

1. 模拟结果评价方法

通常将所使用的资料系列分为两部分:其中一部分用于模型参数校准,而另一部分则用于模型的验证。参数校准是模型验证的重要一步,它能够揭示模型在设计和执行过程中的缺陷,在不能或者难以获得必要的参数值时,参数校准是相当有用的。当模型参数校准完成后,应用参数校准数据集以外的实验数据或者现场观测数据对模型模拟值进行对比分析与验证,以评价模型的适用性。

本书的研究选用相对误差 R_e、相关系数 R^2 和 Nash-Suttcliffe 系数 Ens 评价模型的适用性。其中,相对误差计算公式为

$$R_e = \frac{P_t - O_t}{O_t} \times 100\% \tag{9-39}$$

式中:R_e 为模型模拟相对误差;P_t 为模拟值;O_t 为实测值。若 R_e 为正值,说明模型预测或模拟值偏大;若 R_e 为负值,模型预测或模拟值偏小;若 $R_e = 0$,则说明模型模拟结果与实测值正好吻合。

相关系数 R^2 在 Excel 中应用线性回归法求得,R^2 也可以进一步用于实测值与模拟值之间的数据吻合程度评价,$R^2 = 1$ 表示非常吻合,当 $R^2 < 1$ 时,其值越小反映出数据吻合程度越低。Nash-Suttcliffe 系数 Ens 的计算公式为

$$\text{Ens} = 1 - \frac{\sum_{i=1}^{n} (Q_m - Q_p)^2}{\sum_{i=1}^{n} (Q_m - Q_{avg})^2} \tag{9-40}$$

式中：Q_m 为观测值；Q_p 为模拟值；Q_{avg} 为观测的平均值；n 为观测的次数。当 $Q_m=Q_p$ 时，Ens＝1；如果 Ens 为负值，说明模型模拟平均值值比直接使用实测平均值的可信度更低。

2. 模拟结果评价

本研究模型参数校准和验证选用蔡家川嵌套流域 2♯量水堰控制的蔡家川主沟。在前节中已经应用 SWAT 模型提供的自动校准模块对参数进行了率定。为了检验其参数率定的准确性和模拟的合理性，本小节参照自动校准率定的结果，采用传统的模型校准的方法，对参数再次校准，使模型中重要参数的取值更加准确，进一步提高模拟的精度。

依据观测资料的完整性，本书的研究选取 2002 年 5 月 1 日～2002 年 10 月 27 日作为模型模拟 2♯量水堰控制蔡家川流域水文过程的输入参数的校准时期，2004 年 4 月 10 日～2004 年 10 月 23 日作为模型参数的验证时段。

校准期，依据 2002 年 5 月 1 日～2002 年 10 月 27 日 2♯量水堰日流速资料，通过调整参数使流量模拟值与实测值吻合，图 9-21 是蔡家川 2♯量水堰控制的蔡家川流域（简称 2♯流域）校准期日实测流速与模拟流速的对比图，图 9-22 是 2♯流域校准期流速模拟值较实测值准确度分析。经分析得到模型模拟相对误差 R_e 为 12.4%，相关系数 R^2 为 0.88，Nash-Suttcliffe 系数 Ens 为 0.84，达到模拟评价所要求的模拟值与实测值误差应小于实测值的 15%，模拟值与实测值的线性回归系数 $R^2 > 0.6$，且 Ens>0.5。因此，该精度可满足模拟要求，模拟效果较好。

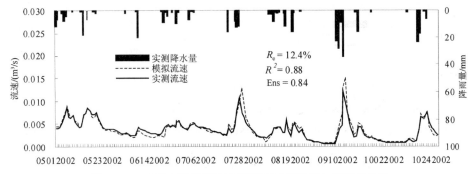

图 9-21　2♯蔡家川流域校准期日流速模拟值与实测值比较

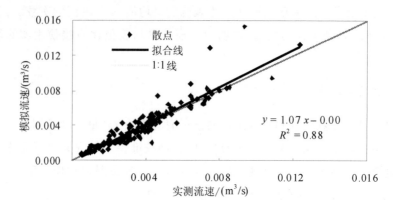

图 9-22　2♯蔡家川流域校准期日流速模拟值较实测值准确度分析

　　图 9-22 中虚线是斜率为 1 的 1∶1 线,模拟值和实测值越靠近此直线表明两者相关性越好。数据点实线为模拟值和实测值对应散点的拟合曲线,从中可看出数据点比较集中且均在斜线附近,说明模型模拟得到的值与实测值有很好的一一对应关系,模拟值能较好地代表实测值。

　　验证期,依据 2004 年 4 月 10 日～2004 年 10 月 23 日 2♯量水堰日流速资料,得到验证时段内模型模拟相对误差 R_e 为 11.3%,相关系数 R^2 为 0.88,Nash-Suttcliffe 系数 Ens 为 0.80,表明模型在研究区对流域产流模拟的适用性较好。图 9-23 是 2♯蔡家川流域验证期日实测流速与模拟流速的对比图,图 9-24 是 2♯蔡家川流域验证期流速模拟值较实测值准确度分析。

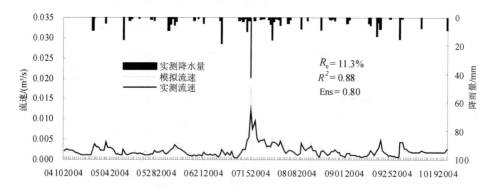

图 9-23　2♯蔡家川流域验证期日流速模拟值与实测值比较

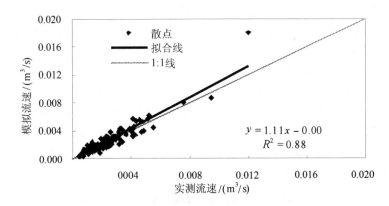

图 9-24　2♯蔡家川流域验证期日流速模拟值较实测值准确度分析

依据两次不同率定方法的率定结果,经过参数的校准和验证后,最终确定模型重要参数的取值,见表 9-19。

表 9-19　模型参数率定最终值

参数	模拟过程	值域/变化范围	参数最终值
SCS 径流曲线系数 CN2	径流	±8	+4.1
土壤可利用水量 SOL_AWC	径流	0～1.00	0.39
土壤蒸发补偿系数 ESCO	径流	0～1.00	0.20
浅层地下水再蒸发系数 REVAPMN	径流	0～1.00	0.10
泥沙输移线性系数 SPCON	泥沙	0.0010～0.0100	0.0085
泥沙输移指数系数 SPEXP	泥沙	1.00～1.50	1.41
平均坡度 SLOPE	泥沙	0.00～0.06	0.02

对比表 9-18 和表 9-19 可知,模型参数最终值较自动校准模块率定的参数值仅有微小幅度的变化,说明 SWAT 模型最新提供的基于 SCE-UA 方法的自动校准模块,其对模型参数校准结果可靠、高效且极大地节省了模型使用者的时间。

依据模型参数校准和验证后所最终确定的参数值,分别对蔡家川嵌套流域 7 个量水堰所分别控制的子流域进行模拟,根据模拟结果探讨不同流域尺度、降水条件和土地利用状况下的生态水文过程。

9.4　基于 SWAT 模型的嵌套流域水文过程模拟

本书的研究以黄土丘陵沟壑区蔡家川嵌套流域为研究对象,分别模拟蔡家川嵌套流域 7 个量水堰控制的小流域的水文过程,结合 7 个小流域的地形地貌聚类分析结果,在剔除不同地形地貌特征对流域径流输沙过程的影响下,探讨不同降雨水平年和不同土地利用/覆被结构条件下,嵌套流域的水文响应过程动态变化,以揭示时空尺度变化特征及不同土地利用/覆被结构对嵌套流域水文过程的影响,为黄土高原植被重建和生态恢复提供科学依据。

基于 SWAT 模型分别模拟了蔡家川嵌套流域 7 个量水堰控制的小流域 2002~2005 年的年、月径流输沙过程。各量水堰具体位置及控制流域见图 9-1 和表 9-1。7 个小流域均根据流域名称命名,即 1♯量水堰控制的小流域为南北腰、2♯为蔡家川、3♯为北坡、4♯为柳沟、5♯为刘家凹、6♯为冯家圪垯、7♯为井沟。下面将对这 7 个小流域分别模拟径流和输沙过程。表 9-20 为上述 7 个小流域 SWAT 模拟面积及土地利用类型及所占比例。

表 9-20 7 个小流域土地利用类型及所占比例

土地利用类型		南北腰	蔡家川	北坡	柳沟	刘家凹	冯家圪垯	井沟
农地	面积/hm²	44.40	205.10	16.50	6.90	24.10	69.40	2.30
AGRR	比例/%	66.27	6.11	11.58	3.70	7.02	3.90	0.91
阔叶林	面积/hm²	2.10	691.90	33.60	30.30	58.80	368.60	31.20
FRSD	比例/%	3.13	20.61	23.58	16.25	17.13	20.73	12.41
针叶林	面积/hm²	—	426.90	9.10	2.90	59.10	276.70	67.30
FRSE	比例/%	—	12.72	6.39	1.55	17.22	15.56	26.76
针阔混交林	面积/hm²	—	614.30	25.40	67.90	41.50	341.60	19.00
FRST	比例/%	—	18.30	17.82	36.41	12.09	19.21	7.55
经济林	面积/hm²	0.30	113.20	0.20	22.90	—	45.20	3.30
ORCD	比例/%	0.45	3.37	0.14	12.28	—	2.54	1.31
灌木林	面积/hm²	1.10	658.30	33.40	14.10	89.60	371.50	83.40
RNGB	比例/%	1.64	19.61	23.44	7.56	26.11	20.90	33.16
荒草地	面积/hm²	19.10	622.50	19.10	40.90	69.20	289.10	43.20
RNGE	比例/%	28.51	18.54	13.40	21.93	20.16	16.26	17.18
居民地	面积/hm²	—	21.90	5.20	0.60	0.90	10.10	1.80
URLD	比例/%	—	0.65	3.65	0.32	0.26	0.57	0.72
水域	面积/hm²	—	3.30	—	—	—	5.60	—
WATR	比例/%	—	0.10	—	—	—	0.31	—
总面积/hm²		67.00	3357.40	142.50	186.50	343.20	1777.80	251.50

9.4.1 南北腰小流域径流输沙过程模拟

南北腰小流域即 1♯量水堰控制的小流域,其土地利用格局为农田和荒草地。SWAT 模型模拟的步骤如图 9-25 所示。

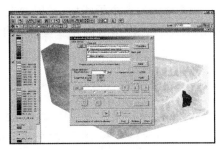

（a）切割流域

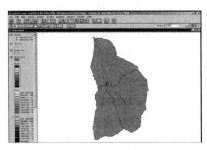

（b）划分子流域

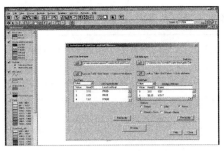

（c）土地利用和土壤类型空间叠加

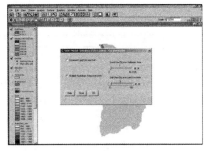

（d）划分 HRU

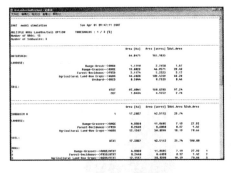

（e）HRU 划分结果表

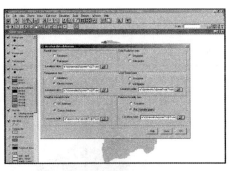

（f）加载气象资料

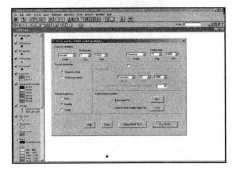

（g）选择模拟步长及参数输入

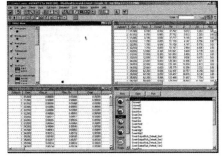

（h）模拟结果输出

图 9-25　SWAT 模型模拟南北腰小流域具体步骤

该小流域 SWAT 模型模拟面积为 $67\,hm^2$,共划分为 3 个子流域,又依据土壤和土地利用信息被划分为 13 个水文响应单元(HRU)。模拟时间步长分别按年、月模拟。

1.年输出结果分析

表 9-21 为 2002~2005 年南北腰小流域径流量、径流深、径流系数、产沙量和土壤侵蚀模数的年模拟值。图 9-26 是基于表 9-21 生成的年径流、产沙平均模拟值空间分布图。

表 9-21　南北腰小流域年模拟结果表

年份	降水量 /mm	径流量 /m³	径流深 /mm	径流系数 /%	产沙量 /t	土壤侵蚀模数 /[t/(km²·a)]
2002	443.2	1333.97	2.00	0.45	1872.00	2800.40
2003	697.0	2860.32	4.28	0.61	6487.00	9704.18
2004	350.0	910.73	1.36	0.39	706.20	1056.43
2005	520.4	1939.46	2.90	0.56	5017.00	7505.14
平均值	502.7	1759.71	2.63	0.52	3521.00	5267.21

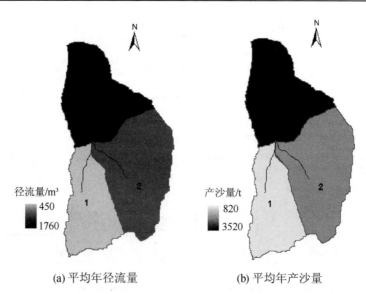

(a) 平均年径流量　　　　　(b) 平均年产沙量

图 9-26　径流量和产沙量模拟空间分布图

南北腰小流域 2003 丰水年径流量和产沙量均最大,因其农田比例占流域土地利用的 60% 以上,因此 4 年的土壤侵蚀模数值均较大,2003 年的年土壤侵蚀模数高达 9704.18 t/(km² · a);2004 枯水年其降水量是 2003 年的 1/2,但径流量为 2003 年的 1/3,产沙量仅为 2003 年的 1/9;2002 和 2005 平水年两年的降水量、径流量差异不大,降水量 2005 年比 2002 年多 17%,径流量 2005 年比 2002 年多 45%,但 2005 年的产沙量却比 2004 年多 168%,由此可以看出,农田土地利用类型对降水产流产沙的影响主要表现为对产沙影响的显著性比对产流的影响要大得多。

2. 月输出结果分析

表 9-22 为 2002~2005 年南北腰小流域各月径流量、径流深、径流系数、产沙量和土壤侵蚀模数模拟值的平均值统计表。图 9-27 是基于表 6-3 生成的模拟值各月的平均值的变化情况。

表 9-22　南北腰小流域月平均模拟值统计表

月份	降水量/mm	径流量/m³	径流深/mm	径流系数/%	产沙量/t	土壤侵蚀模数/[t/(km² · a)]
1	4.68	33.95	0.05	1.07	30.23	45.22
2	5.98	18.77	0.03	0.50	18.55	27.75
3	9.33	15.07	0.02	0.21	1.60	2.40
4	22.90	48.73	0.07	0.31	8.05	12.04
5	42.20	106.06	0.16	0.38	91.19	136.41
6	56.80	162.58	0.24	0.42	125.48	187.71
7	68.00	218.62	0.33	0.49	186.73	279.33
8	109.73	452.52	0.68	0.62	1504.38	2250.46
9	112.83	464.75	0.70	0.62	1096.48	1640.26
10	51.45	214.74	0.32	0.62	451.20	674.96
11	9.05	17.88	0.03	0.33	3.55	5.31
12	9.73	7.23	0.01	0.10	3.03	4.53

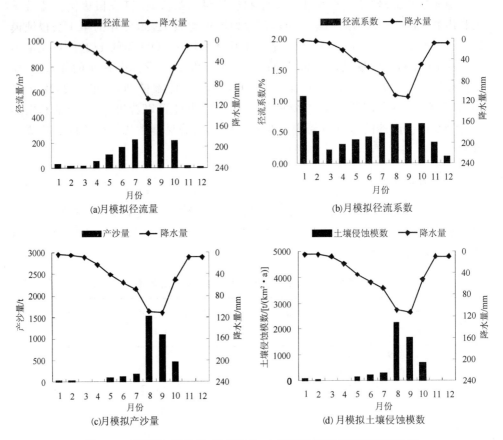

图 9-27　径流量、产沙量、径流系数、土壤侵蚀模数与降雨量对比图

2002~2005 年,4 年的各月平均降水量以 9 月最丰,1 月最少,其中生长季(4~10 月)的降水量占全年总降水量的 92.3%,雨季(7~9 月)的降水量占生长季降水量的 62.2%。结合图 9-27 分析可知:全年的降水量主要集中在生长季,因此流域的径流和泥沙输移也主要发生在这一时段,特别是在雨季,径流量和产沙量均达到年内峰值。在生长季时段内的径流量和产沙量分别占该流域全年径流量和产沙量的 94.72% 和 98.38%。月均径流量 9 月最大,8 月次之,前者比后者仅多 2.7% 即 12 m³;而月均产沙量 8 月最大,9 月次之,但前者比后者却多 37%。由表 5-8 对 2002~2005 年逐月降水特征值的统计分析可知,这主要是由于 8 月和 9 月月均降水量虽然相差无几,但 8 月多为短历时大暴雨,其月均最大半小时降水量达 10.15 mm,而进入 9 月场降水雨强较 8 月小很多,月均最大半小时降水量为 7.36 mm,因此 8 月多发的短历时大暴雨,为土壤侵蚀提供了足够的动力,所以该月的产沙量要远大于 9 月的产沙量。

对比各月的月均径流系数不难发现,月均径流系数的最大值并不出现在降水量占全年主要降水量 90% 以上的生长季,而出现在 1 月。最主要是因为 1 月平均气温、土壤温度和土壤有效水含量均为全年最低值,植物对水分的需求也为全年最低值,降水主要以降雪为主,雨雪融化后,几乎全部形成径流,因此 1 月径流系数最大。生长季内径流系数值不断增加,10 月与 8 月、9 月的径流系数值相同,均为 0.62%,但 10 月的降水量仅相当于 8 月的 1/2,出现此现象是因为 8 月、9 月气温高且农作物处于生长期,土壤蒸发和作物蒸腾耗水量都很大,而 10 月气温降低,农作物进入收获期,土壤蒸发和作物蒸腾耗水量都相对减少很多,因此 10 月的径流系数也较高。

3. 不同土地利用的模拟结果分析

南北腰小流域内分布有 5 种土地利用类型(表 9-23),其中农地占 66.3%,荒草地占 28.5%。2002～2005 年,4 年中无论丰、平、枯水年,农地的年径流量和年产沙量均最大,径流量占总百分比的 65% 以上,产沙量除 2002 年外占总百分比的 80% 以上;荒草地次之,径流量占总百分比的 30% 左右,产沙量除 2002 年外占总百分比的 15% 左右;其他三种土地利用类型由于所占面积比例很小,对产流产沙的贡献也很小。南北腰小流域的径流量和产沙量主要来自于农田和荒草地的降水产流产沙,其中农田对流域产流产沙影响最显著,贡献最大。

表 9-23　2002～2005 年不同土地利用条件下径流量、产沙量统计表

年　份	土地利用类型	农地 AGRR	阔叶林 FRSD	针叶林 FRSE	灌木林 RNGB	荒草地 RNGE
面积/hm²		44.4	2.1	0.3	1.1	19.1
2002	径流量/m³	882.14	36.17	5.28	19.35	394.32
	百分比/%	65.97	2.70	0.39	1.45	29.49
	产沙量/t	1305.55	0.24	0.15	4.08	572.44
	百分比/%	69.35	0.01	0.01	0.22	30.41
2003	径流量/m³	1892.78	81.64	11.89	43.29	836.49
	百分比/%	66.04	2.85	0.41	1.51	29.19
	产沙量/t	5353.08	0.35	0.21	3.65	1165.18
	百分比/%	82.07	0.01	0.00	0.06	17.86
2004	径流量/m³	605.15	25.79	3.76	13.73	265.40
	百分比/%	66.22	2.82	0.41	1.50	29.04
	产沙量/t	610.56	0.01	0.01	0.20	98.38
	百分比/%	86.10	0.00	0.00	0.03	13.87

年　份	土地利用类型	农地 AGRR	阔叶林 FRSD	针叶林 FRSE	灌木林 RNGB	荒草地 RNGE
2005	径流量/m³	1283.53	55.03	8.02	29.19	567.36
	百分比/%	66.06	2.83	0.41	1.50	29.20
	产沙量/t	4294.79	0.14	0.07	5.64	736.78
	百分比/%	85.26	0.00	0.00	0.11	14.63

9.4.2　蔡家川流域径流输沙过程模拟

蔡家川主沟即 2♯ 量水堰的控制流域,其土地利用格局为上游、中游以林地、荒草地为主,下游分布少量农田,其中上游分布着保存完好的天然次生林。SWAT 模型模拟的步骤与南北腰小流域过程基本相同,不同之处在于依据蔡家川流域流域模型模拟面积 3357.40 hm² 和最小汇水面积(CSA)将其划分为 33 个子流域,又依据土壤和土地利用信息被划分为 120 个水文响应单元(HRU)。模拟时间步长分别按年、月模拟。图 9-28 为子流域分布图。

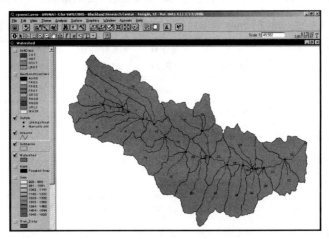

图 9-28　蔡家川流域切割子流域分布图

1.年输出结果分析

表 9-24 为 2002～2005 年蔡家川流域径流量、径流深、径流系数、产沙量和土壤侵蚀模数的年模拟值。图 9-29 是基于表 9-24 生成的年径流、产沙平均模拟值空间分布图。

表 9-24　蔡家川流域年模拟结果表

年份	降水量 /mm	径流量 /m³	径流深 /mm	径流系数 /%	产沙量 /t	土壤侵蚀模数 /[t/(km²·a)]
2002	443.2	60 927.55	1.81	0.41	25 500.00	759.50
2003	697.0	134 185.68	4.00	0.57	41 090.00	1 223.84
2004	350.0	42 342.39	1.26	0.36	4 269.00	127.15
2005	520.4	90 476.78	2.69	0.52	22 070.00	657.34
平均值	502.7	81 962.06	2.44	0.49	23 230.00	691.89

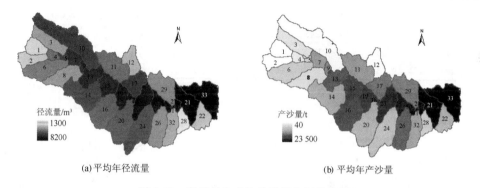

(a) 平均年径流量　　　　　　　　　　(b) 平均年产沙量

图 9-29　径流量和产沙量模拟空间分布图

蔡家川流域林草植被类型占土地利用类型的 74.6%,植被状况良好。该流域平均年径流量 81 962.06 m³,2003 丰水年年径流量是 2004 枯水年的近 3 倍,2003 年年径流系数是 2004 年的 1.6 倍;平均年土壤侵蚀模数仅为 691.89 t/(km²·a),2003 丰水年年土壤侵蚀模数 1223.84 t/(km²·a),2004 枯水年为 127.15 t/(km²·a),丰水年年土壤侵蚀模数是枯水年的 9.6 倍,是平水年(2002 年和 2005 年)的 2 倍左右。可以得出,在该流域现有土地利用条件下,产沙量对降水量的变化响应较径流量的响应更为显著。

2. 月输出结果分析

表 9-25 为 2002～2005 年蔡家川流域各月径流量、径流深、径流系数、产沙量和土壤侵蚀模数模拟值的平均值统计表。图 9-30 是基于表 9-25 生成的模拟值各月的平均值的变化情况。

表 9-25　蔡家川流域月平均模拟值统计表

年份	降水量 /mm	径流量 /m³	径流深 /mm	径流系数 /%	产沙量 /t	土壤侵蚀模数 /[t/(km²·a)]
1	4.68	1323.93	0.04	0.85	312.44	9.31
2	5.98	753.39	0.02	0.33	65.72	1.96
3	9.33	721.43	0.02	0.21	16.08	0.48
4	22.90	2 303.96	0.07	0.31	76.00	2.26
5	42.20	4 901.47	0.15	0.36	1 392.62	41.48
6	56.80	7 458.48	0.22	0.39	498.70	14.85
7	68.00	10 209.39	0.30	0.44	1 102.33	32.83
8	109.73	20 874.31	0.62	0.57	8 522.30	253.83
9	112.83	21 706.06	0.65	0.58	7 747.89	230.77
10	51.45	10 529.46	0.31	0.60	3 443.22	102.55
11	9.05	914.13	0.03	0.33	25.39	0.76
12	9.73	282.17	0.01	0.10	32.48	0.97

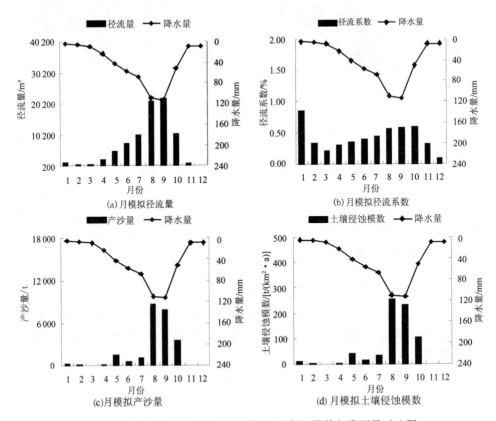

(a) 月模拟径流量　　(b) 月模拟径流系数

(c) 月模拟产沙量　　(d) 月模拟土壤侵蚀模数

图 9-30　径流量、产沙量、径流系数、土壤侵蚀模数与降雨量对比图

蔡家川流域在生长季(4～10月)时段内的径流量和产沙量分别占该流域全年径流量和产沙量的95.13％和98.05％。月均径流量9月最大,8月次之,前者比后者仅多4％;而月均产沙量8月最大,9月次之,但前者比后者多10％。8月和9月月均降水量虽然相差无几,但8月多为短历时大暴雨,为土壤侵蚀提供了足够的动力,所以8月的产沙量要远大于9月的产沙量。

此外,月均径流系数的最大值并不出现在降水量占全年主要降水量90％以上的生长季,与南北腰小流域相同,出现在1月,出现这一现象的原因与南北腰小流域相同。在生长季时段内,径流系数值不断增加,且在10月达到生长季内的最大值,但10月的降水量仅相当于8月的1/2,出现此现象是因为8月、9月气温高且林草植被和农作物处于生长期,土壤蒸发和植被蒸腾耗水量都很大,而10月气温降低,林草植被中阔叶林进入落叶期、农作物进入收获期,土壤蒸发和作物蒸腾耗水量都相对减少很多,因此10月的径流系数是生长季内的峰值。

3. 不同土地利用的模拟结果分析

蔡家川流域内分布有9种土地利用类型(表9-26),其中农地仅占6.11％,林草地类型占74.16％。2002～2005年,从径流量来看:4年中无论丰、平、枯水年,荒草地的年径流占全年径流总量的比例最大,灌木林和阔叶林次之,且三者的径流量差异并不明显,三种土地利用类型的径流量占总径流量的60％以上,农地的径流量占总径流量的6％左右,对总径流量的贡献不大;从产沙量来看:农地的产沙量除2002平水年仅占27.5％以外,其余年份占当年产沙总量的60％～80％,荒草地次之占总产沙量的16％～30％,除2002年外,这两种土地利用类型的产沙量占总产沙量的90％以上。蔡家川流域的产沙量主要来自于农田和荒草地的降水产沙,其中农田对流域产沙影响最显著,贡献最大。2002年农地产沙量占全年比例较其他3年所占比例低很多的原因在于:表9-26中可知,2002年年内短历时大暴雨出现的次数较其余年份少,该年的年平均最大半小时降水量仅为2.27mm,在4年中最低;且雨季(7～9月)的月平均最大半小时降水量在4年中也最低,因此2002年的侵蚀性降水较少,农地的产沙量对2002年的降水响应较其他年份小得多,产沙量也比其他年份要少很多。

表 9-26　2002～2005 年不同土地利用条件下径流量、产沙量统计表

年份	土地利用类型	农地 AGRR	阔叶林 FRSD	针叶林 FRSE	混交林 FRST	经济林 ORCD	灌木林 RNGB	荒草地 RNGE	居民地 URLD	水域 WATR
	面积/hm²	205.10	691.90	426.90	614.30	113.20	658.30	622.50	21.90	3.30
2002	径流量/m³	4 019.64	11 655.20	7 186.25	10 678.50	1 987.97	12 118.25	12 888.68	415.09	0.00
	百分比/%	6.60	19.12	11.79	17.52	3.26	19.88	21.15	0.68	0.00
	产沙量/t	7 009.73	228.26	195.78	377.19	73.96	5 563.72	12 003.89	37.65	0.00
	百分比/%	27.50	0.90	0.77	1.48	0.29	21.83	47.09	0.15	0.00

年　份	土地利用类型	农地 AGRR	阔叶林 FRSD	针叶林 FRSE	混交林 FRST	经济林 ORCD	灌木林 RNGB	荒草地 RNGE	居民地 URLD	水域 WATR
2003	径流量/m³	8 692.79	26 353.75	15 962.52	24 031.34	4 501.12	26 543.96	27 214.83	891.46	0.00
	百分比/%	6.48	19.64	11.90	17.91	3.35	19.78	20.28	0.66	0.00
	产沙量/t	25 508.80	191.14	146.30	196.89	88.15	2 603.74	12 336.89	8.85	0.00
	百分比/%	62.09	0.47	0.36	0.48	0.21	6.34	30.03	0.02	0.00
2004	径流量/m³	2 720.81	8 221.12	5 111.68	7 549.74	1 393.15	8 363.77	8 709.15	295.67	0.00
	百分比/%	6.42	19.41	12.07	17.82	3.29	19.74	20.56	0.70	0.00
	产沙量/t	3 335.82	13.87	10.57	16.12	5.23	193.47	691.97	1.47	0.00
	百分比/%	78.15	0.32	0.25	0.38	0.12	4.53	16.21	0.03	0.00
2005	径流量/m³	5 877.46	17 739.48	10 763.92	16 242.55	3 039.98	17 808.29	18 414.52	615.49	0.00
	百分比/%	6.49	19.60	11.89	17.95	3.36	19.68	20.35	0.68	0.00
	产沙量/t	15 324.68	60.42	53.32	62.43	20.76	1836.16	4 713.87	4.94	0.00
	百分比/%	69.42	0.27	0.24	0.28	0.09	8.32	21.35	0.02	0.00

9.4.3　北坡小流域径流输沙过程模拟

北坡小流域即 3♯量水堰控制的小流域,其土地利用格局为以人工林为主的农林复合配置小流域,人工林以阔叶林和针阔混交林为主,果农复合配置以水平梯田果农间作或隔坡水平沟(水平沟栽植苹果)为主,农田为水平梯田。SWAT模型模拟的步骤与南北腰小流域过程基本相同,不同之处在于依据北坡小流域流域模型模拟面积 142.5 hm² 和最小汇水面积(CSA)将其划分为 7 个子流域,又依据土壤和土地利用信息被划分为 25 个水文响应单元(HRU)。模拟时间步长分别按年、月模拟。图 9-31 为子流域分布图。

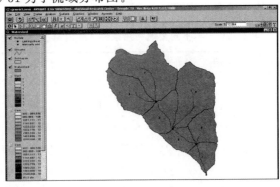

图 9-31　北坡小流域切割子流域分布图

1. 年输出结果分析

表 9-27 为 2002～2005 年北坡小流域径流量、径流深、径流系数、产沙量和土壤侵蚀模数的年模拟值。图 9-32 是基于表 9-27 生成的年径流、产沙平均模拟值空间分布图。

表 9-27　北坡小流域年模拟结果表

年份	降水量 /mm	径流量 /m³	径流深 /mm	径流系数 /%	产沙量 /t	土壤侵蚀模数 /[t/(km²·a)]
2002	443.2	2554.42	1.79	0.40	2201.00	1540.95
2003	697.0	5720.63	4.01	0.57	5794.00	4056.47
2004	350.0	1739.23	1.22	0.35	500.90	350.69
2005	520.4	3844.24	2.69	0.52	3424.00	2397.19
平均值	502.7	3462.65	2.42	0.48	2980.00	2086.34

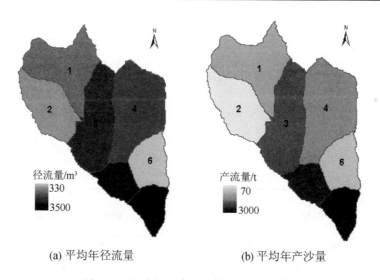

(a) 平均年径流量　　　　　　(b) 平均年产沙量

图 9-32　径流量和产沙量模拟空间分布图

北坡小流域农田比例占流域土地利用的 11.6%,林草土地利用类型占流域土地利用的 71.37%。该小流域平均年径流量 3462.65 m³,2003 丰水年年径流量是 2004 枯水年的 3.3 倍。该流域平均年土壤侵蚀模数为 2086.34 t/(km²·a),2003 丰水年年土壤侵蚀模数 4056.47 t/(km²·a),2004 枯水年为 350.69 t/(km²·a),丰水年年土壤侵蚀模数是枯水年的 11.6 倍,是平水年的 2 倍左右。同样可以得出与蔡家川流域相同的结论,在北坡小流域现有土地利用条件下,产沙量对降水量的变化响应较径流量的响应更为显著。

2. 月输出结果分析

表 9-28 为 2002～2005 年北坡小流域各月径流量、径流深、径流系数、产沙量和土壤侵蚀模数模拟值的平均值统计表。图 9-33 是基于表 9-28 生成的模拟值各月的平均值的变化情况。

表 9-28　北坡小流域月平均模拟值统计表

月份	降水量 /mm	径流量 /m³	径流深 /mm	径流系数 /%	产沙量 /t	土壤侵蚀模数 /[t/(km²·a)]
1	4.68	57.25	0.04	0.85	25.42	17.79
2	5.98	31.77	0.02	0.33	12.70	8.89
3	9.33	29.60	0.02	0.21	2.98	2.09
4	22.90	91.89	0.06	0.26	6.49	4.55
5	42.20	198.00	0.14	0.33	92.95	65.08
6	56.80	291.86	0.20	0.35	94.77	66.35
7	68.00	428.48	0.30	0.44	199.24	139.49
8	109.73	889.90	0.62	0.57	1107.13	775.12
9	112.83	932.86	0.65	0.58	965.44	675.92
10	51.45	457.34	0.32	0.62	464.53	325.23
11	9.05	43.74	0.03	0.33	5.82	4.08
12	9.73	12.72	0.01	0.10	2.36	1.65

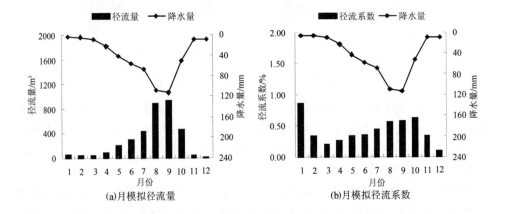

(a) 月模拟径流量　　　　　　　　　(b) 月模拟径流系数

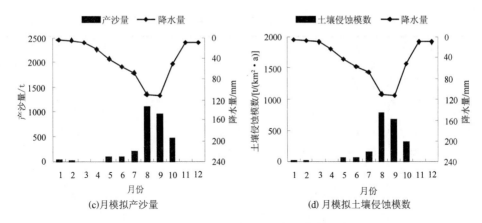

图 9-33　径流量、产沙量、径流系数、土壤侵蚀模数与降雨量对比图

北坡小流域在生长季(4～10 月)时段内的径流量和产沙量分别占该流域全年径流量和产沙量的 94.95％ 和 98.35％。月均径流量 9 月最大,8 月次之,前者比后者多 4.8％;而月均产沙量 8 月最大,9 月次之,但前者比后者多 14.7％。此外,月均径流系数的最大值与南北腰小流域相同,出现在 1 月,出现这一现象的原因与南北腰小流域相同。在生长季时段内,径流系数值不断增加,且在 10 月达到生长季内的最大值,但 10 月的降水量仅相当于 8 月的 1/2,出现此现象是因为 8 月、9 月气温高且林草植被和农作物处于生长期,土壤蒸发和植被蒸腾耗水量都很大,而 10 月气温降低,林草植被中阔叶林进入落叶期、农作物进入收获期,土壤蒸发和作物蒸腾耗水量都相对减少很多,因此 10 月的径流系数是生长季内的峰值。

3. 不同土地利用的模拟结果分析

北坡小流域内分布有 8 种土地利用类型(表 9-29),其中农地占 11.6％,林草地类型占 71.37％。2002～2005 年,从径流量来看:4 年中无论丰、平、枯水年,灌木林的年径流占全年径流总量的比例最大,阔叶林次之,且两者的径流量差异并不明显,这两种土地利用类型的径流量占总径流量的近 50％,农地的径流量占总径流量的 12％左右,对总径流量的贡献相对较小;从产沙量来看:农地的产沙量最大分别占当年产沙总量的 50％～67％,荒草地次之占总产沙量的 20％左右,北坡小流域的产沙量主要来自于农田和荒草地的降水产沙,其中农田对流域产沙影响最显著,贡献最大。

表 9-29　2002～2005 年不同土地利用条件下径流量、产沙量统计表

年 份	土地利用类型	农地 AGRR	阔叶林 FRSD	针叶林 FRSE	混交林 FRST	经济林 ORCD	灌木林 RNGB	荒草地 RNGE	居民地 URLD
面积/hm²		16.50	33.60	9.10	25.40	0.20	33.40	19.10	5.20
2002	径流量/m³	310.27	566.90	158.38	437.97	3.52	579.64	393.80	100.24
	百分比/%	12.16	22.22	6.21	17.17	0.14	22.73	15.44	3.93
	产沙量/t	1093.29	58.67	2.83	107.58	0.11	377.18	554.78	13.07
	百分比/%	49.53	2.66	0.13	4.87	0.00	17.09	25.13	0.59
2003	径流量/m³	690.87	1298.93	351.37	1004.55	7.92	1309.45	836.92	209.31
	百分比/%	12.10	22.75	6.15	17.59	0.14	22.94	14.66	3.67
	产沙量/t	3880.75	73.75	2.49	122.60	0.15	506.54	1226.09	2.69
	百分比/%	66.74	1.27	0.04	2.11	0.00	8.71	21.09	0.05
2004	径流量/m³	196.19	390.95	114.04	294.30	2.44	401.66	264.30	71.96
	百分比/%	11.30	22.52	6.57	16.95	0.14	23.14	15.23	4.15
	产沙量/t	366.26	2.81	0.12	5.04	0.01	32.69	94.87	0.34
	百分比/%	72.94	0.56	0.02	1.00	0.00	6.51	18.89	0.07
2005	径流量/m³	459.66	868.51	239.21	672.01	5.35	876.84	569.57	144.10
	百分比/%	11.99	22.65	6.24	17.52	0.14	22.86	14.85	3.76
	产沙量/t	2093.55	11.63	1.11	16.17	0.05	572.07	738.06	1.63
	百分比/%	60.96	0.34	0.03	0.47	0.05	16.66	21.49	0.05

9.4.4　柳沟小流域径流输沙过程模拟

柳沟小流域即 4♯量水堰控制的小流域，其土地利用格局为封山育林形成的全林流域，以天然次生乔木林及灌木林为主，人工林所占比例很小，以油松、侧柏为主，鱼鳞坑整地，但整地质量较差，主要分布于侵蚀沟。SWAT模型模拟的步骤与南北腰小流域过程基本相同，不同之处在于依据柳沟小流域流域模型模拟面积 186.5 hm²和最小汇水面积（CSA）将其划分为 9个子流域，又依据土壤和土地利用信息被划分为 40 个水文响应单元

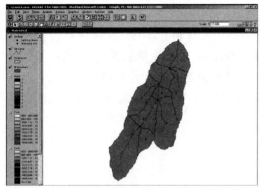

图 9-34　柳沟小流域切割子流域分布图

（HRU）。模拟时间步长分别按年、月模拟。图 9-34 为子流域分布图。

1. 年输出结果分析

表 9-30 为 2002～2005 年柳沟小流域径流量、径流深、径流系数、产沙量和土壤侵蚀模数的年模拟值。图 9-35 是基于表 9-30 生成的年径流、产沙平均模拟值空间分布图。

表 9-30　柳沟小流域年模拟结果表

年份	降水量 /mm	径流量 /m³	径流深 /mm	径流系数 /%	产沙量 /t	土壤侵蚀模数 /[t/(km² · a)]
2002	443.2	3427.96	1.83	0.41	1055.00	564.34
2003	697.0	7597.02	4.06	0.58	1987.00	1062.88
2004	350.0	2384.33	1.28	0.36	208.00	111.26
2005	520.4	5156.14	2.76	0.53	1475.00	789.00
平均值	502.7	4638.95	2.48	0.49	1181.00	631.74

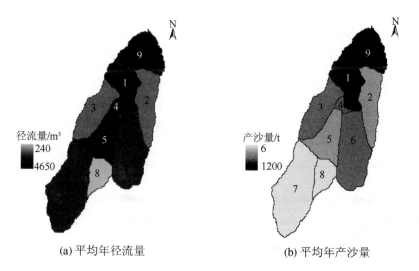

(a) 平均年径流量　　　　　(b) 平均年产沙量

图 9-35　径流量和产沙量模拟空间分布图

柳沟小流域林草植被类型占土地利用类型的 74.1%，由于进行封山育林，因此植被多以天然次生乔木林及灌木林为主，生长状况良好。该流域平均年径流量 4638.95 m³，2003 丰水年年径流量是 2004 枯水年的 3.2 倍，2003 年年径流系数是 2004 年的 1.6 倍。平均年土壤侵蚀模数仅为 631.74 t/(km² · a)，2003 丰水年年土壤侵蚀模数 1062.88 t/(km² · a)，2004 枯水年为 111.26 t/(km² · a)，丰水年年土壤侵蚀模数是枯水年的 9.6 倍,是平水年的 2 倍左右。

2. 月输出结果分析

表 9-31 为 2002～2005 年柳沟小流域各月径流量、径流深、径流系数、产沙量和土壤侵蚀模数模拟值的平均值统计表。图 9-36 是基于表 9-31 生成的模拟值各月的平均值的变化情况。

表 9-31　柳沟小流域月平均模拟值统计表

月份	降水量 /mm	径流量 /m³	径流深 /mm	径流系数 /%	产沙量 /t	土壤侵蚀模数 /[t/(km²·a)]
1	4.68	74.66	0.04	0.85	14.57	7.79
2	5.98	41.02	0.02	0.33	5.63	3.01
3	9.33	41.18	0.02	0.21	0.97	0.52
4	22.90	129.47	0.07	0.31	4.85	2.59
5	42.20	275.74	0.15	0.36	60.03	32.11
6	56.80	407.53	0.22	0.39	33.53	17.93
7	68.00	572.84	0.31	0.46	43.64	23.34
8	109.73	1189.21	0.64	0.58	441.11	235.95
9	112.83	1235.41	0.66	0.58	403.56	215.87
10	51.45	604.72	0.32	0.62	170.79	91.36
11	9.05	53.72	0.03	0.33	1.19	0.64
12	9.73	14.93	0.01	0.10	1.23	0.66

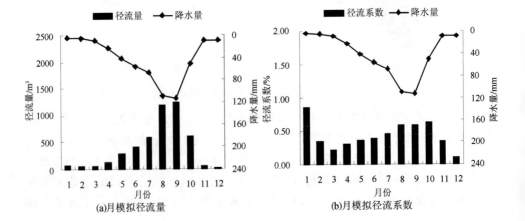

(a)月模拟径流量　　　　　　　(b)月模拟径流系数

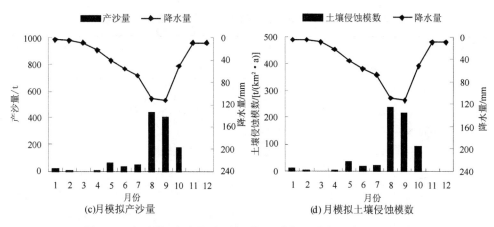

图 9-36　径流量、产沙量、径流系数、土壤侵蚀模数与降雨量对比图

柳沟小流域在生长季(4～10 月)时段内的径流量和产沙量分别占该流域全年径流量和产沙量的 95.14％和 98.01％。月均径流量 9 月最大,8 月次之,前者比后者多 3.9％,而月均产沙量 8 月最大,9 月次之,但前者比后者多 9.3％。此外,月均径流系数的最大值与南北腰小流域相同,出现在 1 月,生长季时段内,径流系数值不断增加,且在 10 月达到生长季内的最大值。柳沟小流域为全林流域,林木生长良好,在 6～9 月处于生长旺盛期,植被的蒸腾耗水和土壤蒸发量都很大,降水主要以林冠截流蓄水和土壤入渗补充土壤有效水的形式存蓄,形成地表径流的量相对减少。10 月进入生长季末期,气温降低,林草植被中阔叶林进入落叶期,土壤蒸发和植被蒸腾耗水量都相对减少很多,因此 10 月的径流系数是生长季内的峰值。

3. 不同土地利用的模拟结果分析

柳沟小流域内分布有 8 种土地利用类型(表 9-32),其中农地仅占 3.7％,林草地类型占 74.1％。2002～2005 年,从径流量来看:4 年中无论丰、平、枯水年,混交林的年径流占全年径流总量的比例最大,占 35％左右,荒草地次之,两种土地利用类型的径流量占总径流量的近 60％,农地由于所占面积较小,其径流量仅占总径流量的 4％左右,对总径流量的贡献很小;从产沙量来看:荒草地的产沙量最大分别占当年产沙总量的 60％～70％,农地次之,占总产沙量的 18％～40％。柳沟小流域的产沙量主要来自于农田和荒草地的降水产沙,其中由于荒草地所占面积比例近 20％,且植被覆盖条件较差,对该小流域产沙影响最显著,贡献最大,农地虽所占面积比例很小,但由于农地土壤流失严重,因此对流域的产沙量影响也十分显著。

表 9-32　2002～2005 年不同土地利用条件下径流量、产沙量统计表

年　份 ＼ 土地利用类型		农地 AGRR	阔叶林 FRSD	针叶林 FRSE	混交林 FRST	经济林 ORCD	灌木林 RNGB	荒草地 RNGE	居民地 URLD
面积/hm²		6.90	30.30	2.90	67.90	22.90	14.10	40.90	0.60
2002	径流量/m³	137.35	522.00	50.13	1201.64	403.64	250.19	849.32	11.52
	百分比/%	4.01	15.24	1.46	35.08	11.78	7.30	24.79	0.34
	产沙量/t	189.11	3.71	0.63	28.57	13.83	78.00	738.68	0.77
	百分比/%	17.95	0.35	0.06	2.71	1.31	7.41	70.13	0.07
2003	径流量/m³	297.03	1178.86	112.51	2702.60	919.17	562.64	1795.93	24.12
	百分比/%	3.91	15.53	1.48	35.59	12.11	7.41	23.65	0.32
	产沙量/t	732.60	5.06	0.56	16.07	19.32	69.80	1143.36	0.18
	百分比/%	36.87	0.25	0.03	0.81	0.97	3.51	57.54	0.01
2004	径流量/m³	91.93	371.91	34.84	853.53	276.27	170.56	575.42	8.27
	百分比/%	3.86	15.61	1.46	35.82	11.59	7.16	24.15	0.35
	产沙量/t	81.15	0.20	0.03	0.87	0.80	3.96	121.05	0.03
	百分比/%	39.00	0.10	0.01	0.42	0.38	1.90	58.18	0.01
2005	径流量/m³	203.68	795.08	76.49	1830.66	624.05	381.62	1224.64	16.58
	百分比/%	3.95	15.43	1.48	35.53	12.11	7.41	23.77	0.32
	产沙量/t	505.90	2.02	0.25	6.38	5.37	83.79	871.76	0.11
	百分比/%	34.29	0.14	0.02	0.43	0.36	5.68	59.08	0.01

9.4.5　刘家凹小流域径流输沙过程模拟

刘家凹小流域即 5♯量水堰控制的小流域,其土地利用格局以次生林及人工林为主,次生林主要分布在该流域上游及侵蚀沟中,人工林主要分布于梁峁坡。果园及农田多为隔坡水平沟复合经营配置,以杏为主。SWAT 模型模拟的步骤与南北腰小流域过程基本相同,不同之处在于依据刘家凹小流域流域模型模拟面积343.2 hm² 和最小汇水面积(CSA)将其划分为 5 个子流域,又依据土壤和土地利用信息被划分为 18 个水文响应单元(HRU)。模拟时间步长分别按年、月模拟。图 9-37 为子流域分布图。

1.年输出结果分析

表 9-33 为 2002～2005 年刘家凹小流域径流量、径流深、径流系数、产沙量和土壤侵蚀模数的年模拟值。图 9-38 是基于表 9-33 生成的年径流量、产沙量平均

模拟值空间分布图。

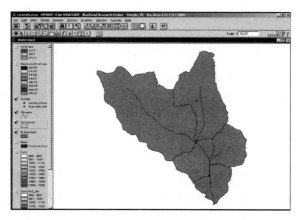

图 9-37　刘家凹小流域切割子流域分布图

表 9-33　刘家凹小流域年模拟结果表

年份	降水量 /mm	径流量 /m³	径流深 /mm	径流系数 /%	产沙量 /t	土壤侵蚀模数 /[t/(km²·a)]
2002	443.2	6272.51	1.83	0.41	3230.00	940.89
2003	697.0	13850.61	4.03	0.58	7368.00	2146.27
2004	350.0	4389.19	1.28	0.37	675.30	196.71
2005	520.4	9375.65	2.73	0.52	5306.00	1545.62
平均值	502.7	8470.57	2.47	0.49	4145.00	1207.42

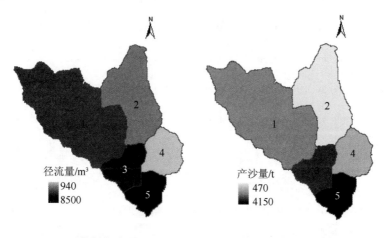

(a) 平均年径流量　　　　　　(b) 平均年产沙量

图 9-38　径流量和产沙量模拟空间分布图

刘家凹小流域林草植被类型占土地利用类型的 72.55%,农地占 7.02%。该流域平均年径流量 8470.57 m³,2003 丰水年年径流量是 2004 枯水年的 3.2 倍,2003 年年径流系数是 2004 年的 1.6 倍。平均年土壤侵蚀模数为 1207.42 t/(km²·a),2003 丰水年年土壤侵蚀模数 2146.27 t/(km²·a),2004 枯水年为 196.71 t/(km²·a),丰水年年土壤侵蚀模数是枯水年的 10.9 倍,是平水年的 1.4~2.3 倍。可以得出,在刘家凹小流域现有土地利用条件下,产沙量对降水量的变化响应较径流量的响应更为显著。

2. 月输出结果分析

表 9-34 为 2002~2005 年刘家凹小流域各月径流量、径流深、径流系数、产沙量和土壤侵蚀模数模拟值的平均值统计表。图 9-39 是基于表 9-34 生成的模拟值各月的平均值的变化情况。

表 9-34　刘家凹小流域月平均模拟值统计表

月份	降水量 /mm	径流量 /m³	径流深 /mm	径流系数 /%	产沙量 /t	土壤侵蚀模数 /[t/(km²·a)]
1	4.68	136.73	0.04	0.85	51.37	14.96
2	5.98	78.79	0.02	0.38	21.59	6.29
3	9.33	76.33	0.02	0.24	3.28	0.96
4	22.90	242.74	0.07	0.31	13.02	3.79
5	42.20	511.64	0.15	0.35	154.98	45.15
6	56.80	764.06	0.22	0.39	114.84	33.45
7	68.00	1049.33	0.31	0.45	146.39	42.64
8	109.73	2161.87	0.63	0.57	1651.49	481.07
9	112.83	2249.73	0.66	0.58	1389.55	404.77
10	51.45	1081.87	0.32	0.61	588.74	171.50
11	9.05	91.50	0.03	0.29	5.13	1.50
12	9.73	27.86	0.01	0.08	4.42	1.29

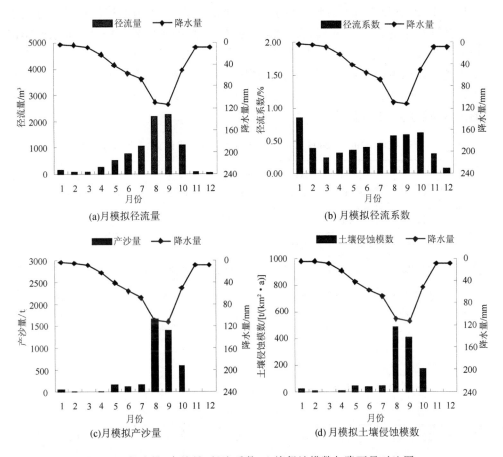

图 9-39　径流量、产沙量、径流系数、土壤侵蚀模数与降雨量对比图

刘家凹小流域在生长季(4~10 月)时段内的径流量和产沙量分别占该流域全年径流量和产沙量的 95.13% 和 97.93%。月均径流量 9 月最大,8 月次之,前者比后者多 4%;而月均产沙量 8 月最大,9 月次之,但前者比后者多 18.8%。此外,月均径流系数的最大值仍出现在 1 月,生长季时段内径流系数值不断增加,且在 10 月达到生长季内的最大值。

3. 不同土地利用的模拟结果分析

刘家凹小流域内分布有 7 种土地利用类型(表 9-35),其中农地占 7.02%,林草地类型占 72.55%。2002~2005 年,从径流量来看:4 年中无论丰、平、枯水年,灌木林的年径流占全年径流总量的比例最大,占 25% 左右,荒草地次之,两者年径流量相差不大,两种土地利用类型的径流量占总径流量的近 50%,农地由于所占面积较小,其径流量仅占总径流量的 7% 左右,在 7 种土地利用类型产流量中所占比例最小,对总径流量的贡献也最小;从产沙量来看:荒草地的产沙量最大分别占当年产沙总量的 50%～60%,农地次之,占总产沙量的 18%～40%。刘家凹小流域的产沙量与柳沟小流域状况相同,主要来自于农田和荒草地的降水产沙,其中由于荒草地所占面积比例 16%,且植被覆盖条件较差,对该小流域产沙影响最显著,贡献最大,农地虽所占面积比例较小,但由于农地土壤流失严重,因此对流域的产沙量影响也十分显著。

表 9-35　2002～2005 年不同土地利用条件下径流量、产沙量统计表

年　份	土地利用类型	农地 AGRR	阔叶林 FRSD	针叶林 FRSE	混交林 FRST	灌木林 RNGB	荒草地 RNGE	居民地 URLD
面积/hm²		24.10	58.80	59.10	41.50	89.60	69.20	0.90
2002	径流量/m³	478.57	1006.71	1029.12	733.87	1580.21	1428.89	17.22
	百分比/%	7.63	16.04	16.40	11.70	25.18	22.77	0.27
	产沙量/t	582.74	25.43	18.47	23.18	441.64	2142.76	1.32
	百分比/%	18.01	0.79	0.57	0.72	13.65	66.23	0.04
2003	径流量/m³	1027.58	2281.64	2282.83	1650.79	3537.72	3031.04	36.17
	百分比/%	7.42	16.48	16.49	11.92	25.55	21.89	0.26
	产沙量/t	2423.78	32.14	16.36	15.33	344.66	4558.23	0.31
	百分比/%	32.79	0.43	0.22	0.21	4.66	61.67	0.00
2004	径流量/m³	327.65	712.82	740.42	521.56	1114.52	961.57	12.35
	百分比/%	7.46	16.23	16.86	11.88	25.38	21.90	0.28
	产沙量/t	279.56	1.27	0.77	0.75	22.65	371.67	0.05
	百分比/%	41.31	0.19	0.11	0.11	3.35	54.92	0.01
2005	径流量/m³	697.86	1534.91	1554.14	1117.18	2387.54	2060.00	24.80
	百分比/%	7.44	16.37	16.57	11.91	25.46	21.97	0.26
	产沙量/t	1958.41	7.55	7.28	5.01	502.46	2835.59	0.19
	百分比/%	36.84	0.14	0.14	0.09	9.45	53.34	0.00

9.4.6　冯家圪垛小流域径流输沙过程模拟

冯家圪垛小流域即 6♯ 量水堰控制的小流域,其土地利用格局为以天然次生乔木林及灌木林和人工林组成的森林流域。SWAT 模型模拟的步骤与南北腰小流域过程基本相同,不同之处在于依据冯家圪垛小流域流域模型模拟面积

1777.80 hm² 和最小汇水面积(CSA)将其划分为 17 个子流域,又依据土壤和土地利用信息被划分为 76 个水文响应单元(HRU)。模拟时间步长分别按年、月模拟。图 9-40 为子流域分布图。

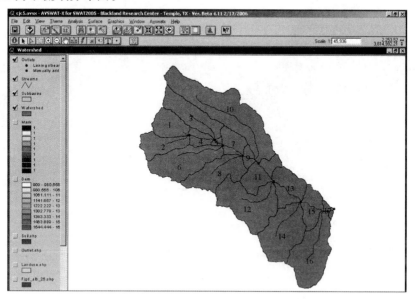

图 9-40　冯家圪垛小流域切割子流域分布图

1. 年输出结果分析

表 9-36 为 2002～2005 年冯家圪垛小流域径流量、径流深、径流系数、产沙量和土壤侵蚀模数的年模拟值。图 9-41 是基于表 9-36 生成的年径流、产沙平均模拟值空间分布图。

表 9-36　冯家圪垛小流域年模拟结果表

年份	降水量 /mm	径流量 /m³	径流深 /mm	径流系数 /%	产沙量 /t	土壤侵蚀模数 /[t/(km²·a)]
2002	443.2	31 693.68	1.78	0.40	11 430.00	642.98
2003	697.0	69 726.10	3.92	0.56	15 010.00	844.37
2004	350.0	22 043.98	1.24	0.35	1 411.00	79.37
2005	520.4	47 051.71	2.65	0.51	7 916.00	445.31
平均值	502.7	42 605.14	2.40	0.48	8 941.00	502.97

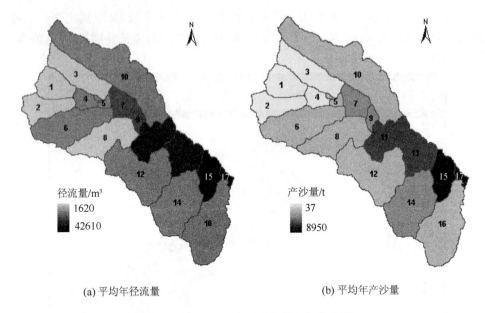

(a) 平均年径流量　　　　　　　　　　(b) 平均年产沙量

图 9-41　径流量和产沙量模拟空间分布图

　　冯家圪垛小流域林草植被类型占土地利用类型的 78.94%,农地占 3.9%。该流域平均年径流量 42 605.14 m³,2003 丰水年年径流量是 2004 枯水年的 3.2 倍,2003 年年径流系数是 2004 年的 1.6 倍。平均年土壤侵蚀模数为 502.97 t/(km² · a),2003 丰水年年土壤侵蚀模数 844.37 t/(km² · a),2004 枯水年为 79.37 t/(km² · a),丰水年年土壤侵蚀模数是枯水年的 10.6 倍,是平水年的 1.3~1.9 倍。

　　2.月输出结果分析

　　表 9-37 为 2002~2005 年冯家圪垛小流域各月径流量、径流深、径流系数、产沙量和土壤侵蚀模数模拟值的平均值统计表。图 9-42 是基于表 9-37 生成的模拟值各月的平均值的变化情况。

表 9-37　冯家圪垛小流域月平均模拟值统计表

月份	降水量 /mm	径流量 /m³	径流深 /mm	径流系数 /%	产沙量 /t	土壤侵蚀模数 /[t/(km² · a)]
1	4.68	668.33	0.04	0.80	151.11	8.50
2	5.98	380.73	0.02	0.36	24.19	1.36
3	9.33	373.97	0.02	0.23	6.04	0.34
4	22.90	1 197.76	0.07	0.29	31.82	1.79

月份	降水量 /mm	径流量 /m³	径流深 /mm	径流系数 /%	产沙量 /t	土壤侵蚀模数 /[t/(km² · a)]
5	42.20	2 549.84	0.14	0.34	636.54	35.81
6	56.80	3 879.58	0.22	0.38	187.09	10.52
7	68.00	5 337.38	0.30	0.44	327.49	18.42
8	109.73	10 831.45	0.61	0.56	3 421.95	192.50
9	112.83	11 248.63	0.63	0.56	2 823.88	158.85
10	51.45	5 528.89	0.31	0.60	1 309.09	73.64
11	9.05	485.16	0.03	0.30	7.73	0.43
12	9.73	141.89	0.01	0.08	14.76	0.83

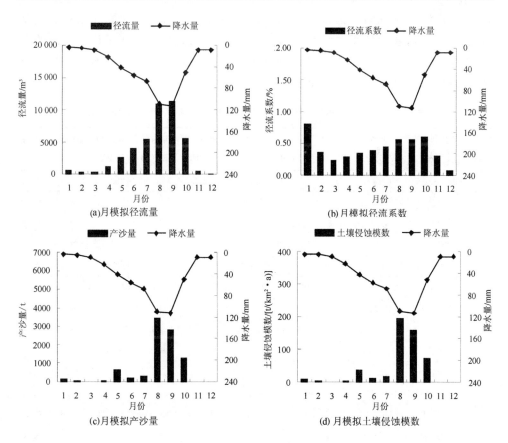

图 9-42　径流量、产沙量、径流系数、土壤侵蚀模数与降雨量对比图

冯家圪堎小流域在生长季(4~10月)时段内的径流量和产沙量分别占该流域全年径流量和产沙量的95.19%和97.72%。月均径流量9月最大,8月次之,前者比后者多3.8%;而月均产沙量8月最大,9月次之,但前者比后者多21.2%。此外,月均径流系数的最大值仍出现在1月,生长季时段内径流系数值不断增加,且在10月达到生长季内的最大值。

3. 不同土地利用的模拟结果分析

冯家圪堎小流域内分布有9种土地利用类型(表9-38),其中农地占3.9%,林草地类型占78.94%。2002~2005年,从径流量来看:4年中无论丰、平、枯水年,灌木林的年径流占全年径流总量的比例最大,占21%左右,荒草地和混交林次之,三种土地利用类型的径流量占总径流量的近60%,农地由于所占面积较小,其径流量仅占总径流量的4%左右,对总径流量的贡献也最小;从产沙量来看:农地产沙量除2002年外,其余年份均最大分别占当年产沙总量的50%~70%,荒草地次之,占总产沙量的20%~50%。冯家圪堎小流域的产沙量主要来自于农田和荒草地的降水产沙,农地虽所占面积比例较小,但由于农地主要分布于该小流域的下游,土壤流失严重,对流域侵蚀产沙影响最显著,贡献最大,荒草地所占面积比例16%,且植被覆盖条件较差,因此对流域产沙量影响也十分显著。

表 9-38　2002~2005 年不同土地利用条件下径流量、产沙量统计表

年　份	土地利用类型	农地 AGRR	阔叶林 FRSD	针叶林 FRSE	混交林 FRST	经济林 ORCD	灌木林 RNGB	荒草地 RNGE	居民地 URLD	水域 WATR
	面积/hm²	69.40	368.60	276.70	341.60	45.20	371.50	289.10	10.10	5.60
2002	径流量/m³	1 366.58	6 139.14	4 579.97	5 908.73	789.98	6 795.80	5 935.06	189.62	0.00
	百分比/%	4.31	19.36	14.45	18.64	2.49	21.43	18.72	0.60	0.00
	产沙量/t	1 907.04	136.77	145.22	163.65	35.27	3 063.10	5 971.85	16.36	0.00
	百分比/%	16.67	1.20	1.27	1.43	0.31	26.78	52.20	0.14	0.00
2003	径流量/m³	2 946.37	1 3847.95	10 111.88	13 242.02	1 790.53	14 855.37	12 540.76	410.55	0.00
	百分比/%	4.22	19.85	14.50	18.99	2.57	21.30	17.98	0.59	0.00
	产沙量/t	7 269.66	109.99	106.97	94.67	39.61	1 393.38	5 997.75	4.04	0.00
	百分比/%	48.41	0.73	0.71	0.63	0.26	9.28	39.94	0.03	0.00
2004	径流量/m³	929.53	4 302.60	3 242.52	4 190.06	553.00	4 699.23	4 010.67	131.94	0.00
	百分比/%	4.21	19.50	14.70	18.99	2.51	21.30	18.18	0.60	0.00
	产沙量/t	966.61	8.12	7.81	7.77	2.48	102.92	315.26	0.67	0.00
	百分比/%	68.47	0.57	0.55	0.55	0.18	7.29	22.33	0.05	0.00

续表

年份	土地利用类型	农地 AGRR	阔叶林 FRSD	针叶林 FRSE	混交林 FRST	经济林 ORCD	灌木林 RNGB	荒草地 RNGE	居民地 URLD	水域 WATR
2005	径流量/m³	1 997.51	9 321.47	6 820.36	8 961.58	1 205.81	9 967.18	8 497.09	283.48	0.00
	百分比/%	4.25	19.81	14.49	19.05	2.56	21.18	18.06	0.60	0.00
	产沙量/t	4 631.89	34.88	38.40	33.06	9.25	974.23	2 197.67	2.23	0.00
	百分比/%	58.47	0.44	0.48	0.42	0.12	12.30	27.74	0.03	0.00

9.4.7　井沟小流域径流输沙过程模拟

井沟小流域即 7♯ 量水堰控制的小流域,其土地利用格局为荒草地和人工林为主。SWAT 模型模拟的步骤与南北腰小流域过程基本相同,不同之处在于依据井沟小流域流域模型模拟面积 251.5 hm² 和最小汇水面积(CSA)将其划分为 7 个子流域,又依据土壤和土地利用信息被划分为 29 个水文响应单元(HRU)。模拟时间步长分别按年、月模拟。图 9-43 为子流域分布图。

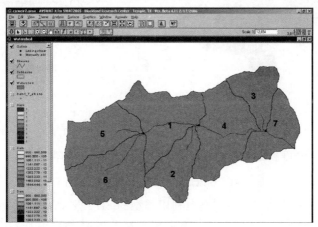

图 9-43　井沟小流域切割子流域分布图

1. 年输出结果分析

表 9-39 为 2002～2005 年井沟小流域径流量、径流深、径流系数、产沙量和土壤侵蚀模数的年模拟值。图 9-44 是基于表 9-39 生成的年径流、产沙平均模拟值空间分布图。

表 9-39 井沟小流域年模拟结果表

年份	降水量 /mm	径流量 /m³	径流深 /mm	径流系数 /%	产沙量 /t	土壤侵蚀模数 /[t/(km²·a)]
2002	443.2	4 538.03	1.81	0.41	1 902.00	757.48
2003	697.0	10 072.60	4.01	0.58	3 707.00	1 476.32
2004	350.0	3 152.75	1.26	0.36	284.80	113.42
2005	520.4	6 827.54	2.72	0.52	2 556.00	1 017.93
平均值	502.7	6 146.37	2.45	0.49	2 112.00	841.11

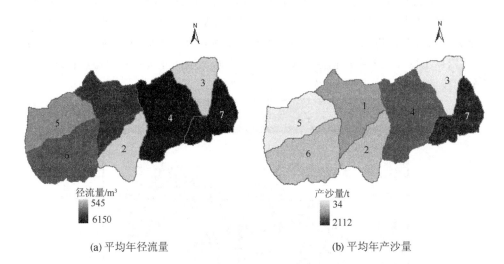

(a) 平均年径流量 　　　　　(b) 平均年产沙量

图 9-44 径流量和产沙量模拟空间分布图

井沟小流域林草植被类型占土地利用类型的 81.19%,农地占 0.91%。该流域平均年径流量 6146.37 m³,2003 丰水年年径流量是 2004 枯水年的 3.2 倍,2003 年年径流系数是 2004 年的 1.6 倍。平均年土壤侵蚀模数为 841.11 t/(km²·a),2003 丰水年年土壤侵蚀模数 1476.32 t/(km²·a),2004 枯水年为 113.42 t/(km²·a),丰水年年土壤侵蚀模数是枯水年的 13.02 倍,是平水年的 1.4～1.9 倍。

2.月输出结果分析

表 9-40 为 2002～2005 年井沟小流域各月径流量、径流深、径流系数、产沙量和土壤侵蚀模数模拟值的平均值统计表。图 9-45 是基于表 9-40 生成的模拟值各月的平均值的变化情况。

表 9-40　井沟小流域月平均模拟值统计表

月份	降水量 /mm	径流量 /m³	径流深 /mm	径流系数 /%	产沙量 /t	土壤侵蚀模数 /[t/(km²·a)]
1	4.68	96.49	0.04	0.82	30.52	12.15
2	5.98	53.40	0.02	0.36	10.72	4.27
3	9.33	54.77	0.02	0.23	2.10	0.84
4	22.90	171.53	0.07	0.30	6.89	2.74
5	42.20	364.13	0.15	0.34	88.74	35.34
6	56.80	534.28	0.21	0.37	50.92	20.28
7	68.00	760.67	0.30	0.45	57.21	22.78
8	109.73	1568.94	0.62	0.57	789.05	314.24
9	112.83	1637.95	0.65	0.58	744.36	296.44
10	51.45	812.63	0.32	0.63	326.40	129.99
11	9.05	73.42	0.03	0.32	3.14	1.25
12	9.73	19.82	0.01	0.08	2.37	0.94

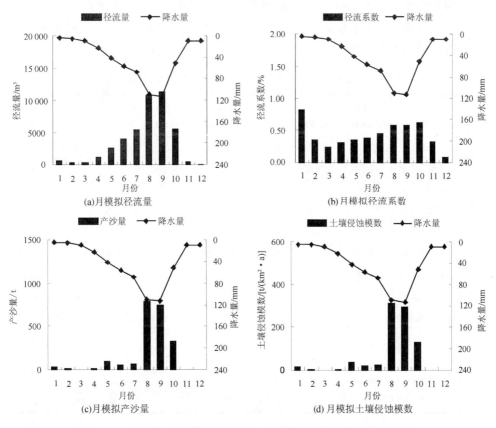

图 9-45　径流量、产沙量、径流系数、土壤侵蚀模数与降雨量对比图

井沟小流域在生长季(4～10月)时段内的径流量和产沙量分别占该流域全年径流量和产沙量的95.15%和97.93%。月均径流量9月最大,8月次之,前者比后者多4.4%;而月均产沙量8月最大,9月次之,前者比后者多6%。此外,月均径流系数的最大值仍出现在1月,生长季时段内径流系数值不断增加,且在10月达到生长季内的最大值。

3.不同土地利用的模拟结果分析

井沟小流域内分布有8种土地利用类型(表9-41),其中农地仅占0.91%,林草地类型占81.19%。2002～2005年,从径流量来看:4年中无论丰、平、枯水年,灌木林的年径流占全年径流总量的比例最大,占32%左右,荒草地次之,两种土地利用类型的径流量占总径流量的近50%,农地由于所占面积较小,其径流量仅占总径流量的1%左右,对总径流量的贡献也最小;从产沙量来看:荒草地产沙量最大分别占当年产沙总量的70%～80%,灌木林次之,占总产沙量的2%左右。井沟小流域的产沙量主要来自于荒草地和灌木林的降水产沙,荒草地所占面积比例17.18%,且植被覆盖条件较差,因此对流域产沙量影响十分显著,贡献最大。农地所占面积比例很小,因此对流域产流产沙影响并不显著。

表 9-41　2002～2005 年不同土地利用条件下径流量、产沙量统计表

年 份	土地利用类型	农地 AGRR	阔叶林 FRSD	针叶林 FRSE	混交林 FRST	经济林 ORCD	灌木林 RNGB	荒草地 RNGE	居民地 URLD
	面积/hm²	2.30	31.20	67.30	19.00	3.30	83.40	43.20	1.80
2002	径流量/m³	45.78	539.33	1173.66	334.91	58.25	1470.74	888.65	34.52
	百分比/%	1.01	11.86	25.82	7.37	1.28	32.35	19.55	0.76
	产沙量/t	53.93	7.77	26.95	20.03	2.08	430.06	1 360.35	3.49
	百分比/%	2.83	0.41	1.41	1.05	0.11	22.58	71.42	0.18
2003	径流量/m³	98.11	1 222.85	2 620.56	756.80	131.38	3 294.85	1 891.95	72.46
	百分比/%	0.97	12.12	25.97	7.50	1.30	32.66	18.75	0.72
	产沙量/t	227.15	7.99	23.90	18.05	2.89	384.21	3048.48	0.75
	百分比/%	6.12	0.22	0.64	0.49	0.08	10.35	82.09	0.02
2004	径流量/m³	31.47	375.44	822.68	233.91	41.73	1032.74	594.48	24.55
	百分比/%	1.00	11.89	26.06	7.41	1.32	32.71	18.83	0.78
	产沙量/t	26.41	0.33	1.21	0.77	0.11	22.13	234.12	0.10
	百分比/%	9.26	0.12	0.42	0.27	0.04	7.76	82.09	0.04

续表

年　份	土地利用类型	农地 AGRR	阔叶林 FRSD	针叶林 FRSE	混交林 FRST	经济林 ORCD	灌木林 RNGB	荒草地 RNGE	居民地 URLD
2005	径流量/m³	66.57	827.42	1 782.83	511.71	88.60	2 224.34	1 287.73	49.83
	百分比/%	0.97	12.10	26.07	7.48	1.30	32.52	18.83	0.73
	产沙量/t	187.65	2.73	10.25	3.47	0.91	545.55	1811.20	0.46
	百分比/%	7.32	0.11	0.40	0.14	0.04	21.29	70.69	0.02

9.5　基于 SWAT 模型模拟的嵌套小流域径流输沙过程对比分析

运用 SWAT 模型模拟的蔡家川 7 个嵌套小流域生态水文过程,由于 7 个小流域的流域面积和土地利用条件均不同,因此流域降水产流产沙过程有明显的差异,本节将重点讨论 7 个小流域在剔除面积影响条件下,产流产沙量对土地利用和降水变化的动态响应。

9.5.1　年输出结果对比分析

图 9-46 为 2002～2005 年 7 个小流域年径流系数和年土壤侵蚀模数对比图。在剔除流域面积对产流产沙影响的条件下,分别对比 7 个小流域的径流系数和土壤侵蚀模数。可以看出,7 个小流域的产流产沙对降水变化的响应是一致的,即降水量增加,7 个小流域降水产流产沙量均增加,反之亦然。2003 丰水年 7 个流域的径流系数平均值是 0.58%,该值分别是 2004 枯水年的 1.6 倍,2002 平水年的1.4 倍,2005 平水年的 1.1 倍。2003 丰水年 7 个流域的土壤侵蚀模数平均值是2930.62 t/(km² · a),该值分别是 2004 枯水年的 10.1 倍,2002 平水年的 2.5 倍,2005 平水年的 1.4 倍。可以明显看出,流域产沙对降水变化的响应较产流的响应显著得多。

此外,由于土地利用方式不同,小流域降水产流产沙量的响应显著性也不同,降水量变化对不同流域产流产沙影响由高到低的排序是:1♯南北腰小流域＞3♯北坡小流域＞5♯刘家凹小流域＞7♯井沟小流域＞2♯蔡家川流域＞4♯柳沟小流域＞6♯冯家圪垛小流域。出现这种现象的原因是:流域中农地和荒草地所占面积的比例,极大地影响了流域的产流产沙量。通过前面分别对 7 个小流域土地

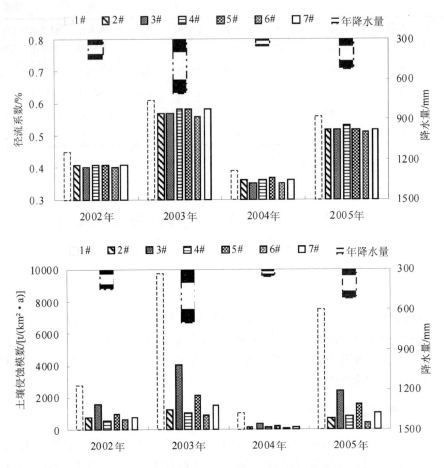

图 9-46　7 个小流域年径流系数和年土壤侵蚀模数对比图

利用的模拟结果分析可知，农地对流域的产流产沙量影响最显著，荒草地次之。农地在 7 个小流域土地利用格局中所占比例排序是：1♯南北腰小流域＞3♯北坡小流域＞5♯刘家凹小流域＞2♯蔡家川流域＞6♯冯家圪垛小流域＞4♯柳沟小流域＞7♯井沟小流域。该排序与降水量变化对不同流域产流产沙影响排序基本一致，说明农地是流域产流产沙的主要来源，井沟小流域的农地面积所占比例虽然很小，但是该流域的土地利用格局主要为荒草坡和灌木林，对降水和泥沙的拦蓄较森林流域要弱得多，因此 7♯井沟小流域的降水产流产沙量也较多。此外，4♯柳沟小流域的农地面积较 6♯冯家圪垛小流域的面积比例小，但降水量变化对不同流域产流产沙影响中，4♯柳沟小流域较 6♯冯家圪垛小流域更为明显，这是由于 4♯柳沟小流域为近期封育，新生次生林还处于幼林期且未进行整地，因此植被的减水减沙功能较 6♯天然次生林流域的减水减沙功能要小；另外，4♯柳沟小流域位于蔡家川流域的中游,6#冯家圪堵小流域位于流域上游,中游的黄土厚度较上游要厚很多,因此 4#柳沟小流域较 6#冯家圪堵小流域更易发生土壤流失。

通过系统聚类分析得到了 1#南北腰、3#北坡和 4#柳沟小流域,5#刘家凹和 7#井沟两组地形地貌特征相似的小流域,利用地形地貌特征相似的小流域进行流域产流产沙对比分析,可基本剔除地形地貌对流域产流产沙的影响,讨论分析流域不同土地利用格局对流域径流产沙的影响。

结合表 9-20 和图 9-46 可知,1#南北腰小流域为农地流域,农田面积为 44.4 hm²,占总面积的 66.27%,林地面积为 2.4 hm²,占总面积的 3.58%;3#北坡小流域为农林复合配置流域,农田面积为 16.5 hm²,占总面积的 11.58%,林地面积为 68.3 hm²,占总面积的 47.7%;4#柳沟小流域为封禁森林流域,农田面积为 6.9 hm²,仅占总面积的 3.7%,林地面积为 124 hm²,占总面积的 66.5%。对比 3 个流域的径流系数和土壤侵蚀模数可以看出:1#农地流域的径流系数和土壤侵蚀模数值均最大,2002~2005 年的平均径流系数为 0.50%,是 3#农林复合配置流域的 1.09 倍,是 4#封禁森林流域的 1.07 倍;平均土壤侵蚀模数为 5266.54 t/(km²·a),是 3#农林复合配置流域的 2.52 倍,是 4#封禁森林流域的 8.33 倍。分析结果表明森林流域较农地流域具有更好的调节径流,减少土壤流失的作用。北坡小流域的森林面积低于柳沟小流域,但北坡小流域的径流系数低于柳沟小流域,这主要是因为北坡小流域是以人工林为主的复合经营流域,人工林地水平沟整地质量较高,农田和果园也是以水平梯田为主,因此人工林地、农田和果园中拦蓄降雨径流作用较强,除非特大暴雨,一般人工林地产流较少;而 4#封禁森林流域由于为近期封育,新生次生林还处于幼林期且未进行整地,因此流域森林植被尚未发挥减水减沙的生态功能,因此 3#农林复合配置流域较 4#封禁森林流域的径流系数要低。

此外,5#刘家凹和 7#井沟小流域的地形地貌特征也基本相同,但两者土地利用方式不同,流域的产流产沙也不相同。刘家凹小流域农田面积为 24.1 hm²,占总面积的 7.02%,乔木林地面积为 159.4 hm²,占总面积的 46.44%,灌木林面积为 89.6 hm²,占总面积的 26.11%,荒草地面积为 69.2 hm²,占总面积的 20.16%。井沟小流域农田面积为 2.3 hm²,占总面积的 0.91%,乔木林地面积为 120.8 hm²,占总面积的 48.03%,灌木林面积为 83.4 hm²,占总面积的 33.16%,荒草地面积为 43.2 hm²,占总面积的 17.18%。刘家凹小流域的年平均土壤侵蚀模数是井沟小流域的 1.4 倍,年平均径流系数两者差不多。由此可以看出,森林和灌木林面积的增加,使流域抵抗降雨侵蚀的能力增强。

9.5.2　月输出结果对比分析

同样在剔除流域面积对产流产沙影响的条件下,对比 2002~2005 年 7 个小流域的月平均径流系数和月平均土壤侵蚀模数。7个小流域月平均径流系数年内的空间变化是一致的。从图9-47中可清楚看出：1月径流系数为全年最大值，12月径流系数为全年最小值，1～3月径流系数值急剧下降，3月的径流系数值仅高于12月的，生长季4～10月径流系数不断增加，10月达到生长季时段内的峰值，11～12月又急剧下降。

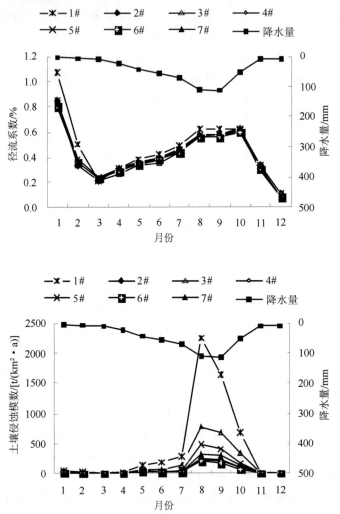

图9-47 7个小流域月平均径流系数和月平均土壤侵蚀模数对比图

7个小流域月平均土壤侵蚀模数年内的空间变化也是一致的。各流域发生土壤侵蚀的时段主要集中在生长季（4～10月），在生长季内各流域的平均土壤侵蚀量占全年平均土壤侵蚀量98%，雨季（7～9月）发生的土壤侵蚀占生长季内发生土壤侵蚀的77.4%，8月达到年内土壤侵蚀模数的最大值，流域的月平均土壤侵蚀模数对月降雨量有明显的响应。7个小流域的月土壤侵蚀模数排序是：1#南北腰＞3♯北坡＞5♯刘家凹＞7♯井沟＞2♯蔡家川流域＞4♯柳沟＞6♯冯家圪垛。这主要是因为 7 个小流域的土地利用格局不同,可以看出南北腰小流域对降水量变化的响应最显著。

9.5.3　嵌套流域水沙运移时空协同变化分析

3♯、4♯、5♯、6♯量水堰控制的小流域为 2♯量水堰控制的蔡家川主沟的支流,其中 5♯刘家凹、6♯冯家圪垛小流域位于蔡家川流域的上游,4♯柳沟小流域位于其中游,3♯北坡小流域位于其下游。各小流域的具体位置如图 9-1 所示,土地利用格局见表 9-1。表 9-42 为 3♯北坡、4♯柳沟、5♯刘家凹、6♯冯家圪垛小流域径流产沙量占蔡家川流域径流量和产沙量的比例。

表 9-42　3♯北坡、4♯柳沟、5♯刘家凹、6♯冯家圪垛小流域年径流量、产沙量
占蔡家川流域总径流量、总产沙量百分比统计表

年份	比例/%	3♯北坡 面积	径流	产沙	4♯柳沟 面积	径流	产沙	5♯刘家凹 面积	径流	产沙	6♯冯家圪垛 面积	径流	产沙
2002	占 2♯流域比例		4.19	8.63		5.63	4.14		10.30	12.67		52.02	44.82
	剔除面积影响		0.99	2.03		1.01	0.74		1.01	1.24		0.98	0.85
2003	占 2♯流域比例		4.26	14.10		5.66	4.84		10.32	17.93		51.96	36.53
	剔除面积影响		1.00	3.32		1.02	0.87		1.01	1.75		0.98	0.69
2004	占 2♯流域比例	4.24	4.11	11.73	5.55	5.63	4.87	10.22	10.37	15.82	52.95	52.06	33.05
	剔除面积影响		0.97	2.76		1.01	0.88		1.01	1.55		0.98	0.62
2005	占 2♯流域比例		4.25	15.51		5.70	6.68		10.36	24.04		52.00	35.87
	剔除面积影响		1.00	3.66		1.03	1.20		1.01	2.35		0.98	0.68
平均	占 2♯流域比例		4.20	12.49		5.66	5.13		10.34	17.62		52.01	37.57
	剔除面积影响		0.99	2.94		1.02	0.92		1.01	1.72		0.98	0.71

从表 9-42 中可以看出:6♯冯家圪垛小流域由于所占面积达 52.95%,对蔡家川流域的降雨径流产沙总量贡献最大,5♯刘家凹小流域次之。但剔除面积的影响,对蔡家川流域径流量贡献由高到低排序为:4♯柳沟＞5♯刘家凹＞3♯北坡＞6♯冯家圪垛;对蔡家川流域产沙量贡献由高到低排序为:3♯北坡＞5♯刘家凹＞4♯柳沟＞6♯冯家圪垛,以天然次生林为主的冯家圪垛小流域较以果农复合配置、封山育林、人工林的 3♯北坡、4♯柳沟、5♯刘家凹小流域具有更好的拦蓄降水、减水减沙的作用。从不同降水水平年来看,冯家圪垛小流域无论丰平枯年份其径流产沙量对蔡家川流域的贡献相对稳定,波动不大,而 3♯北坡、4♯柳沟、5♯刘家凹小流域受降水量的丰枯影响对蔡家川流域的贡献波动较大,其中 3♯北坡、5♯刘家凹小流域的产沙贡献

量受降水量的影响更为显著。

表 9-43 反映的是年内各月 3♯北坡、4♯柳沟、5♯刘家凹、6♯冯家圪垛小流域径流产沙量占蔡家川流域径流量和产沙量的比例。考虑面积影响条件下,冯家圪垛小流域对蔡家川流域的产流产沙各月贡献仍最大,3♯北坡、4♯柳沟、5♯刘家凹、6♯冯家圪垛小流域各月径流量对蔡家川流域的贡献都相对稳定,与所占面积成正比,生长季时段内各流域所占总径流量的比例均未发生异常波动,但各流域对蔡家川流域产沙量的贡献波动较大,生长季内,以北坡小流域的波动最为显著,这主要是由于北坡小流域的土地利用格局中农地比例较大,土壤流失量增加所致。在剔除面积影响下,北坡小流域对蔡家川流域产沙量的相对贡献率较其他小流域最大。冯家圪垛小流域产沙量的相对贡献率最小,再次验证了天然次生林地较其他土地利用类型具有很强的减水减沙作用。

表 9-43　3♯北坡、4♯柳沟、5♯刘家凹、6♯冯家圪垛小流域各月径流、产沙量占蔡家川流域月总径流量、总产沙量百分比统计表

月份	降水量/mm	3♯北坡		4♯柳沟		5♯刘家凹		6♯冯家圪垛	
		径流	产沙	径流	产沙	径流	产沙	径流	产沙
1	4.68	4.32	8.14	5.64	4.66	10.33	16.44	50.48	48.36
2	5.98	4.22	19.32	5.44	8.57	10.46	32.85	50.54	36.81
3	9.33	4.10	18.53	5.71	6.03	10.58	20.40	51.84	37.56
4	22.9	3.99	8.54	5.62	6.38	10.54	17.13	51.99	41.87
5	42.2	4.04	6.67	5.63	4.31	10.44	11.13	52.02	45.71
6	56.8	3.91	19.00	5.46	6.72	10.24	23.03	52.02	37.52
7	68	4.20	18.07	5.61	3.96	10.28	13.28	52.28	29.71
8	109.73	4.26	12.99	5.70	5.18	10.36	19.38	51.89	40.15
9	112.83	4.30	12.46	5.69	5.21	10.36	17.93	51.82	36.45
10	51.45	4.34	13.49	5.74	4.96	10.27	17.10	52.51	38.02
11	9.05	4.78	22.92	5.64	4.69	10.01	20.20	53.07	30.45
12	9.73	4.51	7.27	5.29	3.79	9.87	13.61	50.29	45.44
平均值	41.89	4.25	13.95	5.62	5.37	10.31	18.54	51.73	39.00

9.6　嵌套流域水沙运移对气候及土地利用变化响应分析

9.6.1　嵌套流域不同降水水平年水沙运移过程分析

依据对蔡家川流域 1985~2005 年的降水频率统计结果(表 9-2),可知枯水年降水量为 368.6 mm,平水年降水量为 486.6 mm,丰水年降水量为 619.3 mm。本研究使用丰、平、枯三年降水资料来模拟预测 2♯量水堰控制的蔡家川流域的产流和产沙变化情况。为了研究方便和结果有可比性,三次模拟的降雨资料以实测资料为基础,在不改变降雨总量的前提下,人工调整了降雨的年内分布,使得三期降水具有类似的年内分布特征。分析结果如图 9-48、图 9-49 和表 9-44 所示。

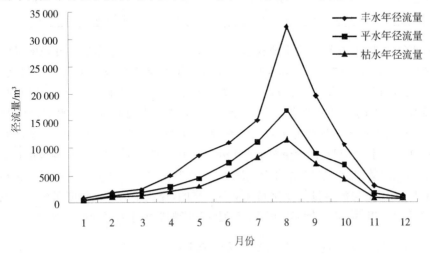

图 9-48　不同降水条件下蔡家川流域径流量曲线图

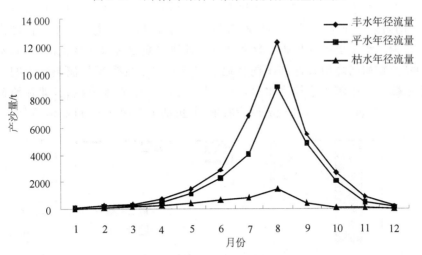

图 9-49　不同降水条件下蔡家川流域产沙量曲线图

表 9-44　　不同降水水平年条件下径流量、产沙量变化统计表

	丰水年	平水年	减少率	枯水年	减少率
降水量/mm	619.3	486.6	21.4	368.6	40.5
径流量/m³	104 068.8	65 090.3	37.5	45 536.3	56.2
产沙量/t	34 104.7	25 242.2	26.0	4591.0	86.5

　　模拟结果表明,在相同的土地利用状况下,径流量、产沙量都是随着降雨量的减少而减少,图 9-48 反映了不同降水水平下的径流量变化情况,丰水年径流量最大,达到 104 068.8 m³,平水年为 65 090.3 m³,枯水年最小,为 45 536.3 m³;图 9-49 反映了不同降雨水平下的产沙量变化情况,丰水年产沙量为 34 104.7 t,平水年产沙量为 25 242.2 t,枯水年产沙量仅为 4591.0 t;从表 9-44 的统计分析中可以得出,当降雨量减少了 21.4% 时,径流量、泥沙量较丰水年分别减少了 37.5%、26.0%,当降雨量减少了 40.5% 时,径流量、泥沙量较丰水年分别减少了 56.2%、86.5%,可见在降雨量变化相同的情况下,径流量与泥沙量的变化幅度是不一样的,径流量的变化幅度明显小于泥沙量,因此可以得出,蔡家川流域降水因子对泥沙的影响要大于对径流的影响。

9.6.2　嵌套流域土地利用变化水文响应预测分析

　　通过对比蔡家川 7 个不同土地利用格局的小流域的径流产沙情况,可以明显地看出:随着农地面积的减少和林地面积的增加,流域的径流深和土壤侵蚀模数值不断减少。为了更进一步研究蔡家川内森林植被变化对水文变化的影响,本节将分别模拟在相同降雨条件和不同林地覆盖率状况下的蔡家川流域水文响应情况。降水数据采用多年平均降水量,分别建立了 5 种情景模拟模式,即林地覆盖率 100%、80%、50%、20% 和全流域为农地,分析结果如图 9-50 和表 9-45 所示。

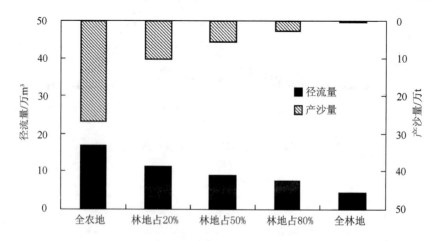

图 9-50　　不同森林植被覆被下蔡家川流域径流量和产沙量曲线图

表 9-45　不同森林植被覆被下径流量、产沙量变化统计表

	全农地	林地覆被率 20%	减少率 /%	林地覆被率 50%	减少率 /%	林地覆被率 80%	减少率 /%	林地覆被率 100%	减少率 /%
径流量 /万 m³	16.8	11.1	34.0	8.7	48.5	7.4	56.2	4.1	75.3
产沙量 /万 t	26.9	10.4	61.4	5.6	79.2	2.6	90.2	0.6	97.8

　　模拟结果表明,径流量、产沙量都是随着植被覆盖率的增加而减少,图 9-50 反映了不同森林植被覆被下的径流量和产沙量变化情况,当流域为全农地土地利用类型时,径流量和产沙量最大,为全林地土地利用类型时,径流量和产沙量最小。从表 9-45 的统计分析中可以得出,当林地覆盖率分别增加 20%、50%、80%、100%时,径流量较全农地分别减少了 34%、48.5%、56.2%、75.3%,产沙量较全农地分别减少了 61.4%、79.2%、90.2%、97.8%。可见,森林植被具有很明显的减水减沙的生态水文功能,尤其对泥沙的影响更大于对径流的影响,在森林植被增加相同的幅度时,泥沙的减少幅度远大于径流的减少幅度。因此可以得出,蔡家川流域内森林植被因子对侵蚀产沙的影响要大于对径流的影响。

第 10 章　基于 GeoWEPP 模型的不同土地利用情景径流输沙预测

　　土壤侵蚀预报模型作为评价土壤侵蚀强度,指导人们合理利用土地资源,管理并维持人类长期生存环境的重要技术工具,受到世界各国的普遍重视。美国水蚀预报模型——WEPP(water erosion prediction project)是由美国农业部(US-DA)组织农业研究局、土壤保持局(现为自然资源保护局)、森林局和美国内政部土地管理局等部门,以及十几所大学进行开发的科研项目。WEPP 模型是一个迄今为止最为复杂的描述与土壤水蚀相关物理过程的计算机模型,是一种基于侵蚀过程的模型,适合于研究环境系统变化对水文及侵蚀过程的影响,包括气候变化、水文过程及产沙之间的相互作用机理。本研究基于这一土壤侵蚀预报模型的水蚀过程机理,探求其在黄土区的适用性,并在模型参数率定、检验及模型模拟校准和验证的基础上,研究典型流域土地利用/森林植被影响下土壤侵蚀过程,为不同尺度流域土壤侵蚀尺度响应和转换提供基础数据资料和理论支撑。

10.1　WEPP 模型的结构与参数率定

10.1.1　WEPP 模型的结构

　　WEPP 属于一种连续的物理模拟模型,根据每次降雨确定地表状况的最新系统参数,可以对一天时间内的降雨及侵蚀过程进行模拟。该模型不考虑风蚀和崩塌等重力侵蚀,其应用范围从 1 m² 到大约 1 km² 的末端小流域。WEPP 是以 1 d 为步长的模拟模型,运行过程中输入每一天对土壤侵蚀过程有重要影响的植物和土壤特征。当降雨发生时,这些植物和土壤特征被用于决定是否将会有径流产生。如果预测有径流产生,则模型将计算出沿纵剖面上一定空间位置的土壤侵蚀量、河道的输沙量和水库的泥沙淤积量。

　　1)输入文件

　　WEPP 的输入文件主要有气象数据文件、坡面数据文件、土壤数据文件和作物与管理数据文件(图 10-1)。每一类型的文件都有各自规定的格式和不同的内容项。若进行灌溉模拟,还需要其他相关的输入数据。在应用 WEPP 的流域版时,还需要流域沟道系统和汇水区数据文件。气象数据文件可通过气候发生器 CLIGEN(climate generator)生成。用户可利用 WEPP 提供的界面进行气象数据输入,也可从外部输入。模型提供了美国 7000 个气象站的气象资料,用户可从中获取所需的气象数据。坡面数据文件可通过模型提供的界面或人工两种方式生成。土壤数据文件可通过模型界面或文本编辑器生成。作物与管理数据文件包含的数据量最多也最为复杂,其参数类型也较多,可通过模型界面或文本编辑器生成。

2)用户界面

WEPP 通过计算机运行,与所有的计算机软件一样,它向用户提供了各种运行程序的界面(图 10-1)。通过用户界面,用户可以很方便地生成和修改输入数据,进行模拟、快速浏览输出结果等。界面采用下拉式菜单设计,通过菜单命令,用户可建立输入文件、编辑运行方式和定义输出数据格式,此外也可修改界面的颜色等。

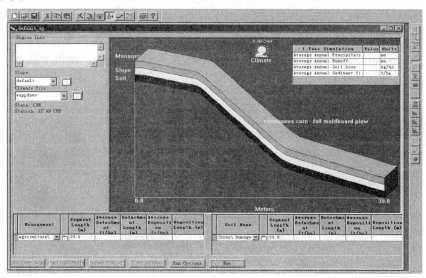

图 10-1　WEPP 模型界面及参数输入模块

3)输出成果

根据用户的不同需要,WEPP 可生成不同种类和不同精度的输出结果。最基本的输出结果包括径流和侵蚀的主要信息,并且可输出每场降雨、月际降雨以及年际降雨的基础数据。输出结果包括坡面土壤流失量和平均泥沙沉积量,非本位结果包括泥沙输移量、受冲刷和被搬运泥沙颗粒的粒径分布以及特殊地段的泥沙沉积量。WEPP 也可以生成某一坡面的输出结果,其最基本的输出结果包括整个流域径流和侵蚀的主要信息。整个流域以及 WEPP 模型及其应用流域的每一个单元,其泥沙输移比、泥沙沉积量、不同地表状况指标和泥沙颗粒粒径分布均可在输出模块中生成。若汇水区在流域内部，汇水区的输入和输出水量以及泥沙量也可生成。另外，每一粒径泥沙还可以生成某一降雨过程的输出结果（包括降雨、径流和土壤流失等），其基本输出结果与坡面的输出结果相似。本模块还可输出与降雨过程相关的图表、曲线等，并输出土壤、植被、水分平衡、作物、冬季过程等相关数据。

10.1.2　GeoWEPP 参数率定及数据输入

GeoWEPP 模型将 WEPP 模型和地形、土地利用及土壤空间属性数据相结合进行流域土壤侵蚀预测。模型存取数据库、组织 WEPP 模拟、为 WEPP 创造包括气候文件在内的所有必要的输入文件。模型针对流域内每一个水道的汇流区域的坡面进行模拟。

GeoWEPP 主要包括三个组成部分，即 ArcView 3.2、TOPAZ 和 Topwepp。其基本过程为：利用 ArcView 3.2 的空间分析功能建立流域 DEM、土地利用、土壤图，输入 GeoWEPP 后利用 TOPAZ 分析 DEM 数据，构建流域汇流网络，将土地利用、土壤图和 DEM 进行叠加分析，产生流域汇流的最基本单元——集水区（subcatchments）（图 10-2）。在 Topwepp 下输入各集水区土壤、植被参数后，即可运行，输出模拟结果（图 10-3）。

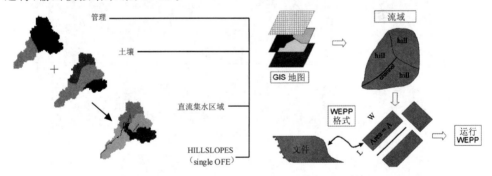

图 10-2　集水区生成过程图　　　　图 10-3　GeoWEPP 模型运行过程示意图

1）地理信息数据的输入

流域地理信息数据是在 ArcView 3.2 中输入的。GeoWEPP 模型所需 GIS 数据包括 DEM、土地利用和土壤三部分。要求以栅格格式输入并转为 ASCII 数据格式（图 10-4～图 10-6）。GeoWEPP 要求所有的 DEM、土壤和土地利用图的 GIS ASCII 栅格文件必须有完全一样的标题栏和光栅大小（图 10-7）。

图 10-4　吕二沟和罗玉沟流域 soilsma Pgrid 文件

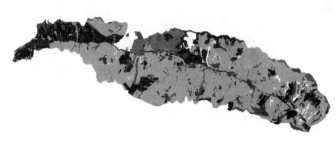

图 10-5　吕二沟和罗玉沟流域 landcov grid 文件

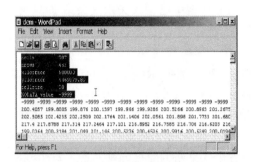

图 10-6　吕二沟流域 DEM grid 文件　　　图 10-7　栅格文件数据格式

2)气候参数

WEPP 模型中,气候文件是最复杂的一个文件。包括以下逐日参数:雨量、降雨历时、最大雨强出现的历时与总历时的比率、最高温度、最低温度、太阳辐射、风向、风速、露点温度等。降雨和气温(包括最高气温 t_{max} 和最低气温 t_{min})是主要的气候因子,而太阳辐射、风向风速等气候因子在预测土壤侵蚀时被证明为次要气候因子。

气候因子的输入可以根据实际地面气象站的监测数据录入,也可利用 WEPP模型的气候参数模块中的气候发生器 CLIGEN 或断点气候生成器 BPCDG,(breakpoint climate data generator for WEPP)模拟生成气象数据,然后输入。模型中 CLIGEN 是 WEPP 模型默认的气候参数获取程序,该程序已包含了美国近7000 个气象站的气象信息。BPCDG 是一个独立的程序,它可以把气象站观测的降雨量及一些常见的气象数据生成 WEPP 模型所需的气候数据。

WEPP 模型中已经录入中国 200 个气象站的数据,但这些实测数据只包括降雨量 P、最高气温 t_{max} 和最低气温 t_{min} 3 列数据(图 10-8),而 WEPP 模型模拟过程需要输入的其他次要气候数据利用 CLIGEN 或 BPCDG 生成。

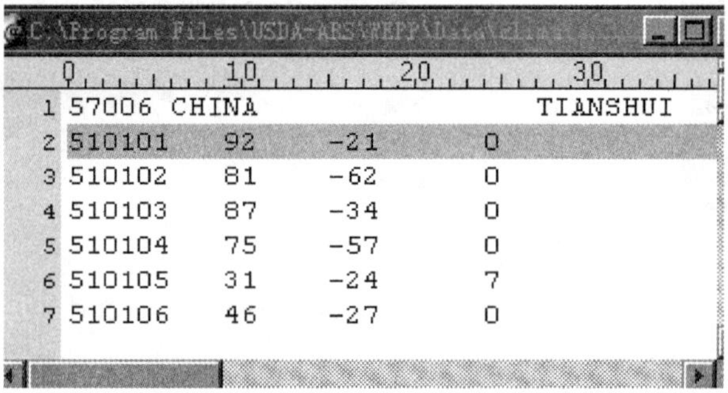

图 10-8　WEPP 模型中自带的天水气象站降雨和气温气象数据

WEPP 模型中已录入天水气象站 1951 年至 1997 年的 47 年的主要实测降雨量和气温气候因子。在本研究过程中,作者根据天水气象站数据,补录了 1998 年至 2004 年的降雨和气温气候因子,然后利用 CLIGEN 生成 1951 年至 2004 年的包括雨量、降雨历时、最大雨强出现的历时与总历时的比率、最高温度、最低温度、太阳辐射、风向、风速、露点温度等所有 WEPP 模型所需气候参数(图 10-9)。

在由图 10-8 的 3 列主要气象数据生成图 10-9 所示的所有气候数据时,CLI-GEN 是基于天水站气象统计参数(图 10-10)来实现的。WEPP 模型根据已输入的中国各个气象站的数据分别匹配了每个气象站的统计参数,这些参数块共有 82行 12 列,包括月均降水量 MEANP、月降水标准差 SDEVP、月降水斜度 SQEW、某天为雨天且前天也为雨天的概率 $P(w/w)$、某天为晴天且前天为雨天的概率 P

```
C:\Program Files\USDA-ARS\WEPP\Data\climates\cligen\tianshui-zxm.cli*
   Station:  TIANSHUI                      CHN                      CLIGEN VERSION 4.3
 Latitude Longitude Elevation (m) Obs. Years   Beginning year  Years simulated
    34.57   105.75        1141        47             51             100
 Observed monthly ave max temperature (C)
   3.3    6.5  12.4  19.0  23.5  27.1  28.6  27.6  21.9  16.5  10.2    4.8
 Observed monthly ave min temperature (C)
  -6.5   -3.5   1.5   6.9  11.2  14.8  17.7  16.9  12.4   6.9   0.6  -4.6
 Observed monthly ave solar radiation (Langleys/day)
 204.0 277.0 391.0 461.0 511.0 578.0 574.0 496.0 418.0 312.0 285.0 177.0
 Observed monthly ave precipitation (mm)
   4.7    5.6  17.3  39.2  54.4  73.4  92.0  84.6  86.5  46.3  13.1    3.4
 da mo year  prcp  dur   tp     ip  tmax  tmin  rad  w-vl w-dir  tdew
             (mm)  (h)              (C)   (C) (l/d) (m/s) (Deg)   (C)
  1  1   51   0.0  0.00 0.00   0.00   8.9  -2.2  88.   6.6  304.  -3.9
  2  1   51   0.0  0.00 0.00   0.00   7.8  -6.7 154.   6.4  295.  -9.2
  3  1   51   0.0  0.00 0.00   0.00   8.3  -3.9 238.   3.9  173. -17.5
```

图 10-9　CLIGEN 生成的 WEPP 模型录入的气候参数

(w/d)、月均最高气温 TMAXAV、月均最低气温 TMINAV、月均太阳辐射 SOL. RAD、月均太阳辐射标准差 SD. SOL、月均最大 30 min 雨强 MX. 5P、月均露点温度 DEWPT 以及其他风速、风向等参数。这些参数的取值都是根据气象站实测的多年气象数据统计而得的。

```
C:\Program Files\USDA-ARS\WEPP\Data\climates\cligen\China\TIANSHUI.par
 TIANSHUI                        CHN
 LATT=  34.57 LONG= 105.75 YEARS= 47. TYPE= 3
 ELEVATION = 3746. TP5 = 2.22 TP6= 3.87
 MEAN P    0.04  0.04  0.09  0.17  0.20  0.26  0.30  0.30  0.27  0.16  0.07  0.04
 S DEV P   0.04  0.06  0.11  0.20  0.25  0.37  0.43  0.44  0.35  0.21  0.11  0.05
 SKEW P    2.01  3.22  2.79  1.84  2.06  3.10  2.29  2.84  2.04  2.33  2.87  2.37
 P(W|W)    0.38  0.39  0.38  0.47  0.47  0.49  0.53  0.48  0.60  0.57  0.48  0.34
 P(W|D)    0.11  0.15  0.20  0.23  0.28  0.30  0.30  0.29  0.29  0.25  0.17  0.08
 TMAX AV  37.94 43.61 54.26 66.21 74.27 80.86 83.48 81.72 71.46 61.73 50.28 40.56
 TMIN AV  20.32 25.76 34.79 44.41 52.09 58.65 63.91 62.51 54.39 44.38 33.04 23.74
 SD TMAX   6.72  8.52  9.21  9.30  7.86  6.37  5.97  6.75  6.90  7.06  7.71  7.98
 SD TMIN   5.98  5.84  6.20  6.24  5.60  4.51  4.11  4.66  5.31  6.62  6.86  6.78
 SOL.RAD   204.  277.  391.  461.  511.  578.  574.  496.  418.  312.  285.  177.
 SD SOL    26.1  35.5  46.1  74.2  94.3  86.8  78.5 194.0  72.6  35.5  37.0  25.6
 MX .5 P    .07   .05   .51   .38   .96  1.08  1.62  1.33   .72   .79   .19   .07
 DEW PT   13.71 18.78 20.77 30.12 42.12 52.19 56.48 55.48 45.48 34.12 22.77 17.36
Time Pk    .599  .718  .782  .832  .849  .855  .870  .883  .893  .925  .955 1.000
% N        3.90  4.73  5.44  7.42  5.02  4.49  3.60  4.08  4.29  4.41  3.91  3.88
MEAN       6.04  6.76  7.10  7.19  6.07  5.57  5.73  5.01  5.35  5.41  6.11  6.30
STD DEV    3.05  3.58  3.75  3.18  2.81  2.66  2.66  2.43  2.60  2.74  2.75  3.32
SKEW        .66   .85   .57   .38   .48   .77   .31   .49   .61   .58   .49   .66
```

图 10-10　天水气象站气候统计参数文件

本研究所需要的 WEPP 气候输入数据 TIANSHUI. cli 即是根据天水气象站 1951～1997 年的降雨量和气温实测数 TIANSHUI. gds 结合，由实测数据统计而得的气候统计参数 TIANSHUI. par，利用 CLIGEN 而得。而且输入 TIANSHUI. gds 文件的降雨、气温实测数据到哪一年，生成的 TIANSHUI. cli 文件中的模拟数据就到哪一年。

3) 土壤参数

包括 5 个分层土壤基本特性：沙粒含量（％）、黏粒含量（％）、有机质含量（％）、阳离子代换量（mmol/100g）和砾石含量（％）。此外还有土壤名称、质地、土壤反射率（soil albedo）、初始饱和度、细沟可蚀性、临界剪切力和有效水力传导率（图 10-11）。

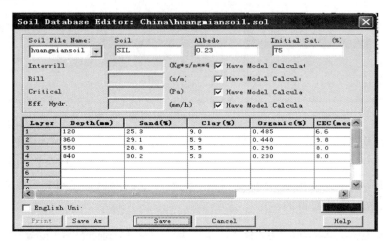

图 10-11　WEPP 土壤参数输入界面

4) 植被参数

包括植被类型、农田耕作措施、土壤状况、灌溉条件、残茬管理和植物生长等方面的详细资料（图 10-12、图 10-13、图 10-14）。根据 WEPP 模型中 Management 模块要求输入各类土地利用状况下地表条件参数和植物生长条件参数。

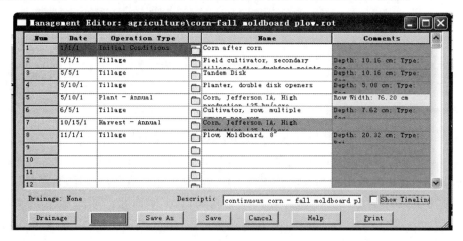

图 10-12　WEPP 模型管理文件输入界面

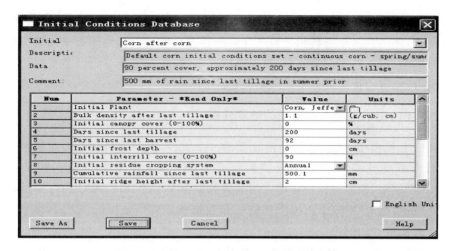

图 10-13　WEPP 地面状况参数输入界面

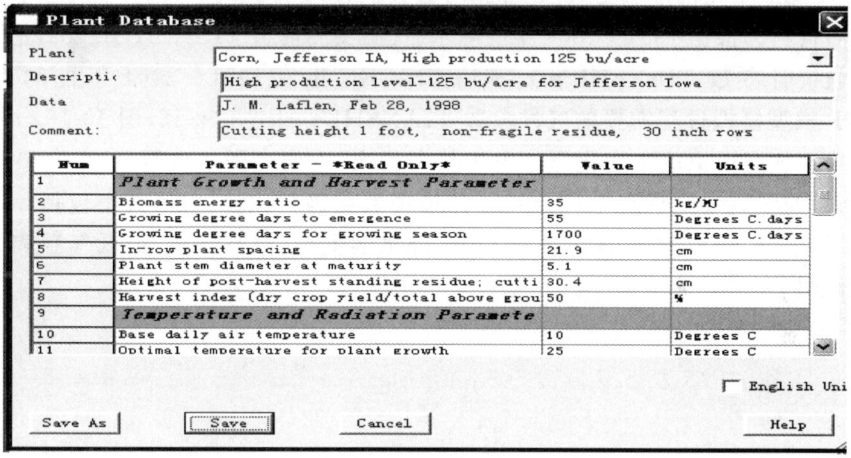

图 10-14　WEPP 植被(林分)条件输入文件

10.2　WEPP 模型在研究区的适用性检验及输入参数校正

　　WEPP 模型参数较多,且参数大多数具有明显的物理意义,为了更准确地模拟坡面和流域长历时的土壤侵蚀过程,参数必须具有真实性和代表性。本研究主要采用人工法和自动优选法以及二者相结合的方法进行参数赋值,并对影响模型模拟的主要参数进行理论和实际检验。

　　本书的研究针对 WEPP 参数的特点,对于模型中所需参数采取查阅历史资料、野外调查和实测、自动优选结合的方法进行。对于流域中气候、水文、侵蚀产沙参数,利用长期观测资料。植被、土地利用、土壤质地等需实测资料,进行野外实际调查,并结合多年资料和经验进行分析整理后应用。其他动态变化的参数如土壤含水量、植被叶面积指数等,根据流域的土壤、植被特性等给出参数初值的一定范围,再经自动优选或人工调试来确定。

10.2.1　CLIGEN 生成气候数据的精度分析

WEPP 模型中,气候文件是最复杂的一个文件,其参数特别是降雨量和气温是影响坡面或流域降雨土壤侵蚀的最基本因子;而且无论 WEPP 模型还是GeoWEPP模型,模拟过程中需输入的气候数据都是".cli"格式的 CLIGEN 的模拟数据。因此,检验由 CLIGEN 生成的气候数据的准确性是探析 WEPP 模型在中国黄土区适用性的前提。

由前面分析可知,WEPP 模型已在其自带的 TIANSHUI.gds 文件中录入天水 1951~1997 年的降水与气温实测资料,我们补录了 1998~2004 年的降水与气温实测资料。根据 1951~2004 年的降水、气温实测资料 TIANSHUI.gds,基于天水气候统计参数 TIANSUI.par,利用 CLIGEN 生成 1951~2004 年共 54 年的WEPP 模型模拟过程需要的气候参数 TIANSHUI.cli,图 10-15、图 10-16 分别为降雨量和气温模拟值年变化图。由于数据量大,本研究随机选取 1982~2001 年共 20 年的实测气候数据与 CLIGEN 的模拟数据进行比较分析,其中包括年降水量、月降水量、降水-降水的概率、不降水-降水的概率、最高气温、最低气温和风速等气候因子。

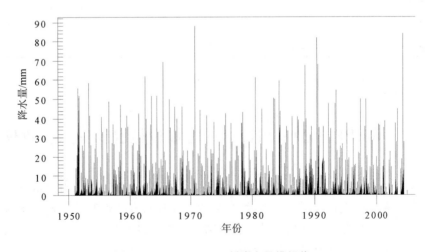

图 10-15　1951~2004 年降水量模拟值

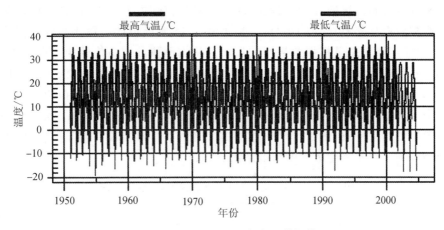

图 10-16　1951～2004 年气温模拟值

从表 10-1 可以看出,用 CLIGREN 模拟的 1982～2004 年的平均降雨量与实测的平均年降雨量非常接近,相对误差仅为 3.9%,模拟值标准差和实测值标准差之比 0.98,这说明 CLIGEN 模拟的年降水序列无论对该地区中等强度降水还是大暴雨以及特别干旱情形的模拟都较好。经卡方 x^2 检验表明,该站实际降水年序列与模拟年降水序列间不存在显著差异,说明降水量在年际间的分布一致(图 10-17)。

表 10-1　多年平均年降水量与模拟值的比较

	年均值/mm	标准差
模拟值	468.6	125.6
实际值	487.0	128.1
实际误差/%	3.9	
标准差之比		0.98
x^2 检验	不显著	

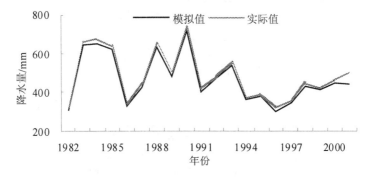

图 10-17　多年平均降水模拟值和实测值比较

从降水分布情况来看,实测的降水量的月均值和方差与 CLIGEN 模拟的 20 年的数据没有显著差异(表 10-2),只是 1 月和 12 月模拟的结果比实际观测值偏小,但对于年降水总量模拟效果影响极小。从实测值和模拟值的相对误差来看,降水模拟值较实测值略小(图 10-18)。对于月序列的某天降水且前天也降水概率 $P(w/w)$ 和某天降水且前天不降水的概率 $P(w/d)$ 平均值来说,模拟值往往比实测数据计算结果偏小,从分布趋势来说,月序列的 $P(w/w)$ 和 $P(w/d)$ 实测的平均值与模拟的结果一致(图 10-19 和图 10-20),各月的标准差没有明显的差别,说明 CLIGEN 对于降水发生概率的预报是比较好的。

表 10-2　实测和模拟的月降水因素平均值和标准差

	月份		1	2	3	4	5	6	7	8	9	10	11	12
降水量	平均值	模拟值	3.8	5.6	18.2	35.0	53.8	69.9	81.6	80.5	65.4	45.9	9.7	3.1
		实际值	5.1	6.6	18.1	37.3	54.6	75.1	82.5	77.8	69.8	45.7	10.4	4.3
		误差	−24.9	−15.1	0.4	−6.2	−1.6	−6.9	−1.0	3.4	−6.4	0.5	−7.2	−27.1
	标准差	模拟值	3.2	4.9	9.0	19.0	32.1	41.4	39.8	46.2	36.1	17.3	6.5	4.3
		实际值	3.3	4.8	8.1	18.1	31.8	41.2	39.4	43.5	39.8	18.8	6.2	5.0
P (w/w)	平均值	模拟值	0.11	0.23	0.31	0.36	0.35	0.39	0.40	0.39	0.46	0.44	0.26	0.15
		实际值	0.28	0.36	0.37	0.43	0.35	0.47	0.46	0.41	0.49	0.53	0.36	0.15
	标准差	模拟值	0.19	0.25	0.17	0.20	0.14	0.16	0.15	0.18	0.15	0.12	0.16	0.24
		实际值	0.23	0.22	0.13	0.19	0.19	0.14	0.17	0.14	0.15	0.13	0.18	0.21
P (w/d)	平均值	模拟值	0.09	0.09	0.17	0.18	0.26	0.26	0.27	0.26	0.24	0.21	0.10	0.05
		实际值	0.12	0.14	0.20	0.20	0.29	0.28	0.27	0.28	0.26	0.23	0.12	0.08
	标准差	模拟值	0.06	0.06	0.08	0.10	0.16	0.09	0.08	0.10	0.12	0.07	0.07	0.06
		实际值	0.07	0.07	0.09	0.09	0.14	0.09	0.09	0.13	0.13	0.09	0.07	0.09

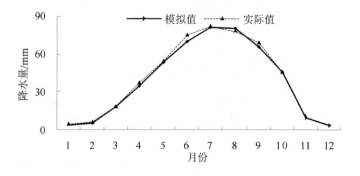

图 10-18　多年平均月降水模拟值和实测值比较

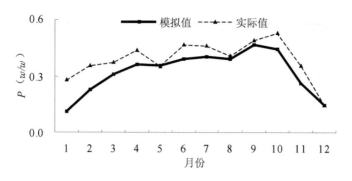

图 10-19　$P(w/w)$ 模拟值与实测值比较

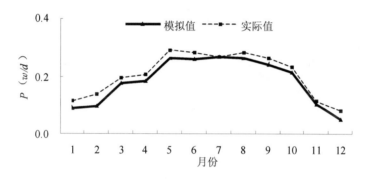

图 10-20　$P(w/d)$ 模拟值与实测值比较

　　CLIGEN 模拟的各月份最高气温与最低气温与实测值差异很小(表 10-3),只是 1 月份和 11~12 月份模拟结果偏大;同时通过标准差比较可以发现,CLIGEN 模拟 的月最高气温或最低气温标准差与实测值非常接近,标准差之比在 0.99~1.01。从 最高气温和最低气温的模拟值相对实测值的误差看,模拟值较实测值稍有减少,但 总体模拟效果非常好(图 10-21 和图 10-22)。从图 10-11 和图 10-22 也可以明显地看 出,各月均最高气温和最低气温这两个参数的分布服从正态分布,而这正好与 CLI- GEN 中对日最高温度和日最低温度服从独立正态分布的假设是相一致的。

表 10-3　日最高温度、最低温度实测与模拟的月序列的均值和标准差

	月份	1	2	3	4	5	6	7	8	9	10	11	12
最高气温	平均值 模拟值	3.3	6.6	11.7	19.1	23.6	26.7	28.8	27.8	22.4	16.3	10.4	6.2
	实际值	3.8	7.1	12.1	19.3	23.7	27.0	29.1	28.0	22.9	16.9	10.7	6.0
	误差	−13.0	−7.6	−3.6	−1.3	−0.7	−1.0	−0.9	−1.0	−2.0	−3.3	−3.3	3.6
	标准差 模拟值	1.7	2.1	1.8	1.9	1.7	1.5	1.6	1.3	1.5	1.3	1.7	3.4
	实际值	1.8	2.3	2.0	1.8	1.7	1.6	1.6	1.2	1.6	1.2	1.5	3.5

	月份		1	2	3	4	5	6	7	8	9	10	11	12
最低气温	平均值	模拟值	−5.9	−3.0	1.3	6.9	11.3	15.0	17.7	16.9	12.6	7.0	0.6	−3.7
		实际值	−5.5	−2.6	1.7	7.2	11.6	15.3	18.0	17.2	13.0	7.4	0.9	−3.7
		误差	8.0	14.1	−19.5	−3.3	−2.3	−1.9	−1.9	−1.7	−2.9	−5.5	−38.0	0.0
	标准差	模拟值	0.9	1.1	1.1	1.1	1.1	1.0	1.1	0.8	0.9	1.1	1.2	3.0
		实际值	0.7	1.1	1.1	1.2	0.7	0.7	0.7	0.5	0.8	0.8	0.7	0.9

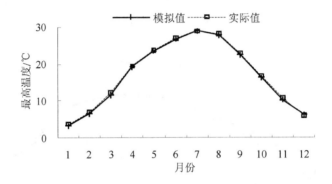

图 10-21　最高气温模拟值与实测值比较

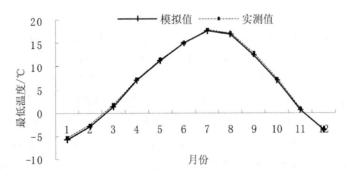

图 10-22　最高气温模拟值与实测值比较

从 CLIGEN 模拟的日降雨量、日最高温度和日最低温度结果来看，CLIGEN
能够很好地模拟单个气象因子的分布趋势。因此，本研究模拟不同森林植被条件
下流域降雨侵蚀产沙过程的基础气候数据是可靠的。对于黄土区其他流域，当选
用与该流域最近距离的并已在 WEPP 模型中录入的中国气象站多年实测数据的
气候统计参数时，可以准确地由 CLIGEN 模拟该流域多年气候状况，进而可以模
拟该流域降雨侵蚀产沙过程。

10.2.2　WEPP 模型基于土壤侵蚀机理的坡面侵蚀方程解析验证

影响土壤侵蚀的关键因素是侵蚀力和土壤可蚀性。其中降雨侵蚀力（又称径流侵蚀力）作为侵蚀力重要组成部分之一，在 WEPP 模型中已集中在气候模拟这一模块中。而土壤可蚀性是 WEPP 模型的必要参数，且 WEPP 对输入的土壤可蚀性参数非常敏感。在 WEPP 模型中土壤可蚀性划分为细沟间可蚀性（K_i）、细沟可蚀性（K_r）和临界剪切力（τ_c）。而对于特定流域一定的土壤条件，影响土壤侵蚀量最为显著的土壤参数为土壤临界剪切应力（τ_c）。

WEPP 模型中的侵蚀产沙方程是基于质量平衡和过程连续微分方程来描述细沟侵蚀产沙过程：

$$D_r(x) = K_r(\tau - \tau_c)\left[1 - \frac{qc(x)}{T_c(x)}\right] \tag{10-1}$$

式中：D_r 为细沟剥蚀率，$kg/(m^2 \cdot s)$；K_r 为细沟可蚀性参数，s/m；τ 为水流剪切应力，Pa；τ_c 为临界剪切应力，Pa；T_c 为水流的输沙能力，kg/m^3；c 为泥沙含量，kg/m^3；q 为单宽径流流量，m^2/s；x 为细沟沟长，m。

该方程反映了细沟侵蚀机制及泥沙输移过程，但 WEPP 模型中并没提供理论依据和实验验证，且对于剥蚀率与含沙量之间到底存在什么样的关系仍然存在争议。含沙量对径流剥蚀率产生的影响一直存在一个假设，即径流剥蚀率随含沙量的增加而减小，且减少至输沙量达到径流的输沙能力时趋于稳定。但对于此假设具有说服力的理论性分析或实验验证至今却很少。雷廷武等用黄土高原黄绵土设计并进行了一系列室内细沟侵蚀模拟实验，发现径流所携带的泥沙对径流剥蚀率有很明显的影响，且剥蚀率随含沙量呈线性减小。本研究从理论上对 WEPP 细沟侵蚀产沙方程进行分析，并将其分析结果与实验直接计算结果比较，来验证侵蚀产沙方程的适宜性。

对于一定坡面，在给定恒定水流条件下，水流剪切应力和单位宽度径流量均可看作常数，即

$$\begin{cases} \tau = 常数 \\ q = 常数 \end{cases} \tag{10-2}$$

当给定土壤（质地与结构）、地形地貌（坡度）及其他条件（如植物根系、水分状况等）后，细沟可蚀性参数、临界剪切应力也可看作常数，即

$$\begin{cases} K_r = 常数 \\ \tau_c = 常数 \end{cases} \tag{10-3}$$

因此，式（10-1）可以简化为

$$D_r(x) = a + bc(x) \tag{10-4}$$

式中：a，b 为系数；c 为水流含沙量，kg/m^3。

式(10-4)表明,细沟剥蚀率 D_r 随水流含沙量 c 的增加呈线性变化。其中,

$$a = K_r(\tau - \tau_c) \tag{10-5}$$

$$b = -K_r(\tau - \tau_c)\frac{q}{T_c} = -a\frac{q}{T_c} \tag{10-6}$$

径流的水流动力机制是细沟剥蚀土粒的驱动力,水流剪切力常用来描述径流剥蚀土粒的能力。方程用的水流剪切力直接由力平衡关系计算,理论公式为

$$\tau = g\rho sh \tag{10-7}$$

式中,ρ 为水流密度,km/m^3;g 为重力加速度,m/s^2;h 为径流深,m;s 为床面坡度。

水流的输沙能力为

$$T_c = Aq \tag{10-8}$$

式中:A 为含沙水流达到其输沙能力时所能携带的最大含沙量。

将式(10-8)代入式(10-6)得到:

$$b = -K_r(\tau - \tau_c)\frac{1}{A} = -\frac{q}{A} \tag{10-9}$$

式(10-9)中显示了 b 为负值。

雷廷武等在黄土区利用室内模拟了不同坡度、不同细沟入口流量与不同沟长的净剥蚀率,得到不同流量和坡度下的净剥蚀率与水流含沙量的关系:

$$D_r = a' + b'c \tag{10-10}$$

式中:a'、b' 为回归系数(表 10-4)。

表 10-4　净剥蚀率与水流含沙量回归系数值

坡度/(°)	5		10		15			20			25		
流量 /(L/min)	4	8	4	8	2	4	8	2	4	8	2	4	8
a'	0.04	0.06	0.09	0.19	0.06	0.10	0.31	0.10	0.24	0.50	0.17	0.33	0.49
b'	−0.04	−0.08	−0.09	−0.19	−0.05	−0.06	−0.28	−0.10	−0.25	−0.51	−0.20	−0.38	−0.53
R^2	0.11	0.10	0.70	0.70	0.69	0.66	0.96	0.88	0.86	0.99	0.91	0.97	0.86

由表 10-4 可以看出,系数 b' 均为负值,表明细沟剥蚀率随含沙量的增加呈线性减小,且清水比挟沙水有更大的净剥蚀率,剥蚀率随沟长呈指数递减,即开始减小很快,随后减小幅度逐渐变缓。同时,雷廷武等在同样的试验条件下,得到 K_r 和 τ_c(Lei,2002)以及 A 值。根据理论推导得到的式(10-7)和式(10-9)计算式(10-10)中的 a、b 值,见表 10-5。

表 10-5　不同坡度和流量下计算得到的理论值 a、b

坡度/(°)	5		10		15			20			25		
流量/(L/min)	4	8	4	8	2	4	8	2	4	8	2	4	8
a	0.07	0.04	0.07	0.20	0.10	0.11	0.21	0.08	0.25	0.36	0.20	0.32	0.31
b	−0.14	−0.08	−0.12	−0.10	−0.08	−0.15	−0.27	−0.10	−0.28	−0.43	−0.18	−0.38	−0.49

式(10-4)与式(10-10)是由理论分析和实验得到的同一物理现象的两种不同表达。因此,如果 WEPP 的侵蚀产沙模型正确的话,那么由式(10-4)经理论计算得到的剥蚀率应该是水流含沙量的线性函数,且函数的系数 a、b 应分别等于由实验数据用式(10-10)回归得到的 a'、b' 值。先将 a 与 a'、b 与 b' 分别点汇如图 10-23 和图 10-24 所示。

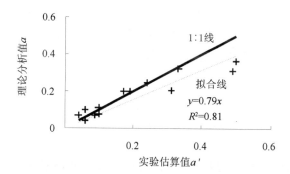

图 10-23　实验估算值 a' 和理论分析值 a 比较

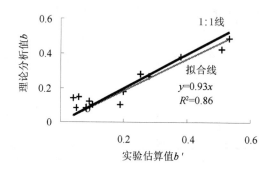

图 10-24　实验估算值 b' 和理论分析值 b 比较

图中实线斜率为 1,数据点越靠近此直线两者相关性越好。虚线为拟合曲线,从中可看出数据点比较集中且均在斜线附近,说明由理论分析计算得到的值与直接由实验数据估算得出的值有很好的一一对应关系。

因此,WEPP 模型中的细沟剥蚀率侵蚀产沙方程可以用来描述黄土区坡面细沟侵蚀产沙耦合过程。

10.2.3 土壤、植被生长输入参数的校准和验证

WEPP 模型中,有关土壤和植被生长的输入参数相对管理措施参数较少,但由于有些参数在实际中不易直接获得,或有些参数的测定值在研究区是一个变动范围。因此,为了使模型在研究区具有实用性,必须概化部分参数值,并对另外参数值要精确赋值。为此我们通过对模型参数的调试和合理率定,确定适用该研究区的参数值,这对于提高模型模拟精度和研究土地利用/森林植被变化下的水文生态过程响应机理尤为重要。

本研究在对研究流域典型坡面土壤理化性质和地上植被生长指标等调查的基础上,获得 WEPP 模型模拟坡面侵蚀产沙必要的土壤参数和植被参数,建立*.rot文件(management 文件)和*.sol 文件(soil 文件),同时结合年降雨的气候参数(*.cli 文件),对不同植被条件下的典型坡面年产流产沙进行模拟,以校准植被输入参数,同时通过相对误差和相关系数检验。

分别选择典型的林地、草地和耕地径流小区,选择 1996、1997、1999、2000 和 2002 年 5 个年份,利用 WEPP 模型模拟各年径流和侵蚀量,并与实测量进行对照。图 10-25 为 2002 年降水年内分布情况,图 10-26～图 10-28 是 WEPP 模型预测的 2002 年侵蚀量年内分布状况。从图中可以看出,模拟数据对峰值捕捉较好,年内最大降雨强度对应的侵蚀产沙值出现最大,特别对于林地和草地径流小区,侵蚀产沙模拟值随降雨不同时段的峰值走势也相应出现波动。另外可以发现,不同径流小区年降雨产沙总量全部来自年内典型的几场暴雨。

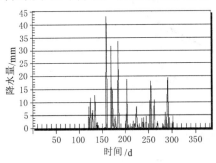

图 10-25 试验小区 2002 年降水年内分布

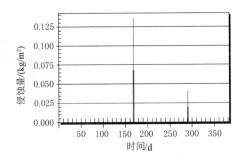

图 10-26 WEPP 模拟林地小区侵蚀量结果

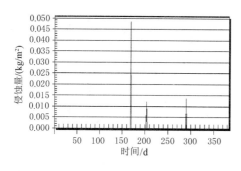

图 10-27　WEPP 模拟草地小区侵蚀量结果

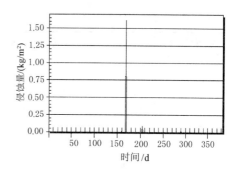

图 10-28　WEPP 模拟耕地小区侵蚀量结果

　　表 10-6 为 5 个模拟年份各植被措施下模拟值和实测值的比较,从模拟值和实测值的相对误差看,除 1999 年出现误差绝对值>30%外,其余都在 30% 以内,说明模型模拟效果较好。图 10-29 和 10-30 分别是年平均径流量、产沙量实测值和模拟值的关系图,从图中看出,各散点分布在 1∶1 线周围,且实测值和模拟值的相关系数都较高,截距为 0 的拟合线的斜率大于 0.7,说明 WEPP 模型模拟值能较好代表实测值。因此,WEPP 模型中输入的土壤和植被参数可以很好地反映研究流域实际情况,校正的参数值可以运用到流域模拟中。

表 10-6　不同土地利用类型径流、侵蚀量模拟结果表

土地利用			1996 年	1997 年	1999 年	2000 年	2002 年
林地	径流量	模拟	1.56	1.03	0.72	4.55	0.34
	/mm	实测	1.34	1.17	0.56	3.58	0.29
	相对误差/%		16.42	−11.97	28.57	27.09	17.24
	泥沙量	模拟	1.23	0.79	2.35	1.58	4.18
	/(kg/m²)	实测	1.65	1.09	4.01	1.47	3.36
	相对误差/%		−25.45	−27.52	−41.40	7.48	24.40
草地	径流量	模拟	2.44	0.68	5.87	7.75	12.84
	/mm	实测	3.15	0.73	5.49	8.33	18
	相对误差/%		−22.54	−6.85	6.92	−6.96	−28.67
	泥沙量	模拟	1.03	0.22	1.26	3.71	7.4
	/(kg/m²)	实测	1.16	0.24	1.41	3.16	9.21
	相对误差/%		−11.21	−8.33	−10.64	17.41	−19.65

土地利用			1996 年	1997 年	1999 年	2000 年	2002 年
耕地	径流量 /mm	模拟	5.65	2.79	11.07	17.1	21.42
		实测	5.27	2.89	19	15.79	28
		相对误差/%	7.21	−3.46	−41.74	8.30	−23.50
	泥沙量 /(kg/m²)	模拟	11.37	2.27	6.9	28.41	35.65
		实测	9.45	2.54	11.2	31.45	28.23
		相对误差/%	20.32	−10.63	−38.39	−9.67	26.28

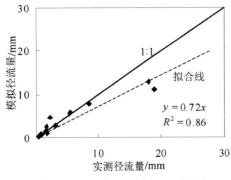

图 10-29　径流量实测值和模拟值比较

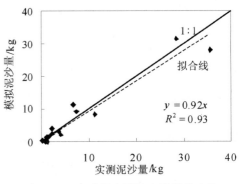

图 10-30　产沙量实测值和模拟值比较

10.3　GeoWEPP 模型对流域径流和侵蚀产沙的模拟校准与检验

当模型的结构和输入参数初步确定后,需要对模型进行参数校准和验证。通过前面分析,无论基于坡面侵蚀产沙机理的坡面侵蚀方程验证,还是基于土壤、植被参数选取基础上的坡面小区侵蚀的模拟验证,以及模型生成的气象数据与实际观测值的比较,都表明 WEPP 模型在研究区流域土壤侵蚀过程的模拟具有较强的实用性。但由于流域管理措施本身的复杂性,特别是模型本身在管理措施参数方面非常细化以及模型参数设定之初并不是针对中国黄土区特定区域来设计,WEPP 模型对我国黄土区典型流域的模拟还需对所选流域管理措施参数进行细致的校准和验证。

10.3.1　模型适用性的评价指标

通常将所使用的资料系列分为两部分:其中一部分用于模型参数校准,而另一部分则用于模型的验证。参数校准是模型验证的重要一步,它能够揭示模型在设计和执行过程中的缺陷,在不能或者难以获得必要的参数值时,参数校准是相当有用的。当模型参数校准完成后,应用参数校准数据集以外的实验数据或者现场观测数据对模型模拟值进行对比分析与验证,以评价模型的适用性。

本研究选用相对误差 R_e、相关系数 R^2 和 Nash-Suttcliffe 系数 Ens 评价模型的适用性。其中,相对误差计算公式为

$$R_e = \frac{P_t - O_t}{O_t} \times 100\%$$　　(10-11)

式中: R_e 为模型模拟相对误差; P_t 为模拟值; O_t 为实测值。若 R_e 为正值,说明模型预测或模拟值偏大;若 R_e 为负值,模型预测或模拟值偏小;若 $R_e = 0$,则说明模型模拟结果与实测值正好吻合。

相关系数 R^2 在 MS-EXCEL 中应用线性回归法求得, R^2 也可以进一步用于实测值与模拟值之间的数据吻合程度评价, $R^2 = 1$ 表示非常吻合,当 $R^2 < 1$ 时,其值越小反映出数据吻合程度越低。

Nash-Suttcliffe 系数 Ens 的计算公式为

$$Ens = 1 - \frac{\sum_{i=1}^{n}(Q_m - Q_p)^2}{\sum_{i=1}^{n}(Q_m - Q_{avg})^2}$$　　(10-12)

式中: Q_m 为观测值; Q_p 为模拟值; Q_{avg} 为观测的平均值; n 为观测的次数。

当 $Q_m = Q_p$ 时, Ens = 1;如果 Ens 为负值,说明模型模拟值比直接使用测量值的算术平均值更不具有代表性。

本研究模型参数校准和验证选用桥子东沟、桥子西沟和吕二沟三个流域。由于桥子东沟和桥子西沟为罗玉沟流域内的嵌套流域,吕二沟又为罗玉沟流域之外的流域,为了使校准参数全面、准确,现分别将桥子东沟和桥子西沟 1985～1990 年时段作为模型模拟罗玉沟流域水文过程的输入参数的校准时期,1991～2004 年为模型参数的验证时段;选择吕二沟流域 1982～1986 年为模型模拟吕二沟流域水文过程的输入参数的校准时期,1987～2004 年为模型参数的验证时段。

10.3.2　模型参数校准和检验

模型参数校准和检验过程指标:①流域离散,30 m×30 m;②模拟步长,1 年;③校正方法,试错法;④校正参量,流域出口观测径流(m³/a)和输沙量(t/a);⑤模

拟判断,视觉观测;相对误差 R_e;相关系数 R^2;Nash-Suttcliffe 系数 Ens。

　　模型率定的顺序是先率定流域年径流量,然后率定输沙量。通过调整参数使径流模拟值与实测值以及输沙模拟值和实测值吻合,要求模拟值与实测值年均误差应小于实测值的 15%,模拟值与实测值的线性回归系数 $R^2>0.6$,且 Ens>0.5。

　　通过不断调整输入的流域管理参数,三流域模拟的校准和验证评价结果就见表 10-7。

表 10-7　　WEPP 模型模拟校准和检验的结果评价

试验流域	校正参量	时段		均值		评价指标		
				实测	模拟	R_e	R^2	Ens
桥子东沟	径流量	校准期	1985~1990	3.34	3.82	14.92	0.93	0.87
		验证期	1991~2004	0.69	0.75	30.13	0.92	0.69
	输沙量	校准期	1985~1990	0.95	1.06	12.54	0.92	0.89
		验证期	1991~2004	0.09	0.11	30.05	0.95	0.87
桥子西沟	径流量	校准期	1985~1990	4.55	4.59	14.43	0.96	0.86
		验证期	1991~2004	1.02	1.03	28.71	0.78	0.77
	输沙量	校准期	1985~1990	1.30	1.17	−10.12	0.94	0.81
		验证期	1991~2004	0.36	0.41	25.53	0.93	0.72
吕二沟	径流量	校准期	1982~1986	69.76	73.49	12.12	0.92	0.91
		验证期	1987~2004	24.39	21.46	−32.23	0.91	0.85
	输沙量	校准期	1982~1986	7.35	6.01	−14.82	0.91	0.92
		验证期	1987~2004	1.33	1.35	34.79	0.88	0.88

　　本研究针对四个流域不同的土壤类型、管理措施下的径流和输沙模拟作了校准和验证,校准结果完全符合以上要求(表 10-7)。校准期桥子东沟、桥子西沟和吕二沟流域径流模拟值和实测值的相对误差分别为 14.9%、14.4%、12.1%,相关系数分别为 0.93、0.96、0.92,Nash-Suttcliffe 系数分别为 0.87、0.86、0.91;三流域输沙量模拟值和实测值的相对误差分别为 12.5%、−10.1%、−14.8%,相关系数分别为 0.92、0.94、0.91,Nash-Suttcliffe 系数分别为 0.89、0.81、0.92。验证期模拟的评价结果显示,模拟值能较好地代表实测值,桥子东沟径流与输沙的模拟值、实测值相对误差为分别为 30.1%、30.0%,相关系数分别为 0.92、0.95,Nash-Suttcliffe 系数分别为 0.79、0.87;桥子西沟径流与输沙的模拟值、实测值相对误差为分别为 28.7%、25.5%,相关系数分别为 0.78、0.93,Nash-Suttcliffe 系数分别

为 0.77、0.72；吕二沟流域径流与输沙的模拟值、实测值相对误差为分别为 −32.2%、34.8%，相关系数分别为 0.91、0.88，Nash-Suttcliffe 系数分别为 0.85、0.88。显然，模型模拟的验证结果较校准结果差，但对于水文研究，验证结果非常理想。

根据以上模型的参数敏感性检验和参数的校准与验证，最终确定模型对罗玉沟和吕二沟流域径流和输沙模拟时的土壤、土地利用和管理措施输入参数见表 10-8 和表 10-9。

表 10-8　WEPP 模型中土壤输入类型及属性参数

名称	代码	参数							
		土壤反射率	初始饱和度/%	土壤深度/mm	沙粒含量/%	黏粒含量/%	有机质/%	阳离子代换量/(meg/100g)	石砾含量/%
粗骨土	CGT	0.27	52	120	4.0	35.2	1.406	6.1	15.6
粗砂土	CST	0.28	52	120	9.3	29.6	1.031	7.6	4.9
黄板土	HBT	0.23	52	130	25.0	26.8	2.148	6.6	10.7
灰褐土	HHET	0.27	52	100	25.0	26.8	2.148	6.6	10.7
黑红土	HHT	0.23	52	120	14.5	28.8	2.095	7.1	7.7
黑鸡粪土	HJFT	0.27	55	140	10.0	28.5	2.147	6.1	13.7
红胶土	HJT	0.24	47	100	5.0	33.5	0.657	6.4	1.2
黑色土	HSET	0.28	72	120	32.0	23.2	2.713	7.6	0.0
黑沙土	HST	0.28	67	130	10.0	35.4	1.574	7.6	3.4
黑土	HT	0.26	69	130	9.0	31.5	0.902	7.6	3.4
沙绵土	SMT	0.23	45	140	11.7	35.5	0.960	5.6	0.0
砂土	ST	0.25	45	100	13.5	38.9	0.423	5.6	0.6

表 10-9　WEPP 模型模拟时输入的流域土地利用和管理措施属性参数表

吕二沟流域					
土地利用时期			土地利用	名称	模型输入的管理措施
1982~1986	1987~1995	1996~2004			
0.3	0.4	0.4	Bare Rock/Sand/clay	裸地	geowepp\fallow. rot
0.8	1.4	1.5	Urban/Recreational Grasses	居民点	geowepp\grass. rot
9.2	13.7	12.7	Row Crops	梯田	agricultural\ fallow tilled 05. % contours. rot
13.6	26.2	31.5	Mixed Forest	林地	geowepp\tree, 20 Year old forest. rot
18.0	21.4	23.2	Fallow	坡耕地	agricultural \ corn, soybean, wheat, alfalfa (4yrs) conv till. rot
22.6	30.5	19.6	Grasslands/Herbaceous	草地	geowepp\grass. rot
35.5	6.4	11.1	Shrubland	灌木林	forest \ disturbed we PPmanagement \ tall grass prarie-disturbed forest\disturbed we PPmanagement\ short grass prarie-disturbed
罗玉沟流域					
1985~1991	1992~1998	1999~2004	土地利用	名称	模型输入的管理措施
1.2	1.2	1.2	Bare Rock/Sand/clay	裸地	geowepp\ fallow - tilled. rot geowepp\fallow. rot
3.9	4.0	4.0	Urban/Recreational Grasses	居民点	geowepp\grass. rot
13.1	49.0	48.5	Row Crops	梯田	agricultural\ fallow tilled raised contour 20feet wide. rot agricultural\ fallow tilled 05. % contours. rot
9.5	18.8	21.4	Mixed Forest	林地	geowepp\tree, 20 Year old forest. rot
59.2	13.9	12.2	Fallow	坡耕地	agricultural\ corn, soybean, no till. rot agricultural \ corn, soybean, wheat, alfalfa (4yrs) conv till. rot
10.1	10.0	9.9	Grasslands/Herbaceous	草地	geowepp\grass. rot
3.0	3.0	2.8	Shrubland	灌木林	range\bluestem prarie with grazing forest \ disturbed wepp management \ short grass prarie-disturbed

　　罗玉沟流域内共分布了表 10-8 中的所有 12 种土壤类型,吕二沟流域只分布了包括黑鸡粪土(HJFT)、黑色土(HHET)和粗骨土(CGT)3 种土壤类型。土壤类型的属性参数中,细沟可蚀性、临界剪切力、有效水利传导率等参数值,是模型通过综合气候、土壤、植被等参数值后自动计算得到的,在径流和输沙的模拟中自动运行。因此,在表 10-8 中没有列入这 3 个土壤属性参数值。表 10-9 中的土地利用和管理措施属性参数中,由于不同流域的不同土地利用时期,土地利用类型不一样,各土地利用方式的基本属性不一样,因此不同土地利用期其对应的管理措施(即 WE PP management)不一致,在实际模拟过程中,针对不同年份,人为调整 WEPP 输入的管理信息。表 10-9 中的土地利用面积(area)比例也是模型根据土地利用方式的属性数据库自动提取得到。罗玉沟和吕二沟的影像资料只有 3 期,因此从 1982～2004 年(或1985～200 年)模拟时段也相应分了 3 段,每一时间段内的土地利用资料利用该段内的影像资料获得的属性数据。

　　图 10-31、图 10-33 和图 10-35 分别显示了模型模拟的桥子东沟、桥子西沟和吕二沟流域 1982～2004(或 1985～2004)年径流量和输沙量的模拟值较实测值的比较结果。从图中可以看出模拟值很好地反映了实测值,对于模拟时期流域径流量,3 流域的实测值和模拟值相对误差分别为 20.6%、24.4%、27.8%,相关系数分别为0.93、0.83、0.96,Nash-Suttcliffe 系数分别为 0.86、0.85、0.80;3 流域输沙量模拟值和实测值的相对误差分别为 24.7%、20.9%、30.5%,相关系数分别为 0.95、0.95、0.96,Nash-Suttcliffe 系数分别为 0.87、0.84、0.84。流域径流或输沙的模拟值与实测值的绝对误差<30%,相关系数>0.90,Nash-Suttcliffe 系数>0.80。可见,模型的模拟结果较好。

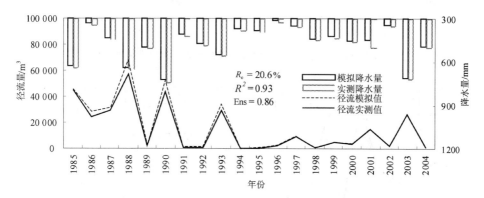

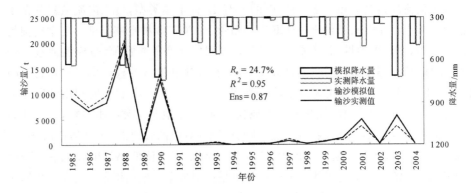

图 10-31　桥子东沟流域年径流和输沙的模拟值与实测值比较

图 10-32、图 10-34 和图 10-36 分别显示了 3 流域模拟值较实测值模拟的准确度分析结果。其中图中虚线是斜率为 1 的 1∶1 线，模拟值和实测值越靠近此直线表明两者相关性越好。数据点实线为模拟值和实测值对应散点的拟合曲线，从中可看出数据点比较集中且均在斜线附近，说明模型模拟得到的值与实测值有很好的一一对应关系，模拟值能较好地代表实测值。

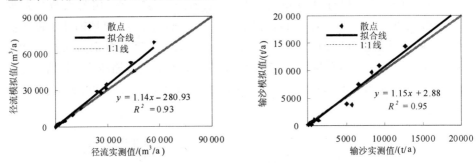

图 10-32　桥子东沟年径流和输沙的模拟值较实测值准确度分析

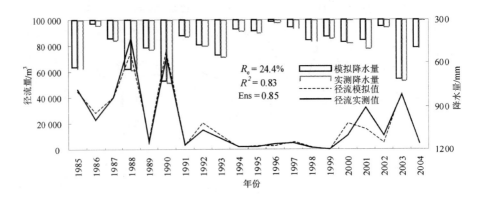

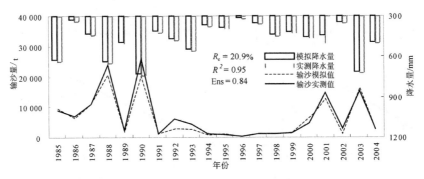

图 10-33　桥子西沟流域年径流和输沙的模拟值与实测值比较

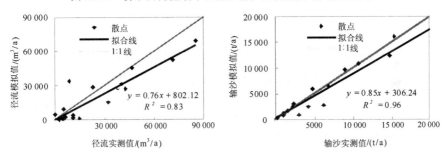

图 10-34　桥子西沟年径流和输沙的模拟值较实测值准确度分析

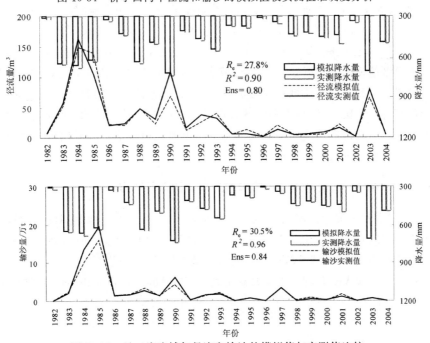

图 10-35　吕二沟流域年径流和输沙的模拟值与实测值比较

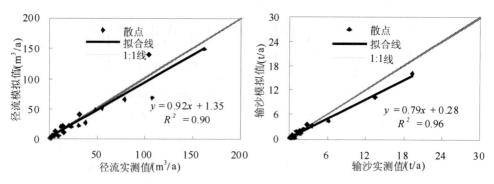

图 10-36　吕二沟年径流和输沙的模拟值较实测值准确度分析

10.4　基于 GeoWEPP 模型的典型流域单元划分及径流与产沙模拟

　　在研究流域土地利用/森林植被变化对水沙运移影响的尺度效应及尺度转换研究中,普遍存在的基础性瓶颈就是资料缺乏,或者是水文时间序列资料少,或者是由于无实测资料支撑,使可研究的实验流域少。本研究也存在类似问题,研究区共有 4 个实验流域 25 年的实测水文资料,但在作分析时,可比较的各尺度流域个数太少。通过对 WEPP 模型在模拟黄土高原地区水文生态过程的适用性检验和校准与验证发现,该模型的模拟能较好地反映各流域实际径流和输沙。因此,以 WEPP 模型为工具,对罗玉沟和吕二沟流域自动提取水文单元,划定各尺度的典型流域单元,并根据已有的气候、土壤、土地利用和流域管理措施属性数据及参数值,对各流域径流和输沙进行模拟,获得各尺度典型流域单元不同土地利用时期的流域出口的径流和输沙模拟值,以便于进行后面分析。

10.4.1　GeoWEPP 模型对流域径流和输沙模拟的运行过程

　　将吕二沟和罗玉沟流域 1985 年、1993 年和 2001 年三期土地利用图及土壤图输入 WEPP,利用 CLIGEN 生成 1951~2004 年的 WEPP 模型模拟所需要的气候参数 TIANSHUI. cli,进行模型模拟运行。具体模型模拟的运行过程如下:

　　(1)进入 GeoWEPP 界面后,加载流域 DEM、landcov 和 soilsmap 文件(图 10-37)。

(a) GeoWepp模型开始界面

(b) DEM、landcov和soilsmap加载过程

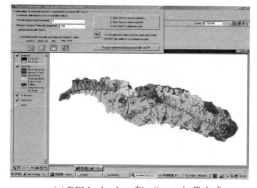
(c) DEM、landcov和soilsmap加载完成

图 10-37　GeoWEPP 模型加载基础数据

（2）点击图 10-38 中界面第"4"模块"Active tool button and set watershed outlet"，在流域 DEM 图上设置流域出口，然后点击"Accept watershed and proceed with WEPP"。GeoWEPP 模型的 TOPAZ 模块首先基于 DEM 和流域 landcov、soilsmap 文件，根据设定的流域出口点自动提取流域水系（channels network）和划分集水区（subcatchment）（图 10-38）。

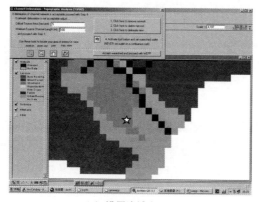
（a）设置流域出口

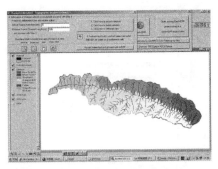

（b）设置流域出口　　　　　　　　（c）生成流域汇流网络和集水区

图 10-38　GeoWEPP 模型生成流域汇流网络和集水区

（3）在图 10-38（c）的基础上，点击"Accept watershed and proceed with WEPP"，进入模型气象数据选择界面（图 10-39）。根据已在 GeoWEPP 数据库中建立的由气候生成器生成的气象数据库，点击图 10-39（a）中的"existing climate file"，选择中国—天水（Chan-Tianshui）气象文件，在图 10-39（c）中点"是"，即加载天水气象数据。

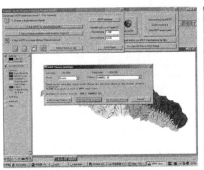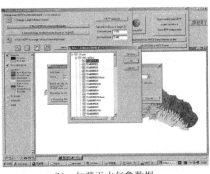

（a）　选择气象数据类型"existing climate file"　　　　（b）　加载天水气象数据

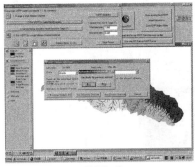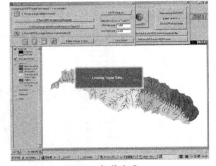

（c）　数据加载　　　　　　　　　　　　（d）　加载完成

图 10-39　GeoWEPP 模型模拟流域气象数据加载

　　(4)模型在与天水气象数据库链接完毕后,界面跳出土壤、土地利用和河道的参数调整对话框(图 10-40)。首先点击对话框下面"landuse"按钮,模型链接基础数据准备过程中已整理好的流域管理参数数据库,右击模拟流域土地利用类型,出现相应的流域管理参数数据块,调整和选择合适的参数。同样,点击"soil"和"channel"按钮,可以调整土壤参数和河道宽和河道类型。

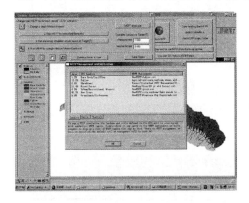

(a)　土壤、土地利参数调整界面

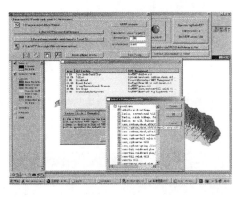

(b)　调整和选择土地利用参数

(c)　调整和选择土壤参数

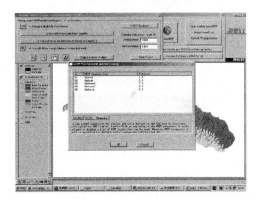

(d)　参数加载完毕

图 10-40　模拟流域土壤、土地利用参数调整

　　(5)在图 10-40(d)中点击"ok",模型首先切割流域坡面[图 10-41(a)],模型通过模拟各个坡面的土壤侵蚀数据来推出流域模拟值。如罗玉沟流域,面积为 72.79 km^2,在取模型默认的河网划分精度——包括最小汇流面积(critical source area:5 hm^2)和最小沟长(minimum source channel length:100 m)——整个流域共划分为 1354 块坡面(hillslope)。在划分为流域坡面后,模型进入流域模拟年份的设定界面[图 10-41(b)]。因为模型对流域水文过程的模拟最小步长为 1 年,因此输入的"Number of"空格中的数为大于 1 的任意整数,同时点击右边"Change Climate"选择相应要模拟年份的气象数据。然后点击"Run WEPP",模型开始模拟[图 10-41(c)]。

图 10-41(d)显示了模型模拟生成的土壤侵蚀图,另外模型还输出各坡面径流、产沙模拟值数据表,以及各沟道径流、产沙及输沙模拟值的数据表。

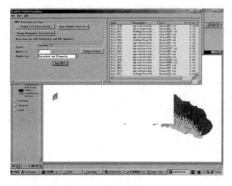
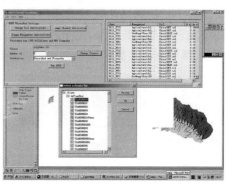

(a) 输入模拟时间　　　　　　　　　　　(b) 调入相应年份的气象数据

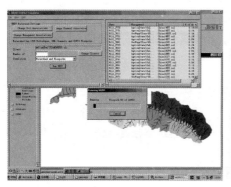
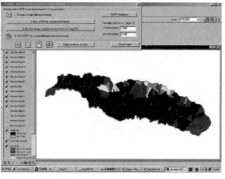

(c) 模拟运行　　　　　　　　　　　　　(d) 结果输出

图 10-41　GeoWEPP 模型生成流域汇流网络和集水区

至此,GeoWEPP 对流域径流和输沙的单次模拟结束,如此往复,可以模拟不同降水年份的流域径流和输沙量值。

这里有两点值得注意的是:①流域划分的坡面个数与河网划分精度有关,河网划分精度设定的越高,流域坡面划分的个数越多,对计算机处理器的配置要求也越高。例如,罗玉沟流域,在使用 CPU 为 2.3 GHz、内存为 1G 的电脑时,河网划分精度中最小汇流面积和最小沟长分别选择 20 和 200,模型模拟程序才可以正常运行,此时的坡面划分个数为 366。最小汇流面积和最小沟长分别取模型默认的 5 和 100时,此时罗玉沟流域共划分了 1354 个坡面,此时只有使用 CPU 为 3 GHz、内存为 2 G的电脑才能正常运行。②流域模拟年份数无论设定为多大,输出的流域土壤侵蚀值仍为 1 年步长的数值。例如,模拟 50 年的土壤侵蚀量,那输出值只是模拟的 50 年土壤侵蚀量的平均值。

10.4.2 GeoWEPP 模型对典型流域单元的提取

GeoWEPP 模型对流域或汇流单元的提取,主要取决于流域汇流出口点的选择。在提取自己想要的典型流域单元时,首先将沟口处的图形放大,选择恰当的出口点,即可提取出所要的典型流域单元(图 10-42)。典型流域侵蚀产沙模拟步骤同上。

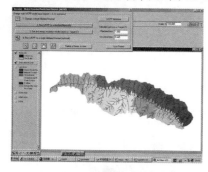

(a)数据加载好的全流域图   (b)典型流域单元汇流出口点选择

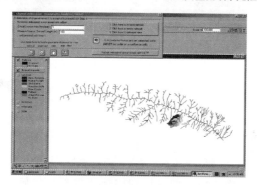

(c)典型流域单元生成

图 10-42 典型流域单元的提取

10.4.3 GeoWEPP 模型对典型流域单元径流和输沙的模拟

对于罗玉沟和吕二沟试验流域,分别加载流域 DEM、landcov 和 soilsmap 文件,由 GeoWEPP 生成全流域的汇流网络(channels network)和集水区(subcatchment),如图 10-43 所示。根据全流域的汇流网络,分别提取试验流域典型土地利用类型的汇流单元,其中罗玉沟流域共提取了 20 个汇流单元,吕二沟提取了 5 个汇流单元。部分典型汇流单元(即典型流域单元)在流域中的位置及汇流单元形状如图 10-44 所示。

图 10-43　GeoWEPP 生成的吕二沟和罗玉沟流域汇流网络及集水区

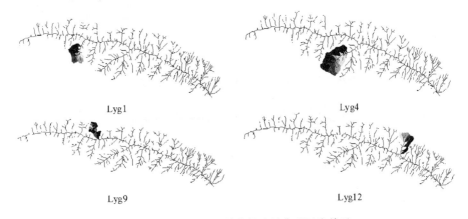

图 10-44　罗玉沟流域中提取的典型汇流单元

　　根据罗玉沟和吕二沟流域三期土地利用现状资料及气候资料,利用 GeoWEPP 模型分别模拟了所有典型汇流单元 1982(罗玉沟流域从 1985 年开始)~2004 年的各年降雨径流、产沙和输沙量,具体模拟结果见表 10-10。

表 10-10　典型汇流(流域)单元不同土地利用时期径流和输沙模拟值

| 流域代码 | 面积/km² | 土地利用期/年 | 土地利用类型面积比例/% | | | | | 土地利用格局 | 模拟均值 | |
			林地	梯田	坡耕地	灌木	草地		径流模数/[m³/(km²·a)]	输沙模数/[t/(km²·a)]
								罗玉沟流域典型汇流单元		
Lyg1	2.371	1985~1991	1.6	88.8	24.0		3.1	流域内全为坡耕地	50 083.8	11 835.5
		1992~1998	3.6	89.1			3.1	流域内全为梯田	9 302.8	638.8
		1999~2004	3.6	89.1			3.1		11 498.4	779.3

续表

流域代码	面积/km²	土地利用期/年	土地利用类型面积比例/%					土地利用格局	模拟均值	
			林地	梯田	坡耕地	灌木	草地		径流模数/[m³/(km²·a)]	输沙模数/[t/(km²·a)]
罗玉沟流域典型汇流单元										
Lyg2	2.166	1985~1991	21.7	0.5	72.6		0.7	上游坡耕地,下游林地和居民地	43 505.2	9 046.1
		1992~1998	21.7	62.7	10.4		0.7	上游梯田,下游林地和居民地	10 010.6	928.3
		1999~2004	21.7	62.7	10.4		0.7		12 448.5	953.5
Lyg3	4.069	1985~1991	5.6	16.4	67.9		8.1	坡耕地为主,梯田和林地镶嵌	43 057.0	7 864.0
		1992~1998	6	63.2	20.5		8.1	梯田为主,坡耕地镶嵌	13 610.8	1 197.5
		1999~2004	6	63.2	20.5		8.1		15 428.7	1 099.6
Lyg4	6.410	1985~1991	6.6	72.1	14		5.1	坡耕地为主,零星分布林地	45 298.1	7 967.1
		1992~1998	6.9	72.4	13.4		5.1	梯田为主,零星分布林地	12 378.3	967.3
		1999~2004	6.9	72.4	13.4		5.1		14 408.0	913.2
Lyg5	7.878	1985~1991	8.7	12.1	72.4		4.2	坡耕地为主,下游分布林地	45 995.1	7 275.8
		1992~1998	8.9	73.4	10.9		4.2	梯田为主,下游分布林地	11 735.8	761.0
		1999~2004	8.9	73.4	10.9		4.2		1 3771.1	788.3
Lyg6	1.908	1985~1991	8.9	2.0	87.2			坡耕地为主,零星分布林地	47 994.6	10 633.9
		1992~1998	8.9	85.3	3.9		2.0	梯田为主,零星分布林地	10 899.1	667.6
		1999~2004	8.9	85.3	3.9		2.0		13 722.8	810.1
Lyg7	1.405	1985~1991	13.3	0.8	84.2			坡耕地为主,上游零星分布林地	51 259.1	12 080.9
		1992~1998	8.9	85.3	3.9		2.0	梯田为主,上游零星分布林地	10 697.4	973.3
		1999~2004	17.0	73.8	7.5				12 747.6	1 043.9
Lyg8	0.661	1985~1991	23.5		65.9			坡耕地为主,上游分布林地	37 570.7	8 768.9
		1992~1998	38.0	41.9	9.5			上游分布林地,中、下游为梯田且混有坡耕地	8 653.6	995.5
		1999~2004	38.0	41.9	9.5				11 181.3	890.5
Lyg9	1.232	1985~1991			0.8		96.8	全流域为草地	6 700.1	69.6
		1992~1998	9.6		0.8		87.2		3 730.9	40.1
		1999~2004	9.6		0.8		87.2		7 180.5	91.6
Lyg10	1.240	1985~1991	17.4		7.7	74.9		全流域为灌木,上游分布小片林	23 919.1	3 497.0
		1992~1998	24.8		0.3	74.9			17 904.7	2 895.4
		1999~2004	24.8		0.3	74.9			27 988.3	4 991.2
Lyg11	2.530	1985~1991	3.2	23.0	29.7		37.6	上游坡耕地,中游草地,下游梯田	20 662.3	4 487.9
		1992~1998	18.5	29.7	7.6		37.6	上游是林地,中游草地,下游梯田	7 725.8	1 231.8
		1999~2004	18.5	29.7	7.6		37.6		10 383.5	1 214.6

续表

流域代码	面积/km²	土地利用期/年	土地利用类型面积比例/%					土地利用格局	模拟均值	
			林地	梯田	坡耕地	灌木	草地		径流模数/[m³/(km²·a)]	输沙模数/[t/(km²·a)]
罗玉沟流域典型汇流单元										
Lyg12	2.047	1985~1991	2.8	71.7			24.6	上游是草地,下游梯田	12 591.1	805.5
		1992~1998	2.8	71.7			24.6	上游是草地,下游梯田	7 869.7	484.1
		1999~2004	2.8	71.7			24.6	上游是草地,下游梯田	10 257.1	652.9
Lyg13	1.625	1985~1991	10.2	0.2	73.7		8.2	坡耕地为主,上游分布林地	16 220.5	1 992.4
		1992~1998	7.3	78.2	8.7		3.7	梯田为主,上游分布林地	15 865.2	1 014.9
		1999~2004	51.7	33.9	8.7		3.7	上、中游森林,下游梯田	13 097.1	1 310.9
Lyg14	1.047	1985~1991	10.6		74.1		6.7	坡耕地为主,上游分布林地	45 813.5	12 243.5
		1992~1998	27.1	41.8	9.4		6.7	林地和梯田交错分布	11 144.7	1 483.1
		1999~2004	42.0	27.0	9.4		6.7		11 112.7	1 134.0
Lyg15	1.027	1985~1991	13.8	9.7	70.0		0.3	坡耕地为主,零星分布林地	45 223.3	10 499.7
		1992~1998	24.5	23.6	45.3		0.3	林地、梯田和坡耕地交错分布	13 175.3	1 484.2
		1999~2004	24.5	23.6	45.3		0.3		20 992.5	3 673.6
Lyg16	2.106	1985~1991	10.2	0.2	73.7		8.2	坡耕地为主,零星分布林地	44 956.3	8 847.8
		1992~1998	17.1	54.5	9.4		8.2	林地、梯田和坡耕地交错分布	12 001.0	1 212.8
		1999~2004	26.8	29.8	24.3		8.2		15 817.1	1 975.8
Lyg17	1.019	1985~1991	19.8		76.0		3.8	坡耕地为主,沿沟道有林地	51 982.4	11 754.2
		1992~1998	90.0		5.8		3.8	全流域为林地	1 492.8	10.7
		1999~2004	90.0		5.8		3.8		5 049.6	45.0
Lyg18	34.316	1985~1991	7.6	6	80.4	5.4	9.6	坡耕地为主,林地零星分布	36 586.8	5 900.5
		1992~1998	16.4	43.5	20.1	5.9	9.6	上游林地,中游草地,下游梯田为主,坡耕地镶嵌分布	10 388.6	962.6
		1999~2004	16.7	48.1	15.7	5.4	9.6		11 109.6	823.5
Lyg19	49.432	1985~1991	9.1	12.2	57.6	4.1	12.3	梯田和坡耕地交错分布,以坡耕地占主要	32 787.2	4 503.9
		1992~1998	15.3	48.4	15.5	4.1	12.1	梯田为主,上游分布有林地,中、下游草地	8 301.9	619.1
		1999~2004	15.6	51.5	12.4	3.7	12.0		9 218.4	665.6
Lyg20	66.494	1985~1991	9.4	13.1	59.2	3.0	10.1	坡耕地为主,梯田和林地零星分布	32 708.3	5 070.9
		1992~1998	18.8	49.0	13.9	3.0	10.0	梯田为主,主要分布在中游,坡耕地镶嵌其中;上、下游分布有林地	7 401.9	53.1
		1999~2004	21.4	48.5	12.2	2.8	9.9		8 655.6	4 183.2

续表

流域代码	面积/km²	土地利用期/年	土地利用类型面积比例/%					土地利用格局	模拟均值	
			林地	梯田	坡耕地	灌木	草地		径流模数/[m³/(km²·a)]	输沙模数/[t/(km²·a)]
吕二沟流域典型流域单元										
Leg1	0.557	1982～1986	23.7	21.1	26.6	19.7	5.9	上游灌木、坡耕地、梯田交错,中下游林地	30 858.2	6 237.0
		1987～1995	40.4		26.7	29.0	3.9		26 819.6	5 842.1
		1996～2004	73.3		26.7			上游坡耕地,中下游林地	7 481.7	622.3
Leg2	1.072	1982～1986	37.0	11.5	14.6	11.5	25.1	上游灌木、坡耕地、梯田交错,中游林地,下游草地	19 078.4	2 740.2
		1987～1995	47.6		14.6	15.0	22.8	上游坡耕地,中下游林地和草地	16 597.1	2 468.6
		1996～2004	68.0		14.6		17.5	上游坡耕地,中下游林地和草地	6 677.2	331.8
Leg3	9.829	1982～1986	18.0	13.6	22.6	9.2	35.5	草地为主,林地和梯田交错	22 129.7	1 793.3
		1987～1995	30.5	13.7	21.4	6.4	30.5	上游林地,中游草地,下游林地和梯田交错	20 347.0	1 927.5
		1996～2004	35.1	12.7	23.2	11.1	19.6	中上游林地,中、下游林地、草地和梯田交错	16 457.9	1 868.0
Leg4	5.106	1982～1986	22.0	14.5	14.5	13.0	35.3	草地、林地、梯田、坡耕地全流域交错分布	18 448.7	1 896.8
		1987～1995	26.5	7.9	14.7	7.2	42.4		16 119.5	1 542.0
		1996～2004	36.8	7.9	12.9	16.1	25.0	上游林地,中游草地,下游梯田和坡耕地	12 788.5	1 089.1
Leg5	10.971	1982～1986	8.9	6.8	78.9			草地、林地、梯田、坡耕地全流域交错分布	21 491.0	2 598.0
		1987～1995	17.5	27.8	49.3			上游林地,中游草地,下游梯田和坡耕地	18 676.4	2 237.8
		1996～2004	17.5	41.2	36.0				15 830.3	1 788.0

由表 10-10 可以看出,任意典型流域单元径流和输沙对土地利用变化的响应都很强。以第一期土地利用和第三期土地利用时期的流域径流和输沙为例,罗玉沟内的典型流域单元,除 Lyg9 和 Lyg10 因两期土地利用变化基本保持一致而使两期的径流和输沙变化不显著外,其余流域单元后期径流模数和输沙模数较前期减少量分别为 18%～80% 和 20%～100%;吕二沟流域内典型流域单元后期径流模数和输沙模数较前期减少量分别为 26%～76% 和 30%～90%。可见,黄土高原地区在实施水土保持措施和生态工程建设后,其可以加强理水减少效能。

从流域的景观格局类型看,研究区主要土地利用类型为林地、梯田、坡耕地、灌木林地和草地,其中梯田作为一项水土保持措施,显著影响流域的理水减沙。从表 10-10 可知,典型流域单元景观格局共分以下几种:以林为主流域、以灌木为主流域、以草地为主流域、以梯田为主流域、以坡耕地为主流域、上游为林地下游为梯田流域、上游为梯田下游为林地流域、上游坡耕地下游为林地流域以及林地、

梯田和坡耕地等平均交错分布流域(表 10-11)。显然,不同土地利用格局下流域
径流和输沙有显著差异。以具有典型土地利用格局的流域单元为对象,分析比较
相同降雨条件下(1992~2004 年)的径流和输沙模数(图 10-45)。

表 10-11　流域单元典型土地利用格局

土地利用格局	典型流域单元	说明
林为主	Lyg17	土地利用中、后期
灌木为主	Lyg10	
草地为主	Lyg9	
梯田为主	Lyg1	土地利用中、后期
坡耕地为主	Lyg7	土地利用前期
上游为林地下游为梯田	Lyg8	
上游为梯田下游为林地	Lyg2	
上游坡耕地下游为林地	Leg1	
林地、梯田和坡耕地等均匀交错分布	Lyg18	土地利用中、后期

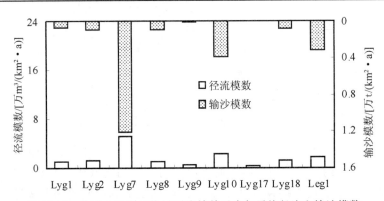

图 10-45　典型土地利用格局下流域单元多年平均径流和输沙模数

由图 10-45 可知,全林流域 Lyg17 多年平均径流和输沙模数远小于其他土地
利用类型的流域;而以坡耕地为主的流域 Lyg7,其径流和输沙都为最大;以梯田农
地为主的流域 Lyg1,径流和输沙都相对较小,表明梯田理水减沙作用很强。由典
型流域单元 Leg1、Lyg2 和 Lyg8 多年平均径流和输沙模数值对比可知,流域中林
地和农地配置的相对位置变化(如 Leg1、Lyg2 和 Lyg8)对径流和输沙影响较小。
显然,流域径流和输沙除受土地利用类型和格局影响之外,还受流域地形地貌变
化的影响。

10.4.4　典型流域单元径流和泥沙来源分析

在由 GeoWEPP 对流域侵蚀产沙模拟过程中,模拟结果不仅显示了典型流域单元年径流量和输沙量,而且显示了流域坡面侵蚀产沙量和输移量、沟道输沙量以及流域泥沙输移比。本节根据 GeoWEPP 模型的模拟结果来探讨研究区降雨侵蚀的泥沙来源。

小流域土壤侵蚀包括坡面侵蚀和沟道侵蚀两部分,关于黄河中上游地区小流域泥沙来源问题诸多学者作了大量的定位观测与研究。曾伯庆等(1980)分析了坡沟侵蚀关系问题,认为坡面水下沟所增加的泥沙占小流域泥沙总量的 76% 以上,当坡面水被隔绝时沟坡径流与产沙能力可分别减小 58.8% 和 77.8%。陈浩从不同地貌部位泥沙产生的根源分析,认为黄河中上游小流域的泥沙主要来自坡面。张满良等对罗玉沟 2001 年 6 月特大暴雨泥沙来源的观测表明,坡面土壤流失占流失总量的 95%。

表 10-12 为典型流域单元不同土地利用时期多年平均土壤侵蚀特征值。从流域径流模数看,各典型流域单元坡面径流均占全流域 98% 以上,此结果是显而易见的,因为流域单元面积均很小,流域沟道汇集降雨形成径流的量都很有限,坡面径流即为流域径流。流域面积较大的典型流域单元 Lyg4、Lyg4、Lyg18、Lyg19 和 Lyg20,坡面径流占流域径流为 100%,说明坡面径流在经过沟道输送时出现损失。就坡面土壤侵蚀的产沙量和泥沙输移量比较来看,坡面侵蚀产生的泥沙量大部分被搬运到沟道,坡面被剥蚀的泥沙在坡面发生沉积的量极少,其占坡面总产沙量不足 3%。表 10-12 中所列沟道输沙量即为流域出口的输沙量,其与坡面泥沙输移量相比发现,流域坡面侵蚀产沙的输移量最大约有 74% 沉积于沟道,除极少流域(如全林流域 Lyg17)沟道侵蚀产沙对流域总输沙量有贡献外,大部分典型流域单元流域出口泥沙输移量均来自于坡面产沙量。

表 10-12　典型汇流(流域)单元不同土地利用时期土壤侵蚀特征值

典型流域单元	土地利用期	径流模数 /[万 m³/ (km² · a)]		坡面径流占流域径流 /%	坡面土壤侵蚀模数 /[万 t/ (km² · a)]		坡面土壤侵蚀沉积量占总输出量/%	沟道输沙量 /万 t	沟道泥沙沉积/产沙量占坡面产沙量/%	坡面泥沙输移量占流域输沙量/%
		坡面	沟道		产沙	输沙				
	1985~1991	4.97	5.01	99.30	2.40	2.40	0.02	1.18	−51.33	100
Lyg1	1992~1998	0.92	0.93	99.16	0.07	0.07	0.00	0.06	−16.12	100
	1999~2004	1.14	1.15	99.59	0.09	0.09	0.00	0.08	−17.20	100

典型流域单元	土地利用期	径流模数/[万 m³/(km²·a)]		坡面径流占流域径流/%	坡面土壤侵蚀模数/[万 t/(km²·a)]		坡面土壤侵蚀沉积量占总输出量/%	沟道输沙量/万 t	沟道泥沙沉积/产沙量占坡面产沙量/%	坡面泥沙输移量占流域输沙量/%
		坡面	沟道		产沙	输沙				
	1985~1991	4.31	4.35	99.11	1.85	1.85	0.00	0.90	-52.05	100
Lyg2	1992~1998	0.99	1.00	99.00	0.17	0.17	0.00	0.09	-43.92	100
	1999~2004	1.23	1.24	99.40	0.16	0.16	0.00	0.10	-42.47	100
	1985~1991	4.28	4.31	99.33	1.61	1.61	0.00	0.79	-52.39	100
Lyg3	1992~1998	1.35	1.36	99.68	0.32	0.32	0.00	0.12	-66.46	100
	1999~2004	1.53	1.54	99.97	0.28	0.28	0.00	0.11	-66.82	100
	1985~1991	15.19	15.28	99.41	5.39	5.38	0.08	2.42	-56.02	100
Lyg4	1992~1998	3.88	3.90	100.35	0.67	0.67	0.00	0.25	-63.81	100
	1999~2004	4.56	4.58	100.89	0.62	0.62	0.00	0.26	-63.18	100
	1985~1991	4.57	4.60	99.41	1.62	1.62	0.02	0.73	-56.02	100
Lyg5	1992~1998	1.17	1.17	100.35	0.20	0.20	0.00	0.08	-63.81	100
	1999~2004	1.37	1.38	100.89	0.19	0.19	0.00	0.08	-63.18	100
	1985~1991	4.75	4.80	99.01	1.80	1.79	0.21	1.06	-40.87	100
Lyg6	1992~1998	1.06	1.09	98.04	0.07	0.07	0.00	0.07	-10.40	100
	1999~2004	1.34	1.37	98.39	0.09	0.09	0.00	0.08	-14.78	100
	1985~1991	5.09	5.13	99.35	1.97	1.97	0.00	1.21	-39.02	100
Lyg7	1992~1998	1.06	1.07	99.45	0.11	0.11	0.00	0.10	-17.39	100
	1999~2004	1.26	1.27	99.83	0.12	0.12	0.00	0.10	-15.25	100
	1985~1991	3.71	3.76	98.61	1.19	1.19	0.15	0.88	-27.34	100
Lyg8	1992~1998	0.84	0.87	98.16	0.11	0.11	0.00	0.10	-12.39	100
	1999~2004	1.09	1.12	98.90	0.10	0.10	0.00	0.09	-11.33	100
	1985~1991	0.64	0.65	98.73	0.00	0.00	0.00	0.01	-44.35	60
Lyg9	1992~1998	0.35	0.36	98.59	0.00	0.00	0.00	0.00	-36.31	62
	1999~2004	0.70	0.72	98.13	0.01	0.01	0.00	0.01	-41.58	65
	1985~1991	2.35	2.39	97.15	0.41	0.41	0.00	0.35	-5.41	100
Lyg10	1992~1998	1.76	1.79	98.25	0.33	0.33	0.00	0.29	-11.82	100
	1999~2004	2.77	2.80	99.03	0.60	0.60	0.00	0.50	-13.82	100

续表

典型流域单元	土地利用期	径流模数/[万 m³/(km²·a)]		坡面径流占流域径流/%	坡面土壤侵蚀模数/[万 t/(km²·a)]		坡面土壤侵蚀沉积量占总输出量/%	沟道输沙量/万 t	沟道泥沙沉积/产沙量占坡面产沙量/%	坡面泥沙输移量占流域输沙量/%
		坡面	沟道		产沙	输沙				
	1985~1991	2.03	2.07	98.35	0.79	0.79	0.00	0.45	−43.84	100
Lyg11	1992~1998	0.76	0.77	98.62	0.17	0.17	0.00	0.12	−27.76	100
	1999~2004	1.02	1.04	99.16	0.15	0.15	0.00	0.12	−22.42	100
	1985~1991	1.23	1.26	97.94	0.10	0.10	0.00	0.08	−20.21	100
Lyg12	1992~1998	0.78	0.79	99.22	0.06	0.06	0.00	0.05	−23.49	100
	1999~2004	1.01	1.03	99.76	0.07	0.07	0.00	0.07	−23.49	100
	1985~1991	1.55	1.59	97.94	0.12	0.12	0.00	0.12	−20.21	100
Lyg13	1992~1998	1.60	1.62	99.38	0.21	0.21	0.00	0.20	−5.09	100
	1999~2004	1.29	1.31	99.47	0.14	0.14	0.00	0.13	−12.00	100
	1985~1991	4.52	4.58	98.74	1.46	1.46	0.02	1.17	−20.88	100
Lyg14	1992~1998	1.09	1.11	99.24	0.15	0.15	0.00	0.14	2.24	100
	1999~2004	1.09	1.11	99.93	0.11	0.11	0.00	0.11	−7.43	100
	1985~1991	4.47	4.52	98.75	1.48	1.48	0.00	1.05	−29.30	100
Lyg15	1992~1998	1.30	1.32	99.13	0.15	0.14	2.50	0.15	15.88	86
	1999~2004	2.07	2.10	99.20	0.41	0.40	2.81	0.37	−9.27	100
	1985~1991	4.44	4.50	98.76	1.45	1.45	0.01	0.88	−40.05	100
Lyg6	1992~1998	1.18	1.20	99.90	0.15	0.14	3.04	0.12	−9.41	100
	1999~2004	1.56	1.58	99.98	0.26	0.25	1.06	0.20	−24.59	100
	1985~1991	5.15	5.20	98.97	1.86	1.86	0.00	1.18	−37.03	100
Lyg17	1992~1998	0.13	0.15	98.90	0.00	0.00	0.00	0.00	144.46	31
	1999~2004	0.48	0.51	98.66	0.00	0.00	0.00	0.00	0.00	22
	1985~1991	3.66	3.66	103.88	1.95	1.92	0.06	0.59	−68.97	100
Lyg18	1992~1998	1.06	1.04	104.76	0.47	0.46	0.05	0.10	−79.58	100
	1999~2004	1.14	1.11	100.26	0.36	0.35	0.04	0.08	−79.35	100
	1985~1991	3.29	3.28	105.37	1.73	1.71	0.03	0.45	−73.62	100
Lyg19	1992~1998	0.85	0.83	106.58	0.35	0.34	0.03	0.06	−82.40	100
	1999~2004	0.95	0.92	100.22	0.27	0.27	0.02	0.07	−79.80	100

续表

典型流域单元	土地利用期	径流模数 /[万 m³/(km²·a)]		坡面径流占流域径流/%	坡面土壤侵蚀模数 /[万 t/(km²·a)]		坡面土壤侵蚀沉积量占总输出量/%	沟道输沙量/万 t	沟道泥沙沉积/产沙量占坡面产沙量/%	坡面泥沙输移量占流域输沙量/%
		坡面	沟道		产沙	输沙				
	1985~1991	3.28	3.27	106.12	1.75	1.73	0.02	0.51	−75.38	100
Lyg20	1992~1998	0.76	0.74	107.15	0.29	0.29	0.02	0.28	−3.27	100
	1999~2004	0.89	0.87	103.88	0.24	0.24	0.01	0.42	1.62	58
	1982~1986	3.11	3.14	99.15	0.86	0.86	0.00	0.66	−23.94	100
Leg1	1987~1995	2.48	2.51	98.70	0.69	0.69	0.00	0.53	−24.67	100
	1996~2004	0.54	0.56	93.83	0.09	0.09	0.00	0.06	−40.05	100
	1982~1986	1.89	1.92	98.43	0.44	0.44	0.00	0.29	−36.30	100
Leg2	1987~1995	1.54	1.57	97.51	0.35	0.35	0.00	0.22	−38.87	100
	1996~2004	0.46	0.48	90.35	0.05	0.05	0.00	0.03	−42.60	100
	1982~1986	2.28	2.30	99.28	0.70	0.70	0.00	0.21	−73.94	100
Leg3	1987~1995	1.87	1.89	99.03	0.57	0.57	0.00	0.16	−74.61	100
	1996~2004	1.38	1.39	99.83	0.38	0.38	0.00	0.12	−74.15	100
	1982~1986	1.82	1.85	99.02	0.41	0.41	0.00	0.20	−52.84	100
Leg4	1987~1995	1.43	1.45	98.24	0.30	0.30	0.00	0.13	−59.89	100
	1996~2004	1.05	1.06	99.33	0.18	0.18	0.00	0.09	−52.13	100
	1982~1986	2.16	2.19	99.10	0.59	0.59	0.00	0.28	−54.56	100
Leg5	1987~1995	1.72	1.75	98.76	0.45	0.45	0.00	0.20	−57.88	100
	1996~2004	1.32	1.33	99.69	0.32	0.32	0.00	0.16	−53.36	100

10.5 基于 GeoWEPP 模型的典型流域单元水文生态响应情景分析

基于 10.4 节由 GeoWEPP 模型提取的 25 个典型流域单元,从中选取 4 个代表性小流域进行水文生态响应情景分析。4 个代表性小流域包括罗玉沟境内的 Lyg6、Lyg9、Lyg16 三个单元和吕二沟流域 Leg3(图 10-46)。

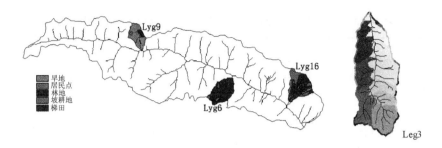

图 10-46　罗玉沟与吕二沟流域内的典型流域单元

其中 Lyg16 属于罗玉沟流域内的杂色土区,平均坡度 17.7°,面积 2.11 km²。Lyg6 面积 1.91 km²,位于罗玉沟流域中游右岸,属黄土类型区,平均坡度 13.7°。Lyg9 面积 1.23 km²,位于罗玉沟上游左岸,属土石山区类型,流域地形较陡,平均坡度 29.6°。Leg3 即吕二沟流域,基本情况见第 1 章。

10.5.1　不同降水水平年典型流域单元侵蚀产沙对比分析

表 10-13 给出了典型流域单元第二期与第三期土地利用格局在不同降水水平年下与第一期土地利用格局相比较的侵蚀模数减小比例,其中罗玉沟流域第一、二、三期的土地利用时段分别为 1982~1986 年、1987~1995 年和 1996~2004 年;吕二沟流域第一、二、三期的土地利用时段分别为 1982~1991 年、1992~1998 年和 1999~2004 年。从表中看到,在各降水水平年,侵蚀模数的减小幅度基本相近。但从流域间比较,各流域相差很大。如流域单元 Leg3 在第二期土地利用格局下较第一期格局减少 22.95% ～ 25.13%,其三期格局下较第一期格局下减少 40.76% ～ 42.46%。罗玉沟流域的三个典型流域单元中,Lyg6 的减少幅度最大,Lyg16 减少幅度最小。这一方面与流域内森林植被增加幅度大小不同及林地在流域中的布局有关,另一方面与流域内其他条件如地形的差异、耕地比例及布局、其他水土保持措施数量和布局等因素对流域内侵蚀产沙有密切关系。如 Leg3 流域内森林植被比例在第一期已经达到了 18.0%,而 Lyg6 流域只有 8.9%。罗玉沟流域内的三个典型小流域地形条件相差较大,处于黄土区的 Lyg6 地形较平缓,平均坡度 13.7°,而位于土石地的 Lyg9 平均坡度达到了 29.6°,Lyg16 流域平均坡度 17.7°,该流域又是一个以农业生产为主的流域,坡面上的耕作方式与侵蚀相关,土地利用第一期以前坡耕地所占比例大,从 20 世纪 80 年代后期开始治理后,不仅林地面积有所增加,梯田等其他水土保持措施增加的数量也很明显。

表 10-13　第二、三期土地利用格局与第一期相比侵蚀模数增加比例

	土地利用期	林地增加倍数	平水年/%	枯水年/%	丰水年/%
Leg3	第二期土地利用格局	2.1	25.13	22.95	23.55
	第三期土地利用格局	3.6	42.46	40.76	41.87
Lyg16	第二期土地利用格局	1.9	31.31	25.30	18.08
	第三期土地利用格局	2.1	69.75	53.92	49.19
Lyg6	第二期土地利用格局	3.7	88.12	91.71	89.77
	第三期土地利用格局	5.6	89.86	93.39	91.38
Lyg9	第二期土地利用格局	1.8	49.48	53.28	51.42
	第三期土地利用格局	2.5	58.44	62.92	60.76

10.5.2　典型流域单元森林覆盖变化对径流和侵蚀产沙的影响分析

为进一步研究流域森林植被格局变化对径流和侵蚀产沙的影响,利用 GeoWEPP模型模拟流域不同森林植被格局情景下流域侵蚀产沙的变化。

为了了解流域森林植被景观格局变化对流域侵蚀产沙的影响,从理论上假定如下五个情景。

情景 1:流域内森林植被覆被率为 30%,且在流域中均匀分布,其余用地为坡耕地(等高耕作)和荒草地。

情景 2:流域内森林植被覆被率为 30%,集中分布于流域的下游,其余用地为坡耕地(等高耕作)和荒草地。

情景 3:流域内森林植被覆被率为 30%,集中分布于流域上游,其余用地为坡耕地(等高耕作)和荒草地。

情景 4:流域内全部为森林覆盖。

情景 5:流域内无森林植被,全部为坡耕地(等高耕作)和荒草地。

将上述五种情景的植被状态输入 GeoWEPP 模型,利用流域多年降水资料进行模拟分析,可计算出各流域在不同情景时的平均径流和侵蚀情况。

GeoWEPP 模型对 Leg3、Lyg6、Lyg9 和 Lyg16 四个典型代表性小流域的五个情景进行了模拟。表 10-14、图 10-47 显示了各流域在不同情景时的径流模数。从表中可见,五个情景中以情景 5 即流域无植被时年径流量最大,情景 4 即全林状态时年径流量最小。情景 1、情景 2 和情景 3 的年径流量基本相近。说明在流域为全林状态时,林地能很好地拦蓄径流,减少洪水流量。在情景 5 中,将其假定为流域中全部为坡耕地或荒草地的无林状态,此时流域中除采取等高耕作以外再无任何保护措施,其径流量最大,Leg3 流域在无林时的径流模数是全林状态时的 16 倍,Lyg16 是其 8.8 倍,Lyg6 是其 11.2 倍,Lyg9 是其 9.1 倍。情景 1、情景 2 和情景 3 的径流模数基本相近,Leg3 流域的三种状态是无林状态时的 9.8～11.3 倍,Lyg16 是 5.7～5.8 倍,Lyg6 是 7.1～7.7 倍,Lyg9 是 6.1～6.4 倍。模拟结果表明,从径流量而言,流域内森林植被的均匀分布和半均匀分布对径流量的影响不明显。均匀分布时较非半均匀分布时稍有减少,而在 Lyg6 流域中还有所增加。

表 10-14　流域森林植被变化对径流模数[m³/(km²·a)]的影响

	Leg3	Lyg16	Lyg6	Lyg9
情景 1	8 590.6	9 931.3	9 908.7	14 195.6
情景 2	9 864.6	10 013.0	10 165.5	13 450.0
情景 3	9 891.1	9 890.0	10 659.2	13 940.9
情景 4	876.5	1 731.3	1 387.0	2 206.5
情景 5	14 024.3	15 151.5	15 578.4	20 025.2

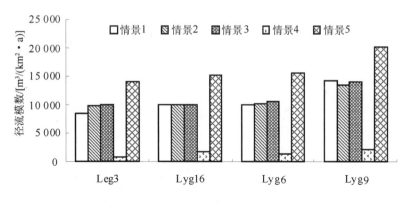

图 10-47　不同情景模式下径流模数模拟结果

从流域间对比来看,吕二沟流域 Leg3 和罗玉沟中的 Lyg16 和 Lyg9 小流域在相同情景时的径流模数较接近,而 Lyg6 流域因地形较陡,其径流模数均大于同一情景时的其他流域。表明在植被影响径流的同时,地形条件也是影响径流的非常重要的因子之一。

表 10-15 和图 10-48 给出了 GeoWEPP 模拟五种情景时典型代表性小流域侵蚀模数和输沙模数结果。各流域中情景 5 的侵蚀量最大,情景 4 的侵蚀量最小。

表 10-15 流域不同森林植被情景时流域侵蚀量对比 ［单位：t/(km² · a)］

	Leg3		Leg16		Leg6		Leg9	
	侵蚀模数	输沙模数	侵蚀模数	输沙模数	侵蚀模数	输沙模数	侵蚀模数	输沙模数
情景 1	4 839.2	3 619.7	6 250.5	4 594.6	5 610.0	4 358.1	8 425.2	8 657.0
情景 2	5 188.9	3 902.0	7 603.2	5 362.2	6 713.9	5 880.7	10 017.0	9 506.9
情景 3	5 221.9	3 913.5	7 120.4	5 266.2	6 775.1	5 791.8	13 710.4	8 870.1
情景 4	36.6	38.2	26.0	39.0	20.9	31.8	86.2	82.4
情景 5	8 445.2	6 153.0	11 535.5	9 565.1	9 728.2	6 679.9	24 027.4	12 809.5

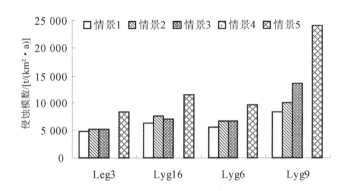

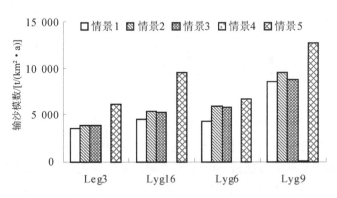

图 10-48 小流域不同情景模式下侵蚀模数、输沙模数对比图

吕二沟流域 Leg3 中，情景 4（全林状态）的侵蚀模数只有 36.6 t/(km² · a)，情景 5（无林）时的侵蚀模数是 8445.2 t/(km² · a)，是全林状态时的 230 倍。情景 1 的侵蚀模数是 4839.2 t/(km² · a)，是情景 4 的 132.2 倍。情景 2 和情景 3 的侵蚀模数分别是 5188.9 t/(km² · a) 和 5221.9 t/(km² · a)，分别是情景 4 时的 141.8 倍和 142.7 倍。情景 1 与情景 2、情景 3 对比可见，情景 2（林地集中分布于下游）

和情景 3(林地集中分布于上游)的侵蚀模数分别较情景 1 林地均匀分布时增加了 7.23% 和 7.91%。

　　Lyg16 流域中,情景 4(全林状态)的侵蚀模数只有 26.0 t/(km² · a),情景 5(无林)时的侵蚀模数是 11 535.5 t/(km² · a),是全林状态时的 444.5 倍。情景 1 的侵蚀模数是 6250.5 t/(km² · a),是情景 4 的 204.2 倍。情景 2 和情景 3 的侵蚀模数分别是 7603.2 t/(km² · a) 和 7120.4 t/(km² · a),分别是情景 4 时的 293.0 倍和 274.4 倍。从情景 1 与情景 2、情景 3 对比可见,情景 2(林地集中分布于下游)和情景 3(林地集中分布于上游)的侵蚀模数分别较情景 1 林地均匀分布时增加了 43.46% 和 34.35%。

　　Lyg6 流域中,情景 4(全林状态)的侵蚀模数为 20.9 t/(km² · a),情景 5(无林)时的侵蚀模数是 9728.2 t/(km² · a),是全林状态时的 466.1 倍。情景 1 的侵蚀模数是 5610.0 t/(km² · a),是情景 4 的 240.6 倍。情景 2 和情景 3 的侵蚀模数分别是 6713.9 t/(km² · a) 和 6775.1 t/(km² · a),分别是情景 4 时的 321.7 倍和 324.6 倍。从情景 1 与情景 2、情景 3 对比可见,情景 2(林地集中分布于下游)和情景 3(林地集中分布于上游)的侵蚀模数分别较情景 1 林地均匀分布时增加了 33.69% 和 34.91%。

　　Lyg9 流域中,情景 4(全林状态)的侵蚀模数为 86.2 t/(km² · a),情景 5(无林)时的侵蚀模数是 24 027.4 t/(km² · a),是全林状态时的 278.7 倍。情景 1 的侵蚀模数是 8425.2 t/(km² · a),是情景 4 的 88.3 倍。情景 2 和情景 3 的侵蚀模数分别是 10 017.0 t/(km² · a) 和 13 710.4 t/(km² · a),分别是情景 4 时的 116.2 倍和 159.0 倍。蒲家湾小流域的下游地形较上游要陡,当林地集中于上游时,下游较陡坡面侵蚀较重,因此情景 3 的侵蚀量大于情景 2。从情景 1 与情景 2、情景 3 对比可见,情景 2(林地集中分布于下游)和情景 3(林地集中分布于上游)的侵蚀模数分别较情景 1 林地均匀分布时增加了 31.64% 和 80.17%。

　　在情景 4 时,各流域的输沙模数除 Lyg9 外均大于侵蚀模数,说明在全林状态下,坡面侵蚀量小,进入沟道的径流含沙量小,其径流有剩余能力将沟道中的泥沙输移。在其他情景中,输沙模数均小于侵蚀模数,Leg3、Lyg19 和 Lyg6 三个小流域输移比在 0.7～0.8。蒲家湾除情景 5 时为 0.53,情景 3 时为 0.64,其他三个情景为 0.9 以上。

　　在图 10-48 的各个流域的横向对比中,在相同情景模式下,Leg3 流域的侵蚀模数最小,Lyg16 流域和 Lyg6 流域的侵蚀模数相近,而 Lyg9 小流域的侵蚀模数最大。这与流域中的地形、土壤等因子的作用有关。Leg3 和 Lyg16、Lyg6 小流域平均坡度在 15° 左右,而 Lyg9 流域的平均坡度达到了 30°。

　　吕二沟流域 Leg3 主要土壤为山地灰褐土,平均黏粒含量 28.6%,平均有机质含量 1.06%。罗玉沟流域中的 Lyg16,土壤以黄土质灰褐土为主,平均黏粒含量

22.8%,平均有机质含量1.03%。Lyg6小流域以耕作黄板土为主,平均黏粒含量为23.6%,平均有机质含量为1.02%。Lyg9小流域土壤质地较粗,以山地黑沙土为主,平均黏粒含量24.8%,有机质含量1.06%。

从流域地形、土壤等因素来看,Leg3流域土壤的抗蚀能力较Lyg19和Lyg6小流域强,因此其侵蚀低于这两个小流域。而Lyg9小流域地域较陡,土壤质地较粗,抗侵蚀力差,其侵蚀是最为严重的。

10.5.3 典型流域单元径流和侵蚀产沙对林分生长阶段的响应分析

森林植被在其不同生长阶段包括树高、树冠、郁闭度、枝叶量等指标均有明显差异,其对降水、径流的影响也不同。以吕二沟流域Leg3的2004年土地利用格局为背景,将流域内分布的现有林地假设为幼龄林、中龄林、成熟林和过熟林,模拟林分在不同生长阶段下流域侵蚀产沙的变化(表10-16)。

表 10-16 GeoWEPP模拟典型代表性流域单元Leg3不同林分生长阶段侵蚀产沙结果

林分生长阶段	径流量/m³	侵蚀量/t	坡面流失量/t	坡面侵蚀模数/[t/(km²·a)]	单位面积产沙量/(t/km²)
幼龄林	163 913.2	88 309.5	87 392.6	9 234.5	9 138.6
中龄林	85 007.6	41 166.7	40 249.6	4 304.8	4 208.9
成熟林	80 218.4	25 536.6	24 977.1	2 670.4	2 611.8
过熟林	87 170.2	34 953.1	33 076.4	3 655.0	3 458.8

由表10-16显示,当流域开始造林时,森林植被处于幼龄林阶段时,其侵蚀模数为9234.5 t/(km²·a),为极强度侵蚀阶段,侵蚀最为严重,此时林地还不能发挥其应有的作用。在中龄林阶段,侵蚀模数减少到4304.8 t/(km²·a),属中度侵蚀强度,此时林分郁闭度开始增加,其保持水土的功能有所提高。到成熟林阶段,森林植被已经完全郁闭,林木各个层次的涵养水源、保持水土的功能最为强大,此时侵蚀模数减小到2670.4 t/(km²·a),属中度侵蚀强度。当林分达到过熟林阶段时,由于林分结构开始变差,虽然还能起到一定的控制土壤侵蚀的作用,但侵蚀又开始加强,其侵蚀模数增加到3458.8 t/(km²·a)。

从上述分析可见,流域森林植被在其不同生长阶段因其林分结构的变化,其防治土壤侵蚀的功能发生明显的变化。因此,在流域森林植被建设中,不仅要合理安排流域森林植被的面积比例和格局,还必须根据流域土壤侵蚀规律,有计划地对林地结构进行调整。要造林初期,加强对林地管理,以水土保持整地工程为补充,提高林地保持水土的能力,对过熟林要进行适时更新,以高效地发挥森林植被的保持水土功能。

参考文献

包卫民，陈姐庭. 1994.中大流域水沙耦合模拟物理概念模型. 水科学进展,5(4):287-292.

蔡强国. 1990.流域产沙模型概述. 中国水土保持,10(6):16-20,64-65.

蔡强国. 1991. 黄土丘陵沟壑区羊道沟小流域次降雨泥沙输移比研究//左大康. 黄河流域环境演变与水沙运行规律研究文集. 北京:地质出版社.

蔡强国.1993. 沟道流域泥沙输移比计算与输沙规律//陈浩等. 流域坡面与沟道的侵蚀产沙研究. 北京:气象出版社.

蔡强国. 1998. 坡长对坡耕地侵蚀产沙过程的影响. 云南地理环境研究,10(1):34-43.

蔡强国,陈浩. 1986. 降雨特性对溅蚀影响的初步试验研究. 中国水土保持,7(6):32-35,41.

蔡强国,范昊明. 2004. 泥沙输移比影响因子及其关系模型研究现状与评述. 地理科学进展,23(5):1-9.

蔡强国,刘纪根,刘前进. 2004. 岔巴沟流域次暴雨产沙统计模型.地理研究,23(4):433-439.

蔡强国,王贵平,陈永宗. 1998. 黄土高原小流域侵蚀产沙过程与模拟. 北京:科学出版社.

蔡强国,吴淑安. 1998. 紫色土陡坡地不同土地利用水土流失过程的影响. 水土保持通报,18(2):1-9.

曹文洪. 1993. 土壤侵蚀的坡度界限研究. 水土保持通报,13(4):1-5.

曹文洪. 1995. 坡面流输沙能力的初步研究//第二届全国泥沙基本理论研究学术讨论会论文集. 北京:中国建材工业出版社.

曹文洪,舒安平.1999. 潮流和波浪作用下悬移质挟沙能力研究述评. 泥沙研究,46(5):76-82.

曹文洪,张启舜. 1995. 禹门口至黄河口泥沙冲淤计算方案综合研究及方案计算. 北京:中国水利水电科学研究院. 1-49.

曹文洪,张启舜. 1997a. 在工程治理和新的水沙条件下现行流路行水年限预测. 北京:中国水利水电科学研究院. 1-48.

曹文洪,张启舜.1997b. 多系统不平衡输沙数学模型. 泥沙研究,12(2):61-64.

曹文洪,张启舜. 2000. 潮流和波浪作用下悬移质挟沙能力的研究. 泥沙研究,(5):16-21.

曹文洪,姜乃森,付玲燕. 1993. 浑河流域水土保持减水减沙效益分析. 人民黄河,(11):18-21

曹文洪,祁伟,郭庆超,等. 2003. 小流域产汇流分布式模型. 水利学报,(9):48-54.

曹文洪,张启舜,马喜祥.1995. 水文水动力数学模型的沿革及新近发展//第二届全国泥沙基本理论研究学术讨论会论文集.北京:中国建材工业出版社.

曹文洪,张启舜,姜乃森. 1993.黄土地区一次暴雨产沙数学模型的研究.泥沙研究,38(1):1-13.

曹银真. 1981. 黄土地区重力侵蚀的机理及预报. 水土保持通报,(4):19-23.

曹银真. 1985. 黄土地区重力侵蚀的类型和成因. 中国水土保持,(6):8-13.

常福宣,丁晶,姚健. 2002.降雨随历时变化标度性质的探讨. 长江流域资源与环境,(1):79-83.

陈法扬. 1985.不同坡度对土壤冲刷量影响试验. 中国水土保持,6(2):20-21.

陈国祥,姚文艺. 1996. 降雨对浅层水流阻力的影响. 水科学进展,7(1):42-46.

陈浩. 2000. 黄土丘陵沟壑区流域系统侵蚀与产沙关系. 地理学报,55(3):354-362.

陈浩,蔡强国,陈金荣,等.2001. 黄土丘陵沟壑区人类活动对流域系统侵蚀、输移和沉积的影响. 地理研究,20(1):68-74.

陈力,刘青泉,李家春. 2001.坡面降雨入渗产流规律的数值模拟研究. 泥沙研究,46(4):61-67.

陈立,张俊勇,谢葆玲. 2003. 河流再造床过程中河型变化的实验研究. 水利学报,48(7):42-45,51.

陈立宏,陈祖煜,刘金梅. 2004. 土体抗剪强度指标的概率分布类型研究. 岩土力学,26(1):37-40.

陈奇伯，张洪江，谢明曙. 1994. 森林枯落物及其苔藓层阻延径流速度研究. 北京林业大学学报，(1)：26-31.

陈文彪，谢签衡，张瑞瑾. 2007. 河流动力学. 武汉：武汉大学出版社.

陈永宗. 1998. 黄土高原现代侵蚀与治理. 北京：科学出版社.

陈云明，侯喜禄，刘文兆. 2000. 黄土丘陵半干旱区不同类型植被水保生态效益研究. 水土保持学报，14 (3)：6-9.

陈祖煜. 2005. 岩质边坡稳定性分析·原理·方法·程序. 北京：中国水利水电出版社.

崔灵周，肖学年，李占斌. 2004. 基于 GIS 的流域地貌形态分形盒维数测定方法研究. 水土保持通报，24 (2)：38-40.

崔鹏. 1991. 泥石流起动条件及机理的实验研究. 科学通报，21：1650-1652.

党进谦，李靖. 1996. 含水量对非饱和黄土强度的影响. 西北农业大学学报，24(1)：57-60.

党进谦，李靖. 2001. 非饱和黄土的结构强度与抗剪强度. 水利学报，(7)：79-83.

邓伟，严登华，何岩. 2004. 流域水生态空间研究. 水科学进展，15(3)：341-345.

刁一伟，裴铁璠. 2004. 森林流域生态水文过程的动态机制及模拟研究进展. 应用生态学报，15(12)：2369-2376.

丁文峰，李占斌，丁登山，等. 2004. 坡面细沟侵蚀产沙时空分布规律试验研究. 水科学进展，15(1)：19-23.

董翠云，黄明斌，郑世清. 2002. 流域尺度水土保持生物措施减沙效益研究. 应用生态学报，13(5)：635-637.

窦国仁. 1960. 论泥沙起动流速. 水利学报，(4)：44-60.

窦国仁. 1963. 潮汐水流中悬沙运动及冲淤计算. 水利学报，(4)：13-24.

窦国仁. 1999. 论泥沙起动流速. 泥沙研究，(6)：1-9.

段建南，李保国，石元春，等. 1998. 应用于土壤变化的坡面侵蚀过程模拟. 土壤侵蚀与水土保持学报，4(1)：48-54.

范昊明，蔡强国. 2004. 流域侵蚀产沙平衡研究进展. 泥沙研究，(4)：76-81.

范荣生，李占斌. 1993. 坡地降雨溅蚀及输沙模型. 水利学报，(6)：24-29.

方春明. 1999. 分析河相关系时的补充条件分析. 泥沙研究，(2)：2-8.

符素华，段淑怀，李永贵，等. 2002. 北京山区土地利用对土壤侵蚀的影响. 北京师范大学学报，12(1)：108-112.

傅伯杰，陈利顶，马克明. 1999. 黄土高原羊圈沟流域土地利用变化对生态环境的影响. 地理学报，54(3)：241-246.

傅伯杰，邱扬，王军，等. 2002. 黄土丘陵小流域土地利用变化对水土流失的影响. 地理学报，57(6)：717-722.

甘枝茂. 1989. 黄土高原地貌与土壤侵蚀研究. 西安：陕西人民出版社.

高龙华. 2006. 径流演变的人类驱动力模型. 水利学报，37(9)：1129-1133.

龚时旸，熊贵枢. 1981. 黄河泥沙来源和输移//河流泥沙国际学术论文会论文集. 北京：光华出版社. 43-52.

郭庆超. 2006. 天然河道水流挟沙能力研究. 泥沙研究，(5)：45-51.

郭生练. 2000. 基于 DEM 的分布式流域水文物理模型. 武汉水利电力大学学报，33(6)：1-5.

韩冰，吴钦孝，刘向东. 1994a. 林地枯枝落叶层对溅蚀影响的研究. 防护林科技，3(2)：7-10.

韩冰，吴钦孝，刘向东，等. 1994b. 山杨林地枯落物层对溅蚀的影响. 植物资源与环境，3(4)：5-9.

韩冰，吴钦孝，刘向东，等. 1994c. 油松林枯落物层防止溅蚀的研究. 水土保持研究，1(3)：14-18.

韩鹏，倪晋仁，王兴奎. 2003. 黄土坡面细沟发育过程中的重力侵蚀实验研究. 水利学报，34(1)：51-56.

韩其为. 1972. 水库不平衡输沙的初步研究//黄河泥沙研究协调小组，水库泥沙报告汇编. 145-168.

韩其为. 1979. 非均匀悬移质不平衡输沙的初步研究. 科学通报, (7): 804-808.

韩其为. 2003. 水库泥沙. 北京: 科学出版社.

韩其为, 何明民. 1984. 泥沙运动统计理论. 北京: 科学出版社.

韩其为, 何明民. 1987. 水库淤积与河床演变(一维)数学模型. 泥沙研究, (3): 14-29.

韩其为, 何明民. 1997. 恢复饱和系数初步研究. 泥沙研究, (3): 32-40.

韩其为, 何明民. 1999. 泥沙起动规律及起动流速. 北京: 科学出版社.

贺康宁, 张建军, 朱金兆. 1997. 晋西黄土残塬沟壑区水土保持林坡面径流规律研究. 北京林业大学学报, 19(4): 2-6.

胡春宏, 惠遇甲. 1995. 明渠挟沙水流运动的力学和统计规律. 北京: 科学出版社.

胡刚, 伍永秋, 刘宝元, 等. 2007. 东北漫岗黑土区切沟侵蚀发育特征. 地理学报, 62(11): 1165-1173.

黄德胜. 1985. 平定河水库泥沙来源与防治. 泥沙研究, 2(3): 94-96.

黄河水利委员会, 黄河中游治理局. 1993. 黄河水土保持志. 郑州: 河南人民出版社.

黄明斌, 康绍忠, 李玉山. 1999. 黄土高原沟壑区小流域水环境变化. 应用生态学报, 10(4): 411-414.

黄明斌, 刘贤赵. 2002. 黄土高原森林植被对流域径流的调节作用. 应用生态学报, 13(9): 1057-1060.

黄志霖, 傅博杰, 陈利顶. 2005. 黄土丘陵区不同坡度、土地利用类型与降水变化的水土流失分异. 中国水土保持科学, 3(4): 11-18.

贾志清, 宋桂萍, 李清河, 等. 1997. 宁南山区典型流域土壤水分动态变化规律研究. 北京林业大学学报, 19(3): 16-21.

贾志伟, 江忠善, 刘志. 1990. 降雨特征与水土流失的研究. 中国科学院水利部西北水土保持研究所集刊, (12): 9-15.

江忠善, 刘志. 1989. 降雨因素和坡度对溅蚀影响的研究. 水土保持学报, 3(2): 29-35.

江忠善, 刘志, 贾志伟. 1990. 地形因素与坡地水土流失关系的研究. 中国科学院水利部西北水土保持研究所集刊, (12): 1-8, 24.

江忠善, 宋文经. 1988. 地面流速的试验研究. 中国科学院水利部西北水土保持研究所集刊, (7): 46-52.

江忠善, 宋文经, 李秀英. 1983. 黄土地区天然降雨雨滴特性研究. 中国水土保持, (3): 34-38.

蒋德麒, 赵诚信, 陈章霖, 等. 1966. 黄河中游泥沙来源的初步研究. 地理学报, 32(4): 20-35.

蒋学纬, 周正立, 李凯荣. 2003. 景观生态学原理在流域规划中的应用. 西北林学院院报, 18(2): 112-115.

焦菊英, 王万忠. 2001. 黄土高原降雨空间分布的不均匀性研究. 水文, 21(2): 20-24.

焦菊英, 王万忠, 郝小品. 1999. 黄土高原不同类型暴雨的降水侵蚀特征. 干旱区资源与环境, 13(1): 34-42.

焦菊英, 王万忠, 李靖. 2002. 黄土丘陵沟壑区水土保持人工林减蚀效应研究. 林业科学, 38(14): 87-94.

靳长兴. 1995. 论坡面侵蚀的临界坡度. 地理学报, 50(3): 234-239.

景可. 2002. 长江上游泥沙输移比初探. 泥沙研究, 1: 54-59.

景可, 陈永宗, 李凤新. 1993. 黄河泥沙与环境. 北京: 科学出版社. 138-141.

景可, 焦菊英, 李林育. 2010a. 长江上游紫色丘陵区土壤侵蚀与泥沙输移比研究——以涪江流域为例. 中国水土保持科学, 8(5): 1-7.

景可, 焦菊英, 李林育. 2010b. 输沙量、侵蚀量与泥沙输移比的流域尺度关系——以赣江流域为例. 地理研究, 29(7): 1163-1170.

景可, 师长兴. 2007. 流域输沙模数与流域面积关系研究. 泥沙研究, 1: 17-23.

雷阿林. 1996. 坡沟系统土壤侵蚀链通力机制模拟实验研究. 北京: 中国科学院水利部水土保持研究所博士学位论文.

雷阿林, 张学栋. 1995. 几种计算水滴降落速度方法的比较. 水土保持通报, 15(4): 43-47.

黎四龙, 蔡强国, 吴淑安. 1998. 坡长对径流及侵蚀的影响. 干旱区资源与环境, 12(1): 29-35.

李璧成. 1995. 小流域水土流失与综合治理遥感监测. 北京: 科学出版社.

李金中, 裴铁璠, 牛丽华, 等. 1999. 森林流域坡地壤中流模型与模拟研究. 林业科学, 35(4): 3-9.

李林育, 焦菊英, 陈杨. 2009. 泥沙输移比的研究方法及成果分析. 中国水土保持科学, 7(6): 113-122.

李青云, 孙厚才, 熊官卿. 1995. 紫色土丘陵区小流域地面侵蚀量预报. 长江科学院院报, 12(3): 15-21.

李全胜, 王兆骞. 1995. 坡面承雨强度和土壤侵蚀临界坡度的理论探讨. 水土保持学报, 9(3): 50-53.

李容全, 朱国荣, 徐振源. 1990. 黄土高原重力侵蚀与潜蚀的遥感分析 // 黄土高原的遥感专题研究文集. 北京: 北京大学出版社. 114-121.

李世荣, 张卫强, 贺康宁. 2003. 黄土高原半干旱地区不同密度刺槐林土壤水分动态变化. 中国水土保持科学, 1(2): 28-32.

李文杰. 2011. 基于物理过程的水力侵蚀产沙模型研究及应用. 北京: 清华大学博士学位论文.

李秀霞, 李天宏. 2011. 黄河流域泥沙输移比与流域尺度的关系研究. 泥沙研究, 2: 33-37.

李义天. 1998. 冲积河道平面变形计算初步研究. 泥沙研究, (1): 34-44.

李义天, 尚全民. 1998. 一维不恒定流泥沙数学模型研究. 泥沙研究, 1: 81-87.

廖义善, 蔡强国, 程琴娟. 2008. 黄土丘陵沟壑区坡面侵蚀产沙地形因子的临界条件. 中国水土保持科学, 6(2): 32-38.

刘秉正, 吴发启. 1993. 黄土塬区沟谷侵蚀与发展. 西北林学院学报, 8(2): 7-15.

刘秉正, 翟明柱, 吴法敏. 1990. 渭北高原沟谷侵蚀初探. 中国科学院水利部西北水土保持研究所集刊(黄土高原试验区土壤侵蚀和综合治理减沙效益研究专集), 6(2): 25-33.

刘昌明, 钟俊襄. 1978. 黄土高原森林对年径流影响的初步分析. 地理学报. 33(2): 112-126.

刘纪根, 蔡强国, 张平仓. 2007. 岔巴沟流域泥沙输移比时空分异特征及影响因素. 水土保持通报, 27(5): 6-10.

刘希林. 2002. 国外泥石流机理模型综述. 灾害学, 17(4): 1-4.

刘毅, 张平. 1995. 长江上游流域地表侵蚀与河流泥沙输移. 长江科学院院报, 12(1): 40-44.

卢金发, 黄秀华. 2003. 土地覆被对黄河中游流域泥沙产生的影响. 地理研究, 22(5): 571-578.

卢金发, 黄秀华. 2004. 黄河中游地区流域产沙中的地貌临界现象. 山地学报, 22(2): 147-153.

陆宝宏, 汤有光, 陆晓明, 等. 2001. 识别合适的降雨强度-历时-频率模型的方法. 河海大学学报, 2(4): 109-114.

陆永军, 窦国仁, 韩龙喜, 等. 2004. 三维紊流悬沙数学模型及应用. 中国科学 E 辑, 34(3): 311-328.

孟庆华, 傅伯杰. 2000. 景观格局与土壤养分流动. 水土保持学报, 14(3): 116-121.

牟金泽. 1983. 雨滴速度计算公式. 中国水土保持, (3): 42-43.

牟金泽, 孟庆枚. 1982. 论流域产沙量计算中的泥沙输移比. 泥沙研究, 2: 60-65.

倪晋仁, 李英奎. 2001. 基于土地利用结构变化的水土流失动态评估. 地理学报, 56(5): 611-621.

倪晋仁, 王光谦. 1987. 论悬移质浓度垂线分布的两种类型及其产生的原因. 水利学报, 7: 60-68.

倪九派, 魏朝富, 谢德体. 2005. 土壤侵蚀定量评价的空间效应. 生态学报, 25(8): 2061-2067.

欧阳惠. 2000. 溧水流域森林和降水量的变化对径流及泥沙影响分析和 GM 模型. 应用生态学报, 11(6): 805-808.

潘华利, 欧国强, 柳金峰. 2009. 泥石流沟道侵蚀初探. 灾害学, 24(1): 39-43.

彭文英, 张科利. 2002. 黄土高原退耕还林后径流侵蚀产沙变化特征. 地理科学, 22(4): 397-402.

祁伟, 曹文洪. 2004. 小流域侵蚀产沙分布式数学模型的研究. 中国水土保持科学, 2(1): 16-21.

祁伟, 曹文洪. 2008. 分布式侵蚀产沙模型在流域减水减沙效益评价中的应用. 水利水电技术, 39(3): 13-18

钱宁. 1980. 推移质公式的比较. 水利学报, 4: 1-11.

钱宁, 万兆惠. 1983. 泥沙运动力学. 北京: 科学出版社.

钱宁, 张仁, 周志德. 1987. 河床演变学. 北京: 科学出版社.

秦富仓, 余新晓, 张满良, 等. 2005. 流域植被的土壤侵蚀防治机制. 应用生态学报, 16(9): 1618-1622.

清华大学水力学教研组. 1980. 水力学(下册). 北京: 人民教育出版社.

沈慧, 姜凤岐. 1999. 森林的水土保持效益评价. 应用生态学报, 10(4): 492-496.

水利学会泥沙专业委员会. 1989. 泥沙手册. 北京: 中国环境科学出版社. 27-28.

孙立达, 朱金兆. 1995. 水土保持林体系综合效益研究与评价. 北京: 中国科学技术出版社.

谭炳香, 李增元, 王彦辉, 等. 2005. 基于遥感数据的流域土壤侵蚀强度快速估测方法. 遥感技术与应用, 2: 215-220.

汤立群. 1999. 物理成因产沙模型研究中亟待解决的几个问题. 泥沙研究, (5): 22-28.

汤立群, 陈国祥. 1992. 流域产沙动力学模型. 全国泥沙基本理论研究学术讨论会论文集.

汤立群, 陈国祥. 1996. 流域尺度与治理对产流模式的影响分析研究. 土壤侵蚀与水土保持学报, 2(1): 22-28.

汤立群, 陈国祥. 1997. 小流域产流产沙动力学模型. 水动力学研究与进展, 12(2): 164-174.

唐克丽, 陈永宗. 1990. 黄土高原地区土壤侵蚀区域特征及综合治理途径. 北京: 中国科学技术出版社.

唐政洪, 蔡强国, 陈宁. 2001. 黄土丘陵沟壑区小流域不同地类的侵蚀产沙模型. 山地学报, 19(2): 120-124.

唐政洪, 蔡强国, 许峰. 2004. 流域侵蚀产沙的尺度变异规律研究. 中国水土保持科学卷, 2(1): 56-59.

田光进, 张增祥, 赵晓丽, 等. 2002. 中国耕地土壤侵蚀空间分布特征及生态背景. 生态学报, (1): 10-16.

王德甫, 赵学英, 马浩禄, 等. 1993. 黄土重力侵蚀及其遥感调查. 中国水土保持, 14(2): 29-32.

王光谦, 胡春红. 2006. 泥沙研究进展. 北京: 中国水利水电出版社.

王光谦, 李铁键, 薛海, 等. 2006. 流域泥沙过程机理分析. 应用基础与工程科学学报, 14(4): 455-462.

王光谦, 刘家宏. 2006. 数字流域模型. 北京: 科学出版社.

王光谦, 薛海, 李铁键. 2005. 黄土高原沟坡重力侵蚀的理论模型. 应用基础与工程科学学报, 13(4): 335-344.

王晗生, 刘国彬. 1999. 植被结构及其防止土壤侵蚀作用分析. 干旱区资源与环境, 13(2): 62-68.

王建勋. 2007. WEPP 模型(坡面版)在黄土高原丘陵沟壑区的适用性评价. 陕西: 西北农林科技大学.

王军, 倪晋仁, 杨小毛. 1999. 力地貌过程研究的理论与方法. 应用基础与工程科学学报, 7(1): 240-251.

王军, 杨小毛, 倪晋仁. 2001. 基于 GIS 的黄河中游河龙区间流域—重力侵蚀相对强度空间分布. 应用基础与工程科学学报, 9(1): 23-32.

王克勤, 王斌瑞. 2002. 黄土高原刺槐林间伐改造研究. 应用生态学报, 13(1): 11-15.

王库. 2001. 植物根系对土壤抗侵蚀能力的影响. 土壤与环境, 10(3): 250-252.

王礼先. 1995. 水土保持学. 北京: 中国林业出版社.

王礼先, 解明曙. 1997. 山地防护林水土保持水文生态效益及其信息系统. 北京: 中国林业出版社.

王礼先, 张志强. 2001. 干旱地区森林对流域径流的影响. 自然资源学报, 16(5): 439-444.

王玲玲, 姚文艺, 王昭艳. 2011. 基于水文要素的黄土丘陵区次降雨泥沙输移比模型. 水土保持通报, 31(5): 28-31.

王万忠, 焦菊英. 1996. 黄土区降雨径流侵蚀产沙过程统计分析. 水土保持通报, 16(5): 21-28.

王文龙, 雷阿林, 李占斌, 等. 2003. 土壤侵蚀链内细沟浅沟切沟流动力机制研究. 水科学进展, 14(4): 471-475.

王文龙, 雷阿林, 李占斌, 等. 2003. 黄土丘陵区坡面薄层水流侵蚀动力机制实验研究. 水利学报, (9): 66-70.

王文龙,王兆印,雷阿林,等. 2007. 黄土丘陵沟壑区坡沟系统不同侵蚀方式的水力特性初步研究. 中国水土保持科学,5(2):11-17.

王晓燕,田均良,刘普灵,等. 2004. 基于137Cs示踪技术的坡面坡度与侵蚀量关系研究. 核农学报,18(5):390-393.

王晓燕,徐志高,杨明义. 2004.黄土高原小流域景观多样性动态分析. 应用生态学报,15(2):273-277.

王协康,敖汝庄,喻国良,等.1999.泥沙输移比问题的分析研究. 四川水力发电,18(2):16.

王兴奎,钱宁,胡维德. 1982.黄土丘陵沟壑区高含沙水流的形成及汇流过程. 水利学报,(7):26-35.

王秀英,曹文洪. 1999a.坡面土壤侵蚀产沙机理及数学模型研究综述. 土壤侵蚀与水土保持学报,5(3):87-92.

王秀英,曹文洪. 1999b.水土保持措施下的土壤入渗研究及次暴雨地表产流计算方法. 泥沙研究,(6):79-83.

王秀英,曹文洪. 2001. 分布式流域产流数学模型的研究. 水土保持学报,15(3):38-40.

王秀英,曹文洪,陈东. 1998.灰色系统软件包的开发及其在流域产沙中的应用. 土壤侵蚀与水土保持学报,4(3):78～85.

王秀英,曹文洪,覃莉. 1999.灰色系统GM(1,1)模型在预测河流水沙变化中的应用. 土壤侵蚀与水土保持学报,5(6):110-115.

王彦辉. 1987. 刺槐对降雨的截持作用. 生态学报,7(1):43-49.

王彦辉. 2001. 几个树种的林冠降雨特征. 林业科学,37(4):2-9.

王佑民. 2000.中国林地枯落物持水保土作用研究概况. 水土保持学报,14(4):108-113.

王玉宽. 1993. 黄土丘陵沟壑区坡面径流侵蚀实验研究. 中国水土保持,(7):26-28,65-66.

王占礼,邵明安. 1998.黄土丘陵沟壑区第二副区山坡地土壤侵蚀特征研究. 水土保持研究,5(4):11-21.

王占礼,王亚云,黄新会. 2004. 黄土区裸地土壤侵蚀过程研究. 水土保持研究,11(4):84-87.

王兆印,王光谦,高菁. 2003. 侵蚀地区植被生态动力学模型. 生态学报,23(1):98-105.

魏天兴. 2002. 北方黄土高原侵蚀沟壑区侵蚀产沙来源及森林植被对土壤侵蚀的调控效应. 北京林业大学学报,24(5/6):19-26.

魏天兴,朱金兆. 2002. 黄土残塬沟壑区坡度和坡长对土壤侵蚀的影响分析. 北京林业大学学报,24(1):59-62.

吴长文. 1993. 水土保持林中枯落物的作用. 中国水土保持,(11):28-30.

吴长文,徐宁娟. 1995a. 摆喷式人工降雨机的试验特性研究.南昌大学学报,(1):58-66.

吴长文,徐宁娟. 1995b. 林地坡面的水动力学特性及其阻延地表径流的研究. 水土保持学报,9(2):32-38.

吴长文,王礼先.1993. 水土保持林中枯落物的作用. 中国水土保持,14(4):32-34,65-66.

吴发启,赵晓光,刘秉正. 1999.黄土高原南部缓坡耕地降雨与侵蚀的关系. 水土报持研究,6(2):53-60.

吴普特. 1997. 动力水蚀实验研究.西安:陕西科学技术出版社.

吴普特,周佩华. 1992. 雨滴击溅在薄层水流侵蚀中的作用. 水土保持通报,(4):19-26,47.

吴普特,周佩华. 1993.地表坡度与薄层水流侵蚀关系的研究.水土保持通报,13(3):1-5.

吴普特,周佩华. 1994. 雨滴击溅对薄层水流水力摩阻系数的影响. 水土保持学报,8(2):39-42.

吴钦孝. 2005.黄土高原森林对流域径流量的影响//中国林学会.2005年中国科协学术年会26分会场论文集(2).中国林学会.

吴钦孝,刘向东,苏宁虎. 1992. 山杨次生林枝落叶蓄积量及其水文作用. 水土保持学报,6(1):71-76.

吴钦孝,杨文治. 1998. 黄土高原森林植被构建及可持续经验. 北京:科学出版社.

吴钦孝,赵鸿雁,韩冰. 2001.黄土高原森林枯枝落叶层保持水土的有效性. 西北农林科技大学学报(自然科学版),29(5):95-98.

吴彦,刘世全. 1997. 植物根系提高土壤水稳性团粒含量的研究.水土保持学报,(3):11-18.

吴彦,刘世全,付秀琴,王金锡.1997.植物根系提高土壤水稳性团粒含量的研究.土壤侵蚀与水土保持学报,11(1):46-50.

吴震.2007.坡面水土流失力学机理与模型研究.阜新:辽宁工程技术大学硕士学位论文.

武汉水利电力学院水流挟沙能力研究组.1959.长江中下游水流挟沙能力研究.泥沙研究,4(2).

武思宏.2007.晋西黄土区嵌套流域生态水文过程模拟研究.北京:北京林业大学硕士论文

席有.1993.坡度影响土壤侵蚀的研究.中国水土保持,14(4):23-25.

夏青,何丙辉.2006.土壤物理特性对水力侵蚀的影响.水土保持应用技术,(5):12-15.

夏卫生,雷廷武,刘春平,等.2004.坡面薄层水流流速测量的比较研究.农业工程学报,20(2):23-26.

夏卫生,雷廷武,吴金水,等.2004.电解质脉冲法测量薄层水流流速的实验研究.自然科学进展,14(11):1277-1281.

夏卫生,雷廷武,赵军.2003.坡面侵蚀动力学及其相关参数的探讨.中国水土保持科学,1(4):16-19.

向华.2004.地表条件对坡面产流的影响.水动力学研究与进展,19(6):774-782.

肖培青,郑粉莉,姚文艺.2007.坡沟系统侵蚀产沙及其耦合关系研究.泥沙研究,(2):30-31.

肖培青,郑粉莉,姚文艺.2009.坡沟系统坡面径流流态及水力学参数特征研究.水科学进展,20(2):236-240.

肖学年,崔灵周,李占斌.2004.黄土高原小流域水沙关系空间变异研究.水土保持研究,11(2):140-142.

谢鉴衡.1981.河流泥沙工程学(上册).北京:中国水利水电出版社.

谢鉴衡,魏良琰.1987.河流泥沙数学模型的回顾与展望.泥沙研究,32(3):1-13.

谢旺成,李天宏.2012.流域泥沙输移比研究进展.北京大学学报(自然科学版),48(4):685-694.

徐锐.1983.关于天然降雨和人工降雨的动能计算方法.中国水土保持,(3):39-41,23.

徐向舟,张红武,朱明东.2004.雨滴粒径的测量方法及其改进研究.中国水土保持,25(2):26-29,47.

许炯心.1986.水库下游河道复杂响应的试验研究.泥沙研究,31(4):50-57.

许炯心.1999a.黄土高原的高含沙水流侵蚀研究.土壤侵蚀与水土保持学报,5(1):28-34.

许炯心.1999b.黄河流域产沙模数与流域面积的关系及其地貌学意义.地貌环境展.北京:中国环境科学出版社.

许炯心.2002.不同床沙组成的冲积河流中河型的分布特征.自然科学进展,12(8):88-91.

许炯心.2004.黄土高原丘陵沟壑区坡面-沟道系统中的高含沙水流(Ⅰ)-地貌因素与重力侵蚀的影响.自然灾害学报,13(1):55-60.

许炯心,孙季.2006.无定河水土保持措施减沙效益的临界现象及其意义.水科学进展,17(5):610-615.

闫云霞,许炯心.2006.黄土高原地区侵蚀产沙的尺度效应研究初探.中国科学(D地球科学),11(8):767-776.

杨武德,王兆骞,眭国平.1998.红壤坡地不同土地利用方式土壤侵蚀的时空分布规律研究.应用生态学报,9(2):155-158.

杨子生.1999.滇东北山区坡耕地降雨侵蚀力研究.地理科学,19(3):74-79.

杨子生.2002.云南金沙江流域重力侵蚀量分析.水土保持学报,16(6):4-8.

姚丽华.1988.森林降水截留的研究近况.河北林学院学报,3(1):103-114.

姚文艺.1993.坡面流流速计算的研究.中国水土保持,14(3):25-29,65.

姚文艺.1996.坡面流阻力规律试验研究.泥沙研究,41(1):74-82.

姚文艺,汤立群.2001.水力侵蚀产沙过程及模拟.郑州:黄河水利出版社,137-151.

叶浩,石建省,程彦培,等.2004.砒砂岩重力侵蚀定量计算的GPS、GIS方法初探.地球学报,25(4):479-482.

叶芝菡,刘宝元,张文波,等.2003.北京市降雨侵蚀力及其空间分布.中国水土保持科学,1(1):16-20.

尹国康,1984.地貌过程界限规律的应用意义.泥沙研究,29(4):25-36.

尹学良.1965.弯曲性河流形成原因及造床试验初步研究.地理学报,32(4):287-303.

尹忠东,周心澄,朱金兆.2003.影响水土流失的主要因素研究概述.世界林业研究,16(3):32-37.

游珍,李占斌.2005.黄土高原土地利用格局对土壤侵蚀的影响——黄家二岔流域为例.中国科学院研究生院学报,22(4):447-453.

游智敏,伍永秋,刘宝元.2004.利用GPS进行切沟侵蚀监测研究.水土保持学报,18(5):91-94.

余新晓.1987a.森林植被减弱降雨侵蚀能量的数理分析(Ⅰ).水土保持学报,(2):24-30.

余新晓.1987b.森林植被减弱降雨侵蚀能量的数理分析(Ⅱ).水土保持学报,(3):90-96.

余新晓.1988.森林植被减弱降雨侵蚀能量的数理分析(续).水土保持学报,2(3):90-96.

余新晓.1995.土壤动力水文学及其应用.中国林业出版社.

余新晓,秦永胜.2001.不同空间尺度森林植被对侵蚀产沙的影响研究.水土保持研究,8(4):66-69.

余新晓,张晓明,李建劳.2009.土壤侵蚀过程与机制.北京:科学出版社.

袁艺,史培军.2001.基于流域版SCC模型的深圳土地利用类型对降雨径流的影响研究.北京师范大学学报·自然科学版,37(1):134-136.

张伯平,袁海智,王力.1994.含水量对黄土结构强度影响的定量分析.西北农业大学学报,22(1):54-60.

张光辉.2002.坡面薄层流水动力学特性的实验研究.水科学进展,13(2):158-165.

张广兴,雷孝章,于朋,等.2009.川中丘陵区小流域泥沙输移比研究.四川水利,32(3):27-28,41.

张建军,毕华兴,魏天兴.2002.晋西黄土区不同密度林分的水土保持作用研究.北京林业大学学报,24(3):50-53.

张金池,庄家尧,林杰.2004.不同土地利用类型土壤侵蚀量的坡度效应.中国水土保持科学,2(3):6-9.

张金山,崔鹏.2012.泥石流泥沙输移比的概念与计算方法探讨.泥沙研究,3:35-40.

张科利.1991.浅沟发育对土壤侵蚀作用的研究.中国水土保持,12(4):19-21,65.

张鸾,师长兴,杜俊,等.2009.黄土丘陵沟壑区沟道小流域泥沙存贮释放初探.水土保持研究,4:39-44.

张鹏.2008.沟蚀发育过程动态监测研究.西北农林科技大学硕士学位论文.

张启舜,等.1983.河流冲淤过程计算的数学模型∥第二次河流泥沙国际学术讨论会论文集.北京:水利电力出版社.

张启舜,张振秋.1982.水库冲淤形态及其过程的计算.泥沙研究,27(1):1-13.

张瑞瑾.1961.河流动力学.北京:中国工业出版社.

张瑞瑾.1989.河流泥沙动力学.北京:中国水利水电出版社.

张瑞瑾.1998.河流泥沙动力学(第二版).北京:中国水利水电出版社.

张胜利,于一鸣,姚文艺.1994.水土保持减水减沙效应计算方法.北京:中国环境科学出版社:40-43.

张晓明,曹文洪,武思宏,等.2013.泥沙输移比尺度依存及分形特征.水利学报,44(10):1225-1232

张晓明,曹文洪,余新晓,等.2009a.黄土丘陵沟壑区典型流域土地利用/覆被变化的径流调节效应.水利学报,40(6):641-650

张晓明,曹文洪,余新晓,等2009b.黄土丘陵沟壑区典型流域径流输沙对土地利用/覆被变化的响应.应用生态学报,20(1):121-127

张晓明,曹文洪,余新晓.2011.GeoWEPP在黄土高原地区的适用性评价.泥沙研究,6:50-54.

张晓明,孙中峰,张学培.2003.晋西黄土残塬沟壑区不同林分对坡面暴雨产流产沙作用分析.中国水土保持科学,1(3):37-42.

张晓明,余新晓,武思宏,等.2005.黄土区坡面尺度森林植被对侵蚀产沙的影响.应用生态学报,16(9):1613-1617.

张晓明, 余新晓, 武思宏, 等. 2007a. 黄土丘陵沟壑区典型流域土地利用/土地覆被变化对径流产沙的影响. 北京林业大学学报, 29(6):115-122

张晓明, 余新晓, 武思宏, 等. 2007b. 黄土丘陵沟壑区典型流域土地利用/土地覆被变化水文动态响应. 生态学报, 27(2):414-423.

张信宝, 贺秀斌, 文安邦, 等. 2006. 不同尺度流域的侵蚀模数. 水土保持通报, 26,(2):69-71.

张雪松, 郝芳华, 张建永. 2004. 降雨空间分布不均匀性对流域径流和泥沙模拟影响研究. 水土保持研究, 11(1):9-12.

张翼. 2000. 黄土高原丘陵沟壑区土壤侵蚀研究. 水土保持研究, 16(2):39-47.

张颖. 2007. 黄土地区森林植被对坡面土壤侵蚀过程影响机理实验研究. 北京:北京林业大学博士论文

张志强, 王礼先, 余新晓. 2000. 渗透坡面林地地表径流运动的有效糙率研究. 林业科学, 36(5):22-27.

张志强, 王礼先, 余新晓. 2001. 森林植被影响径流形成机制研究进展. 自然资源学报, 16(1):79-84.

张志强, 王礼先, 余新晓. 2003. 森林对水文过程影响研究进展. 应用生态学报, 14(1):113-116.

赵鸿雁. 1991. 枯枝落叶层阻延径流速度研究. 中国科学院西北水土保持研究所集刊, 14集, 64-70.

赵鸿雁, 吴钦孝, 刘向东, 等. 1992. 森林枯枝落叶层抑制土壤蒸发的研究. 西北林学院学报, 7(2):14-20.

赵明, 郭志中, 李爱德, 等. 1997. 渗漏型蒸渗仪对梭梭和柠条蒸腾蒸发的研究. 西北植物学报, 17(3):305-314.

赵人俊, 王佩兰. 1982. 霍顿与菲利蒲下渗公式对子洲径流站资料的拟合. 人民黄河, 34(1):1-8.

赵晓光, 吴发启, 刘秉正, 等. 1999. 再论土壤侵蚀的坡度界限. 水土保持研究, 6(2):42-46.

郑粉莉. 1987. 坡耕地细沟侵蚀发生、发展和防治途径的探讨. 水土保持学报, (1):36-38.

郑粉莉. 1989. 发生细沟侵蚀的临界坡长与坡度. 中国水土保持, 10(8):25-26.

郑良勇, 李占斌, 李鹏. 2003. 黄土高原陡坡侵蚀特征的实验研究. 水土保持研究, 10(2):47-49.

郑明国, 蔡强国, 陈浩. 2007. 黄土高原丘陵沟壑区不同尺度流域森林植被对径流侵蚀产沙的作用. 生态学报, 27(9):3572-3581.

郑明国, 蔡强国, 王彩峰, 等. 2007. 黄土丘陵沟壑区坡面水保措施及植被对流域尺度水沙关系的影响. 水利学报, 38(1):47-53.

周建军, 林秉南, 王连祥. 1993. 平面二维泥沙数学模型的研究及应用. 水利学报, (11):10-19.

周江红, 雷廷武. 2006. 土壤侵蚀预测模型研究进展. 东北农业大学学报, 37(1):125-129.

周佩华, 窦葆璋, 孙清芳, 等. 1981. 降雨能量的试验研究初报. 水土保持通报, 1(3):51-60.

周跃, 李宏伟, 徐强. 1999. 云南松林的林冠对土壤侵蚀的影响. 山地学报, 17(4):324-328.

周志德. 2002. 20世纪的泥沙运动力学. 水利学报, (11):74-77,83.

朱利, 张万昌. 2005. 基于径流模拟的汉江上游区水资源对气候变化响应的研究. 资源科学, 27(2):16-21.

朱显谟. 1956. 黄土区土壤侵蚀的分类. 土壤学报, 4(2):99-115.

朱显谟. 1998. 黄土高原脱贫致富之道——三论黄土高原的国土整治. 水土保持学报, 12(3):2-6,19.

Abdulla F A, Lettenmaier D P, Wood E F, et al. 1996. Application of a macroscale hydrologic model to estimate the water balance of the Arkansas-Red River Basin. Journal of Geophysical Research: Atmospheres (1984 - 2012), 101(D3): 7449-7459.

Ackers P, White W R. 1973. Sediment transport: New approach and analysis. Journal of the Hydraulics Division, 99(HY11): 2041-2060.

American Society of Civil Engineers. 1975. Sedimentation Engineering. New York: ASCE Manuals & Reports on Engineering Practice.

Anderson M G, Burt T P, Anderson M G, et al. 1985. Hydrological Forecasting. Chichester: John Wiley and Sons Ltd;1-2,5-8.

Arnold J G, Williams J R, Srinivasan R. 1996. The soil and water assessment tool (SWAT) user's manual. Temple,TX.

Bagnold R A. 1966. An approach to the sediment transport problem from general physics. U. S. Geological Survey Professional Paper, 422;231-291.

Baigorria G A, Remero C C A B, Consuelo C R. 2007. Assessment of erosion hotspots in a watershed: Integrating the WE PPmodel and GIS in a case study in the Peruvian Andes. Environmental Modelling & Software, 2007, 22 ;1175-1183.

Baoyuan L, Keli Z, Yun X. 2002, An empirical soil loss equation//Proceedings 12th International Soil Conservation Organization Conference. Vol. III. Tsinghua University Press. Beijing, China, 2: 15.

Beasley D B, HugginsLF, Monke E J. 1981. Answers: A model for water shed planning. Transaction of the ASABE, 23 (4): 938-944.

Beer C E, Johnson H P. 1965. Factors related to gully growth in the deep loess area of western Iowa // Proc. of 1963 Federal Interagency Conference on Sedimentation. USDA: Miscellaneous Publications,970;37-43.

Best A C. 1950. The size distribution of raindrops. Quarterly Journal of the Royal Meteorological Society, 76 (327);16-36.

Betts A K, Goulden M, Wofsy S. 1999. Controls on evaporation in a boreal spruce forest. Journal of Climate, 12(6);1601-1618.

Bisal F. 1960, The effect of raindrop size and impact velocity on sand-splash. Canadian Journal of Soil Science, 40(2): 242-245.

Bosch J M, Hewlett J D. 1982. A review of catchment experiments to determine the effect of vegetation changes on water yield and evapotranspiration. Journal of Hydrology, 55(1);3-23.

Breshears D D, Whicker J J, Johansen M P, et al. 2003. Wind and water erosion and transport in semi-arid shrubland, grassland and forest ecosystems: Quantifying dominance of horizontal wind-driven transport. Earth Surface Processes and Landforms, 28(11); 1189-1209.

Bubenzer G D, Jones B A. 1971. Drop size and impact velocity effects on the detachment of soils under simulated rainfall. the American Society of Agricultural and Biological Engineers, 14 (4): 0625-0628.

Bull L J, Kirby M J. 1997. Gully processes and modeling. Progress in Physical Geog raphy,21(3);354-374.

Buttle J. M, Creed I F, Pomeroy J W. 2000. Advances in Canadian forest hydrology: 1995—1998. Hydrological Processes, 14 (9);1551-1578.

Chang H H. 1988. Fluvial Processes in River Engineering. Londen;John Wiley & Sons Inc.

Chen Y. 2001. Sediment transport by waves and currents in the Pearl River Estuary. Ph. D. thesis, Department of Civil and Structural Engineering, The Hong Kong Polytechnic University, Hong Kong.

Christiaens K, Feyen J. 2002. Use of sensitivity and uncertainty measures in distributed hydrological modeling with an application to the MIKE SHE model. Water Resources Research, 38(9): 8-1-8-15.

Cochrane T A, Flanagan D C. 1999. Assessing water erosion in small watersheds using WEPP with GIS and digital elevation models. Journal of Soil and Water Conservation, 54(4): 678-685.

Colby B R. 1964. Discharge of sands and mean-velocity relationship in sand-bed streams. U. S. Geological Survey, Professional Paper;462.

Croke J, Hairsine P, Fogarty P. 1999. Sediment transport, redistribution and storage on logged forest hillslopes in south-eastern Australia. Hydrological Processes, 13(17): 2705-2720.

Davis J C, Chung C J, Ohlmacher G C. 2006. Two models for evaluating landslide hazards. Computers & Geosciences, 32(8): 1120-1127.

De Roo A P J. 1996. The LISEM project: an introduction. Hydrological Processes, 10(8):1021-1025.

de Roo A P J, Jetten V G. 1999. Calibrating and validating the LISEM model for two data sets from the Netherlands and South Africa. Catena, 37(3): 477-493.

de Roo A P J, JettenV G. 1991. CalibratingandvalidatingtheLISEM Modelfortwodatasetsfromthe NetherlandsandSouthAfrica. Catena, 37(3/4):477-493.

De Vente J, Poesen J. 2005. Predicting soil erosion and sediment yield at the basin scale: Scale issues and semiquantitative models. Earth-Science Reviews, 71(1):95-125.

Denstnore A L, Anderson R S, McAdo B G, et al. 1997. Hillslope evolution by bedrock landslides. Science, 275(J298): 369-372.

Du Boys P. 1879. Etudes du regime du Rhone et L' action Exercee par les eaux sur un Lit a fond de graviers indefiniment affouillable. Annales des Ponts et Chausses, Ser. 5, 18:141-195.

Ebisemiju F S. 1990. Sediment delivery ratio prediction equations for short catchment slopes in a humid tropical environment. Journal of Hydrology, 114(1): 191-208.

Eckhardt K, Arnold J G. 2001. Automatic calibration of a distributed catchment model. Journal of Hydrology, 251(1):103-109.

Edgar D E. 1983. The role of geomorphic thresholds in determining alluvial channel morphology. River Meandering, Proceedings of the Conference River'83.

Einstein H A. 1950. The bed-load function for sediment transportation in open channel flows. Technical Bulletin 1026, U. S. Department of Agriculture, Washington, D. C.

Eldridge D J, Wilson B R, Oliver I. 2003. Regrowth and soil erosion in the semi-arid woodlands of New South Wales. NSW Department of Land and Water Conservation, Sydney.

Ellison W D. 1944. Studies of raindrop erosion. Agricultural Engineering, 25(4): 131-136.

Ellison W D. 1947. Soil erosion studies-Part I. Agricultural Engineering, 28(4): 145-146.

Emmett W W. 1978. Overland flow // Kirkby M J. Hill slope Hydrology, New York: John Wiely and Sons.

Fall M, Azzam R, Noubacte P C. 2006. A multi-method approach to study the stability of natural slopes and landslide susceptibility mapping. Engineering Geology, 82 (4): 241-263.

Fang H W, Wang G Q. 2000. Three-dimensional mathematical model of suspended-sediment transport. Journal of Hydraulic Engineering, 126(8): 578-592.

Favis-Mortlock D T, Quinton J N, Dickinson W T. 1996. The GCTE validation of soil erosion models for global change studies. Journal of Soil and Water Conservation, 51(5): 397-403.

Ferro V, Minacapilli M. 1995. Sediment delivery processes at basin scale. Hydrological Sciences Journal, 40 (6):703-717.

Ferro V, Porto P, Yu B. 1999, A comparative study of rainfall erosivity estimation for southern Italy and southeastern Australia. Hydrological Dciences Journal, 44(1): 3-24.

Festa J F, Hansen D V. 1978. Turbidity maximum in partially mixed estuaries: A two-dimensional numerical model. Estuarine and Coastal Shelf Science, 7(4): 347-359.

Flanagan D C, Nearing M A. 1995. WEPP technical documentation. NSERL Report, 10.

Foster G R, Huggins L F, Meyer L D. 1984. A laboratory study of rill hydraulics. I. velocity relationship. Trans of ASAE, 27(3): 790 - 796.

Foster G R, Lane L J, Nowlin J D, et al. 1981. Estimating erosion and sediment yield on field sized areas. Transaction of the ASAE, 24.

Foster G R, Lane L J. 1987. User requirements USDA-water erosion prediction project (WEPP). NSEAL Report No. 1, West Lafayette.

Foster G R, Meyer L D, 1989. Mathematical simulation of upland erosion using fundamental erosion mechanics. Proc. Sediment Yield Workshop, USDA Sedimentation Lab. , Oxford, Miss. RS-S-40: 190-207.

Foster G R, Meyer L D. 1975. Mathematical simulation of upland erosion by fundamental erosion mechanics. //Present and Prospective Technology for Predicting Sediment Yields and Sciences ,190-207, ARS-S-40. Washing DC: USDA-Science and Education Administration. 190-207.

Foster G R. 1982. Modeling the erosion process. Hydrologic Modeling of Small Watersheds, 5: 297-379.

Frank E, Jørgen F. 1976. A sediment transport model for straight alluvial channels. Nordic Hydrology, 7 (5): 293-306.

Free G R. 1960. Erosion characteristics of rainfall. Agricultural Engineering,41: 447-449.

Grace III, McFero J, Carter, Emily A. 2000. Impact of Harvesting on Sediment and Runoff Production on a Piedmont. Annual Intenational Meeting, Technical Papers: Engineering Solutions for a New Century, (2): 5603-5613.

Guan W B, Wolanski E, Dong L X. 1998. Cohesive sediment transport in the Jiaojiang River Estuary, China. Estuarine, Coastal and Shelf Science, 46(6): 861-871.

Guy B T, Dickinson W T, Rudra R P. 1987. The roles of rain-fall and runoff in the sediment transport capacity of interrill flow. Transactions of ASAE, 30:1378-1386.

Hansen W. 1956. Theorie zur errechnung des wasserstandes und der stormungen in randmecren nebst anwendungen. Tellus, 8(3) .

Hao F H, Chen L Q, Liu C M, et al. 2004. Impact of land use change on runoff and sediment yield. Journal of Soil and Water Conservation, 18(3):5-8.

Hjelmfelt A, Lenau C W. 1970. Non-equilibrium transport of suspended sediment. Journal of Hydraulics Division , ASCE, 96(HY7): 1567-1586.

Holvoet K, van Griensven A, Seuntjens P, et al. 2005. Sensitivity analysis for hydrology and pesticide supply towards the river in SWAT. Physics and Chemistry of the Earth, 30(8): 518-526.

Hornbeck J W, Martin C W, Eagar C. 1997. Summary of runoff yield experiments at Hubbard Brook experimental forest, new Hampshire. Canadian Journal of Forestry Research, 27(12):2043-2052.

Hornbeck J W, Swank W T. 1992. Watershed ecosystem analysis as a basis for multiple-use management of eastern forests. Ecological Applications,2(3): 238-247.

Horton R E. 1945. Erosional development of streams and their drainage basins; hydrophysical approach to quantitative morphology. Geological society of America bulletin, 56(3): 275-370.

Huang M B, Zhang L, Gallichand J. 2003. Runoff responses to afforest6ation in a watershed of the Loess Plateau, China. Hydrological Process, 17(13): 2599-2609.

Huisman J A, Breuer L, Frede H G. 2004. Sensitivity of simulated hydrological fluxes towards changes in soil properties in response to land use change. Physics and Chemistry of the Earth, 29(11): 749-758.

Istanbulluoglu E, Tarboton D G, Pack R T, et al. 2003. A sediment transport model for incision of gullies on steep topography. Water Resources Research, 39(4):1103.

Iverson R M, 1997. The physics of debris flows. Reviews of Geophysics, 35 (3): 245-296.

Jahn A. 1989. The soil creep on slopes in different altitudinal and ecological zones of Sudetes Mountains. Geografiska annaler. Series A. Physical Geography, 71(3-4): 161-170.

Julien P Y, Simons D B. 1985. Sediment transport capacity of overland flow. Transactions of the ASAE, 28 (3): 755-762.

King L Y. 1957. The uniformitarian nature of hillslopes, Trans. edin. Geod. Soc. , (17) : 812-822.

Kirby M J, Bull L J. 2000. Some factors controlling Gully Growth in fine Grained sediments: a model applied in southeast Spain. Catena, 40(2):127-146.

Kirby M J, Mcmahon M L. 1999. MEDRUSH and the Catsop basin the lessons learned. Catena, 37: 495-506.

Klock G O, Lopushinsky W. 1980. Soil water trends after clear-cutting in the blue Mountains of Oregon. Research Note, Pacific Northwest Forest and Range Experiment Station, USDA Forest Service, PNW361.

Konikow L F. 1986. Predictive accuracy of a ground - water model—lessons from a postaudit. Ground Water, 24(2): 173-184.

Krishnaswamy J, Richter D D, Halpin P N, et al. 2001. Spatial patterns of suspended sediment yields in a humid tropical watershed in Costa Rica . Hydrological Processes, 15(2): 2237-2257.

Kusumandari A, Mitchell B. 1997. Soil erosion and sediment yield in forest agroforestry areas in West Java, Indonesia. Journal of Soil and Water Conservation, 52(5): 376-380.

Lane E W, Kalinske A A. 1941. Engineering calculations of suspended sediment. Transactions, American Geophysical Union, 22(3): 603-607.

Langbein W B, Schumn S A. 1958. Yield of sediment in relation to mean annual precipitation. Transaction, American Geophysical Union, 39(6): 1076-1084.

Laursen E M. 1980. A concentration distribution formula from the revised theory of Prandtl mixing length. Proceedings of the 1st International Symposium on River Sedimentation. 1: 237-244.

Lawrence D S L. 2000. Hydraulic resistance in overland flow during partial and marginal surface inundation: experimental observation, and modeling. Water Resources Research, 36(8):2381-2393.

Laws J O, Parsons D A. 1943. The relation of raindrop-size to intensity. Transactions, American Geophysical Union, 24(2): 452-460.

Leopold L B, Wolman M G. 1957. River channel patterns: braided, meandering, and straight[M]. Washington (DC): US Government Printing Office.

Li G, Ahrahams A D, Atkinson J F. 1996. Correction factors in the determination of mean velocity of overland flow. Earth Surface Processes and Landforms, 21(6):509-515.

Lighthill M J, Whitham G B. 1955. On kinematic waves. I. Flood movement in long rivers. Proceedings of the Royal Society of London. Series A. Mathematical and Physical Sciences,229(1178): 281-316.

Lin Z, MO X. 2008, Evaluation of CLIGEN precipitation parameters in the semiarid and arid regions of the Yellow River Basin. Journal of Natural Resources, 23(13): 514-527.

Liu Q Q, Chena L, Lia J C, et al. 2004. Two-dimensional kinematic wave model of overland-flow. 291(1): 28-41.

Liu X Z, Su Q, Song X Y, et al. 2004. Impact of land use change on runoff yield of Changwu experimental area in Loess Plateau. Research of Agricultural Modernization, 25(1) :59-63.

Liu Y, Avissar R. 1999. A study of persistence in the land--atmosphere system using a general circulation model and observations. Journal of Climate, 12(8):2139.

López F, García M. 1998. Open-channel flow through simulated vegetation: Suspended sediment transport modeling. Water Resources Research,34(9): 2341-2352.

Lu H, Moran C J, Prosser P. 2006. Modelling sediment delivery ratio over the Murray Darling Basin. Environmental Modelling and Software, 21(9):1297-1308.

Maner S B. 1962. Factors influencing sediment delivery ratios in the Blackland Prairie land resource area. Fort Worth, Tex : U. S. Department of Agriculture, Soil Conservation Service,1962: 10-12.

Marzolff I, Poesen J. 2009. The potential of 3D gully monitoring with GIS using high-resolution aerial photography and a digital photogrammetry system. Geomorphology, 111(1): 48-60.

McGregor K C, Mutchler C K. 1977. Status of the R factor in northern Mississippi. Soil Erosion: Prediction and Control, Spec. Publication, 21: 135-142.

Meyer L D. 1981. Transaction of the ASAE,24:1472.

Meyer L D. 1984. Evolution of the universal soil loss equation. Journal of Soil and Water Conservation, 39 (2): 99-104.

Meyer L D, Foster G R, Romkens M J M. 1975. Source of soil eroded by water from upland slopes. Agricultural Research Service, ARSS, 40:177-189.

Meyer L D, Wischmeier W H. 1969. Mathematical simulation of the process of soil erosion by water. American Society of Agricultural and Biological Engineers, 12(6):754-762.

Meyer-Peter E, Muller R. 1948. Formula for Bed Load Transport Proc, 2nd. Meeting. Intern. Assoc. Hyd. Res. , 6.

Miao C Y, He B H, Chen X Y, et al. 2004. Analysis on correlativity of soil erodibility factors of USLE and WEPP models. Soil and Water Conservation in China, 15(6): 23-26.

Michael B A, Refsgaard J C. 1996. Distributed hydrological modeling. Netherland: Kluwer Acadmic Publishers.

Michaud J, Sorooshian S. 1994. Comparison of simple versus complex distributed runoff models on a mid-sized semiarid watershed. Water Resources Research, 30 (3): 593-605.

Mihara Y. 1952. Raindrops and soil erosion. National Institute of Agricultural Sciences, A-1,1-59.

Moore A D, McLaughlin R A, Mitasova H, et al. 2007. Calibrating WEPP model parameters for erosion prediction on construction sites. Transactions of the ASABE, 50(2): 507-516.

Morgali J R, Linsley R K. 1965. Computer analysis of overland flow. Journal of the Hydraulics Division,91 (3):81-100.

Morgan R P C, Quinton J N, Smith R E. 1998. The European Soil Erosion Modes (EUROSEM): A dynamic approach for predicting sediment transport from fields and small catchments. Earth Surface Processes and Landforms, 23 (6) :527-544

Muleta M K, Nicklow J W. 2005. Sensitivity and uncertainty analysis coupled with automatic calibration for a distributed watershed model. Journal of Hydrology, 306: 127-145.

Nearing M A, Foster G R, Lane L J. 1989. A process based soil erosion model for USDA Water Erosion Prediction Project Technology. Transaction of ASAE, 32(5):1587-1593.

Nearing M A, Jetten V, Baffautc C, et al. 2005. Modeling response of soil erosion and runoff to changes in precipitation and cover. Catena, 61(2):131-154.

Nearing M A, Norton L D, Bulgakav G A, et al. 1997. Hydraulics and erosion in eroding rills. Water Resources Research, 33(4):865-876.

Ni J R, Li Y K. 2003. Approach of soil erosion assessment in terms of land-use structure changes. Journal of Soil and Water Conservation, 58(3): 158-169

Nicholson J, O'Connor B A. 1986. Cohesive sediment transport model. Journal of Hydraulic Engineering, 112 (7): 621-640.

Osman A M, Thorne C R. 1988. Riverbank stability analysis. I: Theory. Journal of Hydraulic Engineering, 114(2): 134-150.

Osterkamp W R, Toy T J. 1995. Geomorphic considerations for erosion prediction. Environmental Geology, 29:152-157.

Owens P, Slaymaker O. 1992. Late Holocene sediment yields in small alpine and subalpine drainage basins // British Columbia. International Association of Hydrological Sciences Special Publication, 209:147-154.

Perotto-Baldiviezo H L, Thurow T L, Smith C T, et al. 2004. GIS-based spatial analysis and modeling for landslide hazard assessment in steep lands, southern Honduras. Agriculture, Ecosystems & Environment, 103 (1): 165-176.

Perroy R L, Bookhagen B, Asner G P, et al. 2010. Comparison of gully erosion estimates using airborne and ground-based LiDAR on Santa Cruz Island, California. Geomorphology, 118(3): 288-300.

Picareli L, Evans S G, Mostyn G, et al. 2005. Hazard characterization and quantification // F. Hungr, Couture & Eberhardt (Editor). The International Conference on Landslide Risk Management. A. A. Vancouver:Balkema Publishers:27-61.

Piest R F, Wyatt G M, Bradford J M. 1975. Soil erosion and sediment transport from gullies. Journal of the Hydraulics Division, 101(1): 65-80.

Proser I P, Soufi M. 1998. Controls on gully formation following forest clearing in a humid temperate environment. Water Resources Research, 34(12): 3661-3671.

Quansah C. 1981. The effect of soil type, slope, rain intensity and their interactions on splash detachment and transport. Journal of Soil Science, 32(2): 215-224.

Rai S C, Sharma E. 1998. Comparative assessment of runoff characteristics under different land use patterns within a Himalayan watershed. Hydrological Processes, 12(13): 2235-2248.

Renard K D, Forste G D, Weesies G A. 1997. Prediction rainfall erosion by water: a guild to conservation planning with the revised universal soil loss equation (RUSLE). USDA Agricultural Handbook, No. 703.

Renner F G. 1936. Conditions influencing erosion of the Boise River watershed. V. S. Dept. Agric Tech. Bull. 528

Renschler C S, Harbor J. 2002. Soil erosion assessment tools from point to regional scales: The role of geomorphologists in land management research and implementation. Geomorphology, 47(2):189-209.

Robinson A R. 1979. Sediment yield as a function of upstream erosion. SSSA Special Publ,8.

Rodi W. 1993. Turbulence models and their application in hydraulics. New York: CRC Press.

Roehl J W. 1962, Sediment source areas, delivery ratios and influencing morphological factors [J]. International Association of Scientific Hydrology,59: 202-213.

Romanowicz A A, Vanclooster M, Rounsevell M, et al. 2005. Sensitivity of the SWAT model to the soil and land use data parametriszation: a case study in the Thyle catchment, Belgium. Ecological Modeling, 187(1): 27-39.

Rondeau B, Cossa D, Gagnon P, et al. 2000. Budget and sources of suspended sediment transported in the St. Lawrence River, Canada. Hydrological Processes, 14(1): 21-36.

Rutter A J. 1975. The hydrological cycle in vegetation. Vegetation and the Atmosphere, 1:111-154.

Sadeghian M R, Mitchell J K. 1990. Response of surface roughness storage to rainfall on tilled soil. Transactions of the ASAE, 33(6): 1875-1881.

Sanchez LA, Ataroff M, Lopez R. 2002. Soil erosion under different vegetation covers in the Venezuelan Andes. Environmentalist, 22(2): 161-172.

Schumn S A. 1977. The Fluvial System. John Wiley & Sons, Inc

Schumm S A, et al. 1987. Experimental Study of Fluvial System. New York: John Wiley.

Schumm S A, Mosely M. 1973. Slope Morphology. Stroudsburg: Dowden, Huthinson and Ross. Inc.

Selby M J. 1993. Hillslope Materials & Processes. Oxford University Press.

Shen H W, Li R M. 1973. Rainfall effect on sheet flow over smooth surface. Journal of the Hydraulics Division, 99(5): 771-792.

Shi W L, Yang Q K, Mu W H. 2006. Applicability test of CLIGEN in Loess Plateau. Science of Soil and Water Conservation, 4 (2):18-23.

Shields A. 1936. Application of similarity principles and turbulence research to bed-load movement. Soil Conservation Service.

Sidorchuk A. 1999. Dynamic and static models of gully erosion . Catena,37(3):401-414.

Smith D D, Wischmeier W H. 1962. Rainfall erosion. Advances in Agronomy, 14:109-148.

Smith R E, Wollhiser D A. 1971. Overland flow on an infiltrating surface. Water Resources Research, 7 (4): 899-913.

Stednick J D. 1996. Monitoring the effects of timber harvest on annual water yield. Journal of Hydrology, 176(1):79-95.

Stählia M, Stadler D. 1997. Measurement of water and solute dynamics in freezing soil columns with time domain reflectometry. Journal of Hydrology ,195(1-4): 352-369.

Tan S K. 1989. Erosion by Raindrops. Proc. 4th International Symposium on River Sedimentation.

Thamas W A. 1979. Computer Modeling of Rivers: HEC 1-6 // Hsieh Wen Shen, Modeling of Rivers. New York: John Wiley and Sons, Inc.

Thompson J R. 1962. Quantitative effect of watershed variables on the rate of gully head advancement. American Society of Agricultural Engineers.

Thornes J B. 1990. The interaction of erosional and vegetational dynamics in land degradation: spatial outcomes. Vegetation and Erosion. Processes and Environments. 41-53.

Troendle C A. 1982. The effects of small clear cuts on water yield from the Deadhorse Watershed. USA: Colorado State University: 75-80.

USDA. 1972. Sediment sources, yields, and delivery ratios. National Engineering Handbook, Section 3 Sedimentation.

van Griensven A, Francos A, Bauwens W. 2002. Sensitivity analysis and auto-calibration of an integral dynamic model for river water quality, Water Science and Technology, 45(9),325-332.

Van Westen C J, Van Asch T W J, Soeters R. 2006. Landslide hazard and risk zonation-why is it still so difficult? Bulletin of Engineering geology and the Environment, 65(2): 167-184.

Vanoni V A. 1975. Sedimentation Engineering. New York: The Society: 437-493.

Wainwright J, Parsons A J. Thornes, J B 1985. The ecology of erosion. Geography, 70(3): 222-235.

Walling D E. 1978. Suspended sediment and solute response characteristics of the river Exe, Devon, England. Research in fluvial systems, 169-197.

Walling D E. 1983. The sediment delivery problem. Journal of Hydrology, 65(1): 209-237.

Walling D E, Webb B W. 1996. Erosion and sediment yield: A global overview. IAHS Publications-Series of Proceedings and Reports-Intern Assoc Hydrological Sciences, 236: 3-20.

Wang C. 2006. Numerical modelling of wave-current induced turbidity maximum in the Pearl River estuary. Hong Kong: Ph. D Thesis of the Hong Kong Polytechnic University.

Watanabe T, Mizutani K. 1996. Model study on micrometeorological aspects of rainfall interception over an evergreen broad-leaved forest. Agricultural and Forest Meteorology, 80(2-4): 195-214.

Williams D T, Julien P Y. 1989. Applicability index for sand transport equations. Journal of Hydraulic Engineering, 115(11): 1578-1581.

Williams J R, Berndt H D. 1972. Sediment yield computed with universal equation. Journal of the Hydraulics Division, 98(12): 2087-2098.

Wischmeier W H. 1959. A rainfall erosion index for a universal soil-loss equation. Soil Science Society of America Journal, 23(3): 246-249.

Wischmeier W H. 1976. Use and misused of the universal soil loss equation. Journal of Soil and Water Conservation, 31(1): 5-9.

Wischmeier W H, Smith D D. 1958. Rainfall energy and its relationship to soil loss. Transactions, American Geophysical Union, 39(2): 285-291.

Wischmeier W H, Smith D D. 1960. Universal soil loss equation to guide conservation farm planning. Transactions of 7th International Congress of Soil Science, I: 418-425.

Wischmeier W H, Smith D D. 1978. Predicting Rainfall Erosion Losses: A Guide to Conservation Planning. USDA Handbook no 537. USDA, Washington, D. C.

Wolman M G. 1977. Changing needs and opportunities in sediment field. Water Resources Research, 13(1): 50-54.

Woodward D E. 1999. Method to predict cropland ephemeral gully erosion. Catena, 37(3): 393-399.

Wu W, Rodi W, Wenka T. 2000. 3D numerical modeling of flow and sediment transport in open channels. Journal of Hydraulic Engineering, 126(1): 4-15.

Xiao P Q, Yao W Y. 2005. WEPP model theoretical basis for the erosion of the module. Yellow River, 27(6): 38-50.

Yadav V, Malanson, G P. 2009. Modeling impacts of erosion and deposition on soil organic carbon in the Big Creek Basin of southern Illinois. Geomorphology, 106(3): 304-314.

Yalin M S. 1972. On the formation of dunes and meanders. Hydraulic research and its impact on the environment.

Yalin M S. 1977. Mechanics of Sediment Transport. 2nd. New York: Pergamon Press: 290.

Yan D C, Wen A B, Zhang Z Q, et al. 2007. Using study of sloping WEPP model in Sichuan hilly basin. Journal of Soil and Water Conservation, 21(5): 42-45.

Yang C T. 1973. Incipient Motion and Sediment Transport. Journal of the Hydraulics Division, (10): 1679-1704.

Yang N Y, Harry G W. 1971. Mechanics of sheet flow under simulated rainfall. ASCE, 97(9): 1367-1386.

Yen B C, Wenzel H G. 1970. Dynamic equations for steady spatially varied flow. Journal of the Hydraulics Division, 96 (HY3): 801-814.

Yoon Y N, Brater E F. 1962. Spatially varied flow from controlled rainfall. Journal of the Hydraulics Division, 97 (HY9): 1367-1386.

Young M H, Wierenga P J, Mancino C F. 1997. Monitoring near-surface soil water storage in Turfgrass using time domain reflectometry and weighing lysimetry. Soil Science Society of America Journal, 61(4): 1138-1146.

Yuksel A, Akay A E, Reis M, et al. 2007. Using the WEPP model to predict sediment yield in a sample watershed in Kahramanmaras region. International Congress River Basin Management, 2: 11-22.

Zhang J X, Chang K T, Wu J Q. 2008. Effects of DEM resolution and source on soil erosion modelling: a case study using the WEPP model. International Journal of Geographical Information Science, 22(8): 925-942.

Zuazo V H D, Martinez J R F, Raya A M. 2004. Impact of vegetation cover on runoff and soil erosion at hillslope scale in Lanjaron, Spain. Environmentalist, 24(1): 39-48.